Michael Weissenberger
Literaturtheorie bei Lukian

# Beiträge zur Altertumskunde

Herausgegeben von
Ernst Heitsch, Ludwig Koenen,
Reinhold Merkelbach, Clemens Zintzen

Band 64

Springer Fachmedien Wiesbaden GmbH

# Literaturtheorie bei Lukian

## Untersuchungen zum Dialog *Lexiphanes*

Von
Michael Weissenberger

Springer Fachmedien Wiesbaden GmbH 1996

Die Deutsche Bibliothek – CIP-Einheitsaufnahme

**Weissenberger, Michael:**
Literaturtheorie bei Lukian: Untersuchungen zum Dialog Lexiphanes/
von Michael Weissenberger. – Stuttgart; Leipzig: Teubner, 1996
      (Beiträge zur Altertumskunde; 64)
    Zugl.: Düsseldorf, Univ., Habil.-Schr., 1993/94

ISBN 978-3-663-14690-2        ISBN 978-3-663-14689-6 (eBook)
DOI 10.1007/978-3-663-14689-6

NE: GT

# Vorwort

Die vorliegende Arbeit ist die für den Druck überarbeitete Fassung meiner Habilitationsschrift, die im Wintersemester 1993/94 bei der Philosophischen Fakultät der Heinrich-Heine-Universität Düsseldorf eingereicht wurde.

Für wertvolle Anregungen und Kritik danke ich den Herren Bernd Manuwald, Wolfram Ax und Bernhard Zimmermann, für technische Hilfe und geduldiges Korrekturlesen Herrn Peter Riemer und Herrn Heinz Falkenberg. Den Herausgebern, insbesondere Herrn Clemens Zintzen, bin ich zu Dank für die Aufnahme in die Reihe verpflichtet.

Düsseldorf, im August 1995

# Inhaltsverzeichnis

Antike Autoren und Werke werden nach dem bei LSJ durchgeführten System abgekürzt. Sekundärliteratur wird in abgekürzter Form zitiert, die vollständigen bibliographischen Angaben finden sich im Literaturverzeichnis. Der Lukiantext wird stets nach der Ausgabe von MacLeod (Oxford 1972-87) zitiert, auf diese Edition beziehen sich auch die Seiten- und Zeilenangaben. Darüberhinaus werden folgende Abkürzungen verwendet:

**Chantraine**: Chantraine P., Dictionnaire étymologique de la langue grecque. Histoire des mots, 4 Bde., Paris 1968-80

**K.-A.**: Poetae Comici Graeci, edd. Kassel R. et Austin C. (bisher erschienen: Bde. II, III 2, IV, V, VII), Berlin / New York 1984 - : Nach dieser Ausgabe sind, soweit nicht anders angegeben, sämtliche Komikerfragmente zitiert.

**K.-Bl.**: R.Kühner / Fr.Blass, Ausführliche Grammatik der griechischen Sprache, Teil I: Elementar- und Formenlehre, 2 Bde., Hannover / Leipzig 1890-2 (Nachdr.1966)

**K.-G.**: R.Kühner / B.Gerth, Ausführliche Grammatik der griechischen Sprache, Teil II: Satzlehre, 2 Bde., Hannover / Leipzig 1898 und 1904 (Nachdr. 1983)

**LSJ**: Liddel H.G. / Scott R. / Jones H.S., Greek - English Lexicon, 9. Aufl. 1940, Nachdr. 1983

**Passow**: Passow F., Handwörterbuch der griechischen Sprache, 5. Aufl. bearb. v. Chr.Fr.Rost und F.Palm, 2 Bde. in 4 Abt., Leipzig 1841-57 (Nachdr. 1971)

**Schwyzer**: Schwyzer E., Griechische Grammatik (HdA II 1), 4 Bde., München 1939-71

## 1. Einleitung

Die Geschichte der Reflexion über Literatur beginnt mit den ältesten erhaltenen Texten der griechischen Literatur selbst. Bereits die frühen Epiker äußern sich zu Fragen wie dem Zweck von Dichtung, dem Stellenwert technischen Könnens im Vergleich zur Inspiration, der Verschiedenheit und den Funktionen literarischer Gattungen usw. und sprechen damit zentrale Themen der späteren Literaturkritik an.[1] Auch in den folgenden Jahrhunderten bis zum Ausgang der Antike bleibt es ein Charakteristikum griechischer (und auch römischer) Literaturkritik, daß sie nur selten um ihrer selbst willen geübt und publiziert wird, sondern zumeist integriert ist in Schriften anderer und unterschiedlicher Thematik und Ausrichtung, wobei der größte Teil dessen, was man als Literaturkritik bezeichnen kann, in drei Bereichen zu finden ist, nämlich in der Alten Komödie, in philosophischen Schriften und in Schriften der rhetorischen Theorie.[2] Ein zweites Charakteristikum besteht darin, daß keiner der Autoren, die Literaturkritik betreiben, sich besondere Mühe macht, den Gegenstand der κρίσις λόγων bzw. ἐξέτασις λόγων[3] exakt zu definieren oder Kriterien zu bestimmen, nach denen der Literaturkritiker vorgeht.[4] Es ist deshalb nicht möglich, mittels einer allgemein akzeptierten Definition den Bereich dessen, was zur antiken Literaturkritik gehört, abzugrenzen; je nachdem, wie eng man die Grenzen gezogen wissen will,[5] kann es zu verschiedenen Ergebnissen führen sowohl in Bezug auf die Gesamtheit der griechischen Literatur[6] als auch auf das Werk eines einzelnen Autors.

---

[1]    Vgl. Grube 1965, 6; Verdenius 1983, 15 (Homer als "father of literary criticism"); Kennedy 1989, IX; Kuch 1991, 3ff.

[2]    Vgl. Denniston 1924, VIII sq.; ähnlich Atkins 1934, I 5f.

[3]    κρίσις λ.: Ps.Longin. 6,1; ἐξέτασις λ.: Ps.D.H. *Rh.*, vgl. Russell 1981, 9.

[4]    Vgl. Russell 1981, 1-17, bes. 9f.

[5]    Vgl. Denniston 1924, IX. Definitionsversuch von Atkins (1934, I 4): "...criticism in general may not unfairly be described as the play of mind on the aesthetic qualities of literature, having for its object an interpretation of literary values."

[6]    Eine Zusammenstellung der als literaturkritisch eingestuften Schriften der Antike z.B. bei Kennedy 1989, X.

Lukian von Samosata wird in Gesamtdarstellungen der griechischen bzw.
der gesamten antiken Literaturkritik zwar regelmäßig erwähnt, aber stets
ziemlich kurz und beiläufig behandelt.[7] Das ist insofern berechtigt, als sich
seine Äußerungen auf diesem Gebiet an Grundsätzlichkeit und Tragweite
sicher nicht mit einem Platon, Aristoteles oder auch Dionysios von
Halikarnassos messen können. Auch setzt er sich in seinem umfangreichen
Werk mit anderen Themenkomplexen - etwa der Philosophie -
ausführlicher auseinander. Aber es gibt doch eine Reihe von Schriften, in
denen er theoretisierend über Literatur spricht, über deren Produktion und
Rezeption, über Qualitäten und Fehler im Inhaltlichen, Sprachlichen,
Stilistischen. Je nach dem Kontext, in den diese Äußerungen eingebettet
sind,[8] tut er dies spöttisch und mißbilligend oder belehrend und
schulmeisterlich oder auch das Kritisierte witzig parodierend. Alle drei
Perspektiven - Mißbilligung, Belehrung, Parodie - sind vereint in einer
kleinen Schrift, die für eine Beurteilung Lukians als Literaturkritiker von
zentraler Bedeutung ist, aber die gebührende Beachtung bisher nicht
gefunden hat, dem Dialog *Lexiphanes*.[9]

Dem 'kursorischen' Lukian-Leser wird dieses kleine Werk in eher
unliebsamer Erinnerung sein: Nirgendwo im corpus Lucianeum - und
selten irgendwo sonst in der griechischen Literatur - wird der Griff zum
Lexikon eine derart permanente Übung wie hier; besonders in der ersten
Hälfte des Dialogs (§§ 2-15), wo ein Mann mit dem sprechenden Namen
Lexiphanes[10] (Lexiph.) ein Stück aus einer soeben von ihm fertiggestellten
Schrift vorliest, wird auch derjenige, der sich bislang des Griechischen
leidlich kundig wähnte, das Wörterbuch nicht mehr aus der Hand legen: So

---

[7]   Vgl. z.B. Saintsbury 1902, 146-52; Atkins 1934, II 337-43; Grube 1965, 333-8;
Kennedy 1989, 312f.; Russell 1981 erwähnt ihn nur zweimal (16, 63) und Denniston
1924 nimmt in seine Sammlung literaturkritischer Texte aus dem corpus Lucianeum
lediglich *Rh.Pr.*15-21 auf.

[8]   Denn auch bei Lukian gibt es nicht (wie Denniston 1924, VIII sq. meint) Literaturkritik "for it's own sake".

[9]   Diese Bewertung entspricht nicht der communis opinio; Grube 1965 etwa behandelt
*Lex.* in wenigen Zeilen (334f.), ebenso Saintsbury 1902 (148f.), Russell 1981 erwähnt
ihn nicht. Näheres s.u. S. 68ff.

[10]   Casewitz 1994, 77 übersetzt "le montreur de mots".

gewaltig ist die Ladung entlegenster, nie gehörter oder neugebildeter Vokabeln, mit denen Lexiph. hier seinen Gesprächspartner Lykinos bzw. Lukian den unschuldigen Leser überschüttet. Hat man sich mühsam und ohne durch das beständige Nachschlagen allzu sehr zu profitieren durch Lexiph.' Text hindurchgearbeitet, so folgt ein - durch das Agieren einer dritten Person (des Arztes Sopolis) etwas aufgelockerter - Lehrvortrag des Lykinos, an dem zunächst vor allem die Pauschalität der Aussagen ins Auge fällt. Am Ende der Schrift angelangt wird manch einer eher Erleichterung verspüren und - je nach Vor-Urteil - den Eindruck gewinnen oder bestätigt finden, daß auch der geistreich-witzige Samosatenser hin und wieder außerhalb seiner Sternstunden zur Feder gegriffen habe.

Es ist ein Ziel der vorliegenden Arbeit, den Dialog *Lexiphanes* in seinen Anspielungen, seinem Witz und seinen sachlichen Aussagen dem Verständnis zu erschließen und so eine sachgerechte Beurteilung dieser oft verkannten Schrift zu ermöglichen. Um dies zu erreichen, müssen dem heutigen Leser möglichst umfassend diejenigen Voraussetzungen und Grundlagen des Verständnisses vermittelt werden, mit denen Lukian bei seinem Publikum selbstverständlich rechnen konnte. Es sind im wesentlichen zwei Aufgaben, die für eine solche Rekonstruktion der ursprünglichen Rezeptionsbedingungen bewältigt werden müssen: Die den größeren Teil der Schrift ausmachende Parodie eines in platonischer Tradition geschriebenen Symposions war so nur in *einer* Sprache und in *einem* geistes- und literaturgeschichtlichen Kontext möglich: Ohne den Hintergrund der klassischen und anderer griechischer Literatur, ohne die jahrhundertealte Tradition der Symposienliteratur und insbesondere isoliert vom Phänomen des Attizismus wäre Lukians Parodie nicht verstehbar, weder in ihrer Intention noch in ihrem Witz. An diesem Voraussetzungsreichtum scheitert jeder Versuch einer Übersetzung in irgendeine andere Sprache,[11] und als einziges Mittel, den Vorstellungshorizont des von Lukian intendierten Lesers zu rekonstruieren, bietet sich der philologische Kommentar an, wie er in Kap. 4 dieser Arbeit vorgelegt wird. Probleme anderer Art stellen sich im zweiten Teil des *Lex.*:

---

[11] Longo II 408f.: "...le preziosità, le oscurità, le bizzarie, i doppi sensi, gli arcaismi sopratutto (...) sono avvertibili esclusivamente nel testo greco."

Der dort kritisierende und dozierende Lykinos beschränkt sich offenkundig
nicht darauf, das eben gehörte Stück von Lexiph.' Symposion zu
bewerten, sondern greift weiter aus und präsentiert eine Art
Generalabrechnung. Der oft eher andeutende, abbreviaturhafte Charakter
seiner Formulierungen scheint für ein einschlägig gut informiertes,
gewissermaßen aus 'Insidern' bestehendes Publikum gewählt zu sein, dem
nicht nur Kategorien und Hauptthesen antiker Literaturtheorie vertraut sind,
sondern das auch viel mehr über theoretische Prinzipien von Leuten wie
Lexiph. und Lykinos weiß als derjenige, der nur den Dialog *Lex.* gelesen
hat. Ein mehr als oberflächliches Verständnis gestattet deshalb auch der
zweite Teil allein aus sich heraus nicht. Er muß vielmehr gesehen werden
als - was er ja tatsächlich auch ist - eine (wenn auch die ausführlichste) von
zahlreichen Stellungnahmen Lukians zum Komplex Sprach- und
Literaturkritik. Die theoretischen Positionen, die Lukian hier vertritt, in
einer Gesamtschau herauszuarbeiten ist deshalb eine Voraussetzung für das
Verständnis des *Lex.* und Inhalt des dritten Kapitels. Es geht in diesem Teil
der Arbeit also nicht darum, Lukians Urteil über einzelne Autoren oder
Werke darzustellen,[12] sondern die Prinzipien, von denen er sich bei der
Bildung eines solchen Urteils leiten läßt, zu erkennen. In diesem, auf das
Feld der allgemeinen Theorie eingeschränkten, die Kritik individueller
Autoren und bestimmter Schriften aussparenden Sinne sind in dieser Arbeit
die Termini Literaturkritik und Literaturkritiker zu verstehen.[13] Bevor ein
derartiger systematischer Überblick erstellt werden kann, muß eine mangels
befriedigender Vorarbeiten unentbehrliche Sammlung und Sichtung des in
Frage kommenden Materials vorgenommen werden (Kap. 2).

An dieser Stelle scheint eine Klärung einiger für diese Arbeit zentraler
Begriffe angebracht: Lukian ist bekannt als ein Kritiker des Attizismus,
Schriften wie *Lex.* und einige andere gelten - zu Recht, auch wenn damit

---

[12] Wie etwa von Andò 1975 Lukians Beschreibungen und Beurteilungen von Werken
der bildenden Kunst gesammelt wurden; eine Liste der von Lukian bevorzugten Autoren
bei Bompaire 1994, 71.

[13] Deshalb und auch, um beim Leser nicht falsche Erwartungen zu wecken, wurde im
Titel der Terminus 'Literaturtheorie' bevorzugt, der einerseits präziser ist, andererseits das
Gemeinte aber weniger gut trifft, da Lukian nicht lediglich urteilslos theoretisiert,
sondern wertet und Urteile fällt, also 'kritisiert' im Sinne des Wortes.

nur ein Teilbereich erfaßt ist - als Spott gegen Pseudo- oder Hyperattizisten, gelegentlich auch als Archaisten, Pedanten, Puristen bezeichnet. Wenn hier stattdessen von Lukian als Literaturkritiker gesprochen wird und von dem Versuch, Klarheit über seine theoretischen Positionen auf diesem Gebiet zu gewinnen, so ist damit nichts grundsätzlich anderes gemeint als Attizismuskritik, jedoch etwas Umfassenderes. Im 2. Jh. hatte sich der sprachliche Attizismus[14] ja zur unangefochten und nahezu konkurrenzlos herrschenden Stil- und Geschmacksrichtung in der griechisch sprechenden Hälfte des römischen Imperiums entwickelt.[15] Zwar gab es eine Anzahl einander heftig befehdender attizistischer Observanzen,[16] aber keine nennenswerte, radikal antiattizistische, etwa die zeitgenössische Volkssprache als Literatursprache propagierende Opposition. Unter solchen Voraussetzungen ist Literaturkritik notwendig immer auch Attizismuskritik, jedenfalls soweit sie sich auf den sprachlichen Bereich bezieht. Literaturkritik umfaßt aber mehr, nämlich z.B. Inhaltliches sowie Fragen der Produktion und Rezeption von Literatur, während manche Themen, über die Attizisten heftig stritten, wie etwa Orthographie oder Morphologie, im Zusammenhang von Literaturkritik höchstens am Rande interessieren. Zudem läge, wenn von 'Lukian und dem Attizismus' oder ähnlichem die Rede wäre, das Mißverständnis allzu nahe, daß eine Untersuchung von Lukians Sprachgebrauch[17] beabsichtigt sei. Trotz der oben beschriebenen

---

[14] Der scharf zu unterscheiden ist vom 'stilistischen' Attizismus mit dem Gegenbegriff des Asianismus; hier geht es ausschließlich um jenen, der von Russell 1981 (50) so definiert wird: "This was the rejection of certain features of the common literary language of the Hellenistic age in favour of a closer imitation of classical Attic, both in vocabulary and in syntax." Vgl. auch Householder 1941, 94 Anm. 201; Dihle 1977.

[15] Vgl. bes. Chabert 1897, 1; Naechster 1908, 78; Marache 1952, 98-103; Grube 1965, 326f.; Bowie 1970; Dihle 1977, 162f. betont die Tiefe der Kluft zwischen tatsächlich gesprochener und "repristinierter Schriftsprache" im 2. Jh. sowie die unangefochtene Dominanz letzterer innerhalb der Literatur. Der These Nordens (1909, 348f., 355) von einer fortdauernden Konkurrenz 'attizistischer' und 'asianischer' Schulen hat bereits Wilamowitz (1900) widersprochen; vgl. auch Anderson 1993, 90f.

[16] Vgl. Schmid 1887, 205-9; Chabert 1897, 42f.; Naechster 1908, 83ff..; Marache 1952, 103-7; Reardon 1971, 91f.; Strobel 1994, 1357 unterscheidet zwischen dem (dominanten) attischen Klassizismus einerseits und archaistischen Tendenzen mit ionischer Prosa als Vorbild andererseits.

[17] Wie sie z.B. Deferrari 1916 vorgelegt hat.

Unschärfe scheint es deshalb zweckmäßig, den Begriff 'Literaturkritik' zu verwenden und damit innerhalb des lukianischen Gesamtwerkes alle die Themen zusammenzufassen, die auch in der Schrift *Lex.* angesprochen werden.

Angesichts der Ergebnisse und Thesen bisheriger Lukian-Forschung ist ein Vorhaben wie das geschilderte allerdings problematisch und hat Implikationen, welche die Bewertung des Gesamtwerkes tangieren. Wenn man versucht, theoretische Prinzipien dieses Mannes als eines kritischen Beobachters von Sprache und Literatur zu erfassen, so wird - wie immer beim Suchen - die Existenz des Gesuchten zumindest als Arbeitshypothese vorausgesetzt; was im Falle Lukians jedoch gar nicht selbstverständlich und nach dem Urteil eines bedeutenden Teils der Fachliteratur sogar als unwahrscheinlich anzusehen ist.[18] Ein Autor, in dessen Schriften Personen, Verhaltensweisen, Meinungen vornehmlich kritisiert und verspottet werden, gerät naturgemäß leicht in den Verdacht, sich deshalb auf das Herabsetzen von Fremdem zu beschränken, weil er nichts Eigenes zu bieten habe. Lukian scheint sich dieser Gefahr bewußt gewesen zu sein; unter dem von ihm häufig benutzten Pseudonym Parrhesiades antwortet er auf die durch sein permanentes Kritisieren provozierte Frage der Φιλοσοφία nach seiner eigenen τέχνη so: *Ich bin ein Hasser von Aufschneiderei und von Gaukelei, ein Hasser von Lügen und Prahlerei, und ich hasse diese ganze derartige Sorte von verabscheuungswürdigen Menschen; es sind, wie du weißt, sehr, sehr viele. -Ph.: Beim Herakles, eine an Haß reiche* τέχνη *ist das, der du da nachgehst. - P.: Schon wahr; du siehst ja jedenfalls, wie viele ich mir zu Feinden mache und wie ich in Gefahr bin ihretwegen. Indes kenne ich mich auch ganz genau in ihrem Gegenstück aus, ich meine diejenige, die mit der Vorsilbe* φιλο- *anfängt: Ein Liebhaber der Wahrheit bin ich und des Schönen, ein Liebhaber der Einfachheit und all dessen, was dem Geliebtwerden wesensverwandt ist. Allerdings sind nur ganz wenige dieser Kunst würdig, die in den Zuständigkeitsbereich der anderen Fallenden und dem Haß Vertrauteren dagegen 50 000. Das ist es, warum ich schon Gefahr laufe, die eine aus*

---

[18] Näheres s.u. S. 15ff.; einen Überblick über die neuere Lukian-Forschung gibt MacLeod 1994.

*mangelnder Übung zu verlernen, in der anderen ein ganz exakter Fachmann zu sein.*[19] Lukians im Kontext der Philosophiekritik gegebene Rechtfertigung für das quantitative Überwiegen der negativen Kritik lautet also in verallgemeinerter Form, daß es für einen, auf bestimmten Prinzipien beharrenden Beobachter eben (leider) viel mehr Kritikwürdiges gebe als Gegenteiliges. Jedoch - so kann man einwenden - selbst diese bekannte Schlechtigkeit der Welt im allgemeinen könnte den Kritiker, vorausgesetzt, er hat etwas Besseres vorzuweisen, nicht der Verpflichtung entheben, dies auch zu tun. Daß solche Bereitschaft zu konstruktivem Entwerfen und Vorlegen von Alternativen billigerweise vom Kritiker erwartet werden dürfe, darüber war sich Lukian jedenfalls theoretisch im klaren: An der Nahtstelle zwischen 'destruktivem' und 'konstruktivem' Teil seiner Schrift über die Geschichtsschreibung bemerkt er: *'Nun denn', könnte jemand einwenden, ' das Gelände hast du ja gründlich gesäubert, Dornbüsche, soviele da waren, und Brombeeren sind herausgehauen, die von den anderen übrig gebliebenen Trümmer sind bereits fortgeschafft und wo etwas uneben war, da ist auch dies schon geglättet; deshalb erbaue jetzt endlich auch selbst einmal etwas, um den Beweis anzutreten, daß du nicht nur wacker bist im Umstürzen dessen, was andere gebaut haben, sondern auch darin, selbst etwas Gescheites zu ersinnen und etwas, was wohl keiner, nicht einmal Momos, verspotten könnte'.*[20] Dieses theoretische Postulat fand und findet man jedoch, wie es scheint, bei Lukian im allgemeinen nicht in befriedigender Weise beherzigt. Woran das liegen

---

[19] *(Pisc. 20):* Μισαλάζων εἰμὶ καὶ μισογόης καὶ μισοψευδὴς καὶ μισότυφος καὶ μισῶ πᾶν τὸ τοιουτῶδες εἶδος τῶν μιαρῶν ἀνθρώπων· πάνυ δὲ πολλοί εἰσιν, ὡς οἶσθα. - Φ. Ἡράκλεις, πολυμισῆ τινα μέτει τὴν τέχνην. - Π. Εὖ λέγεις· ὁρᾷς γοῦν ὁπόσοις ἀπεχθάνομαι καὶ ὡς κινδυνεύω δι' αὐτήν. Οὐ μὴν ἀλλὰ καὶ τὴν ἐναντίαν αὐτῆι πάνυ ἀκριβῶς οἶδα, λέγω δὲ τὴν ἀπὸ τοῦ φιλο τὴν ἀρχὴν ἔχουσαν· φιλαλήθης γὰρ καὶ φιλόκαλος καὶ φιλαπλοικὸς καὶ ὅσα τῶι φιλεῖσθαι συγγενῆ. πλὴν ἀλλ' ὀλίγοι πάνυ ταύτης ἄξιοι τῆς τέχνης, οἱ δὲ ὑπὸ τῆι ἐναντίαι ταττόμενοι καὶ τῶι μίσει οἰκειότεροι πεντακισμύριοι. κινδυνεύω τοιγαροῦν τὴν μὲν ὑπ' ἀργίας ἀπομαθεῖν ἤδη, τὴν δὲ πάνυ ἠκριβωκέναι. - Text stets nach der Ausgabe von MacLeod, Übersetzungen vom Verfasser.

[20] *Hist.Conscr.* 33: Καὶ δὴ τὸ χωρίον σοι, φαίη τις ἄν, ἀκριβῶς ἀνακεκάθαρται καὶ αἵ τε ἄκανθαι ὁπόσαι ἦσαν καὶ βάτοι ἐκκεκομμέναι εἰσί, τὰ δὲ τῶν ἄλλων ἐρείπια ἤδη ἐκπεφόρηται, καὶ εἴ τι τραχύ, ἤδη καὶ τοῦτο λεῖόν ἐστιν, ὥστε οἰκοδόμει τι ἤδη καὶ αὐτὸς ὡς δείξῃς οὐκ ἀνατρέψαι μόνον τὸ τῶν ἄλλων γεννάδας ὢν ἀλλά τι καὶ αὐτὸς ἐπινοῆσαι δεξιὸν καὶ ὃ οὐδεὶς ἄν, ἀλλ' οὐδ' ὁ Μῶμος, μωμήσασθαι δύναιτο.

mag, läßt sich ebenfalls gut am Beispiel von *Hist.Conscr.*, einer Schrift, die ja über weite Strecken konstruktiv zumindest sein will, demonstrieren: Immer wenn Lukian nicht darüber spottet, wie etwas ist, sondern andeutet, wie etwas besser wäre bzw. sein müßte, geraten seine Darlegungen auch für den wohlwollenden Betrachter in bedenkliche Nähe zu unverbindlichen Allgemeinplätzen und Binsenweisheiten. Und überdies hat er - was im Falle von *Hist.Conscr.* besonders gründlich untersucht und nachgewiesen worden ist[21] - nichts zu sagen, was nicht bereits vor ihm gesagt worden wäre und er also schlicht abgeschrieben haben könnte, wobei man meist ganz unbekümmert die Nachweisbarkeit eines Gedankens in Lukian möglicherweise vorliegenden Quellen mit der unselbständigen Übernahme desselben durch Lukian identifiziert hat. So kommt es, daß dem Spötter aus Samosata zwar sein Spott als Eigenes abgenommen, nicht aber die Fähigkeit zu eigenständigem, konstruktivem Denken zugetraut wird, und daß seine Abqualifizierung als Nihilist[22] lange Tradition hat. Photios, der erste, der nach einer Notiz des Eunapios[23] und jahrhundertelangem Schweigen wieder über Lukian etwas zu sagen hat, schreibt, der Syrer scheine *zu denjenigen zu gehören, die überhaupt nichts in Ehren halten; während er nämlich die Überzeugungen anderer verspottet und lächerlich macht, legt er nicht positiv fest, welcher er selbst anhängt - es sei denn, man wollte es als seine Überzeugung bezeichnen, von nichts überzeugt zu sein.*[24] Es wird nicht klar, ob Phot. dieses Urteil als allgemeingültig verstanden wissen will oder im Bezug auf bestimmte Bereiche, etwa die der

---

[21] In der Arbeit von Avenarius, s. u. S. 30; dieses Schicksal teilt Lukian jedoch mit vielen anderen: "...much of the theorising was merely imitative in character, consisting of the repetition of ideas and commonplaces drawn from earlier authorities." (Atkins 1934, I 9).

[22] Eine Sammlung der sonstigen Beschimpfungen, mit denen Lukian von den byzantinischen Scholiasten bedacht wird, gibt Baldwin 1980/1.

[23] *VS* 454: Λουκιανὸς δὲ ὁ ἐκ Σαμοσάτων, ἀνὴρ σπουδαῖος ἐς τὸ γελασθῆναι, Δημώνακτος φιλοσόφου κατ' ἐκείνους τοὺς χρόνους βίον ἀνέγραψεν, ἐν ἐκείνωι τε τῶι βιβλίωι καὶ ἄλλοις ἐλαχίστοις δι' ὅλου σπουδάσας. Sonst wird Lukian nur noch bei Lactanz (*Inst.Div.* I 9) erwähnt, außerdem dürfte eine Notiz in dem nur in syrischer Übersetzung erhaltenen Kommentar Galens zu Hp. *Ep.* auf Lukian zu beziehen und damit die einzige zeitgenössische Erwähnung sein, vgl. Strohmaier 1976.

[24] *Bibl.*128 (96a): Ἔοικε δὲ αὐτὸς τῶν μηδὲν ὅλως πρεσβευόντων εἶναι· τὰς γὰρ ἄλλων κωμωιδῶν καὶ διαπαίζων δόξας, αὐτὸς ἣν θειάζει οὐ τίθησι, πλὴν εἴ τις αὐτοῦ δόξαν ἐρεῖ τὸ μηδὲν δοξάζειν.

Philosophie oder Religion; neuzeitliche Interpreten haben sich hier präziser geäußert und die bei Phot. nur leise angedeutete Negativwertung des vermeintlichen Nihilismus (...*seine Sprache ist vortrefflich und paßt gar nicht zu den Gegenständen...*[25]) wurde scharf formuliert. So meinte etwa Bernays, Lukian habe "ernste Studien irgendwelcher Art ... nie unternommen"; er wolle nichts weiter, als den Leser "mit lauem Spiel und Spott" unterhalten. Selbst eine vorgeblich konstruktive Schrift wie *Hist.Conscr.* enthalte "nichts, was sich über die alltäglichsten Gemeinplätze erhöbe"; "Lucian ... trägt in Bezug auf alle religiösen und metaphysischen Fragen eine lediglich nihilistische Oede zur Schau."[26] Auch im Bezug auf andere Bereiche, insbesondere die Philosophie, hat man Lukian der oberflächlichen Spottlust und nihilistischen Prinzipienlosigkeit bezichtigt,[27] und in Schmids Standardwerk über den Attizismus heißt es resümierend: "Ein positiver Standpunkt allen diesen Missständen gegenüber oder gar das Bedürfnis etwas zu bessern tritt bei Lukian kaum irgendwo hervor: er begnügt sich, seinen Spott, seltener seinen Zorn über die Menge von Verrücktheiten auszuschütten."[28] Immerhin räumt Schmid ein, "das Feste und Positive, was allen seinen Schriften zu Grund liegt und seiner Kritik Richtung und Massstab giebt", sei Lukians "Begeisterung für das Griechentum der klassischen Zeit"; über etwaige Sachpositionen ist damit jedoch ebenso wenig ausgesagt wie etwa mit einer Klassifizierung Lukians als "freien Archaisten".[29]

Gegenstimmen waren in der Minderheit, haben aber nicht völlig gefehlt.[30] Unterschiedlich zum eben Dargelegten waren dabei weniger die sachbezogenen Beobachtungen als die Bewertungen: So wurde der

---

25  *l.cit.*: ...ἄριστος ὁ λόγος αὐτῶι καὶ οὐ πρέπων ὑποθέσεσιν, ἃς αὐτὸς ἔγνω σὺν τῶι γελοίωι διαπαῖξαι.

26  Bernays 1879, 42-44.

27  Vgl. z.B. Helm 1906,1-16; Norden 1909, 394; Der Kleine Pauly bes. 773,776.

28  Schmid 1887, 218f.

29  Norden 1909, 394.

30  Der engagierteste Bewunderer Lukians in der neueren Literatur ist Papaioannou 1976.

vermeintliche Nihilismus als philosophischer Eklektizismus gewürdigt,[31] das Verbreiten 'alltäglichster Gemeinplätze' fand Anerkennung als verdienstvolles Eintreten für den gesunden Menschenverstand. Die Einsichten jedoch, daß man der Menschheit ebenso gut dienen könne "en rétrécissant le cercle de ses idées fausses qu'en étendant celui de ses idées vraies"[32] und daß es "non è piccolo vanto aver buon senso in un' età che ne difetta assai"[33] hätten insgesamt und besonders in der deutschen Lukian-Philologie[34] größere Beachtung verdient, als sie tatsächlich gefunden haben.

Das Verdikt des umfassenden Nihilismus haftet somit irgendwie noch immer Lukian an, wenngleich die Diskussion darüber seit einigen Jahrzehnten verstummt ist.[35] Offenbar neigt man in der zweiten Hälfte des 20. Jhs. weniger dazu, von einem antiken Autor das konsequente Hochhalten möglichst hehrer Prinzipien zu erwarten bzw. sich über deren vermeintliches Fehlen zu empören. Eher wird heute von einem als Satiriker (im modernen Wortsinn) eingestuften Literaten gefordert, daß er sich als aufmerksamer und kritischer Beobachter seiner zeitgenössischen Umwelt erweise. So dürfte die Frage nach dem Aktualitätsbezug des lukianischen Werkes, die ja in der Lukian-Forschung der letzten Jahrzehnte im Mittelpunkt des Interesses gestanden hat,[36] nicht weniger zeitbedingt sein

---

[31] Tackaberry 1930, bes. 14; Joly (1980 und 1981) versucht, Lukian als eigenständigen philosophischen Denker zu erweisen, dessen Haltung besonders im *Hermotimos* zum Ausdruck komme.

[32] Croiset 1882, 386.

[33] Gallavotti 1932, 134.

[34] Ein Überblick über die deutschsprachigen Arbeiten nach 1945 bei Holzberg 1988, 199 Anm. 2.

[35] Über den Zusammenhang der Abwertung Lukians mit rassistischen, insbesondere antisemitischen Tendenzen vgl. Holzberg 1988; ein besonders abschreckendes Beispiel für diesen Zusammenhang ist H. St. Chamberlain, der Lukian als Verkörperung des unkreativen und minderwertigen 'Völkerchaos' einige Seiten widmet (Grundlagen des 19. Jhs., 1899, 298-304).

[36] Vgl. MacLeod 1994 ("II. Lucian's Relationship to his own Times"); geringen oder keinen Aktualitätsbezug sahen z.B. Caster 1937; Bompaire 1958; Highet 1962 (42f.); Reardon 1971; Robinson 1979. Die Gegenposition vertraten Baldwin 1973; Papaioannou 1976 (250: "μπροστά μας έχουμε έναν άνθρωπο αντιμέτωπο καὶ αντίμαχο στὴν εποχή του"); Hall 1981; Panagopoulos 1984 (besonders dezidiert, 598:

als ihre Vorgängerin. Die beiden Problemkreise berühren einander,[37] werden oft auch miteinander vermengt,[38] müssen aber doch strikt auseinandergehalten werden: Ein Nihilist könnte nämlich ebenso die ihn umgebende, zeitgenössische Realität zum Ausgangspunkt und Inhalt seiner Schriften machen wie ein konsequenter Verfechter bestimmter Überzeugungen; beide Typen könnten aber auch die Tagesaktualität ignorieren und ihre literarische Inspiration gänzlich aus Büchern beziehen. Ob Lukian nun ein leichtfertiger, charakter- und prinzipienloser Fledderer der literarischen Hinterlassenschaft versunkener Jahrhunderte gewesen ist oder ein wacher, immer der Vernunft und dem gesunden Menschenverstand verpflichteter Beobachter seiner Zeitgenossen (denn in dieser Verbindung findet man in der Regel die möglichen Antworten), wird auch in dieser Arbeit nicht abschließend entschieden werden, und das ist auch nicht beabsichtigt. Allerdings impliziert unsere Fragestellung bereits eine ziemlich eindeutige Parteinahme in beiden Kontroversen: Theoretische Positionen eines Nihilisten ausfindig machen zu wollen wäre ja ebenso müßig wie in den Schriften eines in staubige Bibliotheken vergrabenen Antiquars nach dessen Meinung zu aktuellen Fragen zu suchen. Wir gehen also zuversichtlich davon aus, daß Lukian seine reale Umwelt sehr wohl zur Kenntnis genommen und in seinen Schriften verarbeitet hat und daß er in der Lage war, sich zu bestimmten Fragen eine eigene Meinung zu bilden, die in seinem Werk auch Ausdruck findet, sowohl in Form expliziter Stellungnahmen als auch in Form beiläufiger Hinweise und Anspielungen. Diese angesichts der angesprochenen Kontroversen über die Gesamtbeurteilung Lukians vielleicht naiv scheinende Zuversicht läßt sich

---

"tout chez Lucien, jusque dans l'expression, est en fait satire d'actualité"); Jones 1986; Riemschneider 1971 versuchte, eine Abhängigkeit des Aktualitätsbezuges vom literarischen Genos wahrscheinlich zu machen (Zeitkritik nur in Briefen); Oliver 1980 jedoch hat plausibel einen aktuellen Bezug gerade für eine der seit Helm immer als besonders fern jeglicher Aktualität eingestuften 'menippeischen' Schriften (nämlich für *deor.eccl.*) aufgezeigt.

[37] Helms oben zitiertes Negativurteil über Lukian ist wohl auch eine Folge der Entdeckung einer vermeintlich sklavischen Abhängigkeit von Menipp.

[38] So z.B. von Robinson 1979, 54; Korus 1984, 296 formuliert die Vermengung explizit: "One group of scholars regards him (sc. Lukian) as a nihilist and treats his work as pseudo-satirical. (...) The other group tries to present Lucian as a serious critic of the Greco-Roman society."

gleichwohl begründen: Zum ersten befaßt sich die vorliegende Arbeit mit einem Sachthema bzw. einer Gruppe von Schriften, deren Verankerung in der realen Welt des 2. Jhs. ernsthaft nicht bestritten werden kann.[39] Wohl darf man die Art, in der Lukian Sprach- und Literaturkritik übt, als unselbständig, traditionalistisch, gänzlich von überkommenen Vorbildern geprägt ansehen (was auch geschehen ist),[40] aber daß er hier über Phänomene seiner eigenen Zeit schreibt und nicht "cinq cents ans en retard",[41] läßt sich nicht in Abrede stellen. Zum zweiten geht es nicht darum, Lukian vom Vorwurf des Nihilismus freizusprechen, sondern den geistigen Hintergrund einer seiner Schriften aufzuhellen. Wenn zu diesem Zweck versucht wird, aus seinem Werk theoretische Positionen zu einem begrenzten Sachgebiet zu ermitteln, zu denen er durch die im *Lex.* vorgelegte Literaturparodie ein Gegenbild entworfen hat, so ist ein derartiges Unternehmen auch unabhängig vom Glauben an Lukians Fähigkeit, Überzeugungen irgendwelcher Art zu haben, möglich. Denn mit einer Parodie wird ja notwendig, indem eine Sache als verfehlt angeprangert wird, eine andere dieser als richtig entgegengehalten: Letztere müßte Lukian, selbst wenn er nicht von ihr überzeugt gewesen sein sollte, doch zumindest klar vor Augen gestanden haben und damit in seinen Schriften erkennbar sein. Abgesehen davon wäre es sehr befremdlich, wenn Lukian nicht einmal auf dem ihm berufsmäßig nächstliegenden Gebiet irgendetwas mit Überzeugung für richtig gehalten hätte. Drittens schließlich zeichnet sich ab, daß die Kontroverse, ob Lukian als Mensch und Autor insgesamt eher so oder eher anders zu beurteilen sei, nicht weiterführt. Die extremen Gegenpositionen und vermittelnde Synthesen verschiedener Art liegen vor und haben ihre Verfechter, aber es ist nicht ersichtlich, was auf einer solchen Basis aufgebaut werden soll.[42] In der

---

[39] Baldwin 1973, 59: "No part of Lucian's output (sc. als seine Äußerungen im 'professionellen' Streit der Rhetoren und Sophisten) was more contemporary in application ..."; ähnlich Hall 1981, 252-78.

[40] Baldwin (vgl. vorige Anm.) fährt fort: "...or more conventional in inspiration."

[41] Caster 1937, 389.

[42] Von dieser Einschätzung scheint auch die neueste Lukian-Monographie auszugehen; Branham 1989, 1 schreibt: "As long as Lucian's work is used to demonstrate his acuity of observation or dependence on tradition, much of what makes him worth reading will escape the terms of discussion." Stattdessen versucht Branham, die Ursprünge und den

vorliegenden Arbeit wird daher der Versuch gemacht, wenigstens in einem
kleinen Teilbereich ein weniger subjektiv und emotional geprägtes Bild des
Samosatensers zu gewinnen; wenn sich aus der vergleichenden
Auswertung aller einschlägigen Äußerungen ein stimmiger und
widerspruchsfreier Gesamteindruck ergibt, eine Sachposition also, die in
der Parodie des *Lex.* ihre maßgeschneiderte Antithese findet, dann ist es
zwar noch immer möglich, käme  aber doch wohl einer petitio principii
gleich, das Gefundene pauschal als unverbindliche Spielerei und
oberflächlichen Spott zu diskreditieren. Die Methode der vergleichenden
Interpretation thematisch verwandter Stellungnahmen in den
unterschiedlichen Kontexten von Kritik bzw. Spott, Paränese bzw.
Belehrung sowie Parodie könnte möglicherweise auch in anderen
Bereichen (etwa Philosophie, Religion) gewisse Grundlinien in Lukians
Anschauung deutlicher hervortreten lassen, als dies bisher geschehen ist.[43]
Auch wenn er sich weder auf dem hier zu bearbeitenden Gebiet noch
voraussichtlich auf anderen als origineller und innovativer Denker erweisen
wird, so hat doch auch Lukian ein Recht darauf, bis zum Erweis des
Gegenteils 'ernst' genommen zu werden in seiner Fähigkeit,
Sachpositionen zu vertreten und zu äußern.


Lukian gilt bekanntlich - wie in verschiedenen Graden und Ausprägungen
sämtliche anderen griechisch schreibenden Autoren des 2. Jhs. auch - als
ein Attizist, was einfach bedeutet, daß alle eine Sprache schrieben, die sich
von der tatsächlich gesprochenen mehr oder weniger unterschied und dem
Attischen des 4. Jhs.v.Chr. mehr oder weniger anzunähern versuchte.
Sein Griechisch erreicht sogar, gemessen am attischen Vorbild, ein solches
Maß an Vollkommenheit[44] und damit, gemessen an der zeitgenössischen

---

Erfolg des lukianischen Witzes zu analysieren. Allerdings werden die ausgetretenen Pfade
auch unbeirrt weiter beschritten, z.B. von Anderson 1994 (1444f. explizit gegen
Branhams Diagnose der Forschungslage).

[43] Der neuen Arbeit von Georgiadou und Lamour (1994) liegt eine analoge Methode
zugrunde: Die Autoren verstehen *Hist.Conscr.* als Regelbuch mit positiven und
negativen Anweisungen und setzen in Bezug dazu *VH* als eine parodistische
Demonstration, wie man Geschichte nicht schreiben dürfe.

[44] Die "staunenswerte(n) Beherrschung des Attischen" (Lesky, Gesch. d. gr. Lit. 938)
wird Lukian auch nicht von seinen schärfsten Kritikern abgesprochen.

Umgangssprache, Künstlichkeit,[45] daß er oft zusammen mit Literaten wie Arrian oder Aelius Aristides zu einem engeren Kreis von Attizisten gerechnet wird. Derselbe Lukian ist aber derjenige Autor des 2. Jhs., der am vernehmlichsten über Leute spottet, die sich selbst auch für Attizisten hielten, und steht so sowohl bei den Attizisten wie bei den Attizismus-Kritikern in der vordersten Reihe.[46] Diese beiden, auf den ersten Blick nicht leicht zu vereinbarenden Feststellungen, haben Anlaß zu einer Reihe von Untersuchungen gegeben, deren Ziel es war, Lukians Position in der Frage des Attizismus genauer zu ermitteln. Diese Untersuchungen sind einschlägig für unsere Fragestellung, da, wie gesagt, die Begriffe 'Attizismus-Kritik' und 'Literaturkritik' unter den Bedingungen des 2. Jhs. nicht voneinander geschieden werden können; zwar ist ersteres ohne letzteres möglich, indem z.B. ausschließlich über Fragen der Morphologie oder Orthographie gestritten wird,[47] aber Literaturkritik umfaßt in einer völlig vom Attizismus dominierten Umgebung immer auch Attizismus-Kritik.

Der Autor eines vor fast 140 Jahren erschienenen Buches zu dieser Thematik beschreibt sein Vorhaben so: "Volo in reconditiorem quamdam et infrequentiorem adhuc regionem excurrere, quae Lucianus de arte scribendi senserit, quid fuerit ejus de re litteraria judicandi ratio, inquisiturus."[48] Aber derjenige Bereich, dessen Durchforschung hier angekündigt wird, ist trotz der Untersuchung Rigaults sowie einiger Nachfolger bis heute

---

[45] Der Versuch von Higgins 1945, den sonst stets als attizistisches Element gedeuteten Gebrauch des - nach der opinio communis in der lebendigen Sprache praktisch ausgestorbenen - Optativs im kaiserzeitlichen Griechisch als "Standard Late Greek" und damit nicht als künstlichen Rückgriff zu deuten, wurde widerlegt durch Anlauf 1960; auch die Einwände, die Reardon 1971 (bes. 81-96) gegen Schmids Konzeption einer attizistischen Kunstsprache vorbringt, können nicht überzeugen. Gewiß ist die Kluft zwischen gesprochener und geschriebener Sprache sehr unterschiedlich breit und tief, je nachdem, welchen Autor und welche Umgangssprache man zu Grunde legt, es bleibt aber doch ein Faktum, daß diese Kluft im 2. Jh. im Griechischen nach allen Zeugnissen generell erheblich größer war als in irgendeiner modernen europäischen Sprache oder etwa im gleichzeitigen Latein.

[46] Vgl. z.B. Cambr. Hist. of Class. Lit. I 673: "His style is clearly the product, however subtly engineered, of the Atticist fashions he mocks."

[47] Wie z.B. in Lukians *Voc.Jud.*, vgl. u. S. 28f.

[48] Rigault 1856, 6.

'einigermaßen abgelegen und weniger besucht' geblieben, jedenfalls in dem Sinne, daß das angestrebte Ziel nicht vollständig erreicht wurde. Die Ergebnisse der Untersuchungen über Lukian als Attizisten bzw. Attizismuskritiker lassen sich etwa folgendermaßen zusammenfassen: Abhängig davon, was man unter Attizismus versteht, wurde er entweder als überzeugter Vorkämpfer dieser Bewegung eingestuft[49] oder als jemand, der ihr gar nicht angehöre.[50] Jedenfalls halte er einen bestimmten Kanon klassischer Autoren für absolut vorbildlich, ihr gründliches Studium für unbedingt erforderlich, womit er jedoch ein einsamer Rufer in der Wüste allgemeiner Sprachverderbnis geblieben sei.[51] Von der Unübertrefflichkeit der Klassiker sei er so fest überzeugt gewesen, daß er jegliche Weiterentwicklung der Sprache abgelehnt, das Erzielen von über das Tradierte hinausweisenden Leistungen für unmöglich gehalten habe.[52] Andererseits wird festgestellt, daß Lukians Kritik nicht weniger gegen die Übertreibungen des Attizismus gerichtet sei als gegen Verstöße wider den attischen Sprachgebrauch.[53] Er halte nämlich eine mittlere Linie ein zwischen pedantischem Purismus und der "aequalium lingua depravata et adulterata"[54] und mache große Zugeständnisse auch an den lebendigen Sprachgebrauch.[55] Über die Begrenztheit der Möglichkeit, die Sprachstufe einer vergangenen Epoche wiederzubeleben, sei er sich vollkommen im klaren gewesen - anders als etwa die καθαρεύουσα-Verfechter im Hellas des 19. Jhs.[56] Attizismus bedeute für ihn weiterhin nicht lediglich ein Regelwerk, sondern eine Lebensphilosophie, welche die Grenzen des Erlaubten so markiere, daß sie mit denjenigen der Klarheit und des guten

---

[49] Croiset 1882, I: "...cet écrivain si original, qui représente ... la tradition classique dans un temps de décadence littéraire".

[50] Rigault 1856, 101: "...satis apparet non ex Atticistis unum Lucianum fuisse."

[51] Croiset 1882, 262f.

[52] Bompaire 1958, 132: "Il ne croit pas au progrès."

[53] Schmid 1887, 224.

[54] Rigault 1856, 101.

[55] Gallavotti 1932, 150.

[56] Chabert 1897, 236; Papaioannou 1976, 177ff. meint, Lukian sei im Grunde Anhänger einer sich lebendig fortentwickelnden Sprache wie mancher moderne griechische Autor, der zwar καθαρεύουσα schreibe, im stillen aber die δημοτική bevorzuge.

Geschmacks übereinstimmten.[57] Auch beschränke sich sein Attizismus nicht auf das Sprachliche, sondern er erreiche eine Ἀττικὴ χάρις "auch durch die fortwährende Verwendung von typisch Athenischem", was man als 'sachlichen Attizismus' bezeichnet hat.[58] Witz, Eleganz und vor allem Klarheit seien sein Ideal,[59] er wolle "l'Atticisme en esprit, non l'Atticisme de surface".[60] Indes wurde Lukians wirkliches Interesse an all diesen Fragen auch angezweifelt: Es reiche nur soweit, als diese sich zur Erzielung komischer Effekte eigneten; eine eigene, theoretisch fundierte Position habe Lukian gar nicht, nur Gewohnheiten, die sich durch seinen Bildungsgang so eingestellt hätten.[61] Alle seine literaturkritischen Äußerungen ermangelten der Systematik und Tiefe, seien stets nur beiläufig und oberflächlich.[62]

Von den Widersprüchen im einzelnen abgesehen bedarf dieses Bild insgesamt aus mehreren Gründen der Ergänzung und Überarbeitung. Fast nirgends geht der Blick über Lukians Einstellung zum Attizismus, und zwar in einem ganz engen Sinne verstanden, hinaus, d.h., die Untersuchungen beschränken sich auf die Frage, wie Lukian zum Versuch der Wiederbelebung der klassischen Schriftsprache stehe, inwieweit er Elemente der hellenistischen κοινή bzw. auch der zeitgenössischen Umgangssprache für zulässig halte usw. Damit kann seine "de re litteraria judicandi ratio" aber bestenfalls zu einem Teil beschrieben werden. So bedeutsam die Frage des Vokabulars, der Spannung zwischen klassisch belegtem und der organischen Sprachentwicklung angepaßtem Sprachgebrauch im 2. Jh. auch war, Literaturtheorie und -kritik waren doch immer Begriffe, die mehr umfaßten. Dazu kommt, daß mancher, trotz des Vorsatzes, Lukians 'ratio atticisandi' und nicht seinen 'usus' zu

---

[57] Chabert 1897, 92.

[58] Delz 1950, 3; Bompaire 1994.

[59] Jones 1986, 153.

[60] Bompaire 1958, 143.

[61] Bompaire 1958, 142.

[62] So z.B. Croiset 1882, 236f., Saintsbury 1902, 152; die Gegenposition (Konstruktivität und Aktualität von Lukians "critical teaching") bei Atkins 1934, II 341f.

untersuchen,[63] dann doch sich im wesentlichen damit auseinandersetzt, inwieweit beispielsweise Lukians Optativgebrauch oder Vokabular oder Satzbau klassischen Richtlinien entspreche.[64] Nicht selten werden auch Elemente des 'usus' und der 'ratio' unterschiedslos zur Formulierung vermeintlicher theoretischer Positionen Lukians verwendet. Hier ist aber streng zu unterscheiden: Lukians Sprachgebrauch wird nicht Thema der folgenden Untersuchung sein, sondern seine theoretischen Äußerungen über richtigen und falschen Sprachgebrauch.

Auch ist niemals der Versuch unternommen worden, Vollständigkeit zu erreichen, d.h. aus Lukians Schriften das gesamte Material zusammenzustellen, das im Zusammenhang mit Literaturtheorie und -kritik Aussagewert besitzt. Zwar sind es immer wieder im wesentlichen dieselben Titel, die genannt werden (*Lexiphanes, Pseudologista, Rhetorum Praeceptor, Quomodo Historia conscribenda sit, Soloecista*), aber in recht buntem Wechsel und  - so sieht es jedenfalls aus - unter reichlich willkürlicher Bevorzugung bald der einen, bald der anderen Schrift als Hauptquelle. Die zahlreichen verstreuten und in ganz anderen Zusammenhängen fallenden beiläufigen Äußerungen werden so gut wie nie berücksichtigt, obwohl doch gerade solche eher unabsichtlichen Bemerkungen manchmal mehr über die wahre Einstellung eines Autors verraten können als mit wichtiger Miene vorgetragene Belehrungen. Ebenso wie eine vollständige Materialerfassung fehlt auch eine 'Quellenkunde', also eine Untersuchung über den sachlichen Aussagewert der genannten, als Hauptquellen einzustufenden Schriften im allgemeinen und den Kontext der jeweiligen Äußerungen im einzelnen, wodurch erst einigermaßen gesicherte Urteile über Gewicht und Ernsthaftigkeit einer Aussage möglich werden. Woran es schließlich ebenfalls mangelt ist eine systematische Ordnung des Gefundenen, die insbesondere durch das Nebeneinanderstellen des thematisch Verwandten erlauben würde, aus

---

63 Naechster 1908, 69: "Nam semper apud atticistas discerni necesse est inter rationem atticisandi et usum, praesertim cum quod sibi proposuerant tam difficile esset, ut assequi nemo posset."

64 So z.B. Chabert 1897, der zwar verspricht, "de définir et de préciser ses idées à cet égard, de déterminer la place qu'il se fit parmi les Atticistes" (2), dann aber doch im wesentlichen Morphologie, Vokabular, Syntax und Stil Lukians behandelt.

Übereinstimmungen oder - eventuell kontextbedingten - Diskrepanzen bzw. sogar Widersprüchen auf das wirklich Gemeinte zu schließen. Ziel unserer Untersuchung kann es also nicht sein, ein völlig neues Bild Lukians als Literatur- und Sprachtheoretiker zu gewinnen, sondern das bestehende zu vervollständigen, wo nötig, zu modifizieren, Widersprüchlichkeiten, wo möglich, auszuräumen und vor allem eine solide, weil umfassende und kritisch geprüfte Grundlage zu schaffen. Dabei bilden, wie angedeutet, die in dem Dialog *Lex.* mittels Literaturparodie und daran angeknüpfter Belehrung angesprochenen Fragen den thematischen Rahmen unserer Überlegungen.

Abschließend sei noch auf eine Unwägbarkeit verwiesen, die in Kauf genommen werden muß: Natürlich ist es gut denkbar, daß Lukian im Laufe seines Lebens seine Meinung in der einen oder anderen Frage revidiert hat. Jedenfalls haben wir bislang keinen Anhaltspunkt für die Gewißheit, daß er im Bereich Sprach- und Literaturkritik stets eine konstante Position vertreten habe,[65] auch nicht nach seiner berühmten 'Lebenswende' im Alter von etwa vierzig Jahren.[66] Der Versuch, eine Schrift vor dem Hintergrund anderer besser zu verstehen und aus Äußerungen, die über das gesamte corpus Lucianeum verstreut sind, eine Gesamtkonzeption zu erschließen, könnte also ein Irrweg sein. Da aber nur ganz wenige Schriften aufgrund eindeutiger Hinweise sicher datiert werden können, und keiner der Versuche, für die übrigen wenigstens eine relative Chronologie zu etablieren, zu einem überzeugenden Ergebnis geführt hat,[67] bleibt nichts anderes, als alles, was Lukian zu unserem Thema zu sagen hat, zu erfassen

---

[65] Wie Chabert 1897, 50 meint.

[66] *Bis Acc.* 32 und 34; zur Diskussion darüber vgl. Hall 1981, 14 und 36f.; Gallavotti 1932, 68f. hat diese Stellen überinterpretiert.

[67] Vgl. MacLeod 1994 ("III. Lucian's Life and the Chronology of his Works"); solche Versuche wurden u.a. unternommen von Bernays 1879, Croiset 1882, Helm 1906, Sinko 1908, Gallavotti 1932 sowie in jüngerer Zeit von Schwartz 1965 und Korus 1986; daß es sich dabei - von den wenigen eindeutigen Anhaltspunkten für eine Datierung, die Lukian selbst gibt, abgesehen - um reine Spekulationen handelt, zeigen besonders deutlich Anderson, theme 177ff. (vgl. ders., relationships) und Hall 1981, 42ff.; Jones 1986, 167-9, faßt die sicheren Datierungshinweise zusammen; jenseits davon gilt das Urteil Baldwins (1973, 18): "...there is entirely nothing in the evidence, internal and external, for Lucianic chronology that deserves the status of fact."

und zunächst nach inhaltlichen Gesichtspunkten zu ordnen, um dann, falls
Widersprüche auftreten, als eine mögliche Erklärung auch verschiedene
Entstehungszeiten der betreffenden Schriften zu erwägen.

## 2. Die literaturkritischen Schriften

Lukian spricht an vielen Stellen seines Werkes als kritischer Beobachter
und Beurteiler von Sprache und Literatur. Die einschlägigen Äußerungen
reichen von beiläufigen Bemerkungen bis zu zusammenhängenden,
mehrere Seiten füllenden Stellungnahmen; sie sind, wie es angesichts der
Themen- und Motivvielfalt des lukianischen Gesamtwerkes zu erwarten ist,
in unterschiedliche Kontexte eingebettet und erfüllen für den jeweiligen
Zusammenhang unterschiedliche Funktionen. Es gibt aber im corpus
Lucianeum sechs Schriften, bei denen das Thema der Sprach- und
Literaturkritik entweder eindeutig im Mittelpunkt steht oder jedenfalls von
erheblicher Bedeutung für den Gesamtzusammenhang ist, nämlich *De
Historia Conscribenda,* '*Adversus Indoctum, Rhetorum Praeceptor,
Pseudologista, Soloecista, Lexiphanes.* Diese Liste ist im wesentlichen eine
Summierung der gewöhnlich in der Literatur als Hauptquellen auf diesem
Gebiet angeführten Schriften,[68] enthält jedoch zwei Abweichungen: *Ind.*
wird im genannten Zusammenhang sonst nicht berücksichtigt, während
*Iud.Voc.* zu den häufiger als sprachkritisch angeführten Schriften gehört.[69]
Einschlägigkeit und Aussagewert von *Ind.* werden im·folgenden zu
erweisen sein (S. 37ff.); bei *Iud.Voc.* handelt es sich um eine witzige
Parodie attischer Gerichtsreden, die Schrift enthält aber keinerlei ernsthafte
Aussagen oder Urteile ihres Autors. Lediglich dessen Abneigung gegen
übermäßige (und teilweise falsche) 'Re-Attizisierungen' im Bereich der
Phonetik ist deutlich zu erkennen. Er verspottet die skurrilen Auswüchse
eines übermäßigen Archaismus und hält den Grundsatz hoch, daß die
einzelnen Laute innerhalb der Wörter an ihren angestammten Plätzen
bleiben sollen. Gegen das modische Umsichgreifen des ττ wird die
Autorität des Aristarchos von Samothrake angeführt (§ 8). Die in dessen

---

[68] Die Zusammensetzung der Liste ist jedoch, wie angedeutet, bei den verschiedenen
Autoren unterschiedlich; Beispiele: *Hist.Conscr., Lex., Rh.Pr.* (Rigault 1856);
*Hist.Conscr.* als Hauptquelle, daneben *Lex., Rh.Pr., Pseudol.* (Schmid 1887); *Lex.,
Rh.Pr.* (Chabert 1897); *Hist.Conscr., Lex., Iud.Voc., Prom.es, Rh.Pr.* (Saintsbury
1902); *Hist.Conscr., Rh.Pr., Lex.* (Atkins 1934, II 338); *Lex., Sol., Iud.Voc., Rh.Pr.,
Pseudol.* (Baldwin 1973); *Hist.Conscr., Rh.Pr., Lexiph., Iud.Voc.* (Kennedy 1989).
[69] Dihle 1989, 250 nennt sie sogar als einziges Beispiel für Attizismuskritik bei
Lukian.

Editionen durchgeführte Orthographie scheint für Lukian also normative Geltung zu haben. Für unsere Fragestellung läßt sich aus der kleinen Schrift lediglich die Erkenntnis gewinnen, daß Lukian im Bereich der Rechtschreibung und Aussprache den allgemeinen Gepflogenheiten gegenüber allen extremen und gekünstelten Tendenzen den Vorzug gab.

In allen anderen genannten Schriften sind sachbezogene Stellungnahmen mit persönlichen Anliegen des Autors eng verknüpft. Wie groß der sachliche Aussagewert einer Schrift im Ganzen veranschlagt werden kann und vor welchem Hintergrund somit einzelne Stellungnahmen gesehen und bewertet werden müssen, hängt davon ab, wie das Verhältnis des persönlichen und des sachlichen Anliegens beschaffen ist. Die genannten Schriften müssen deshalb vor einer systematischen Erfassung theoretischer Positionen des Autors auf ihre Intention und ihren Kontext hin untersucht werden.

## 2.1. Quomodo historia conscribenda sit

Die Schrift *Hist.Conscr.* wurde in der Forschung mehr behandelt als irgendein anderes Werk Lukians mit literaturkritischem Inhalt.[70] Die vorliegenden Arbeiten können nach ihren Schwerpunkten im wesentlichen in zwei Gruppen eingeteilt werden (soweit sie sich nicht auf mehr oder weniger subjektive Urteile über den Wert der Schrift beschränken):[71] Bei der ersten gilt das Interesse vornehmlich der Einordnung Lukians in die historiographietheoretische Tradition der Antike. Ob er in etwa gleicher Gewichtung mehrere Quellen ausgewertet hat oder überwiegend einer

---

[70] Neben den zum Teil recht ausführlichen Abschnitten in den Werken zum corpus Lucianeum insgesamt sowie mehreren Aufsätzen sind besonders die beiden Monographien von Homeyer 1965 (Ausgabe mit Übersetzung und Kommentar) und Avenarius 1956 (quellenkritische Untersuchung; hier [9ff.] auch ein Überblick über die Forschung zu *Hist.Conscr.* bis etwa Mitte der 50er Jahre) zu nennen, neuerdings außerdem Georgiadou / Lamour 1994 und Strobel 1994; vgl. MacLeod 1994, 1386-8.

[71] Vgl. Avenarius 1956, 9ff.; ein Musterbeispiel für subjektive Abwertung von *Hist.Conscr.* bei Rigault 1856, 33ff., zurückgewiesen bereits durch Croiset 1882, 245f.

einzigen gefolgt ist und, wenn dies zutrifft, welcher - auf diese Fragen findet man weit auseinandergehende Antworten.[72] Nicht mehr zu bezweifeln ist hingegen angesichts dieser Forschungen, daß wohl keine einzige der Vorschriften, die Lukian aufstellt, nicht in der ihm vorangehenden Tradition antiker Literaturkritik nachgewiesen werden kann.[73] Originäre oder gar originelle Gedanken des Verfassers wird man in *Hist.Conscr.* also vergeblich suchen - auch wenn zu beachten ist (was nicht immer ausreichend geschieht), daß die Nachweisbarkeit eines von Lukian ausgesprochenen Gedankens bei einem seiner zufällig erhaltenen oder einigermaßen kenntlichen Vorgänger für die tatsächliche Übernahme aus eben diesem Werk gar nichts besagt. Die zweite Gruppe befaßt sich mit der Frage, ob es sich bei den in *Hist.Conscr.* zum Teil namentlich genannten 'Historikern' um wirkliche Zeitgenossen Lukians handelt oder um fiktive Zielscheiben der Kritik, letztlich also, ob wir es mit der zeitbezogenen Schrift eines der Aktualität verpflichteten Satirikers zu tun haben oder der geistreich-belesenen Spielerei eines antiquarisch orientierten Literaten. Die Frage, die ja, bezogen auf das Gesamtwerk, eines der am meisten und besonders kontrovers erörterten Themen der Lukian-Forschung ist, wird auch für *Hist.Conscr.* kontrovers beantwortet.[74]

---

[72] So läßt z.B. Homeyer 1965, 60ff. zwar die Frage nach Lukians tatsächlicher Vorlage offen (doch habe es sich wahrscheinlich um ein Lehrbuch gehandelt), stellt aber Übereinstimmung in allen wichtigen Punkten zwischen den Vorschriften in *Hist.Consr.* und dem (rekonstruierbaren) Inhalt von Theophrasts περὶ λέξεως fest (49ff.). Baldwin 1977 erwägt Theophrasts περὶ ἱστορίας oder Plutarchs πῶς κρινοῦμεν τὴν ἀληθῆ ἱστορίαν; auch an direkte Aristoteles-Benutzung sei zu denken (wegen σύνεσις πολιτική, *Hist.Conscr.* 34 und Arist. *Pol.* 1291a28). Zecchini 1985 hält verlorene Schriften des Philodemos von Gadara über Geschichtsschreibung für Lukians Hauptquelle, Georgiadou /Lamour 1994 stellen enge Verwandtschaft mit den historiographietheoretischen Vorstellungen des Polybios fest. Avenarius 1956, 178, der eine Fülle von Parallelen aus der Lukian möglicherweise bekannten und von ihm möglicherweise benutzten Literatur zusammengetragen hat, kommt zu dem Schluß, *Hist.Conscr.* sei von dem belesenen und rhetorisch ausgebildeten Autor aus dem Gedächtnis frei verfaßt worden. Zur Quellenfrage vgl. außerdem Verdin 1973, 543.

[73] Vgl. Avenarius 1956, 165.

[74] Jeglichen Aktualitätsbezug sprach etwa Bompaire 1958, 483f. der Schrift ab; auch Homeyer 1965, 20ff. hält die Partherkriegs-Historiker für fiktiv, Anderson (theme 77ff., bes. 80) deren reale Existenz für höchst unwahrscheinlich, Strobel 1994 sieht in ihnen fiktive Karikaturen. Hall 1981, 312-324 vertritt (wie häufig) eine besonnene Mittelposition und spricht von "a blend of literary reminiscence, contemporary reality

Im Folgenden wird vom Grade des Aktualitätsbezuges der Schrift ganz abgesehen, da es für die Feststellung von Überzeugungen Lukians, welchen Normen Literatur bzw. eine bestimmte literarische Gattung genügen muß, ohne Belang ist, ob er sich nur aus aktuellem Anlaß oder nur ganz allgemein oder aus einer zwischen diesen Extremen liegenden Veranlassung äußert. Wichtig auch für die inhaltliche Interpretation wäre die unmittelbare Motivation des Autors nur dann, wenn sich (wie z.B. beim *Pseudol.*) die Anwesenheit höchst triftiger Gründe aus dem persönlichen Bereich und das gänzliche Fehlen solcher aus dem sachlichen wahrscheinlich machen ließe; das ist bei *Hist.Conscr.* aber nicht der Fall (s.u. S. 35f.). Auch das Quellenproblem wird im Folgenden unerörtert bleiben, da es nur um eine möglichst genaue inhaltliche Bestimmung der Position Lukians geht. Denn die Erkenntnis, daß er sich entweder direkt an mehrere (wohl kaum eine einzige) Vorlagen gehalten hat oder aber aus seiner durch früheres Studium gewonnenen Kenntnis der Materie das ihm richtig Erscheinende in freier Komposition vorlegt, führt ja nicht zu der Schlußfolgerung, daß es nicht Lukians eigene oder doch jedenfalls von ihm geteilte Ansichten wären, mit denen wir in *Hist.Conscr.* konfrontiert werden.[75] Lukian hat aus der Fülle des ihm Zugänglichen und Bekannten offensichtlich eine Auswahl nach eigenem Gutdünken getroffen,[76] und

---

and, of course, a large measure of fun" (321). Croiset 1882, 246f. ging wie selbstverständlich von der Realität der Historiker aus, ebenso Jones 1986, 59-67, der die Schrift in einen historisch exakt fixierbaren Kontext, nämlich Lukians Versuch, sich bei Lucius Verus beliebt zu machen, einordnen möchte; ähnlich Baldwin 1973, 75-95 (vgl. auch ders. 1978: Versuch, Crepereius Calpurnianus als reale Persönlichkeit zu erweisen; dazu Jones 1986, 161-6) und Riemschneider 1971. Ein spezielles Problem in diesem Zusammenhang ist die Frage, ob zwischen Lukians Schrift und der etwa zeitgenössischen Geschichtsschreibung des Arrian eine Beziehung besteht. Eine Erörterung der verschiedenen Positionen kann hier unterbleiben, da sie vor wenigen Jahren von MacLeod 1987 zusammengefaßt und diskutiert wurden; vgl. außerdem Anderson 1980, Zecchini 1983, Anderson 1994, 1433f.

[75] Zu erinnern ist in diesem Zusammenhang an die jedem 'Spätgeborenen' gut verständliche Verwünschung Donats (als Kommentar zu Ter. *Eun.* 41: nullumst iam dictum, quod non sit dictum prius): pereant qui ante nos nostra dixere (Don. bei Hier. *comment. in eccl.* I 9).

[76] Zu dem Schluß, daß in *Hist.Conscr.* eigene Meinungen Lukians formuliert seien, gelangt auch Anderson (theme 116ff., bes. 117), wenn auch aufgrund gänzlich anderer Erwägungen, nämlich der These von den unentwegt wiederkehrenden Standardmotiven im

selbst aus dem relativ Wenigen, was an antiker Literaturkritik auf uns
gekommen ist, lassen sich von Lukian abweichende und manchmal
gegensätzliche Anschauungen nachweisen.[77] Es scheint also methodisch
gerechtfertigt, Lukians Anweisungen in *Hist.Conscr.* jeweils für sich wie
in ihrer Beziehung untereinander und zu anderen Schriften des Autors zu
interpretieren mit dem Ziel, diese der Historiographie gewidmete Schrift für
die Bestimmung von Lukians theoretischer Position in Fragen der
Literaturkritik allgemein fruchtbar zu machen.[78]

Die Relevanz von *Hist.Conscr.* für unsere Fragestellung bedarf allerdings
der Begründung, da Lukians Stellungnahmen im Negativen wie im
Positiven sich nicht auf Literatur im allgemeinen beziehen, sondern auf die
Gattung der Historiographie, wie er selbst hervorhebt (§§ 6f.): *Diejenigen
Verstöße, die allen literarischen Texten gemeinsam sind - in Sprache,
Zusammenfügung, Gedankenführung und sonstiger Stümperei -
erschöpfend zu behandeln, würde den Rahmen sprengen und ist nicht*

---

Werk Lukians; zum Verfassen von *Hist.Conscr.* habe er keinerlei Quellen benötigt,
"Lucian's material, then, follows easily from its context or from his own idées fixes".

[77] Etwa in der Frage, ob der Historiker Patriot sein dürfe oder nicht, vgl. Avenarius
1956, 53.

[78] Zur Gültigkeit von Vorschriften aus *Hist.Conscr.* über die Geschichtsschreibung
hinaus s.u. S. 33f. Einig ist man sich in der Forschung darüber, daß Lukian auch für die
Geschichtsschreibung Forderungen aufstellt, die für Literatur im allgemeinen gültig sind,
nämlich bestimmte aus der Rhetorik stammende ἀρεταὶ λέξεως (anders noch Croiset
1882, 248: "Il avait affaire à des rhéteurs, et il avait mille fois raison de leur dire que la
première chose dont ils devaient prendre soin pour bien écrire l'histoire, c'était d'oublier
la rhétorique."); in jüngster Zeit wurde einerseits ein bestimmender Einfluß der Rhetorik
auf Lukians historiographische Konzeption betont (Mattioli 1985, 100: "Secondo
Luciano, senza retorica, intesa come organizzazione del pensiero e dell' espressione, non
c' è storia."), andererseits der Nachweis versucht, daß die Anwendung rhetorischer
Kategorien auf literarische Gattungen außerhalb der Rhetorik nicht das Überstülpen eines
wesensfremden Regelwerkes bedeute (Montanari 1987, 61: "...la dottrina retorica possa
essere non qualcosa di esteriore e mecanica, bensì una forma intellettuale che coinvolge
organicamente e per così dire riformula fin nel profonde, reinserendoli in un proprio
sistema, doti concettuali di diversi settori del pensiero."). - Nach Meinung von Strobel
1994, 1358f. ist *Hist.Conscr.* "keine literaturgeschichtliche oder literaturtheoretische
Abhandlung, sondern ... dem Rahmen seines sonstigen Schaffens mit seinen Themen und
Charakteren verhaftet". Zum Rahmen dieses Schaffens gehört aber gerade auch
Literaturtheorie.

*eigentlicher Gegenstand der vorliegenden Abhandlung...*[79] Jedoch ist für die Bewertung der Aussagekraft dieser Bemerkung deren unübersehbar prodiorthotische Funktion zu bedenken: Der Autor will etwaige übertriebene Erwartungen, denen die Schrift nicht entsprechen kann, im voraus zurückschrauben, um so günstige Voraussetzungen für ein positives Gesamturteil zu schaffen. Das heißt aber nicht, daß er gar nichts vorlegen wird, was über die Grenzen der Historiographie hinaus Gültigkeit hätte - ein Vorhaben, das wohl, selbst wenn Lukian es gewollt hätte, gar nicht ausführbar gewesen wäre. Trotz dieser Einschränkung dürfen aber eigentliche Thematik und Anspruch von *Hist.Conscr.* nicht aus den Augen verloren werden. In der Forschung hat man sich bisher um eine systematisch durchgeführte Unterscheidung der ausschließlich die Geschichtsschreibung betreffenden Äußerungen in *Hist.Conscr.* von solchen allgemeinerer Gültigkeit, soweit ich sehe, nicht bemüht. Ohne Begründung schreibt Schmid (1887, 221): "Über seine sprachlich-stilistischen Grundsätze gibt er an einigen Stellen Auskunft, am ausführlichsten vom 37. Kapitel der Schrift de hist.conscr. an, hier freilich mit Absicht auf die Geschichtsschreibung allein, doch so, daß man sich aus der Stelle unbedenklich Schlüsse auf seinen gesamten schriftstellerischen Charakter erlauben darf." Auch Householders (1941, 92) Bemerkung: "Many of the standard vices of composition are illustrated by the Parthic historians in Hist.Conscr. 1-36..." sowie Neef (1940, 7): "...kann man doch aus der Belehrung, die Kap. 37 anhebt, einige Schlüsse auf seine Einstellung zur herrschenden Stilrichtung machen" weisen in diese Richtung.

Demgegenüber darf nicht übersehen werden, daß Lukian gerade in *Hist.Conscr.* an mehreren Stellen darauf hinweist, daß für unterschiedliche literarische Gattungen auch unterschiedliche Gesetze gelten. So wird gleich zu Beginn des 'Negativ-Teiles' (§ 6: νῦν δὲ τὰς κακίας εἴπωμεν) die gewaltige und unüberbrückbare Kluft betont, die zwischen den Gattungen Historiographie und Enkomion liege und die von manchen ignoriert

---

[79] ἃ μὲν οὖν κοινὰ πάντων λόγων ἐστὶν ἁμαρτήματα ἔν τε φωνῆι καὶ ἁρμονίαι καὶ διανοίαι καὶ τῆι ἄλληι ἀτεχνίαι, μακρόν τε ἂν εἴη ἐπελθεῖν καὶ τῆς παρούσης ὑποθέσεως οὐκ ἴδιον...

werde.[80] Etwas später trifft Lukian - wieder im Hinblick auf das zu vermeidende Mischen der Geschichtsschreibung mit enkomiastischen oder mythischen Elementen - die allgemeine Feststellung: *Denn bei jedem Ding gibt es das ihm eigene Schöne; vertauschst du dies, so wird eben dieses häßlich beim Gebrauchen* (§ 11).[81] Ein konkretes Beispiel für gattungsspezifisch unterschiedliche Anforderungen führt Lukian in § 43f. im Blick auf die λέξις aus: Die in der Geschichtsschreibung angemessene Sprache wird abgegrenzt von derjenigen der Rhetorik und derjenigen der Poesie, wobei in unserem Zusammenhang das Inhaltliche dieser Abgrenzung auf sich beruhen kann,[82] vielmehr die Tatsache an sich interessiert; andererseits gibt Lukian in demselben Abschnitt Anweisungen für die λέξις, die er gewiß nicht nur in der Geschichtsschreibung beachtet wissen wollte (s.u. S. 105ff.).

Die Natur der Sache einerseits (es ist unmöglich, umfassende Vorschriften für die Historiographie zu geben, ohne zugleich vieles für Literatur allgemein Gültiges auszusprechen), Lukians offenkundig stark ausgeprägtes Bewußtsein für die Eigengesetzlichkeit literarischer Gattungen andererseits machten es also notwendig, bei jeder Aussage aus *Hist.Conscr.*, bevor sie zur Erkenntnis allgemeiner literaturkritischer Grundsätze Lukians benutzt werden kann, zu prüfen, ob sie auch außerhalb der Gattung Geschichtsschreibung anwendbar sein könnte bzw. der Autor sie für anwendbar hält. Von vornherein außer Betracht bleibt alles, was offenkundig allein die Historiographie betrifft, soweit es nicht per analogiam allgemeingültigere Schlußfolgerungen erlaubt.

Die Schrift weist eine klare Gliederung auf:[83] Auf das Proömium folgt eine kurze Prothesis (§ 6a), in der eine Zweiteilung angekündigt wird: (1) ἅτινα

---

[80]   Der Gedanke ist verbreitet und vielerorts belegt (vgl. Avenarius 1956, 13f.); aber der Nachdruck, mit dem Lukian ihn vorträgt, ist doch bemerkenswert (vgl. Georgiadou /Lamour 1994, 7: "Lucian says that history and encomium are separated by a great wall (7). The terms used are very emphatic.").

[81]   ἑκάστου γὰρ δὴ ἴδιόν τι καλόν ἐστιν· εἰ δὲ τοῦτο ἐναλλάξειας, ἀκαλλὲς τὸ αὐτὸ παρὰ τὴν χρῆσιν γίγνεται.

[82]   Vgl. dazu Avenarius 1956, 55ff.; Homeyer 1965, 254ff.

[83]   Vgl. bes. Homeyer 1965, 13ff.

φευκτέον τῶι ἱστορίαν συγγράφοντι, (2) οἷς χρώμενος οὐκ ἂν ἁμάρτοι τῆς ὀρθῆς καὶ ἐπ' εὐθὺ ἀγούσης κτλ. Der erste Hauptteil (§§ 6b-32) beginnt systematisch, geht dann aber in eine lockere Aneinanderreihung von Negativbeispielen über (ab § 14). Der durch eine transitio (§ 33) abgesetzte zweite Hauptteil (§§ 34-60) gibt Anweisungen und Regeln über die notwendigen Voraussetzungen des Geschichtsschreibers, seine Geisteshaltung, seine Arbeitsweise, die Behandlung des Stoffes, die angemessene sprachliche Form und anderes mehr. Ein anekdotisch-resümierender Epilog (§§ 61-63) beschließt die Schrift.

Für die sachliche Aussagekraft der Abhandlung ist entscheidend, daß sie durch das Proömium (§§ 1-5) eindeutig als eine aus aktuellem Anlaß entstandene literaturkritische Publikation ausgegeben wird: Veranlaßt durch den für Rom schließlich erfolgreichen Partherkrieg der 60er Jahre des 2. Jhs. habe sozusagen jedermann im griechischen Osten des Imperiums begonnen, eine historische Monographie über dieses Ereignis der Zeitgeschichte zu verfassen und zu publizieren.[84] Die offenbar jeder Beschreibung spottende Qualität eines Großteils der so entstandenen Elaborate nimmt Lukian zum Anlaß, sich systematisch zu den seiner Meinung nach für die Historiographie gültigen Prinzipien und Regeln zu äußern. Im Gegensatz zu anderen hier zu erörternden Schriften handelt es sich bei *Hist.Conscr.* also - gleichgültig, wie real oder fiktiv die kritisierten Historiker sind - nicht um eine personenbezogene Streitschrift, sondern um eine sachbezogene Abhandlung. Die auch hier nicht fehlende persönliche Kritik an einer ganzen Anzahl (realer oder fiktiver) Möchtegern-Historiographen hat ausschließlich literarische Fragen zum Gegenstand und nicht etwa den privaten Lebenswandel oder Ähnliches; sie ist dem Sachthema also eindeutig untergeordnet, dient lediglich zur Ableitung und Illustration allgemeiner Anweisungen darüber, was man in der

---

84 Dies wird auch von Strobel 1994, 1355f. eingeräumt: Die kritisierten 'Historiker' seien zwar fiktiv, die reiche Produktion von Partherkriegsliteratur, welche die von Lukian verdichteten und parodierten Fehler enthalten haben möge, sei dagegen Realität.

Geschichtsschreibung vermeiden soll. Insofern liegen die Verhältnisse gerade umgekehrt als etwa beim *Pseudol.* oder *Rh.Pr.*[85]

---

[85] Lukian bezeichnet das Werk zwar als παραίνεσιν δέ τινα μικρὰν καὶ ὑποθήκας ταύτας ὀλίγας (§ 4), was an die φιλικὴ παραίνεσις des *Pseudol.* (§ 31) erinnert; doch kann dieser Ausdruck dort nach all den wüsten Beschimpfungen nur als sarkastisch verstanden werden, während die Charakterisierung von *Hist.Conscr.* als Aufforderung und Rat auch durch das Bild des Arztes (§ 5; vgl. *Lex.*) und den Anspruch, einen κανών für die Geschichtsschreibung zu geben (§ 5), unterstützt wird. Auch Homeyer 1965, 12 spricht von einem "vorwiegend ruhigen und sachlichen Tenor", die Schrift sei sehr viel "weniger aggressiv als De Merced.Cond. und Adv. Indoctos" (sic); unzutreffend Croiset 1882, 242: "...il écrit plein de cette colère ... En quelques jours, et sans reprendre haleine, il achève son oeuvre."

## 2.2. Adversus indoctum

Die kleine Schrift gehört zu den in der Forschung kaum beachteten Teilen des lukianischen Werkes.[86] Wo sie überhaupt erwähnt wird, findet man knappe Überlegungen zur Identität des Opfers, zur Datierung und Einordnung in das Gesamtwerk.[87] Doch sind diese Fragen bei *Ind.* von der Möglichkeit einer zweifelsfreien Beantwortung gleich weit entfernt wie von vollständiger Unklarheit (die Anlaß zu kontroversen Thesen geben könnte): In § 14 heißt es, jemand habe χθὲς καὶ πρώην den Wanderstab des Kynikers Peregrinos Proteus für teures Geld gekauft, den dieser vor seiner spektakulären Selbstverbrennung beiseite gelegt hatte; damit ist das Jahr 167 als t.p.qu. gesichert, was zu der Erwähnung des Kaisers als σοφὸς ἀνὴρ καὶ παιδείαν μάλιστα τιμῶν (also des Marc Aurel) paßt. Lukian hat die Schrift demnach irgendwann zwischen 167 und 181 verfaßt.[88] Der kritisierte Büchernarr wird durch zahlreiche typische wie (zumindest anscheinend) individuelle Züge anschaulich beschrieben,[89] aber seine wirkliche Identität bleibt "beyond recovery".[90] Das Pamphlet gehört also zu

---

[86] Es gibt keine Monographie, kommentierte Ausgabe oder ähnliches, nicht einmal einen einzigen Aufsatz; die dem Gesamtwerk Lukians gewidmeten Schriften haben selten mehr als wenige Zeilen für *Ind.* übrig, am ausführlichsten ist noch Jones 1986, 108-110; bei MacLeod 1994 wird die Schrift nicht erwähnt.

[87] Etwa als 'antirömische Polemik' (Highet 1962, 42f.), vgl. dazu Hall 1981, 221ff.

[88] Genaueres läßt sich nicht sagen; es ist ein Irrtum, aus § 14 auf eine Abfassungszeit kurz nach dem Tod des Peregrinos zu schließen (wie Croiset 1882, 76, Harmon, Loeb-Ausg. Bd. III 173), denn χθὲς καὶ πρώην bezieht sich auf ἐπρίατο, nicht auf ἥλατο εἰς τὸ πῦρ; der nicht genannte Käufer könnte den Stab auch erst ein Jahrzehnt oder länger nach Peregrinos' Tod erstanden haben. Streng genommen könnte man den t.a.qu. sogar vom Tode Marc Aurels auf den Lukians hinausschieben, denn die gebotene Schmeichelei gegenüber regierenden Kaisern würde die zitierte Bezeichnung eventuell auch für einen Commodus rechtfertigen - was aber doch unwahrscheinlich ist, da speziell bei Commodus eine solche Formulierung allzu leicht als boshafte Ironie hätte verstanden werden können (Hall 1981, 242: "presumably Marcus Aurelius, rather than Commodus").

[89] Ein typisches Merkmal, das der Indoctus mit dem Rhetorum Praeceptor und dem Pseudologista gemeinsam hat, ist sein "colourful sex-life" (Baldwin 1973, 57); individuell erscheinen Angaben wie der plötzliche Reichtum durch Testamentsfälschung, die Herkunft aus Syrien (§ 19) und das neugekaufte Haus (§ 24).

[90] Jones 1986, 110; "a thought might go to Damophilos..., who wrote ... περὶ ἀξιοκτήτων βιβλίων".

den Schriften gegen 'verdeckte Opfer'[91] wie *Lex.*, *Rh.Pr.*, *Pseudol.* und wird auch thematisch mit diesen und einigen anderen Schriften in Zusammenhang gebracht.[92] Man hat sogar vermutet, daß in *Lex.*, *Pseudol.* und vielleicht auch *Ind.* dieselbe Person attackiert werde.[93] Bei genauerem Hinsehen erweisen sich die Unterschiede zwischen dem Bücherkäufer und Lexiph. aber doch als beträchtlich: Sind die beiden in ihrer Sammelwut, was Bücher betrifft, möglicherweise und in ihrer Hörigkeit gegenüber Schmeichlern sicher vergleichbar (*Ind.* 20 und 22, *Lex.* 17), so unterscheiden sie sich doch sehr im Ausmaß ihrer Unbildung: Zwar werden von den Gebildeten beider Darbietungen mit Hohngelächter quittiert (*Ind.* 7, *Lex.* 16 und 23), diejenigen aber, die nicht zu dieser Kategorie gehören, applaudieren dem Lexiph. zumindest aus ehrlicher Überzeugung (weil sie es eben nicht besser wissen, *Lex.* 17), während dieselben Leute dies beim ἀπαίδευτος nur aus Schmeichelei und zum Schein tun, heimlich aber ebenso in Gelächter ausbrechen wie die Gebildeten (*Ind.* 7).[94] Der Grund dafür dürfte sein, daß der Indoctus nicht einmal in der Lage ist, einen Text in korrekter Aussprache und Artikulation vorzutragen (*Ind.* 7), wogegen bei Lexiph. von solch elementaren Defiziten nie die Rede ist. Von allen in Lukians literaturkritischen Schriften Attackierten steht der ἀπαίδευτος hinsichtlich seiner Bildung auf dem mit Abstand niedrigsten Niveau.

Inhaltliche Interpretation von *Ind.* hat dagegen bisher so gut wie nicht stattgefunden, und die in unserem Zusammenhang interessierende Frage nach theoretischen Positionen des Literaturkritikers Lukian, die möglicherweise auch in dieser Schrift zum Ausdruck kommen, wurde nie

---

[91]  Vgl. Jones 1986, 101-116.

[92]  Vgl. z.B. Schwartz 1965, 109, der *Ind.* in eine Gruppe zusammen mit *Eun.*, *Lex.*, *Merc.Cond.*, *Pseudol.*, *Sol.* und *Rh.Pr.* einordnet; MacLeod 1979, 327 nennt die Schrift zusammen mit *Pseudol.*, *Rh.Pr.*, *Alex.*, *Peregr.*, *Fug.*, *Lex.* und *Eun.*, Baldwin 1973, 55 mit *Lex.* und *Pseudol.*; Jones 1986, 109 erkennt ebenfalls Ähnlichkeiten mit *Pseudol.*, *Lex.*, *Rh.Pr.*, aber "the truer affinity is with Lucian's two masterpieces of denunciation, the *Peregrinus* and the *Alexander*."

[93]  Vgl. Hall 1981, 543f., Anderson 1994, 1431ff.

[94]  Den ehrlichen Beifall der Ungebildeten erntet auch der Rhetoriklehrer und dessen Schüler (*Rh.Pr.* 17). Selbst der Pseudologista ist dem Indoctus insofern überlegen, als dieser auf gefälschte, angeblich wertvolle Editionen hereinfällt, während jener aus eben solchen Fälschungen Gewinn schlägt (Baldwin 1973, 57).

gestellt.[95] Es wird nützlich sein, sich einen Überblick über Inhalt, Aufbau und Gesamttendenz der Schrift zu verschaffen: Im ersten Teil (§§ 1-5a) wird in pointierter Form der Hauptvorwurf gegen den Attackierten geäußert: Sein Versuch, die eigene Unbildung durch massenhaften Ankauf teuerster Bücher zu kaschieren, sei untauglich. Ein Ungebildeter könne zwischen guten und schlechten Büchern[96] nicht unterscheiden, aus wirklich wertvollen Werken wegen seines mangelnden Verständnisses nichts lernen. Es folgt der 'Nachweis', daß der Adressat ungebildet sei (§ 3) und der abschließende Beweis für die Nutzlosigkeit des bloßen Bücherbesitzes anhand des Beispiels der Buchhändler (§§ 4-5a). Die sich anschließende Reihe von Beispielen bzw. Parallelfällen (§§ 5b-15) demonstriert, daß ein Defizit an Wissen und Können auf jedem beliebigen Gebiet auch mittels aufwendigster Ausstattung nicht kompensiert werden könne. Danach kehrt die Darstellung zu dem ungebildeten Bücherkäufer zurück und illustriert mit der Anekdote von Demetrios und dem unfähigen Euripides-Vorleser (§ 19a), wie groß die Blamage wohl wäre, wenn einmal jemand den stets ein Buch bei sich tragenden[97] Ignoranten in ein gelehrtes Gespräch verwickeln würde. Im zweiten Hauptteil (§§ 19b-28a) erweitert sich das Blickfeld auf die möglichen Motive des Bücherkäufers und seine sonstigen Lebensumstände. Erwogen werden nacheinander das Bestreben, Reichtum zur Schau zu stellen (§ 19b), die durch Leichtgläubigkeit gegenüber Schmeichlern entstandene Einbildung wirklicher Gelehrsamkeit (§§ 20-22a), der Wunsch, sich beim ebenfalls bildungsbeflissenen Kaiser einzuschmeicheln (§ 22b). Dies leitet zum letzten Abschnitt über (§§ 23-28a), in dem unter Hinweis auf Verschuldung (§ 24) und Unsäglichkeit sowie Kostspieligkeit seiner sonstigen Leidenschaften dem ἀπαίδευτος der

---

95 In den beiden ausführlichsten Werken über Lukian als Attizisten bzw. Kritiker des Attizismus (Rigault und Chabert) wird *Ind.* überhaupt nicht bzw. nur ganz beiläufig erwähnt.

96 § 1: τίνα μὲν παλαιὰ καὶ πολλοῦ ἄξια, τίνα δὲ φαῦλα καὶ ἄλλως σαπρά: Es geht hier wohl nicht um den stilistischen oder inhaltlichen Wert der Bücher, sondern um die Qualität der Abschriften; nicht alle alten und damit der Urschrift zeitlich näher stehenden Exemplare müssen deshalb schon gut sein - eine Einsicht, die durch Papyrusfunde heutzutage bestätigt wird.

97 Eine der Parallelen mit *Rh.Pr.* (§ 15), und auch Lexiph. trägt sein (nicht irgendein) Buch stolz bei sich.

dringende Rat erteilt wird, vom Bücherkauf zu lassen (§ 28). In einer Art
Epilog (§§ 28b-30) kehrt Lukian schließlich zu dem eingangs behandelten
Thema der Diskrepanz zwischen Qualität des Handwerkszeuges und
Ignoranz von dessen Besitzer zurück und macht diese an den Beispielen
des Arztes und des Friseurs klar. Eine Anspielung darauf, daß der
ungebildete Bücherbesitzer im Wortsinne auf seinen Büchern sitze und
niemals eines verleihe[98] sowie die Ankündigung weiterer Invektiven
anderen Inhalts (während die vorliegende ὑπὲρ τῶν βιβλίων handle)
beschließen das Pamphlet.

Die Übersicht zeigt, daß in dieser Schrift über weite Strecken von Dingen
die Rede ist, die nichts mit dem Bereich der Bildung und Literatur zu tun
haben. Das ausschweifende Privatleben, der allzu rasch und durch Betrug
erworbene Reichtum,[99] die alberne Eitelkeit (§§ 20b-21a) tragen zur
Charakterisierung des ἀπαίδευτος wesentliche Züge bei. Dennoch ist die
Diskrepanz zwischen dem Fehlen jeglicher Bildung und der durch den
Bücherkauf zur Schau gestellten Scheinbildung Rückgrat und Angelpunkt
der Invektive, das Übrige Zutat. Die Anlage der Schrift macht es also
erforderlich, daß Lukian wenigstens andeutungsweise zu erkennen gibt,
woran eigentlich es dem ἀπαίδευτος mangelt, d.h. was seiner Meinung
nach unter echter Bildung zu verstehen ist.[100] Dies geschieht nicht

---

[98] Der Scholiast Arethas (Rabe 151) sieht hier Lukians Motiv, ein Gedanke, der
zumindest witzig ist und über den hinaus bis heute nichts Plausibleres geäußert wurde:
ὡς οὑτωσὶ εἰκάσαι βιβλίον αἰτήσας τινά, Λουκιανέ, καὶ μὴ λαβὼν καλῶι τούτωι
δεξιώματι δι' αἰῶνος ἠμείψω αὐτόν.

[99] Auf den der Verfasser neidisch zu sein scheint: ὑμῶν τῶν πλουσίων ... τοὺς πένητας
ἡμᾶς (§ 4 [123, 2f.]); ἐπιτρίψοντάς σε, ἢν οἱ θεοὶ ἐθέλωσι, καὶ πρὸς ἔσχατον πενίας
συνελάσοντας (§ 24 [132, 1f.]).

[100] "The chief interest of the *Uncultured Man*, however, lies not in its references to
persons past or present but in its presuppositions about contemporary culture. As in the
*Mistaken Critic*, the situation required Lucian to put his learning on parade." (Jones
1986, 110) - Im *Pseudol.* ist aber Bildung nichts als das Instrumentarium, mit dem der
persönlich gekränkte Lukian seine vernichtende Invektive führt (wie auch im *Rh.Pr.*),
während hier das zu vermutende Motiv Lukians (Ärger über den neureichen Ignoranten,
der sich die kostbarsten Ausgaben leisten kann und doch nichts davon versteht bzw. diese
noch nicht einmal verleiht, s.o. Anm. 98) in den Bereich Bildung / literarische Kultur
selbst fällt.

systematisch, sondern in Form hier und da eingestreuter Hinweise, die den Wert der Schrift für unsere Fragestellung ausmachen.

42

## 2.3. Rhetorum praeceptor

Bereits der Scholiast (Rabe 174) hält die Vermutung, Lukians Kritik im
*Rh.Pr.* ziele auf den ὀνοματολόγος Julius Polydeukes (Pollux), für
'vielleicht richtig', da die beiden ja Zeitgenossen seien und Pollux'
Privatleben möglicherweise Anlaß zum Vorwurf geboten habe. Auf
dergleichen findet man in der knappen Biographie Philostrats (*VS* II 12,
592f.) zwar keinen Hinweis,[101] wohl aber die Notiz, Pollux habe seine
Vorträge 'mit honigsüßer Stimme' (μελιχρᾶι τῆι φωνῆι) gehalten, was
Lukian ja auch über den Rhetoriklehrer sagt (§ 11: μελιχρὸν τὸ φώνημα);
dies, einige von Lukian mitgeteilte Biographica[102] sowie durch die in
*Rh.Pr.* 24 erwähnte Namensänderung ausgelöste Spekulationen[103]
genügten den meisten Interpreten seit Ranke,[104] die vom Scholiasten
erwogene Identifizierung nicht anzuzweifeln; jüngst wurde diese gar als
'heute allgemein akzeptiert' bezeichnet.[105] Es gibt aber auch in der
modernen Literatur wohlbegründete Gegenstimmen;[106] wer sich auf
Spekulationen nicht einlassen mag, der muß sich wohl mit der Feststellung
begnügen, daß der *Rh.Pr.* zwar gegen eine bestimmte Person gerichtet ist
(vgl. §§ 24f.), wir aber weder diese Person zweifelsfrei ermitteln noch
sagen können, inwieweit Lukian das Bild seines Redelehrers mit nicht-

---

101    Die Angabe, Pollux habe bei seinem Tode einen legitimen, also ehelichen Sohn
hinterlassen (ἐτελεύτα δ' ἐπὶ παιδὶ γνησίωι), spricht - wenn überhaupt für irgendetwas -
nicht für ein allzu skandalträchtiges Privatleben des Sophisten.

102    Z.B. dessen angeblich niedrige Herkunft aus dem ägyptischen Naukratis, vgl.
etwa Baldwin 1973, 34f.

103    οὐκέτι Ποθεινὸς ὀνομάζομαι, ἀλλ' ἤδη τοῖς Διὸς καὶ Λήδας παισὶν
ὁμώνυμος γεγένημαι: Warum jedoch Lukian von 'den Söhnen des Z. und der L.' spricht,
wenn er lediglich 'Polydeukes' meint, konnte bislang noch niemand einleuchtend
erklären.

104    Ranke 1831, bes. 30ff.

105    Jones 1986, 108; von den weiteren Befürwortern der Identifikation sei hier nur
noch Hall 1981, 273-278 genannt, bei der man wie immer eine besonnene und klug
abwägende Diskussion der Frage findet.

106    Bes. Baldwin 1973, 34-36, sowie Anderson, theme 70f.; nicht überzeugen kann
die von Gil 1979/80 vorgeschlagene Identifizierung mit Apuleius (aufgrund
vermeintlicher Gemeinsamkeiten in der Biographie und äußeren Erscheinung sowie einer
Verstimmung Lukians über den literarischen Diebstahl des Eselsromans).

individuellen, typischen Charakteristika der Spezies 'Sophist' angereichert hat.[107]

Bedeutend geringere Aufmerksamkeit als der Identifizierung des Opfers wurde bislang der inhaltlichen Untersuchung dieser Schrift gewidmet. Meist begnügte man sich damit, sie unter die 'Attizismus-kritischen' Schriften Lukians einzuordnen, wobei oft eine besondere Affinität zum *Lex.* festgestellt wurde.[108] Differenzierende Äußerungen sind die Ausnahme und gehen nicht über zwar gewiß richtige, aber unzureichende[109] oder auch durchaus zweifelhafte Feststellungen[110] hinaus. Um Stellenwert und Aussagekraft des Pamphlets gegen den Rhetorikprofessor innerhalb von Lukians literaturkritischen Schriften richtig einschätzen zu können, sind aber eine Klärung der Motivation des Autors für das Verfassen dieser Streitschrift und eine möglichst genaue Bestimmung der Zielrichtung (nicht im Sinne der Namhaftmachung des

---

107     Vgl. Croiset 1882, 255: "rien n'est plus facile que de mettre des exemples à côté de chacun des reproches principaux de Lucien"; Robinson 1979, 57f.: " It is indeed possible to draw parallels between the master and various sophists described by Philostratus - Scopelian, Herodes Atticus, Hadrian of Tyre, Pollux - but given the entirely conventional portrait which Lucian gives (...) this is clearly evidence for the degree to which Philostratus stylizes his biography rather than for the extent to which Lucian borrows from reality." Auch Hall 1981, 277 erwägt das Einfließen typischer Züge anderer Sophisten in das Bild des Rhetoriklehrers; Jones 1986, 101f. spricht von "embodiment of a group".

108     Vgl. z.B. Croiset 1882, 78: "Il n'y a guère moyen de séparer le Lexiphane du Maître de Rhétorique. Ces deux écrits se tiennent par la ressemblance étroite des idées." Papaioannou 1976, 149: "'Απαραίτητη ή συσχέτισή του (sc.: des *Lex.*) καὶ με τὸν Ψευδοσοφιστὴν καὶ με τὸν 'Ρητόρων διδάσκαλον (ἰδιαίτερα 16-21)." Korus 1984, 305: "In the dialogues Lexiphanes and Rhetorum Praeceptor he (sc.: Lukian) pokes fun at the orators who showed off their knowledge of obsolete words, at the expense of sense and clarity of the entire literary piece."

109     So bemerkt z.B. Jones 1986, 105 und 115 die unterschiedliche Schärfe der Invektive in *Rh.Pr.* und *Lex.*

110     Etwa Anderson, theme 69f.: "There are copious cross-references between *Rhetorum Praeceptor*, *Lexiphanes* and *Pseudologista*"; doch habe Lukian verschiedene Motive: "the Pseud. is a defence of Lucian (...); the other two pieces (...) have a much more literary purpose. *Rhetorum Praeceptor* is an updated Allegory of Prodicus, *Lexiphanes* is an ingenious blend of Comic and Platonic material with a riotous parody of outlandish diction." Im Hintergrund stehen hier natürlich Andersons fragwürdige Anschauungen über Lukians schriftstellerische Technik (s.o. Anm. 76).

Opfers, sondern einer inhaltlichen Präzisierung) der in ihr geübten Kritik notwendige Voraussetzungen.[111] Diese bislang wenig beachteten Fragen stehen im Mittelpunkt der folgenden Überlegungen; es wird sich zeigen, daß *Rh.Pr.* nur in eingeschränktem Sinne überhaupt zu Lukians literaturkritischen Schriften gezählt werden kann, und bei Schlußfolgerungen auf tatsächliche Anschauungen des Autors auf diesem Gebiet große Vorsicht geboten ist.

Die Schrift gliedert sich in zwei rahmende Partien, in denen jeweils Lukian selbst spricht, und einen Mittelteil, in dem der Rhetoriklehrer das Wort hat. Zunächst erläutert Lukian dem imaginierten Adressaten, einem jungen Mann, der die Redekunst erlernen will, die beiden Wege, die zu dem ersehnten Ziel führen (§§ 1-8), und charakterisiert sodann nacheinander den 'rauhen' Weg und dessen Führer (§§ 9f.) sowie den 'leichten' Weg (§§ 11f.). Darauf wird dem Führer des letzteren Weges selbst Gelegenheit zur Darstellung seiner Person und seiner Lehrmethode gegeben; er spricht über seine Kunst (§ 13), die notwendigen Voraussetzungen, die sein Schüler mitbringen müsse (§§ 14-16a), gibt sodann Anweisungen für die sprachliche Gestaltung einer Rede (§§ 16b-18), für das richtige Verhalten bei öffentlichen Auftritten (§§ 19-22) und für die Gestaltung des Privatlebens (§ 23); abschließend stellt er kurz seinen eigenen Werdegang dar (§§ 24f.). Lukian selbst spricht das Schlußwort, in dem er sich von der Rhetorik lossagt (§ 26).

Tatsächlich fallen schon dem flüchtigen Leser die angedeuteten Parallelen zwischen *Rh.Pr.* und *Lex.* ins Auge, und zwar zunächst in dem Sinne, daß der *Rh.Pr.* 13-25 sprechende Führer des bequemen (§ 3: ἡδίστην τε ἅμα καὶ ἐπιτομωτάτην καὶ ἱππήλατον καὶ κατάντη σὺν πολλῆι τῆι θυμηδίαι καὶ τρυφῆι διὰ λειμώνων εὐανθῶν καὶ σκιᾶς ἀκριβοῦς) und vielbegangenen (§ 8: ἀπονητὶ γοῦν ὁρῶ τοὺς πολλοὺς κτλ.) Weges zur Meisterschaft in der Redekunst seinem angehenden Schüler Ratschläge

---

111 Zu welcher Verwirrung es führt, wenn dies nicht beachtet wird, und man Formulierungen aus *Rh.Pr.* wie *Lex.* unterschiedslos auswertet, um eine Aussage darüber zu treffen, "qualia de optimo dicendi genere fuerint Luciani praecepta", zeigt das entsprechende Kapitel bei Rigault 1856, 90-104.

erteilt, die inhaltlich mit einigen Punkten der von Lykinos an Lexiph. geübten Kritik, die sich in dessen Symposion auch mehr oder minder verifizieren lassen, übereinstimmen. Das gilt besonders für *Rh.Pr.* 16b-17, wo Anweisungen für die sprachliche Gestaltung der Reden gegeben werden; der Meister rät:

- 15 bis höchstens 20 Ἀττικὰ ὀνόματα (er nennt vier Beispiele, die alle auch dem Lexiph. vorgehalten werden) auswendigzulernen und wie ein Gewürz über die ganze Rede zu verstreuen; hingegen müsse man keine Sorgfalt darauf verwenden, daß die Diktion auch sonst mit diesen Attizismen zusammenstimme. Lexiph. freilich verfährt in seinem Symposion nach dieser Maxime einzig im Gebrauch der Floskel ἦ δ' ὅς (s.u. S. 83); daß er nicht mehr als 15 bis 20 attische Wörter kenne, kann ihm gewiß nicht vorgeworfen werden.[112]

- Verpönte, kuriose und bei den Klassikern kaum belegte Vokabeln wie Pfeile gezielt auf das Publikum abzuschießen, um so dessen Erstaunen über die vermeintlich umfassende Bildung des Redners zu erregen. Von den hierfür genannten vier Beispielen (ἀποστλεγγίσασθαι, εἰληθερεῖσθαι, προνόμιον, ἀκροκνεφές) finden sich drei in Lexiph.' Symposion, das allerdings - um im Bilde zu bleiben - aus einem ganzen Hagel derartiger Pfeile besteht.

- Neue Vokabeln zu bilden und diesen nach eigenem Belieben eine Bedeutung beizulegen (wiederum zwei der drei genannten Beispiele im Symposion, nämlich εὔλεξις, χειρίσοφος, nicht σοφόνους), was Lexiph. ja wirklich in großem Umfange tut.

Neben diesen Fällen, in denen die Anweisungen des Rhetoriklehrers nicht nur mit Lykinos' Vorhaltungen übereinstimmen, sondern auch in Lexiph.' Schrift bis zu einem gewissen Grade in die Tat umgesetzt sind,[113] läßt sich noch in zwei Punkten Konsens zwischen dem Lehrer und dem belehrenden Lykinos des *Lex.* (mit gegensätzlicher Tendenz natürlich: ersterer rät zu

---

112 So auch Harmon, Loeb-Ausg. Bd.V 291.

113 Aber keineswegs vollständig; Formulierungen wie die von Baar 1883, 5 ("Zu dem, was im Rhetor.praec. allgemein und theoretisch abgehandelt wird, gibt die im Lexiph. enthaltene Rede ein konkretes Beispiel.") oder Hall 1981, 280 ("In Lucian's Lexiphanes we meet an orator who has put this advice into such assiduos practice...") sind deshalb stark übertrieben. Die Unterschiede überwiegen bei weitem.

dem, was letzterer kritisiert) feststellen, während eine Verifizierung im Symposion nicht möglich ist:

\-     Man solle immer mit möglichst lauter Stimme vortragen (*Rh.Pr.* 19, *Lex.* 24: λαρυγγίζειν).

\-     Man solle Konkurrenten immer herabsetzen, sich selbst in den höchsten Tönen loben (*Rh.Pr.* 21f., *Lex.* 24).

Trotz dieser Übereinstimmungen wäre es verfehlt zu sagen, es seien Werke wie das Symposion des Lexiph., die am Ende herauskommen, wenn sich jemand an die Ratschläge des Redelehrers hält. Denn viel wesentlicher als die Parallelen sind die Diskrepanzen zwischen den beiden Schriften, und zwar sowohl (1) bezüglich des jeweils vom Verfasser Lukian gemeinten und aufs Korn genommenen Objekts der Kritik (Inhalte, nicht Personen) als auch (2) bezüglich der inneren Haltung des Autors gegenüber diesem Objekt (der gemeinten Person) sowie seiner Motivation.

(1) Eine der Regeln, die der Lehrer seinem Schüler am nachdrücklichsten einschärft, lautet, sich auf das Improvisieren von Redevorträgen zu beschränken und  nichts schriftlich zu fixieren: *Sieh deshalb zu, daß du ja nie schreibst oder gründlich vorbereitet auftrittst; das nämlich wäre ein untrüglicher Prüfstein (Rh.Pr. 20).*[114] Lexiph. aber hat ein Buch geschrieben und damit jedem, der will, diesen untrüglichen Ansatzpunkt zur Kritik geboten; allein dies stellt klar, daß er nicht zu den folgsamen Schülern des Rhetoriklehrers zählen kann.[115] Dessen Anweisungen beziehen sich nämlich ausnahmslos auf die besonders publikumswirksame Kunst der Stegreifrede[116], das meiste des in *Rh.Pr.* 18-22 Gesagten ist nur

---

114     ὥστε ὅρα μή ποτε γράψῃς ἢ σκεψάμενος παρέλθῃς, ἔλεγχος γὰρ σαφὴς ταῦτά γε.

115     Der ja wenigstens darin mit dem gestrengen Führer des steilen Weges (*Rh.Pr.* 9) übereinstimmt, daß er peinlich genaue Befolgung seiner Vorschriften fordert (*Rh.Pr.* 14).

116     Diese bereits von Schmid 1887, 66f. getroffene Feststellung wird kaum berücksichtigt; eine Ausnahme Anderson 1982, 68, dessen Formulierung "how not to succeed in extempore rhetoric and how to do so" (analog zum *Lex.*: "how not to revive Attic words, and how to do it") allerdings m.E. weder Motivation noch Ziel der im *Rh.Pr.* geübten Kritik  hinreichend beschreibt.

auf die Situation des vor großem Publikum (vorgeblich)[117] improvisierenden Sophisten anwendbar, wobei die ὑπόκρισις besonders beachtet wird. Der rasche und mühelose Aufstieg zum gefeierten 'Konzertredner' ist also Inhalt des im *Rh.Pr.* angebotenen Weges der Ausbildung.

All dies hat offenkundig wenig mit dem Verfasser des Symposions zu tun: Lexiph. ist ja keinen leichten und kurzen Weg gegangen, hat nicht binnen eines einzigen Tages den Gipfel der Redekunst erreicht (*Rh.Pr.* 15: πρὶν ἥλιον δῦναι), sondern (wie selbst sein Kritiker Lykinos voll Mitgefühl feststellt) unendlich viel Zeit und Mühe aufgewendet, um ein Werk wie das Symposion zustandezubringen (*Lex.* 17). Auch an den Rat, die verstaubten und frostigen Klassiker erst gar nicht zu lesen (*Rh.Pr.* 17), sondern die Sophisten der jüngsten Vergangenheit, hat sich Lexiph. nicht gehalten: Zwar gibt ihm Lykinos eine ganz ähnlich lautende Empfehlung (*Lex.* 23), das heißt aber nicht, daß dem Lexiph. im Ernst völlige Ignoranz der Klassiker vorgeworfen würde. Ohne gute Kenntnis des Vokabulars etwa der Alten Komödie hätte das Symposion nicht geschrieben werden können. Die Kritik an Lexiph. besteht denn auch nicht darin, daß er die vorbildlichen Autoren nicht kenne, sondern daß er seine Kenntnisse falsch nutze. Übrigens hat Lexiph. auch das dreiste Kaschieren von Soloikismen[118] durch Berufung auf fiktive Autoritäten, das *Rh.Pr.* 17 empfohlen wird, gar nicht nötig, denn Soloikismen finden sich in seinem Symposion, bei allem, was man sonst daran aussetzen kann, nicht.

Schon auf diesem, für unser Thema 'Literaturkritik' einschlägigen Gebiet ist also die Diskrepanz zwischen *Rh.Pr.* und *Lex.* unübersehbar. Dazu kommt, daß ein großer Teil der Anweisungen des Redelehrers gar nichts mit λόγοι zu tun hat, sondern sich auf andere Bereiche bezieht. Das gilt etwa für die in *Rh.Pr.* 15 genannten Voraussetzungen, die der Schüler vorweisen müsse; dazu gehören sowohl charakterliche (ἀμαθία, θράσος, τόλμα, ἀναισχυντία) als auch körperliche 'Vorzüge' (βοὴ ὅτι μεγίστη, μέλος ἀναίσχυντον, βάδισμα οἷον τὸ ἐμὸν) sowie die richtige Kleidung

---

117    Vgl. *Pseudol.* 5f. und S. 51f.
118    Zum Begriff des Soloikismos vgl. Flobert 1986.

und das entsprechende Auftreten (ἐσθής...εὐανθὴς ἢ λευκή ... ὡς διαφαίνεσθαι τὸ σῶμα, κρηπὶς ... γυναικεία, ἀκόλουθοι πολλοί, βιβλίον ἀεί).[119] Das gilt ebenso für die Ratschläge, die der Schüler für die Gestaltung seines Privatlebens erhält (*Rh.Pr.* 23): Entsprechend dem schamlosen und effeminierten Auftreten in der Öffentlichkeit dürfe es auch im privaten, namentlich sexuellen Bereich keinerlei Tabus geben; besonders förderlich für die Redefähigkeit sei es, sich Männern hinzugeben, denn man sehe ja täglich, daß Frauen schärfere Zungen hätten als Männer; wenn man folglich dasselbe wie diese über sich ergehen lasse...[120] - Diese Beispiele ließen sich noch vermehren; den überraschend hohen Anteil solcher "réflexions extra-littéraires" allein mit der Tradition des literarischen Pamphlets, in der Lukian stehe, zu erklären,[121] befriedigt nicht. Vielmehr ist deutlich geworden, daß sachbezogene Kritik, in welchem Bereich auch immer, nicht das Hauptanliegen des Autors dieser Schrift war. Solche fließt zwar hin und wieder ein, dient aber doch immer nur als Instrument für die haßerfüllte und letztlich ganz humorlose[122] persönliche Herabsetzung des Attackierten.[123]

---

119    Letzteres ist eine der vermeintlichen Parallelen mit Lexiph.: Der trägt aber nicht irgendein Buch mit sich herum, sondern sein eigenes, und es gibt auch keinen Hinweis, daß er dies ständig tut.

120    Diese Art der Herabsetzung eines Gegners gehört zu Lukians Lieblingsmotiven; auch die im *Lex.* durch die Diktion entstehende unfreiwillige Komik hat oft derartige Tendenz (vgl. Anderson, theme 69: "Lexiphanes' composition is full of effeminate double entendre."); das heißt aber nicht, daß dem Lexiph. dieselben Vorwürfe gemacht würden wie dem Rhetoriklehrer.

121    Wie Bompaire 1958, 476.

122    Bitterkeit und Humorlosigkeit des *Rh.Pr.* betont auch Chabert 1897, 53.

123    Hall 1981, 255 gibt eine vorzügliche Zusammenfassung des Bildes, das von dem Redelehrer entworfen wird: "as ignorant of good Greek as he is of the ancient writers, confining his imitation of the Classical authors to the incessant use of a few Attic phrases, while seeking to impress his listeners with stylistic preciosities and outlandish words, whether obsolete expressions dredged up from the forgotten depths of ancient literature, or affectations of his own invention; he is much given to extempore displays of eloquence, employing hackneyed themes and equally trite illustrations; ostentatious and effeminate in appearance, arrogant and boorish in manner, vulgar and theatrical in delivery, in the law courts dishonest, in private life dishonourable, his aims (...) the acquisition of wealth and fame." - Auf Lexiph. trifft das aber nur bis zum Semikolon zu und auch nur mit Einschränkungen.

Wir sind damit bei (2): Was Lukian dazu bewogen hat, das Pamphlet gegen den Rhetorikprofessor zu schreiben, geht unzweideutig aus den Rahmenpartien hervor, in denen der Autor spricht. Die Schrift gibt sich ja als Antwort auf die Frage eines lernbegierigen Jugendlichen, wie er die Fähigkeiten und den Ruhm eines Sophisten erlangen könne. Während Lukian dem Fragenden von den beiden Wegen mit ebenso großer Eindringlichkeit wie bitterer Ironie den kurzen und bequemen empfiehlt, bemerkt er bezüglich seines eigenen Bildungsganges, daß er unnötigerweise sich auf dem langen und schweren Weg abgemüht habe und es genug sei, daß er sich habe täuschen lassen (§ 8). Und die Strapazen, die der Schüler Lukian auf sich genommen hat, seien nicht nur unnötig gewesen, überdies müsse er jetzt mitansehen, wie die auf dem anderen Weg Gekommenen ihm vorgezogen würden (§ 8; vgl. auch § 26 Ende). Bei *Rh.Pr.* handelt es sich also nicht um eine Schrift, deren Entstehung auf sachbezogenes, kritisches Interesse für sprachlich-literarische Fragen zurückzuführen ist, sondern um ein persönliches Zeugnis des Menschen Lukian: Unübersehbar sind es Verbitterung und Enttäuschung,[124] die seine Stimmung beherrschen und ihn in einer bestimmten Phase seines Lebens dazu veranlassen, sich von dem einmal eingeschlagenen Lebensweg abzuwenden (§ 26: ἐγὼ δὲ ... ἐκστήσομαι ὑμῖν τῆς ὁδοῦ κτλ.). Ohne sich auf biographische Spekulationen einzulassen, wird man doch sagen können, daß es sich um dieselbe Situation handelt, die in *Bis Acc.* (besonders § 31) thematisiert wird,[125] also die Abwendung des etwa vierzigjährigen Lukian von der Rhetorik.[126]

---

124     Croiset 1882, 77: "Il n'est guère douteux en effet que l'écrit en question ne soit une satisfaction accordée par l'auteur à son amour-propre blessé.

125     Auf diesen Bezug weist bereits Croiset 1882, 254f. hin; bemerkenswert ist die Übereinstimmung der Metaphorik in *Rh.Pr.* 9 und 26 mit *Bis Acc.* 31 (die Rhetorik als legitime Ehefrau bzw. Hure).

126     So z.B. Hall 1981, 61: "...the Pseudologistes, which has much in common with the Rhetorum Praeceptor (...) may have been written as early as 162..." Ausgehend von der Identifizierung des Opfers mit Pollux wird auch dessen Einsetzung als Rhetorikprofessor auf einem der Athener Lehrstühle als möglicher Anlaß für die Entstehung der Schrift erwogen (z.B. Jones 1986, 108. Das Jahr der Ernennung des Pollux ist aber nicht zu sichern; zur Besetzung der sophistischen Lehrstühle in Athen vgl. Avotins 1975).

Der *Rh.Pr.* ist also kein Traktat über sprachlich oder literaturtheoretische Probleme, keine Kritik am Attizismus oder dergleichen, sondern in erster Linie eine Invektive von einer humorlosen Bitterkeit und Schärfe, wie sie sonst bei Lukian selten sind (vergleichbar ist der *Pseudol.*). Opfer dieser Invektive scheint während fast der gesamten Schrift eher ein Typus als ein Individuum zu sein, bis die in § 24 mitgeteilten Biographica doch eher an eine bestimmte Person denken lassen. Dieser Typus bzw. diese - für uns nicht sicher identifizierbare - Person hat ebenso geringe Ähnlichkeit mit Lexiph. wie das haßerfüllte Pamphlet insgesamt mit jenem gelassen-witzigen Dialog. Im *Rh.Pr.* wird ein bestimmter Rivale und durch ihn eine ganze Zunft und deren Art der Ausbildung, des Auftretens und der ganzen Lebensführung angeschwärzt, wozu Lukian jedes geeignet scheinende Thema aufgreift - auch das der Sprach- bzw. Literaturkritik. Allein die Äußerungen zu diesem Thema sind innerhalb unserer Fragestellung von Belang; in der Regel können aus dem *Rh.Pr.* nur Negativbilder gewonnen werden, die in Zusammenhang mit anderen Äußerungen gestellt werden müssen. Immer sind bei der Interpretation die persönliche Motivation und emotionale Grundstimmung des Autors von *Rh.Pr.* zu berücksichtigen und die Tatsache, daß es ihm zu allerletzt um die ernsthafte Darlegung von sachlichen Positionen gegangen ist.

## 2.4. Pseudologista

Die Schrift hat in vieler Hinsicht die größte Ähnlichkeit mit *Ind.* und *Rh.Pr.*:[127] Es handelt sich um eine scharfe persönliche Invektive gegen eine zwar namentlich nicht genannte, durch unmißverständliche Andeutungen für den Eingeweihten aber deutlich bezeichnete Person.[128] Der Angegriffene, ein Sophist und Redner und somit gewissermaßen ein 'Kollege' Lukians, muß sich neben anderen Vorwürfen auch Kritik an seinem griechischen Sprachgebrauch gefallen lassen, wie ja auch die Meinungsverschiedenheit über den Gebrauch einer bestimmten Vokabel (ἀποφράς) für Lukian der Anlaß zum Verfassen des Pamphlets war. Es ist also kein Wunder, daß auch diese Schrift zumeist unter die Rubrik 'Attizismus-kritische' Schriften im Gesamtwerk Lukians eingereiht wird;[129] mit wieviel Berechtigung, wird zu prüfen sein.

Nach einer Vorrede, in der Lukian sich in der Nachfolge des Iambographen Archilochos mit 'einer am Flügel gepackten Zikade' vergleicht - will sagen: einem von sich aus zum Spott aufgelegten Menschen, der zudem noch gereizt wird; im Epilog (§§ 31f.) wird dieses Motiv wieder aufgenommen - und in allgemeinen Formulierungen ein Bild von der schier unglaublichen Verkommenheit des Attackierten entwirft (§§ 1-3), wird der Auftritt des menandrischen Prolog-Gottes Elenchos angekündigt (§ 4). Dieser schildert im folgenden (§§ 5-9) die Vorgeschichte: Auf einer Festversammlung am Rande der Olympischen Spiele kündigt der Sophist an, er werde als Probe seines Könnens aus dem Stegreif eine Rede über jedes vom Publikum gewünschte Thema improvisieren. Ein Komplize sorgt dafür, daß dasjenige

---

127    Vgl. z.B. Harmon, Loeb-Ausg., Bd. V 371, s. auch o. Anm. 110.

128    Jones 1972 (ebenso 1986, 113f.) hält Hadrian von Tyros für den hier Angegriffenen; Anderson (theme 69ff., bes. 71 Anm. 40) glaubt nicht an die Möglichkeit einer Identifizierung, Baldwin 1962 und Hall 1981, 297 rücken das Opfer des *Pseudol.* in die Nähe des *Lexiph.*; die ältere Vermutung, der Attackierte sei ein sonst unbekannter Sophist namens Timarchos (vgl. *Pseudol.* 27) hat in der neueren Literatur (vgl. MacLeod 1994, 1393) keine Anhänger mehr (vgl. Harmon l.cit.).

129    Etwa von Hall 1981 im Kapitel über 'Hyperattizisten und Puristen' (279-309) zusammen mit *Lex.* und *Sol.*; von Jones ("concealed victims", 1986, 101-116) zusammen mit *Lex., Rh.Pr.* und *Ind.*; von Baldwin 1973, 50 zusammen mit *Lex., Sol.,* und *Iud.Voc.*

Thema 'gewünscht' wird, über das der Redekünstler einen längst präparierten Vortrag einstudiert hat. Das Betrugsmanöver wird von den Zuhörern alsbald durchschaut, und das Gelächter ist groß, zumal sich die Rede des Sophisten als *wie das Gefieder der Dohle der aesopischen Fabel aus bunten, fremden Federn zusammengestückelt* (§ 5)[130] erweist. In der allgemeinen Heiterkeit tut sich der ebenfalls anwesende Lukian besonders hervor, womit der Grund für eine unversöhnliche Feindschaft zwischen den beiden gelegt ist.

Am römischen Neujahrsfest,[131] einem Tag also, an dem jedermann mit besonderer Sorgfalt auf gute und schlechte Vorbedeutungen achtet, begegnen die beiden Kontrahenten einander auf der Straße. Lukian will ein Zusammentreffen vermeiden und äußert zu einem seiner Begleiter: *Wir sollten besser diesem unseligen Anblick hier aus dem Wege gehen, einem Manne, von dem man annehmen muß, daß er uns durch sein bloßes Erscheinen den schönsten Tag zu einem Unglückstag* (ἀποφράς) *machen wird"*(§ 8).[132] Der Sophist bricht darauf in Gelächter aus wie über eine nie gehörte Vokabel und bekundet durch ironische Fragen (etwa: 'Kann man das essen?') seine Überzeugung, daß ein solches Wort im Griechischen gar nicht existiere.

Soweit die Schilderung des Elenchos, an deren Wahrheitsgehalt allerdings ernsthafte Zweifel angebracht sind. Diese können nicht der Frage gelten, ob mit den beiden genannten Vorfällen wirklich alles Wesentliche über das Entstehen der Feindschaft gesagt ist oder ob Lukian anderes, für ihn vielleicht weniger Rühmliches, verschwiegen hat; mangels irgendwelcher Anhaltspunkte könnte man hier nur spekulieren. Vielmehr beziehen sich die

---

130    ἐτύγχανε δὲ ὁ λόγος αὐτῶι κατὰ τὸν Αἰσώπου κολοιὸν συμφορητὸς ὢν ἐκ ποικίλων ἀλλοτρίων πτερῶν. - In der vorgeblichen Improvisation liegt also das Motiv für den Spott Lukians und des Publikums und nicht, wie Anderson 1994, 6f. meint, darin, daß der Sophist sich an Deklamatoren der jüngeren Vergangenheit statt an klassischen Vorbildern orientiere (vgl. § 6 Ende).
131    Jones (1972) datiert den Zwischenfall auf den 1.1.162 und lokalisiert ihn in Ephesos; vgl. außerdem Jones 1986, 115.
132    "Ὥρα ἡμῖν ... ἐκτρέπεσθαι τὸ δυσάντητον τοῦτο θέαμα, ὃς φανεὶς ἔοικε τὴν ἡδίστην ἡμέραν ἀποφράδα ἡμῖν ποιήσειν.

Zweifel auf die inkriminierte ἀποφράς-Bemerkung Lukians selbst, die (soviel kann schon vorgreifend gesagt werden) gewiß nicht exakt in dem Wortlaut gefallen ist, in dem er sie in § 8 wiedergibt.[133] Vorerst läßt Lukian seinen Prolog-Gott abtreten und teilt in einer Art Prothesis mit, welche Punkte er im folgenden abzuhandeln gedenkt (§ 10); die beiden Themen (unsägliche Verruchtheit des Gegners und Rechtfertigung des Gebrauchs von ἀποφράς) werden dann in umgekehrter Reihenfolge ausgeführt (§§ 11-17 und 18-22). Mit § 23 geht Lukian auf dem Gebiet des Sprachgebrauchs seinerseits zum Angriff über: Unter dem Motto τὰ κακὰ τοῦ σοῦ στόματος wird das rednerische Auftreten des Sophisten einer umfassenden Kritik unterzogen, in § 24 eine Liste von Vokabeln vorgelegt, die er fälschlicherweise gebraucht habe. Nach einem Exkurs (§§ 25-28), der den Leser von der trockenen Materie der Sprachkritik wegführt und ihm tiefen Einblick in das abwechslungsreiche Privatleben des Sophisten gewährt, wird in § 29 der Faden wieder aufgenommen; die Schrift endet mit allgemeinen Beschimpfungen bzw. Zurechtweisungen des Adressaten (§§ 30-32).

Zunächst soll Lukians Verteidigung betrachtet werden, wozu geklärt werden muß, worum genau es eigentlich geht, d.h. was er denn bei jenem Zusammentreffen gesagt haben mag. Außer der bereits angeführten, vorgeblich wörtlichen Wiedergabe gibt es nämlich noch vier weitere Stellen, an denen auf die folgenschwere Bemerkung Bezug genommen wird:

§ 1: ...εἰπόντα ὑπὲρ σοῦ ὡς ἀποφράδι ὅμοιος εἴης...

§ 12: ...τὴν μιαρὰν καὶ ἀπευκτὴν καὶ ἀπαίσιον καὶ ἄπρακτον καὶ σοὶ ὁμοίαν ἡμέραν.

---

133     An ein wörtliches Zitat glaubt Baldwin 1962 und ist dementsprechend überzeugt, daß der Streit einzig um die Bedeutung der Vokabel gehe. Die Gegenposition zu dieser (wie sich zeigen wird) verfehlten Annahme findet man bereits bei Harmon (Loeb-Ausg., Bd. V 372f.): "But the fact that a day can be called *apophras* does not in itself justify calling a man *apophras*, particularly as the word is of the feminine gender; and that is what Lucian obviously did (cf. § 16, and especially § 23)... Anyhow, he elected to infuriate his critic and divert his public by being transparently disingenious and mendacious, and entirely evading the real issue." (Vgl. auch 384f.) - Eine Begründung für diese m.E. im wesentlichen richtige Auffassung fehlt aber.

§ 16: ...εἰκάσαι παμπόνηρον ἄνθρωπον ... ἡμέραι δυσφήμωι καὶ ἀπαισίωι;

Es ist evident, daß hier von etwas doch sehr anderem als in § 8 gesprochen wird:[134] dort erweckte Lukian den Eindruck, er habe das umstrittene Adjektiv auf den Tag bezogen, der durch den Anblick des verhaßten Gegners aus einer ἡμέρα ἡδίστη zu einer ἡμέρα ἀποφάς zu werden drohe; an diesen drei Stellen ist hingegen von einem direkten Vergleich zwischen jenem Intimfeind und einer ἡμέρα ἀποφράς die Rede. Lukian müßte also etwa gesagt haben: 'Nur fort von hier, denn der uns da entgegenkommt ist ja wie eine ἡμέρα ἀποφράς!' Eine dritte Variante bringt § 23: οὐ περὶ πόδα οὖν τῶι τοιούτωι, εἰπέ μοι, ἀποφράδα ὀνομάζεσθαι; Nach dieser Formulierung hätte Lukian keinen Vergleich angestellt, sondern den Sophisten direkt mit der Bezeichnung ἀποφράς belegt. Bevor aus diesem merkwürdigen Befund - der mit Nachlässigkeit des Autors nicht zu erklären ist - Schlußfolgerungen gezogen werden können, müssen zwei weitere Gesichtspunkte in die Überlegung einbezogen werden: Es ist zu klären, ob es objektiv am Gebrauch der Vokabel ἀποφράς etwas auszusetzen gibt und, wenn ja, was; dann ist zu untersuchen, welche subjektiven, aber sachbezogenen Motive bzw. Inhalte Lukian der Kritik seines Gegners unterstellt.

Das Adjektiv kommt zwar nicht so häufig vor, wie dies Lukian in § 15 stark übertreibend behauptet (ἀλλὰ σύ μοι ἕνα τῶν πάλαι δείξας οὐ κεχρημένον τῶι ὀνόματι, χρυσοῦς, φασίν, ἐν Ὀλυμπίαι στάθητι), ist aber in der klassischen Literatur bei Platon und Lysias sowie bei Plutarch belegt (vgl. LSJ s.v.). Den bloßen Gebrauch eines solchen Wortes zu tadeln, wäre nach den allgemeinen Gepflogenheiten des 2. Jhs. also gewiß unberechtigt gewesen. Doch was hatte der Sophist überhaupt an der Vokabel auszusetzen? Lukian unterstellt der Kritik seines Widersachers abwechselnd ganz verschiedene Inhalte:

a) Das Wort sei ihm gänzlich unbekannt (§ 1: ὅτι μὲν ἠγνόεις τοὔνομα, § 8 Ende); deshalb halte er es für einen barbarischen Eindringling in die korrekte, attisch-griechische Literatursprache (§ 11).

---

134 Bompaire 1958, 472 Anm. 5 erkennt ebenfalls Widersprüche in Lukians Widergaben seiner ἀποφράς-Äußerung, übersieht aber die m.E. entscheidende Stelle in § 23.

b) Das Wort gehöre zwar dem altgriechischen Wortschatz an, sei aber mittlerweile ungebräuchlich geworden und sollte deshalb nicht verwendet werden (§ 14).

c) Dem Sophisten sei die Vokabel zwar wohlbekannt, doch halte er die Art, wie Lukian sie gebraucht habe, für unpassend (§ 16).


Wenn (a) zuträfe, der Sophist sich also wirklich so geäußert hätte, wie Lukian ihn am Ende von § 8 'zitiert', dann wären die Rechtfertigungsansätze (b) und (c) überflüssig. Lukian könnte seinen Gegner einfach der Ignoranz bezichtigen und sich jede weitere Verteidigung sparen. Ersteres tut er trotzdem, aber aus der Tatsache, daß er (b) und (c) nichtsdestoweniger für notwendig hielt, läßt sich schließen, daß mit (a) der Inhalt der Kritik nicht zutreffend beschrieben ist. Dasselbe gilt für (b): Eine ausdrückliche Rechtfertigung der χρῆσις von ἀποφράς wäre nicht notwendig, wenn Lukians Gegner die Vokabel lediglich als veraltet abgelehnt hätte. Zudem kann Lukian in diesem Punkt mit so schlagenden und unwiderlegbaren Argumenten antworten, daß es schwerfällt zu glauben, daß jemand einen solchen Vorwurf überhaupt erhoben hätte: Es gibt tatsächlich keine Möglichkeit, die exakte Bedeutung des Wortes ἀποφράς durch ein Synonym auszudrücken; und von einer vox propria, die bei Platon und auch im späteren Griechisch noch belegt ist, braucht man im 2. Jh. nicht nachzuweisen, daß sie nicht veraltet sei, weil eben niemand eine derartige Kritik geübt hätte. Dies gilt auch, wenn man vermutet, daß Lukians Behauptung am Ende von § 14 vom ungebrochenen Fortleben des Wortes in der Umgangssprache (τοῦτο ... τὸ ὄνομα διετέλεσεν οὕτως ἀεὶ πρὸς ἁπάντων αὐτῶν λεγόμενον) eine Übertreibung ist.


Es bleibt also die Möglichkeit (c), d.h., die Kritik des Sophisten galt der Art, wie Lukian die Vokabel verwendet hat. An allen Belegstellen mit einer Ausnahme (auf die sogleich eingegangen wird) tritt ἀποφράς als Adjektiv in Verbindung mit einem femininen Substantiv auf. Als Attribut zu einem anderen Substantiv als ἡμέρα wird es erst von Plutarch verwendet (*Mor.* 518 b: ἀποφράδες πύλαι als Übersetzung für portae nefastae) und möglicherweise liegt hier bereits eine Erweiterung des ursprünglich auf den Terminus 'Unglückstag' beschränkten Ausdruckes vor. Ein Verstoß gegen diesen Gebrauch wäre es, wenn Lukians Bemerkung in der in § 23 insinuierten Form gefallen wäre, er also das Adjektiv zur Bezeichnung einer männlichen Person verwendet hätte.[135] In § 16 jedenfalls belegt Lukian durch drei Beispiele (deren Fundstellen er allerdings verschweigt), daß die Umdeutung von Gegenstandsbezeichnungen zu Spottnamen für Personen bei den Alten üblich gewesen sei; mindestens eines der Beispiele belegt die Verwendung eines eigentlich weiblichen Adjektivs zur Bezeichnung einer männlichen Person (ἑβδόμη). Die Beispiele wären, wie bereits das Ansprechen des χρῆσις-Themas überhaupt, vollkommen überflüssig, wenn nicht eben hier das Problem läge: Lukian hat offenbar den Sophisten auf der Straße als ἀποφράς bezeichnet (er könnte etwa gesagt haben: ὥρα ἡμῖν ἐκτρέπεσθαι τὸν ἀποφράδα τοῦτον ἄνθρωπον), dieser hat darauf den seiner Meinung nach falschen Gebrauch des Wortes gerügt.

Nicht mit Sicherheit beantworten läßt sich die Frage, weshalb Lukian zur Rechtfertigung der Junktur ἀποφρὰς ἄνθρωπος nicht auf Eupolis verwiesen hat   (332: συνέτυχεν ἐξιόντι μοι / ἄνθρωπος ἀποφρὰς καὶ βλέπων ἀπιστίαν). Entweder kannte er die vielleicht entlegene Komikerstelle nicht bzw. sie war ihm nicht gegenwärtig, oder er wollte den Habitus des Pedanten - etwa nach Art des Keitoukeitos bei Athenaios - vermeiden.[136] Letzteres ist angesichts der Schärfe der Auseinandersetzung, in der Lukian so ziemlich jedes Mittel recht gewesen sein dürfte, kaum wahrscheinlich.

Es ergibt sich also, daß von den drei dem Sophisten unterstellten Kritikansätzen nur einer einigermaßen stichhaltig, von den drei lukianischen Rechtfertigungsansätzen entsprechend nur einer nicht gänzlich unwiderlegbar ist - jedenfalls wenn man die Eupolis-Stelle außer Betracht läßt. Da sich kein Grund denken läßt, warum Lukian ausgerechnet die für ihn ungünstigste Variante - den ein wenig begründeten Vorwurf und die

---

135    Dies wurde öfter vermutet (s.o. Anm. 133 und 134), aber nie begründet.

136    Harmon (Loeb-Ausg., Bd. V 373) erwägt beide Möglichkeiten, während Baldwin 1962 sich mit Lukians Behauptung, er könne Belege bringen, halte dies angesichts der Ignoranz des Sophisten aber für unsinnig, zufriedengibt.

nicht völlig unangreifbare Widerlegung- hinzuerfunden haben sollte, wenn der Sophist in Wahrheit eine  viel leichter zu widerlegende Kritik geübt hätte, ergibt sich, daß es in Wahrheit eben um den χρῆσις-Vorwurf ging, und nur die diesbezügliche Verteidigung am Platze ist,[137] das Übrige dagegen von Lukian zur Herabsetzung des Gegners hinzuerfunden wurde.

Lukian macht in dieser Schrift also offensichtlich von allen ihm zu Gebote stehenden Mitteln Gebrauch, um sich gegen eine Kritik, die ihn tief getroffen hat, zu wehren; sein Bedürfnis, den anderen herabzusetzen, scheint dabei nicht geringer als dasjenige, sich selbst reinzuwaschen. In Verfolgung dieses Zweckes muß Lukian, da die Kritik sich auf ein sprachliches Thema bezieht, ebenfalls auf diesem Feld argumentieren, beim Anschwärzen des Gegners hingegen spielen Vorwürfe aus diesem Gebiet eine untergeordnete Rolle. Insbesondere die längeren Abschnitte über dessen  Lebenswandel und Privatleben zeigen, daß die sachliche Auseinandersetzung der persönlichen διαβολή untergeordnet ist. Der Streit über eine Frage des Wortgebrauchs ist nichts weiter als letzter und äußerlicher Anlaß zur Abfassung dieser Schrift gewesen, ihr wirklicher Daseinsgrund aber ist die persönliche Feindschaft, ihr ganzer Daseinszweck die persönliche Herabsetzung. Ganz konsequent bleibt Lukian nur in dieser Tendenz, in den untergeordneten und instrumentalisierten Sachthemen hingegen werden die Prinzipien und Prämissen nach ihrer Brauchbarkeit für den jeweiligen Kontext ausgetauscht. Welche davon Lukian sich möglicherweise in nicht emotionaler Sachdiskussion zu eigen gemacht hätte, darauf kann der *Pseudol.* nur im Kontext mit Bemerkungen aus anderen, weniger emotional geprägten Schriften Antwort geben. Angesichts der Grundtendenz der Schrift kann man aus etwa darin geäußerten sachbezogenen Feststellungen also nur mir größter Vorsicht auf wirkliche Überzeugungen Lukians schließen; man muß sich immer vor Augen halten, daß hier nicht der

---

137    Ein Indiz dafür ist m.E. auch, daß Lukian am Ende der Schrift das Adjektiv in Beziehung auf ein neutrales und maskulines Substantiv gebraucht (§ 31: στόμα, § 32: βίος), wie um damit triumphierend die Korrektheit seiner χρῆσις zu demonstrieren.

'Kritiker des Attizismus' doziert, vielmehr der persönlich gekränkte Literat nichts unversucht läßt, einen verhaßten Kontrahenten zu vernichten.[138]

---

[138]    Lukian sagt dies selbst in § 2 in schöner Offenheit: ...ἀρχὴν δὲ εὔλογον παράσχοις τῶν κατὰ σοῦ λόγων...

## 2.5. Soloecista

Unter den sprachkritischen Schriften Lukians hat der Dialog
Ψευδοσοφιστὴς ἢ Σολοικιστής den Philologen besondere
Schwierigkeiten bereitet. Was ist davon zu halten, daß hier der 'überlegene'
und damit in aller Regel doch wohl mit Lukian zu identifizierende
Dialogpartner, dessen Namen die Handschriften überdies einheitlich als
Λουκιανός (nicht Λυκῖνος) angeben, in einem Teil seiner Äußerungen
unübersehbar Prinzipien eines pedantisch-puristischen Attizismus à la
Phrynichos das Wort redet, die Lukian anderswo gerade zum Ziel seines
Spottes macht?[139] Der Λουκιανός des *Sol.* scheint durchaus andere
Auffassungen über sprachliche Korrektheit zu vertreten als der Autor
Lukian, und so lassen sich denn in den Schriften des Letzteren nicht selten
'Fehler' im Sinne des Ersteren nachweisen.[140] Wenn man sich nicht mit
der Erklärung begnügen möchte, es gebe "kaum einen Schriftsteller, dem
sich nicht Nachlässigkeiten und Inkorrektheiten im Ausdrucke nachweisen
liessen, was aber nicht hindert, dass derselbe in einer zur Bekämpfung der
Sprachfehler *ex professo* abgefassten Schrift auch solche Ausdrücke, die
er selbst einmal gebraucht, aber *die diem docente* als falsch erkannt hat oder
erkannt zu haben glaubt, tadele",[141] so bleiben zur Auflösung des
Widerspruches nur die Möglichkeiten, entweder anzunehmen, daß Lukian
und Λουκιανός nicht identisch sind (A), oder deren Identität zu bejahen
und gute Gründe zu finden, warum die beiden einander widersprechen (B).

(A) Λουκιανός und Lukian hätten dann nichts miteinander zu tun, wenn
man Lukian nicht als den Autor, die Schrift also als unecht ansieht. Dies
geschah bereits im vorigen Jahrhundert des öfteren (z.B. durch Reitz,

---

139    Die Übereinstimmungen mit Phrynichos (12 Fälle) notiert Baldwin 1973, 54
Anm. 46. Neben den einschlägigen Abschnitten in der allgemeinen Lukian-Literatur vgl.
zum *Sol.* besonders: Baar 1883; MacLeod 1956; Sakalis 1976 und 1979.

140    Das wird allenthalben festgestellt; die Verstöße Lukians gegen die im *Sol.*
vertretenen Regeln notiert MacLeod in der Loeb-Ausgabe (Bd. VIII in den Anmerkungen
zum Text); eine Liste auch bei Chabert 1897, 161-165; Deutungsversuche bislang
unverstandener Stellen bei Sakalis 1976.

141    Baar 1883, 11.

Rothstein, Croiset)[142] und wurde zuletzt von Hall vertreten, die eine auf Harmon zurückgehende Vermutung aufgriff, der *Sol.* sei von einem ägyptischen Schulmeister geschrieben, der den *Lex.* gelesen habe.[143] Gegen Lukians Autorschaft wurden auch die vergleichsweise kunstlose Dialogführung und der angeblich mangelnde Witz ins Feld geführt.[144] Solche letztlich subjektiven Zusatzbegründungen[145] können aber nicht darüber hinwegtäuschen, daß über den Anstoß an der ganz 'unlukianischen' Sprachpedanterie hinaus nichts wirklich Substantielles gegen Lukian als Autor des *Sol.* spricht. Die Unechtheitsvermutung ist prinzipiell also nichts anderes als eine Verlegenheitslösung, zu der methodisches Vorgehen erst ganz zuletzt, nach Ausscheidung alles sonst Denkbaren, gelangen sollte.

Man kann auch von der anderen Seite ansetzen und also Lukian zwar für den Autor, Λουκιανός aber nicht für dessen Sprachrohr halten: "...si Lycinos parle sérieusement, ce n'est pas le Lycinos du Lexiphane, c'est Lexiphane lui-même, et le Maître de Rhétorique en personne."[146] Kritisiert würde dann im *Sol.* also nicht der seine eigenen Fähigkeiten überschätzende Sophist, sondern der überpedantische Λουκιανός. Aber es wäre schon sehr sonderbar, wenn Lukian mit Λουκιανός hier nicht sich selbst meinen würde, gebraucht er diesen Namen in seinem Werk doch nur selten und nur dort, wo er wirklich von sich selbst spricht.[147] Für ein

---

[142]    Vgl. MacLeod 1956, 165.

[143]    Hall 1981, 554 Anm. 79; die von MacLeod referierte Vermutung Harmons in der Loeb-Ausgabe, Bd. VIII 1; in dem CQ-Aufsatz geht MacLeod aber von der Echtheit des *Sol.* aus.

[144]    Ersteres von Hall 1981, 289-307, letzteres bereits von Schmid 1887, 224 Anm. 8.

[145]    Das zeigt etwa die Arbeit von Sakalis 1979, der gerade die satirische Qualität, den feinen Witz und die prinzipielle Übereinstimmung des *Sol.* mit der sonstigen Sprachkritik Lukians aufzuweisen versucht - im ganzen wie im einzelnen nicht überzeugend. Für die Echtheit des *Sol.* auch Baldwin 1973, 54ff., unentschieden Jones 1986, 171 und MacLeod 1994, 1393.

[146]    Chabert 1897, 164 (wohl nicht zufällig bezeichnet er den Dialogpartner mit dem nicht überlieferten Namen Lykinos).

[147]    MacLeod 1956, 108 führt dies als Gegenargument zu seiner dritten Interpretationsmöglichkeit an ("Lucian wrote the Solecist, but does not intend the pronouncements of Λουκιανός to be taken seriously"). Dagegen spricht es aber gar

solches Verwirrspiel hätte er kaum das Verständnis des Publikums erwarten dürfen.

(B) Wenn man von der Richtigkeit der Gleichung Lukian=Λουκιανός ausgeht, öffnen sich der Interpretation wiederum zwei Wege: Entweder man nimmt an, das, was Λουκιανός im *Sol.* sagt, sei ernst gemeint und entspreche tatsächlich der Meinung Lukians. Um den Widerspruch zu seiner tatsächlichen Sprachpraxis aufzulösen, böte sich dann die 'biographische' Lösung an, d.h., man hätte von einer Entwicklung Lukians auszugehen: In einer bestimmten Phase seines Lebens habe er sich theoretische Positionen zu eigen gemacht, gegen die er in seiner schriftstellerischen Praxis permanent verstoßen habe. Wie sehr solche Spekulationen jedoch jeden Anhaltspunktes entbehren, wird daraus klar, daß der *Sol.* sowohl als Früh- als auch als Spätwerk bezeichnet werden konnte;[148] auch die 'Fehler' sind über Lukians gesamtes Oeuvre verteilt und keiner bestimmten Phase zuzuweisen.

MacLeod hingegen hält den *Sol.* für eine temperamentvolle Invektive gegen einen persönlichen Feind; im Eifer des Gefechts verlasse Lukian so gänzlich den Boden sachlicher Auseinandersetzung, daß er nicht vor der Berufung auf Prämissen zurückschrecke, die er normalerweise selbst mißachte. Um den Gegner herabzusetzen, lasse Lukian sich dazu hinreißen, mit Steinen zu werfen, obwohl er selbst im Glashaus sitze.[149] Diese Interpretation führt insofern weiter, als sie die festgestellten Anstöße im *Sol.* nicht durch unbeweisbare Außenumstände zu erklären bemüht ist, sondern den Grund in einem der Nachprüfung zugänglicheren Bereich sucht, nämlich der Intention des Autors. Die hier versuchte Bestimmung

---

nicht: Es ist durchaus möglich, daß Lukian einer Dialogfigur seines Namens Behauptungen in den Mund legt, die er als ironisch verstanden wissen will und dies dem Leser signalisiert; undenkbar ist lediglich, daß Lukian mit Λουκιανός eine andere Person meint als sich selbst.

[148] Spätwerk: Baar 1883, 9; MacLeod 1956, 106; Sakalis 1976, 75. Frühwerk: Schmid 1887, 224 Anm. 8.

[149] 1956, 109; diese Interpretation favorisiert MacLeod unter den vier zur Diskussion gestellten und hält auch in seiner jüngsten Äußerung an ihr fest (1994, 1393: "a bitter hypocritical attack on a personal enemy such as 'Pseudologista'").

dieser Intention allerdings trifft schwerlich das Richtige, fällt doch gerade der *Sol.* innerhalb der sprach- und literaturkritischen Schriften Lukians durch das Fehlen persönlichen Ressentiments und beißender Polemik auf.

Als zweite der oben angesprochenen Möglichkeiten bleibt, Benehmen und Äußerungen der Dialogfigur Λουκιανός als weitgehend ironisch zu verstehen, d.h., er läßt seinen gleichnamigen Sprecher absichtlich auf der Basis von Prinzipien 'dozieren', die er selbst nicht für richtig hält, und der Leser soll das auch merken.[150] Um dies zu verifizieren, müßte der (natürlich ernsthafte) Zweck ausfindig gemacht werden, den der Autor mit dieser Verstellung verfolgt. Lukian, so wurde gesagt,[151] schlüpfe in diesem Dialog in die Rolle des pedantischen Wortklaubers, um mittels einer 'reductio ad absurdum' dessen Lächerlichkeit zu demonstrieren; eigentliches Ziel der Kritik wäre dann also nicht der Sophist, sondern Λουκιανός. In der Konsequenz unterscheidet sich diese Interpretation nicht von der oben erwähnten Leugnung der Identität von Lukian und Λουκιανός (unter Festhalten an der Autorschaft des Ersteren), und so muß auch derselbe Einwand erhoben werden: Warum Lukian eine solche Figur gerade Λουκιανός genannt haben soll, ist nicht einzusehen, und man versteht vor allem nicht, warum er denjenigen Dialogpartner, den er angeblich zum Ziel seines Spottes bestimmt hat, gegenüber seinem Widerpart in jeder Hinsicht die Oberhand behalten läßt.

Vor allen genannten, mehr oder minder problematischen Interpretationsversuchen zeichnet sich der in den Scholien überlieferte dadurch aus, daß keine Annahmen von geringer Plausibilität als

---

150  Nur dann kann Ironie ja die ihr eigene Wirkung entfalten. Theoretisch denkbar wäre auch, daß Lukian sich absichtlich verstellt und das Publikum dies nicht merken soll, mit anderen Worten, daß der Autor mit dem *Sol.* bemüht ist, unter Verleugnung eigener Überzeugungen dem Geschmack eines pedantisch-attizistischen Publikums gerecht zu werden (dies ist die zweite der von MacLeod genannten Interpretationsmöglichkeiten); für eine solche Vermutung gibt es aber nicht den geringsten Anhaltspunkt.

151  MacLeod 1956, 108 erwägt dies als dritte Möglichkeit.

Voraussetzungen nötig sind:[152] *Er läßt da einen Sophisten auftreten, der ungebildet ist, aber große Stücke auf sich hält und verkündet, über sämtliche Soloikismen Bescheid zu wissen; Lukian also, in der Absicht diesen der Ignoranz zu überführen, hat sich selbst auftreten lassen als einen, dem Soloikismen unterlaufen und deshalb sich (oder: ihn) als 'Pseudosophist' bezeichnet.*[153] Der Lächerlichkeit preisgegeben wird also der Sophist, nicht Λουκιανός; letzterer begibt sich auf dessen Niveau, um den vorgeblich alles wissenden Sprachpedanten auf seinem eigenen Feld und mit seinen eigenen Waffen zu schlagen.[154] Die Differenzen in der attizistischen Observanz zwischen dem 'Fehler' machenden bzw. korrigierenden Λουκιανός und dem Literatur produzierenden Lukian lassen sich mit dieser Intention der Bloßstellung befriedigend erklären. Es bleibt die bislang nie gestellte Frage, wie der *Sol.* innerhalb der sprachkritischen Schriften Lukians zu bewerten ist, und welche Aussagekraft ihm für etwaige wirkliche Überzeugungen seines Verfassers beigemessen werden kann. Auch scheint die Intention und Stoßrichtung der Kritik,[155] die Lukian durch den Dialog üben will, in einem wesentlichen Punkt bislang nicht ausreichend erkannt zu sein.

Die Schrift ist in drei Abschnitte gegliedert;[156] diesen geht eine kurze Einleitung voraus (§ 1), in welcher der Sophist, durch entsprechende Fragen des Λουκιανός herausgefordert, den Anspruch erhebt, selbst keine

---

152  MacLeod (wie vorige Anm.) subsumiert die Meinung des Scholiasten unter seiner Interpretation Nr. 3; dabei wird der entscheidende Unterschied übersehen, daß gemäß letzterer Λουκιανός der eigentlich Kritisierte sein soll ("in fact the pronouncements of Λουκιανός rather than the shortcomings of the sophist are being satirized."), während der Scholiast eindeutig den Sophisten als das Opfer bezeichnet.

153  σοφιστήν τινα εἰσάγει ἀπαίδευτον μεγάλα φρονοῦντα καὶ ἐπαγγελλόμενον ἅπαντα εἰδέναι τὰ σόλοικα. ὁ οὖν Λουκιανὸς βουλόμενος αὐτὸν ἐξελέγξαι μηδὲν εἰδότα ἑαυτὸν εἰσήγαγε σολοικίζοντα καὶ διὰ τοῦτο ψευδοσοφιστὴν αὐτὸν (Rabe; αὐτὸν Γ) ὠνόμασεν.

154  An dieser schlichten und m.E. die Wahrheit treffenden Interpretation halten u.a. Bompaire 1958, 141f. und Baldwin 1973, 56 fest.

155  Hier soll nicht eine neue Vermutung über die etwaige Identität des Sophisten versucht werden (Baldwin 1973, 57, bezeichnet "the Phrynichos school of pedantry and purism" als "the most logical target"; mehr kann man dazu nicht sagen), vielmehr geht es um inhaltliche Aspekte.

156  Vgl. Baar 1883, 6; Sakalis 1976, 77.

Soloikismen zu begehen und folglich in der Lage zu sein, denjenigen, der dies tut, zu 'ertappen' (φωρᾶσαι) und 'durch Kritik bloßzustellen' (ἐξελέγξαι). Der Sophist wird dem Leser also als ein Mann vorgestellt, der empfindlich auf sprachliche Schnitzer reagiert und gegebenenfalls unnachsichtig gegen sie einschreitet; dies ist offenbar schon häufiger vorgekommen (§ 4: ἐγὼ δὲ πολλοὺς ἤδη σολοικίζοντας κατενόησα).

Im ersten Teil (§§ 1b-4) beweist Λουκιανός, daß der Sophist dem von ihm selbst erhobenen Anspruch nicht gerecht zu werden vermag: Er bemerkt keinen einzigen der zahlreichen in die Rede eingestreuten Soloikismen und ist deshalb auch zum ἐξελέγξαι nicht in der Lage. Folgerichtig beschließt Λουκιανός diesen Teil mit der Aufforderung, sein Gesprächspartner solle künftig die genannten Ansprüche nicht mehr erheben (μὴ τοίνυν ἔτι λέγειν, ὡς ἱκανὸς εἶ κατιδεῖν τὸν σολοικίζοντα καὶ αὐτὸς μὴ σολοικίζειν); dieser, gegen Ende des Abschnittes merklich kleinlauter geworden (ἀληθῆ λέγεις), protestiert nicht, scheint also einzusehen, daß Λουκιανός recht hat (vgl. auch § 8: ἴσως μὲν οὐδὲ νῦν δυνήσομαι κτλ.).

Im zweiten Teil (§§ 5-7) werden für das Thema einschlägige Äußerungen eines gewissen Sokrates von Mopsos, dessen Bekanntschaft Λουκιανός in Ägypten gemacht haben will,[157] referiert. Was das Besondere und Charakteristische an diesem Mann war und weshalb von ihm überhaupt gesprochen wird, sagt Λουκιανός einleitend: *Dergleichen pflegte er ohne kränkendes Gehabe zu sagen und er stellte den, dem ein Fehler unterlief, nicht bloß.*[158] Sokrates pflegte also - wie aus den anschließend mitgeteilten

---

[157]    Dies wurde als Indiz genommen, daß *Sol.* eine späte Schrift sei, nach Lukians Tätigkeit in Ägypten verfaßt. Über die Identität des Sokrates v. M. ist nichts zu ermitteln, Baar 1883, 7 hält ihn "für eine rein fingirte Person".

[158]    ...τὰ τοιαῦτα ἔλεγεν ἀνεπαχθῶς καὶ οὐκ ἤλεγχε τὸν ἁμαρτάνοντα. Baar 1883, 8 versteht dagegen den Satz folgendermaßen: "So mache ich es mit meinen Soloecisten, indem ich nämlich absichtlich Fehler begehe und zuwarte, ob dieselben erkannt werden. Sokrates von Mopsos aber behandelte (ἔλεγε ?) Fehler solcher Art ohne Bosheit, und übte keinen offenen Tadel..." Dabei ändert er das überlieferte ἔλεγεν zu ἔφερεν ("liess sich gefallen"), da ersteres nur bedeuten könne, "dass jener Sokrates Soloecismen der besprochenen Art ohne Weiteres (ἀνεπαχθῶς) selbst beging". - Die Änderung ist sinnwidrig, denn τὰ τοιαῦτα bezieht sich nicht auf Soloikismen, sondern die Art der Reaktion auf solche, außerdem heißt ἀνεπαχθῶς nicht 'ohne weiteres'. Auch

Beispielen deutlich hervorgeht - auf sprachliche Schnitzer mit freundlichen und witzigen Anspielungen zu reagieren, aus welchen der andere eine Korrektur seines Fehlers entnehmen konnte, ohne sich verletzt zu fühlen. Damit soll doch wohl eine Alternative zu der Reaktion des Sophisten auf die Fehler anderer aufgezeigt werden: Nachdem im ersten Abschnitt sein Unfehlbarkeitsdünkel zerstört wurde, soll er hier lernen, daß man besseres Wissen in sprachlichen Dingen auch anders als durch verletzende Kritik zur Geltung bringen kann.

Der dritte Teil (§§ 8-12) unterscheidet sich vom ersten dadurch, daß Λουκιανός nunmehr seinen Gesprächspartner auf die Soloikismen, mit denen er seine Rede durchsetzt, aufmerksam macht. Nach der Art, in der dies geschieht, lassen sich zwei Abschnitte erkennen: Im ersten (bis § 10 [173, 14]) gibt Lukian jeweils im nachhinein, nachdem der Sophist wie immer nichts bemerkt hat, ohne weitere Erläuterungen an, an welcher Stelle er einen Soloikismos begangen habe; dieser Teil endet mit dem Eingeständnis des Sophisten, daß er auch so noch nicht in der Lage sei zu verstehen, worin die Fehler denn bestünden. Im letzten Abschnitt schließlich stellt Lukian den anderen nicht mehr auf die Probe, sondern schlüpft gänzlich in die Rolle des Lehrers und erklärt als solcher einige Eigenheiten und Feinheiten attischen Sprachgebrauchs. Der Sophist ist ganz Schüler, der lediglich sein Unwissen bekundet oder jeweils nach den ihm gegebenen Erklärungen bestätigt, daß er jetzt verstanden habe. Das Gespräch endet mit der an sokratisch-platonische Formulierungen anklingenden Feststellung, der Sophist müsse noch viel lernen, εἴπερ μὴ αὐτὸς εἰδέναι οὐκ εἰδὼς δόξεις.

In dem Dialog geht es also, wie dieser Überblick gezeigt hat, nicht ausschließlich und nicht einmal hauptsächlich um Korrektheit oder Fehlerhaftigkeit von Sprachgebrauch, sondern um menschliche Haltungen und eine bestimmte Form des zwischenmenschlichen Umgangs. Hauptthema der Schrift ist die Entlarvung der Diskrepanz zwischen

---

stellt Λουκιανός nicht die Verfahrensweise des S.v.M. in Kontrast zu seiner eigenen, schon deshalb nicht, weil er ja gar nicht auf Soloikismen reagiert (der Sophist spricht korrekt); δέ ist nicht antithetisch, sondern führt den Gedanken weiter.

Anspruch und Wirklichkeit:[159] Ein vermeintlicher 'Meister seines Faches' soll davon abgebracht werden, andere zu bekritteln, sondern lieber selbst seine Kenntnisse verbessern. Λουκιανός bedient sich dabei eines vergleichsweise (im Vergleich zu *Rh.Pr.* oder *Pseudol.*) freundschaftlich-scherzhaften Tones ohne persönliche Invektive:[160] Hier wird also gewiß kein Intimfeind Lukians attackiert.[161] Die zahlreichen Soloikismen, die Lukian in die Rede des ihn selbst verkörpernden Dialogpartners eingebaut hat, sind zu nichts anderem da, als von dem selbsternannten Fachmann nicht bemerkt zu werden, sie sind also Mittel zu einem bestimmten Zweck. Aus der Art dieser 'Fehler' auf wirkliche Überzeugungen Lukians in Fragen des Sprachgebrauchs zu schließen ist daher ein ziemlich müßiges Unterfangen, denn: Was von dem pedantischen und allzu sehr von seinen Kenntnissen überzeugten Sophisten als Fehler erkannt bzw. nicht erkannt werden soll, muß lediglich bei Leuten seines Schlages, nicht unbedingt bei Lukian als solcher gelten. Letzterer beweist hier nichts anderes als seine Vertrautheit mit den Vorschriften einer bestimmten attizistischen Observanz; daß er sich an viele davon in seinen eigenen Schriften nicht gehalten hat, braucht nicht zu verwundern.

Immerhin ist zuzugeben, daß neben Spitzfindigkeiten, gegen die selbst die besten Klassiker verstoßen, auch derart elementare Fehler stehen,[162] daß mit dem Sophisten, der auch diese überhört, unmöglich ein mit Lukian rivalisierender Meister gemeint sein kann: dies wäre denn doch zu unglaubwürdig. Am besten würde das von dem Sophisten gezeichnete Bild auf einen mit Lukian persönlich bekannten, jüngeren Mann passen, einen Anfänger in der Rhetorik oder gar noch Schüler, der aber bereits große Stücke auf seine Kenntnisse hält und andere mit seiner ständigen Kritik

---

[159]    Als eine der wesentlichen Absichten, die Lukian in seinem gesamten Werk verfolge, bezeichnet Holzberg 1984, 172 die "Aufdeckung des Unterschieds zwischen Schein und Sein in den verschiedenen Bereichen der menschlichen Gesellschaft".

[160]    Dies bemerkt auch Sakalis 1979, 25f. und stellt die diesbezügliche Ähnlichkeit mit *Lex.* fest.

[161]    Wie MacLeod (s.o. S. 61) meint.

[162]    MacLeod 1956, 108 spricht von "most outrageously elementary mistakes"; Beispiele: § 1 (165, 11) ὄφελον...δυνήσηι für ὤφελες δυνηθῆναι; § 9 (171, 17) καθ' εἶς (der Vorläufer des neugriechischen καθένας) für ἕκαστος.

belästigt. Ihm wird klargemacht, daß der Besitz gewisser Fähigkeiten und Kenntnisse (man soll nicht übersehen, daß dem Sophisten keine Soloikismen unterlaufen[163]) noch lange nicht dazu berechtigt, sich zum Schulmeister über andere aufzuschwingen.

Lukian gibt sich also im *Sol.* - jedenfalls theoretisch - als Gegner und Kritiker des besserwisserischen und beleidigenden Herummäkelns, wie es nicht nur in seinen Tagen unter Gebildeten gerade in Fragen des Sprachgebrauchs nicht ganz selten war - was allerdings nicht heißen muß, daß er sich in der Auseinandersetzung mit persönlichen Gegnern immer konsequent an diese löbliche Maxime gehalten hätte.[164] Für seine wirklichen Positionen in Fragen des Sprachgebrauchs gibt der Dialog allein für sich dagegen nichts her: Wer für einen bestimmten, sozusagen 'außerliterarischen', Zweck, sichere Kenntnisse in allerlei Spitzfindigkeiten unter Beweis stellt und diese einsetzt, muß nicht von deren normativen Geltung überzeugt sein und ist auch nicht verpflichtet, sich selbst an sie zu halten.

---

163     Darauf weist Baar 1883, 6 Anm. 3 hin.

164     MacLeods Urteil (1979, 327) ist allerdings übertrieben: "The persona of Lucian himself (...) is consistently that of one who was moderate in his Atticism, but immoderate in the zeal with which he prosecuted linguistic quarrels and unflagging in his efforts to detect and expose those whom he considered impostors, a not entirely pleasant man, vindictive and quarrelsome, and sometimes devious and hypocritical."

68

## 2.6. Lexiphanes

Der Dialog *Lex.*[165] nimmt innerhalb der literaturkritischen Schriften Lukians schon rein äußerlich eine Sonderstellung ein: Der Autor beschränkt sich hier nicht darauf, das seiner Meinung nach Fehlerhafte zu tadeln und Anweisungen zu geben, wie es stattdessen richtig zu machen sei, sondern widmet etwas mehr als die Hälfte des Textes der Darstellung eben dessen, was kritisiert wird. Lexiph., ein guter Bekannter des Lykinos mit literarischen Ambitionen, hat soeben ein neues Werk vollendet, ein Symposion in der Tradition des und in Konkurrenz zum platonischen. Nach einem kurzen einleitenden Gespräch der beiden (§ 1) liest Lexiph. eine längere Partie aus seinem Symposion vor (§§ 2-15), bis Lykinos ihn unterbricht, da er es nicht mehr ertragen könne. Im Folgenden wird unter Mitwirkung des zufällig hinzugekommenen Arztes Sopolis das Krankheitsbild des Lexiph. diagnostiziert (§§ 16-20a), eine Akutbehandlung an Ort und Stelle durchgeführt (§§ 20b-21) und eine Langzeit-Therapie entworfen (§§ 22-25).[166]

Doch nicht nur der ausgiebige Vortrag eines Stückes Literatur, wie sie nach Lukians Ansicht nicht sein darf, ist einzigartig,[167] auch der konstruktive

---

165 Die folgende Liste erhebt keinen Anspruch auf Vollständigkeit, enthält aber wohl alle ausführlicheren und substantiellen Äußerungen zum *Lex.* (bei MacLeod 1994 nicht erwähnt): Seiler 1836, 270ff.; Croiset 1882, 78 und 258-60; Chabert 1897, 72; Helm 1906 (verstreut); Doehring 1916; Harmon, Loeb-Ausg., Bd. V 291; Bompaire 1958, 610f. und 634-6; ders. 1975, 228; Grube 1965, 334f.; Reardon 1971, 92; Jones 1972; ders. 1986, 103-5; Baldwin 1973, 36ff. und 50-7; Anderson, theme (verstreut); ders. 1982, 68; Papioannou 1976, 149f. und 242; Robinson 1979, 22f.; Sakalis 1979, 13,18,25f.,42,46; Hall 1981, 61 und 146f.; Casewitz 1994.

166 Zum Aufbau vgl. Anderson (theme 161), der auch im *Lex.* das zwar variierte, aber noch erkennbare Standardschema Lukians erkennen möchte, das er als 'Piscator-Schema' bezeichnet (ebda. 142).

167 Das Nächstfolgende sind die nie mehr als wenige Zeilen umfassenden Zitate und Paraphrasen aus den Partherkriegshistorikern in *Hist.Conscr.*; Robinson 1979, 22 stellt dem Symposion des Lexiph. als "linguistic pastiche" *DSyr* zur Seite - ein vollkommen unhaltbarer Vergleich, da diese Herodot-Imitation - was auch immer ihr Autor bezweckt haben mag (Literatur bei MacLeod 1994, 1394) - jedenfalls nicht als Parodie wie das Symposion des Lexiph. gedacht ist.

Teil der Kritik[168] wird in einer Breite geboten, die im lukianischen Werk keine Parallele hat. So ist es verständlich, daß etwa Chabert (1897, 72) das kleine Werk als "l'expression parfaite des idées de Lucien sur l'atticisme, telles qu'elles apparaissent dans son oeuvre entière" bezeichnet, Triantaphyllidis von der "πιὸ πετυχημένη γλωσσικὴ παρωδία ποὺ ἔφτασε ὡς σὲ μᾶς" spricht und Panaiotopoulos ihm gar den Wert einer Art Fibel auch für den heute Schreibenden zuerkennt.[169] Solche Hervorhebungen der Aussagekraft des *Lex.* für Lukians Position als Sprach- und Literaturkritiker sind allerdings die Ausnahme. Man findet ebenso gegensätzliche Urteile[170] und resümierend läßt sich sagen, daß der Dialog einem, bei den verschiedenen Forschern nicht einheitlich definierten Kanon Attizismus-kritischer Schriften Lukians zugeordnet wird, ohne daß ihm in irgendeiner Hinsicht besonderes Gewicht oder Einzigartigkeit zuerkannt würde.[171] Die engste Affinität wird meist zwischen *Lex.* und *Sol.* bzw. *Rh.Pr.* gesehen.[172]

Wie bei den anderen Schriften satirisch-polemischen Charakters so konzentriert sich auch im Falle des *Lex.* das hauptsächliche Interesse auf die Frage, wer oder was hier eigentlich verspottet wird. Lexiph., der Verfasser des Symposions, sagt selbst, daß er mit seinem Werk in Konkurrenz zu Platon treten wolle, und man findet in der Tat eine Fülle

---

168    Die Konstruktivität der Kritik im *Lex.* wird meist unterschätzt, hervorgehoben dagegen besonders von Papaioannou 1976, 242.

169    "Ὁ Λεξιφάνης εἶναι ἕνας τεχνολογικὸς διάλογος, ποὺ θὰ ἔλεγα, πῶς πρέπει νὰ τὸν ἔχουν στὸ μαξιλάρι τους οἱ νέοι ... ποὺ γράφουν ἢ ποὺ θέλουν νὰ γράφουν ἢ ποὺ θέλουν νὰ γράψουν." Die Zitate aus den beiden, mir nicht zugänglichen Werken bei Papaioannou 1976, 150.

170    Z.B. bei Croiset 1882, 258: "Le *Lexiphane* est loin d'avoir, en tant que satire, la même portée que le *Maître de Rhétorique*." Ähnlich Sakalis 1979, 13.

171    Baldwin 1973, 36 bezeichnet *Lex.* immerhin als "one of Lucian's most elaborate satires against one of the linguistic foibles of the second century" und Hall 1981, 392 zählt ihn zu Lukians "liveliest pieces".

172    Vgl. Norden 1909, 359; Korus 1984, 305; Robinson 1979, 19 ("*Lexiphanes* and *The Sham Sophist* could be regarded as extremely simplified variants of the same figure."); Croiset 1882, 78; Anderson, theme 69; Papaioannou 1976, 149. Als Kuriosum seien an dieser Stelle auch die Ausführungen von Benegiamo 1967, 126 erwähnt, der sich darüber wundern zu müssen glaubt, daß die im *Lex.* und im *Rh.Pr.* erteilten Ratschläge zueinander im Widerspruch stehen.

von Motiv-Übereinstimmungen zwischen den beiden Symposien;[173] etwas
überspitzt, aber in der Sache zutreffend, hat man das Symposion des
Lexiph. charakterisiert als dasjenige, was vom platonischen übrigbliebe,
wenn man es "aux faits et gestes des convives" reduzierte und die
Gesprächsthemen auf Speisen, Wein usw.,[174] bzw. als "a comic reduction
of Plato's dialogue to all its extraneous details"[175] bezeichnet. Aber
natürlich kritisiert Lukian nicht Platon selbst, sondern den Verfasser dieses
erbärmlichen Abklatsches eines platonischen Dialogs.[176] Die Schrift will
also eine auf Lukians Gegenwart bezogene Satire sein, und der oder die
Kritisierten sind unter dessen Zeitgenossen zu suchen.[177] Eine
Kontroverse, ob das Symposion des Lexiph. ein "pastiche" des
platonischen (Bompaire) ist oder "μία ἀμίμητη παρωδία τῆς γλωσσικῆς
ἀσυναρτησίας καὶ τοῦ κακοζήλου ὕφους πολλῶν σοφιστῶν τῆς ἐποχῆς
ἐκείνης“ (Papaioannou 1976, 149) wäre im übrigen gegenstandslos, da
beides stimmt: Lukian übt eben dadurch Zeitkritik, daß er ein 'Pastiche' des
platonischen Symposions verfaßt und seiner Dialogfigur Lexiph. in den
Mund gelegt hat.[178]

Kaum einer derjenigen Gelehrten, die sich mit dem *Lex.* mehr oder weniger
ausführlich befaßt haben, verzichtet auf den Versuch, die Dialogfigur mit
einem realen und natürlich uns bekannten Zeitgenossen Lukians zu
identifizieren oder sie wenigstens als Repräsentanten einer bestimmten

---

[173]     Notiert bei Bompaire 1958, 611, Anm. 1; vgl. auch Tackaberry 1930, 74, der
einige Reminiszenzen im *Lex.* an andere Dialoge Platons (*R., Phdr., Grg.*) aufführt.
[174]     Bompaire 1958, 610.
[175]     Robinson 1979, 23.
[176]     Bompaire 1958, 611: "Cette parodie ne vise pas Platon, mais ceux qui tirent de
son oeuvre ainsi tronquée des productions abracadabrantes."
[177]     In diesem Punkt herrscht seltene Übereinstimmung: Der Gegenwartsbezug wird
dem *Lex.* selbst von denjenigen nicht abgesprochen, die in Lukian sonst eher den
geschickten Jongleur mit tradiertem Bildungsgut sehen als den Zeitkritiker (z.B.
Robinson, Anderson, auch Bompaire).
[178]     Daß Lukian selbst das Symposion verfaßt hat und nicht etwa aus einer
tatsächlich von irgendjemandem publizierten Schrift zitiert (was, soweit ich sehe, noch
niemand erwogen hat), versteht sich von selbst.

Gruppe einzuordnen.[179] Ausgangspunkt aller Identifizierungsversuche
können mangels sonstiger Hinweise nur Übereinstimmungen oder
deutliche Bezüge zwischen der im *Lex.* gegebenen Literaturparodie und
Nachrichten sein, die uns z.B. in Philostrats Sophistenviten oder bei
Athenaios über die literarische Tätigkeit bestimmter Zeitgenossen Lukians
gegeben werden, denn in der erhaltenen Literatur des 2. Jhs. gibt es nichts,
was durch das Symposion des Lexiph. parodiert werden könnte.[180] Die
größte Zustimmung findet heute der Vorschlag, Lexiph. als Vertreter einer
bestimmten attizistischen Observanz zu verstehen, die bei Athenaios (II 97c
ff.) als 'Ulpianische Sophisten' bezeichnet werden und als deren Vertreter
dort ein gewisser Pompeianos auftritt. Diesem werden bei Ath. immerhin
elf Vokabeln zugeschrieben, die im Symposion des Lexiph. auch stehen,
und in allen Fällen handelt es sich um auffällige Ausdrücke, entweder weil
die Wörter an sich entlegen sind oder in einem vom allgemeinen Gebrauch
abweichenden Sinne verwendet werden.[181] Diese vergleichsweise
eindrucksvolle Liste von Übereinstimmungen dürfte wohl genügen, um die
Zielrichtung von Lukians Kritik zu präzisieren[182] (alle anderen Ansätze
lassen sich deutlich weniger gut begründen[183]), die zweifelsfreie
Identifizierung des Lexiph. mit einer bestimmten Person ermöglicht sie aber
nicht. Man tut am besten daran, sich mit der Aussage zu begnügen, daß es
wohl die Diktion der bei Athenaios erwähnten Gruppe oder Schule von
Sophisten ist, die von Lukian im *Lex.* parodiert wird.[184] Allerdings wissen

---

179     Eine Übersicht über die Identifizierungsversuche bei Hall 1981, 285ff. -
Anderson (theme 69f.) glaubt nicht an eine oder mehrere reale Personen, sondern an einen
Typus, der in *Lex.*, *Rh.Pr.*, *Pseudol.* aufs Korn genommen werde, notiert jedoch eine
Anspielung auf Alexander Peloplaton (theme 71 Anm. 40; vgl. ders. 1994, 1431).

180     Die gesuchte Diktion der unter Lukians Namen überlieferten *Amores* wurde mit
der des *Lex.* verglichen: "es ist, als ob man den 'Lexiphanes' vor sich hätte." (Helm
1906, 354; vgl. auch Jones 1986, 104). Aber die *Am.* - ob nun von Lukian oder nicht -
sind vom Machwerk des Lexiph. doch durch Welten getrennt.

181     ὀπτός· ἀπολούμενος· ἡ τῆτες ἡμέρα· ἰπνολέβης· καύματα· συντριβέντες·
ἄδικος· ἀφόρητα· ἄχρηστα· ἰσχάς· ἀκάθαρτος· Näheres dazu s. im Kommentar.

182     Wobei es keine Rolle spielt, ob Athenaios hier von Lukian abhängt oder nicht
(vgl. zu dieser Frage Martin 1931, 279; Mengis 1920, 97f.).

183     Etwa der von Jones 1972, daß Lexiph. identisch sei mit Philagros von Kilikien;
1986, 105 rückt Jones von dieser Vermutung wieder vorsichtig ab.

184     So z.B. Longo II 407f., Baldwin 1973, 52.

wir über diese Leute praktisch nichts, was über das bei Ath. Stehende hinausginge,[185] weshalb ihre bloße Namhaftmachung noch nichts für das inhaltliche Verständnis des *Lex.* erbringt, weder für den parodierenden Teil noch für den belehrenden. Überhaupt hat man ja der inhaltlichen Interpretation des *Lex.* geringere Aufmerksamkeit geschenkt als der wenigstens zum Teil lösbaren Personen- und der gar nicht zu beantwortenden Datierungsfrage.[186]

Daß Lukian im *Lex.* den 'Hyperattizismus' oder 'Pseudo-Attizismus' oder beides attackiert,[187] wird man gerne unterschreiben, allerdings führen solche Feststellungen ohne exakte Definition nicht viel weiter. Hilfreicher für das Verständnis der Intention Lukians wäre einerseits eine Sammlung und Beschreibung all dessen, was in Lexiph.' Symposion auffällt und auffallen soll, andererseits eine inhaltliche Analyse des konstruktiv-belehrenden Teiles im Kontext der übrigen literaturkritischen Äußerungen Lukians. Während letzteres noch nie systematisch versucht wurde - vielleicht wegen der augenscheinlichen oder auch nur scheinbaren Pauschalität der von Lukian erteilten Belehrungen -, gibt es zu ersterem immerhin Ansätze, von denen sich einer durch beachtliche Ausführlichkeit

---

185    Pompeianos kennen wir nur aus Ath., bei Ulpian ist nicht sicher, welcher gemeint ist (der aus Emesa oder der aus Antiochia), vgl. Baldwin 1973, 53 Anm. 42; Hall 1981, 288f. mit Anm. 55. Über Philagros gibt es einen Abschnitt bei Philostr. (*VS* 2.8, 578-81), aber keinen Hinweis, daß er zu den Ulpianischen Sophisten gehört habe.

186    Hall 1981, 61 schreibt: "...other works such as the Lexiphanes ... cannot be dated on any objective criteria." - und mehr bräuchte über die Datierung des *Lex.* nicht gesagt zu werden (freilich muß man ihn bei einer Aufstellung der datierbaren und nicht datierbaren Schriften Lukians auch nicht geradezu vergessen, wie das Jones 1986 im "appendix B" tut). Alle geäußerten Vermutungen (einige bei Baldwin 1973, 36 Anm. 75, vgl. auch Longo II 407f.: zwischen 165 und 170; Papaioannou 1976, 150: ἕνα ἀπὸ τὰ τελευταῖα ἔργα; Jones 1972: vor 162) sind spekulativ, ausgehend zumeist von Lukians 'Bekehrung' von der Rhetorik zur Philosophie im Alter von 40 Jahren, die Schriften wie dem *Lex.* vorausgehen müsse (vgl. bereits Seiler 1836, 276). Aber *Lex.* ist kein Rhetorenspott im engeren Sinne, und auch ein Rhetor könnte über Rhetoren spotten.

187    Vgl. Bompaire 1958, 483; Robinson 1979, 22; Sakalis 1979, 18 meint, *Lex.* richte sich gegen den Hyperattizismus, *Sol.* gegen den Pseudo-Attizismus, ohne eine klare Unterscheidung der Begriffe zu geben. Der neue Beitrag von Casewitz 1994 stellt gegenüber Doehring (den er nicht zu kennen scheint) keinen Fortschritt dar (vgl. Anm. 188 und 191).

und Gründlichkeit auszeichnet;[188] die erzielten Ergebnisse lassen sich etwa folgendermaßen zusammenfassen: Das Symposion des Lexiph. sei durchsetzt mit entlegenem und ungewöhnlichem Vokabular verschiedener Provenienz, wobei der Alten Komödie als Reservoir besondere Bedeutung zukomme;[189] häufig sei von Gegenständen die Rede, die es im wirklichen Leben seit Jahrhunderten nicht mehr gebe.[190] Daneben spielen auch Neologismen eine gewisse Rolle, im Symposion hat man zuletzt 34 gezählt.[191] Zur Fremdartigkeit der Diktion trage weiterhin des Lexiph.' eigenwilliger Umgang mit der Wortbedeutung bei: "A conspicous feature of Lucian's parody of Lexiphanes is the use of words no longer generally employed in the old sense but in a new and very different one, so that double meanings result."[192] Eine weitere Verfremdungstechnik sei die Reetymologisierung, d.h. der Gebrauch eines an sich gängigen Wortes in seiner vermeintlich eigentlichen, vom Sprachgebrauch aber weit abweichenden Bedeutung.[193] Vereinzelt ist auch von Verstößen gegen die

---

[188]    Nämlich Doehring 1916, der einen nach Wortarten gegliederten und alphabetisch geordneten Kommentar zum Vokabular des *Lex.* gibt und die sprachlichen Auffälligkeiten in einer Übersicht zusammenfaßt (132ff.). Die Arbeit hat allerdings nur den Wert einer (freilich einzigartigen) Materialsammlung, da sie kaum je über das bloße Konstatieren sprachlicher Tatbestände hinauskommt.

[189]    So besonders Bompaire 1958, 635, mit der Folgerung, "qu'on a la certitude qu'il (sc. Lukian) a consulté un lexique des comiques". Dem widersprach entschieden Baldwin 1973, 37 und 51f.), worauf Bompaire seine frühere Ansicht korrigiert hat (1975, 228: "Baldwin a raison d'indiquer que j'ai sous-estimé la part des néologismes dans le banquet parodique, et que ma 'statistique' du vocabulaire tendant à démontrer que Lucien utilisait un lexique des comiques est erronée"). Gegen die These, Lukian habe ein Komikerlexikon benutzt, spricht sich indirekt auch Anderson aus (fiction 43, Anm. 51: "The author of *Lexiphanes* was clearly capable of any linguistic tour-de-force - with or without such aid."), während Hall 1981, 281f. dies für eine plausible Möglichkeit hält.

[190]    Robinson 1979, 23; Bompaire 1958, 634.

[191]    Baldwin 1973, 37 Anm. 77; bei Casewitz 1994 findet man, eingeteilt in zwei Gruppen ("hapax de forme", darunter "composés" und "dérivés", sowie "hapax de sens"), eine wesentlich größere Anzahl, aber die Kriterien, die für Aufnahme oder Weglassen einer Vokabel entscheidend waren, werden nicht klar.

[192]    Harmon, Loeb-Ausg., Bd. V 291; ähnlich Robinson 1979, 22f.; s. auch o. Anm. 120.

[193]    Longo II 407; beide Techniken ("dalla reinterpretazione dell' etimo o dal doppio senso di un vocabulo" ; Matteuzi 1975) lassen sich auch in Sprachspielereien in Lukians *VH* nachweisen (s.u. Anm. 203).

Syntax die Rede, die aber im Text des Symposions nicht belegt werden.[194] Dasselbe gilt für die Behauptung, Lexiph. gebrauche permanent und bis zum Überdruß bestimmte Floskeln attischer bzw. platonischer Provenienz:[195] Für ἦ δ' ὅς und ἦν δ' ἐγώ trifft das zwar zu, für die anderen in *Lex.* 21 genannten aber gar nicht.

Damit ist ein prinzipieller Fehler der bisherigen Interpretation des *Lex.* angedeutet: Man ging von der - unausgesprochenen - Annahme aus, der zweite, kritisierende bzw. belehrende Teil der Schrift korrespondiere vollkommen mit dem vorgetragenen Symposion - und wunderte sich entsprechend, daß mehrere, die Kritik illustrierenden Beispiele im Symposion gar nicht vorkommen. Aber Lukian hat die von ihm geschaffene Dialogsituation offenbar ernster genommen als seine Interpreten: Sopolis hat von dem Symposion nichts mitangehört, es ist also ganz folgerichtig, daß er sich in seinen diagnostischen und therapeutischen Äußerungen nicht darauf, sondern auf ein allgemeineres Krankheitsbild, das seiner Ansicht nach auch auf Lexiph. zutrifft, bezieht. Lykinos kennt Lexiph. bereits seit langem und hatte des öfteren Gelegenheit, dessen literarische Produkte zu genießen; es ist daher ebenso folgerichtig, wenn er sich in seiner umfassenden Kritik nicht auf das soeben gehörte Symposion beschränkt, sondern es zum Anlaß für eine Generalabrechnung nimmt, die auch Punkte einbezieht, die sich nicht in diesem Symposion verifizieren lassen. Es liegt damit in der Logik der Dramaturgie des Dialogs, daß dessen zweiter Teil sowohl in Bezug auf das ihn motivierende Symposion als auch im Kontext der thematisch verwandten Bemerkungen aus anderen Schriften zu interpretieren ist.

Das bisher Zusammengestellte gehört - um in Begriffen der antiken Rhetorik zu sprechen - zum Bereich der λέξις. Daß das Symposion des Lexiph. auch in den beiden anderen, auf literarische Texte anwendbaren Kategorien, der εὕρεσις und τάξις also, gravierende Mängel aufweise,

---

194     Robinson 1979, 23 spricht von "occasional syntactic oddity", Bompaire 1958, 636 führt den Gebrauch des Med. statt des Akt. an (τευτάζεσθαι, § 21; ἀπαντᾶσθαι, § 25) und die falsche Verwendung von χιτώνιον (§ 25). Aber das ist nur zum Teil Syntax, und kein einziges der Beispiele steht im Symposion des Lexiph. oder wird von ihm im Rahmendialog ausgesprochen.
195     Bompaire 1958, 634; Hall 1981, 285.

wird nur selten am Rande vermerkt,[196] ausdrücklich hervorgehoben einzig in zwei älteren Publikationen; Seiler (1836, 270f.) schreibt: "Hoc enim in libro introducit (sc. Lucianus) hominem convivii descriptionem vel potius eius initium recitantem, quae praeterquam quod scatet multitudine vocum aut prorsus obsoletarum aut inusitata significatione usurpatarum mirisque constructionibus ac ridiculum ostendit studium Atticismorum et quarundam figurarum, etiam ob rerum quae tractantur futilitatem et ob neglectum qui singulis narrationis partibus intercedere debet ordinem reprehensione dignissima est." Daß zwischen diesen Auffälligkeiten in der λέξις und den Defiziten in εὕρεσις und τάξις ein ursächlicher Zusammenhang besteht, wird im *Lex.* ausdrücklich von Lykinos gesagt (§ 24); diesen für das Verständnis von Lukians Anliegen zentralen Gesichtspunkt hat allein Croiset (1882, 259) berücksichtigt: "Dans ces ouvrages (sc. von der Art des Symposion des Lexiph.) le sujet n'était rien et les expressions étaient tout. Il fallait trouver le moyen d'en écouler le plus grand nombre possible et de faire un sort à chacune d'elles. On imagine aisément quelles énumérations de choses bizarres, quelles incohérences de pensées, quelles accumulations indigestes de mots pouvaient naître d'un esprit de grammairien principalement occupé de ce double désir." Als charakteristisches Produkt derartigen literarischen Schaffens präsentiere sich das Symposion: "En réalité on ne peut rien imaginer de plus sot. Le prétendu banquet n'est qu'un prétexte pour faire passer comme à la file toute une longue série de mots dont Lexiphane a dû se composer un recueil. Aussi voit-on le récit courir à travers les plus ineptes divagations, pour ne pas laisser échapper ces expressions curieuses, qu'il faut à tout prix colloquer quelque part." (260) - Diese mehr als ein Jahrhundert alten Äußerungen sind das Beste, was zum *Lex.* gesagt wurde; die wünschenswerte Überprüfung und Verifizierung am Text steht allerdings aus.

Mit dieser auf das Wesentliche beschränkten Zusammenfassung der bisherigen *Lex.*-Interpretation sind die Möglichkeiten für und Anforderungen an eine neuerliche Bearbeitung der Schrift markiert: Auszugehen ist von der bereits erwähnten Besonderheit, daß Lukian im

---

196    Z.B. Robinson 1979, 23: "Nothing serious is said at all."

*Lex.* nicht lediglich einzelne Vokabeln als kritikwürdig zitiert (wie etwa im *Pseudol.* oder *Rh.Pr.*) oder knappe Paraphrasen aus den Werken seiner Opfer der Lächerlichkeit preisgibt (wie in *Hist.Conscr.*), sondern dem Leser in aller Ausführlichkeit Gelegenheit gibt, ein vorgebliches Werk des Lexiph. selbst zu genießen. Zwar kann man sicher sein, daß auch mit dem *Lex.* Sprach- und Literaturkritik, wie wir sie aus anderen hier besprochenen Schriften kennen, geübt werden soll, aber die sorgfältige Ausarbeitung einer so ausführlichen und - wie sich noch deutlicher zeigen wird - ausgefeilten Literaturparodie wäre doch nicht recht zu erklären, wenn Lukian nicht noch andere Ziele gehabt hätte.

In dem Dialog *Sol.* haben wir Lukian als Kritiker kennengelernt, der durch schulmeisterliches Insistieren auf pedantischen Sprachvorschriften, die er selbst zum großen Teil weder für richtig hält noch beachtet, einen Vertreter eben dieser Pedanterie aufs Glatteis führt. Neben der Komik, die immer damit verbunden ist, wenn jemand mit seinen eigenen Waffen geschlagen wird, läßt sich hinter einem solchen Verfahren auch ein auf die eigene Person des Autors bezogenes Motiv vermuten: Lukian könnte durchaus demonstrieren wollen, daß er in gewissen pedantischen Vorstellungen von Sprachrichtigkeit bewandert ist und diese nicht etwa aus Unfähigkeit oder Unkenntnis, sondern bewußt nicht beachtet. Auch für das Symposion des Lexiph. wäre ein solches Motiv nicht abwegig: Lukian zeigt, daß auch er es versteht, erfolgreich auf die Jagd nach entlegenem Vokabular zu gehen, daß also auch er Texte der Art verfassen kann, wie sie die leidenschaftliche Bewunderung gewisser Kreise erregen. Daß ein Meister der Sprache wie Lukian vielleicht auch ganz persönlich seinen Spaß am Zusammenbasteln dieses unsäglichen Machwerks hatte, darf man zusätzlich unterstellen. Zu beweisen sind derlei persönliche Motivationen allerdings nicht, und - was das Entscheidende ist- für die Interpretation ist es ohne Belang, ob sie zutreffen oder nicht.

Anders steht es mit Folgendem: Wenn Lukian nicht nur einzelne Vokabeln, Junkturen oder Fragmente der Gedankenführung anprangert, sondern einen Text ansehnlichen Ausmaßes im Zusammenhang präsentiert, dann sollen damit auch Dinge kritisiert werden, die man eben nicht am einzelnen Wort oder Satz sehen kann: Die 'Auffindung' und 'Anordnung' im Symposion des Lexiph. müssen also untersucht werden und in die Gesamtbeurteilung einfließen.[197] Denn im *Lex.* führt Lukian, um es bildlich auszudrücken, nicht wie sonst lediglich das eine oder andere Materialfragment vor, sondern läßt den Leser ein vollständiges Meisterstück aus der Werkstatt des Wortklaubers bewundern und zeigt also in jeder Hinsicht, was bei literarischem Schaffen herauskommt, wenn man keine andere Sorge als das Vokabular hat.

Schließlich das Wichtigste: Wer Lukians Werk nur ein wenig kennt, wird keinen Augenblick daran zweifeln, daß es eine, wenn nicht überhaupt die vordringliche Absicht des Verfassers von Lexiph.' Symposion war, dem - versteht sich - gebildeten Leser[198] reichlich Anlaß zu herzlichem Lachen zu geben. Wahrscheinlich würde keiner der Lukian-Interpreten dieser Behauptung widersprechen, aber 'ernst genommen' und bei der Interpretation berücksichtigt hat sie sonderbarerweise niemand. So wurden bis jetzt nur hier und da einige Wortwitze im Symposion des Lexiph. notiert,[199] und zwar natürlich die auch dem heutigen Leser am ehesten ins Auge springenden; das weite Feld der  (unfreiwilligen) Komik in der Diktion des Lexiph., die aus dem Unterschied zwischen intendierter und tatsächlicher Bedeutung eines Wortes entsteht,[200] ist aber noch größtenteils unerforscht. Dazu kommt, daß man mit einer Quelle dieser Komik bislang

---

197     Dies wurde bisher noch nie versucht, und die Aussparung von εὕρεσις und τάξις ist eine der deutlichsten Schwächen der Arbeit von Doehring. Repräsentativ für die gängige Meinung über Bedeutung und Tragweite des *Lex.* ist die folgende Formulierung von Atkins (1934, II 339:"...Lucian ridicules the fashion for larding a discourse with obsolete Attic expressions (...) Lexiphanes (...) has written a book, (...) but the work is unintelligible by reason of its masses of outlandish and far fetched words." Vgl. auch Anderson 1982, 68: "In the literary pamphlets, comic and serious form a facile syncrisis: 'how not to succeed in extempore rhetoric, and how to do so' (Rhetorum Praeceptor); 'how not to write history, and how to write it' (Historia); or 'how not to revive Attic words, and how to do it' (Lexiphanes)."

198     Jones 1986, 149: "These (sc.: die Gebildeten) are the people who laugh or sigh at Lexiphanes and the Uncultured Man..."

199     In der Loeb-Ausg. und bei Longo, daneben vereinzelt in den einschlägigen Abschnitten der Sekundärliteratur; Doehrings Analyse des Vokabulars ist dagegen ebenso humorlos wie der Scholiast.

200     Zum Verhältnis zwischen Intention des Autors und realer Bedeutung vgl. allgemein Silk 1974, 59-63 u. 233-5.

offenbar nur beiläufig gerechnet hat; zwar schreibt Bompaire (1958, 636):
"Il ne faudrait pas croire que la parodie n'est pas fine. Le procédé des
composés litteraires fait appel aux souvenirs du lecteur avec une relative
subtilité." Er belegt dies aber nur mit einem einzigen Beispiel aus Lexiph.'
Symposion.[201] Mit der Möglichkeit solcher, die Erkennung durch den
Leser herausfordernder Anspielungen an Stellen der alten Literatur rechnet
auch Anderson, insbesondere im Hinblick auf das Bildungsniveau, das
Lukian bei seinen Lesern voraussetze,[202] benutzt diesen Ansatz aber
lediglich dazu, im Einklang mit seiner Auffassung des lukianischen Werkes
insgesamt auch den *Lex.* zumindest teilweise als Variation eines
traditionellen Themas zu deklarieren. Übrigens darf man bezweifeln, ob
sich Lukian wirklich auf die sichere Erkennung eines so vergleichsweise
entlegenen Autors wie Straton als Vorbild für ein bestimmtes Motiv
verlassen konnte.

Die dem Lexiph. in den Mund gelegten Äußerungen und besonders sein
Symposion enthalten aber mehrere Reminiszenzen und Anspielungen an
Stellen der klassischen Literatur, die Lukian kannte oder sozusagen gerade
'aufgeschlagen' hatte und deren Erkennung er beim Leser voraussetzt.
Manchmal handelt es sich um eine einzige seltene Vokabel, die bei einem
gängigen und vielgelesenen Autor selten oder nur ein einzigesmal
vorkommt; wenn der Kontext einer solchen Belegstelle, vom Leser sich ins
Gedächtnis gerufen, in Verbindung mit dem Kontext, in den die Vokabel
im *Lex.* gestellt wird, einen komischen Effekt, einen verborgenen,
lächerlichen Doppelsinn ergibt, so kann man zuversichtlich sein, daß vom
Autor das Herstellen des Bezuges zu eben dieser Stelle beabsichtigt war. Es
ist zuzugeben, daß man sich mit einem 'Lukian könnte an diese oder jene
Stelle gedacht haben' begnügen muß; ein weiterer Unsicherheitsfaktor ist

---

[201]    Das bereits von Kaibel bemerkte Spiel mit den Begriffen γράμμα und
σύγγραμμα (*Lex.* 1, Pl. *Prm.* 128a, vgl. S. 156).

[202]    Anderson 1982, 84: "It is very hard to believe that persons with the level of
education required to enjoy Lex. in the first place would have been unaware of the
passage of Straton's Phoenicides ..." (zitiert bei Ath. IX 382cff.: Ein Koch wird wegen
seines episch-poetischen Vokabulars nicht verstanden). Die Motive sind aber bei näherem
Hinsehen so ähnlich nicht: Im Gegensatz zu Stratons Koch wird Lexiph. von seinem
Gesprächspartner stets verstanden.

natürlich die Masse der uns nicht mehr, wohl aber Lukian vorliegenden Literatur, deren Verlust zahlreiche Anspielungen und Witze für immer unerkennbar gemacht hat. Was bleibt, ist aber immer noch genug und geht weit über das hinaus, was man bisher im *Lex.* an literarischen 'Zitaten', 'Anspielungen' und 'Reminiszenzen' der Registrierung für wert gehalten hat.[203]

Es ergibt sich damit für die Interpretation des *Lex.* die Notwendigkeit einer Zweiteilung: (1) Die mündlichen Äußerungen des Lexiph. und sein Symposion sind zu kommentieren, wobei auszugehen ist von sämtlichen auffälligen Vokabeln und (soweit dies möglich ist) der gesamte Vorstellungshorizont, der sich für einen gebildeten Zeitgenossen Lukians damit verbinden konnte, geklärt werden muß mit dem Ziel, den von Lukian gemeinten Ausschnitt zu bestimmen. Es geht also nicht darum, die von Doehring zusammengetragenen Stellenapparate zu vergrößern (was oft möglich wäre, manchmal nötig ist), sondern möglichst viele tatsächlich gemeinte Bezüge und Anspielungen zu erkennen und inhaltlich zu erklären.[204] Zudem muß bei der von Lexiph. vorgetragenen schriftlichen Komposition darauf geachtet werden, wie der Autor dieses Symposions die vor der Ausformulierung zu leistenden ἔργα der Auffindung und

---

203  Householder 1941, XI unterscheidet zwischen den Begriffen wie folgt: "quotation, which includes also close paraphrase and parody; allusion, which includes all recognizable references to passages or words of any author; and reminiscence, by which is meant the use of statements, opinions, words, phrases or other matter which may be confidently supposed to be derived from a particular writer." Für *Lex.* nennt er: quotation: *Lex.* 17 - Trag.inc. *Fr.* 388N.; *Lex.* 20 - Com.adesp. *Fr.* 478K. allusion: *Lex.* 25 - Dosiadas; *Lex.* 15 - Il. XIII 4-5; *Lex.* 25 - Lykophron; *Lex.* 22 - Platon works (sic) reminiscence: *Lex.* 1 - Com.adesp. *Fr.* 620K; *Lex.* 1 - Il. I 598. Mangelhaftigkeit und Willkürlichkeit dieser Liste, in der auch nicht zwischen den Äußerungen des Lykinos, des Lexiph. und dessen Symposion (das offenbar so gut wie gar keine Zit., Ansp., Rem. enthalten soll) unterschieden wird, bedürfen keines Kommentars; etwas mehr bietet der app.crit. der Oxford-Ausgabe. - Zu Wortwitzen und scherzhaften Anspielungen in einer anderen Schrift Lukians (*VH*) vgl. Matteuzi 1975; in einer neueren Arbeit (1988) vertritt M. die Meinung, dieser Art linguistischer Scherze gelte Lukians besondere Vorliebe und überall in seinen Schriften sei damit zu rechnen. - Die neuere Literatur zu Lukians literarischen Kenntnissen und seinen Techniken der Anspielung verzeichnet Gorgiulo 1988, 234 Anm. 14.

204  Daß erst durch umständliche Kommentare als solche erkennbare Witze meist nicht mehr sonderlich witzig sind, ist schade, aber nicht zu ändern.

Anordnung des Stoffes bewältigt hat. Durch die vernichtende Kritik des Lykinos in § 21 vorbelastet müssen wir hier mit dem Schlimmsten rechnen, und es werden also die gravierenden Mängel dieses Symposions in den Bereichen der εὕρεσις und τάξις aufzuzeigen sein. Generell soll in diesem Kommentar die in den bisherigen Bearbeitungen des *Lex.* entschieden zu kurz gekommene 'Publikumsebene' im Mittelpunkt stehen, d.h. die möglichst genaue Rekonstruktion der Wirkung, welches das eigenwillige Griechisch des Lexiph. auf den von Lukian intendierten Leser ausüben sollte. Weniger interessiert uns dagegen die 'Autorenebene', also etwa die Frage nach den Hilfsmitteln, mit denen Lukian das Symposion verfaßt haben mag: Selbst wenn diese und ähnliche Fragen zu beantworten wären (sie sind es nicht), würde man deshalb die Schrift und die Intention des Autors um nichts besser verstehen.[205] Lexiph. und sein 'Werk' als ausgefeilte Parodie rechtfertigen und erfordern also eine gesonderte und den besonderen Gegebenheiten angemessene Bearbeitung. (2) Die übrigen Partien des *Lex.* dagegen, also Diagnose und Belehrung durch Lykinos (nebst Sopolis) werden zweckmäßig in Zusammenhang mit den Positionen Lukians als Sprach- und Literaturkritiker gestellt. Für die systematische Erfassung dieser Positionen ist der *Lex.* nicht nur wegen des vergleichsweise großen Umfangs des belehrenden bzw. konstruktiven Teiles besonders ergiebig, sondern auch deswegen, weil die Schrift frei von persönlichen Animositäten und nicht-sachbezogener Polemik ist. Lykinos nennt den Lexiph., als Sopolis zu den beiden Gesprächspartnern hinzukommt, sogar ausdrücklich einen ἑταῖρος (§ 18), und es gibt nicht den geringsten Anlaß für die Annahme, daß dies als Ironie verstanden werden soll. Wenn Lykinos ihn durch diese Bezeichnung wohl auch nicht zu seinen engsten Freunden zählt (denn soeben hat er ja das Fehlen eines φίλος bzw. οἰκεῖος dafür verantwortlich gemacht, daß es mit Lexiph. soweit kommen konnte), so ist doch auf ein freundlich-kollegiales Verhältnis zwischen Kritiker und Kritisiertem hingewiesen. Anders könnte man auch nicht erklären, weshalb Lykinos gegen Ende seiner

---

205  Neben Publikums- und Autorenebene gibt es im *Lex.* als dritte Interpretationsebene noch die des vorgeblichen Symposion-Autors Lexiph.: Welches Bild von Persönlichkeit, Bildung, Arbeitsweise usw. wird gezeichnet? Das Nötige hierzu sagt Lykinos im zweiten Teil der Schrift.

'Gardinenpredigt' (§ 25) erwähnt, daß er gelegentlich einer früheren Rededarbietung des Lexiph. und der darin eingestreuten Fehler den Wunsch verspürt habe, im Erdboden zu versinken - offenbar doch, weil es ihm peinlich war;[206] für einen anderen schämen kann sich aber nur derjenige, der sich diesem verbunden weiß, mehr noch, der sich in irgendeiner Form verantwortlich fühlt. Für ein solches Verantwortungsgefühl spricht auch die Art, in der Lykinos seine Rede abschließt (§ 25 Ende): Er läßt keinen Zweifel daran, daß der von ihm aufgezeigte Weg des Umlernens für Lexiph. die einzige Chance der Heilung mit allen beschriebenen positiven Folgen sei. Besonderen Wert scheint er darauf zu legen, nunmehr für seine Person jede Verantwortung für die weitere Entwicklung seines Gesprächspartners auszuschließen. Dieser habe nun die freie Wahl, der παραίνεσις zu folgen oder nicht, Lykinos jedenfalls habe das getan, was er konnte und seine Pflicht vollkommen erfüllt (ἀποπεπλήρωται). Solche Redeweise paßt zu einem Anteil nehmenden und Ratschläge erteilenden, beinahe väterlichen Freund, gar nicht aber zu einem boshaften Konkurrenten oder Kritiker. Dieser Unterschied des *Lex.* zu den übrigen in dieser Arbeit behandelten und gewöhnlich mit ihm zu einer Gruppe zusammengefaßten Schriften verdient größere Beachtung: Trotz aller Gemeinsamkeiten was einzelne Wörter und Details der Kritik angeht, steht der *Lex.* von seinem 'Ethos' her gesehen Schriften wie dem *Herm.* oder *Merc.Cond.* entschieden näher als etwa *Rh.Pr.* oder *Pseudol.*; am ähnlichsten im hier behandelten Ausschnitt des lukianischen Werkes ist ihm in dieser Hinsicht der *Sol.* Der ἑταῖρος Lexiph. soll ernsthaft zur Änderung seines Verhaltens bewegt, nicht in erster Linie kritisiert und lächerlich gemacht werden (das freilich auch); die Arzt-Patient-Metaphorik hat Lukian nicht zufällig gerade in dieser Schrift so konsequent durchgeführt. Eine 'Bekehrung' scheint nach dem Schlußsatz von Lykinos jedenfalls für möglich gehalten zu werden.[207] Mit dieser Einschränkung - die Verhaltensänderung findet nicht bereits am Ende des Dialogs selbst statt, sondern bleibt als eine realistische Möglichkeit der

---

206      Helm 1906 führt als vergleichbare Stellen *Conv.* 28 und *Pisc.* 38 an.
207      Anders Sakalis 1979, 42, der meint, Lykinos sei von der Unverbesserlichkeit des Lexiph. überzeugt; dafür gibt es nicht die Spur einer Begründung.

Zukunft vorbehalten - könnte man den *Lex.* sogar als einen 'Konversionsdialog' bezeichnen.[208]

Nicht übergangen werden darf hier außerdem die Rolle der dritten am Dialog beteiligten Person, des Arztes Sopolis, den mit Galenos von Pergamon zu identifizieren Baldwin (1973, 38-40) vorgeschlagen hat.[209] Als Sopolis auftritt, bittet ihn Lykinos um seine ärztliche Hilfe für Lexiph. und verbindet damit eine kurzgefaßte Darstellung seiner bereits vorgetragenen Diagnose; mit κορυζῶντας (§ 18 [65, 13]) deutet er an, daß der Patient einer unbegründeten Überschätzung seiner eigenen Person verfallen sei;[210] auch erfährt Sopolis, daß das Leiden sehr ernst sei und mit der Sprache zu tun habe. Sodann erhält der inzwischen an die beiden Dialogpartner herangetretene Sopolis (§ 18 [65, 14]) Gelegenheit, sich selbst von des Lexiph. Vorliebe für entlegenes Vokabular zu überzeugen (§ 19). Trotzdem fragt er anschließend Lykinos, unter was für einer Krankheit Lexiph. denn leide (§ 20 [66, 3]), und die Frage ist offenbar ernst gemeint, jedenfalls versteht Lykinos sie als solche. Das bedeutet, daß der Arzt Sopolis nicht in der Lage ist, die nicht direkt in seinen Fachbereich gehörende Krankheit des Lexiph. zu diagnostizieren, wie er auch nur in sehr beschränktem Umfang bei der Therapie mitwirkt. Beides fällt vielmehr dem wirklichen Fachmann Lykinos zu, der sich des Arztes wie eines Gehilfen bedient. Von Lykinos darüber belehrt, wie das soeben aus Lexiph.' Mund Gehörte zu bewerten sei, hält Sopolis eine sofortige Therapie für geraten und verordnet ein Emetikum, wie man es in der antiken Medizin bei 'Melancholikern' anzuwenden pflegte.[211] Als

---

[208]     Schäublin 1985, 129 schreibt: ".... im lukianischen Corpus fassen wir jedenfalls werbende Dialoge oder doch Parodien auf solche, die in der Konversion eines Teilnehmers die Wirkung vorwegnehmen, die bei den Lesern erzielt werden soll", denkt dabei aber nicht an den *Lex.*

[209]     Vorsichtig dazu Hall 1981, 541 Anm. 46: Wenn die Identifikation auch nicht zu beweisen sei, so würde doch Galen "certainly have agreed with Lycinus' demand for σαφήνεια and his dislike of hyperatticism"; die Nähe Lukians zu Galen im Verständnis des Attizismus hebt auch Bompaire 1994, 66 hervor.

[210]     Das Verbum kommt bei Lukian sonst nur in seinem wörtlichen Sinne vor (*DMort.* 19,2), im übertragenen Sinn wie hier stehen sonst Formulierungen mit dem Substantiv κόρυζα (*DMort.* 6,4, *Ind.* 21; *Peregr.* 2, *Hist.Conscr.* 31).

[211]     Vgl. Hp. V 352,1f.; χολᾶν ist hier, wie öfter, gleichbedeutend mit μελαγχολᾶν.

erwünschte Wirkung des Brechmittels nennt Sopolis Genesung und Reinigung des Patienten durch die Entleerung von τοιαύτης τῶν λόγων ἀτοπίας. Der Arzt nimmt also das von Lykinos zuvor Gesagte wörtlich auf und bestätigt somit auf seinem Fachgebiet die Richtigkeit von dessen Diagnose, soweit sie in medizinischer Terminologie gestellt wurde.

Die Wirkung des Emetikums wird sodann in drei Phasen beschrieben: In der ersten erbricht Lexiph. eine Reihe gängiger Attizismen,[212] die jedem zünftigen Attizisten gewissermaßen ständig auf der Zunge liegen (*Rh.Pr.*16: πρόχειρα καὶ ἐπ' ἄκρας τῆς γλώττας) und folglich als erste herausbefördert werden. Daß Lexiph. in seinem Symposion von diesen Floskeln allzu reichlichen Gebrauch mache, kann man nur für ἦ δ' ὅς sagen (13mal, dazu siebenmal ἦν δ' ἐγώ); μῶν kommt nur zweimal vor, die übrigen nur jeweils einmal und λῷστε überhaupt nicht. Sopolis spricht hier, wie angedeutet, eher etwas aus, was man generell einer bestimmten Sorte selbsternannter Attizisten zum Vorwurf machte, als daß seine Kritik gezielt auf Lexiph.' Diktion gemünzt wäre. Genaues kann der Arzt auch gar nicht wissen, da er ja nicht Zeuge der Vorlesung aus dem Symposion geworden ist. Von Lexiph.' mündlichen Äußerungen und Lykinos' knappen Informationen ausgehend hat er nur ein wenig differenziertes Bild vom Krankheitszustand des Patienten gewonnen. Was Lexiph. hier und im Folgenden von sich gibt, sind also keine Zitate aus dem Symposion, sondern besonders charakteristische Merkmale des umfassenden Krankheitsbildes.

Als Einleitung zur zweiten Phase fordert der Arzt den sich Übergebenden zu größerer Anstrengung auf, denn noch nicht erbrochen seien ἴκταρ, σκορδινᾶσθαι, τευτάζεσθαι, σκύλλεσθαι. Es handelt sich also um Vokabeln, von denen Sopolis annimmt, daß sie sich unter den bereits zum Vorschein gekommenen noch verbergen müßten. Umso weniger ist es verwunderlich, daß keine einzige von ihnen von Lexiph. wirklich gebraucht wurde. Vielmehr könnten diese Vokabeln, wenn überhaupt

---

212   Insgesamt sieben, fünf davon (μῶν, κᾆτα, ἀμηγέπηι, λῷστε, ἄττα) werden auch in *Rh.Pr.* zu ständigem Gebrauch ohne Rücksicht auf den Kontext empfohlen, um der Sprache ein attisches Flair zu verschaffen (s.o. S. 45).

etwas, Rückschlüsse auf Sopolis (also die eventuell hinter der Dialogfigur verborgene wirkliche Person) erlauben. In diesem Zusammenhang ist schon auffällig und könnte als zusätzliches Argument für die Identifizierung Sopolis - Galen angeführt werden, daß zwei der vier Wörter in Galens Hippokrates-Glossar (τῶν Ἱπποκρατικῶν γλωσσῶν ἐξήγησις) erklärt werden (ἵκταρ XIX 105,7; σκορδινᾶσθαι XIX 139,7); insgesamt läßt sich gegen alle vier Vokabeln Kritik üben (vgl.u. S. 89), wie sie Galen an vielen Stellen seines Werkes gegen Attizisten und solche, die sich dafür halten, vorbringt (s.u. S. 125f.). Das spricht dafür, Sopolis mit Galen zu identifizieren, ohne ein schlüssiger Beweis zu sein.

In der dritten Phase erklärt Sopolis, vielleicht verberge sich noch vieles in Lexiph.' Eingeweiden, es sei deshalb gut, wenn nicht alles erbrochen werde, sondern manches die entgegengesetzte Richtung einschlage. Abschließend stellt er fest, die Sofortbehandlung habe erreicht, was man bestenfalls von ihr habe erwarten können, nämlich eine innere Reinigung des Kranken. Damit sei er jedoch noch lange nicht geheilt, dazu bedürfe es einer langwierigen 'Umerziehung' (μεταπαιδεύειν), die aber nicht Sache des Arztes sei. Wenn also - so kann das Auftreten des Arztes im *Lex.* resümiert werden - die Identifizierung Sopolis - Galen von Lukian wirklich beabsichtigt war, dann ist die Figur des Arztes im *Lex.* für diesen nicht nur ein respektvolles Kompliment,[213] sondern der Mediziner würde vom Fachmann Lukian auch unmißverständlich auf seine Grenzen aufmerksam gemacht.

---

[213]    Wie Baldwin 1973, 38-40 meint, wenn er den Namen Sopolis, 'Stadtretter', als den eines Retters vor der attizistischen Pest interpretiert, so wie Galen gegen die reale Pest der 60er Jahre gekämpft habe.

## 3. Stellungnahmen des Literaturkritikers Lukian

Lukian verfolgt in den sechs Schriften, in denen sich die Hauptmasse seiner literaturtheoretischen Stellungnahmen findet, also sehr unterschiedliche Intentionen; ebenso unterschiedlich ist daher deren Aussagekraft für sachbezogene Überzeugungen des Autors. Von der differenzierenden Feststellung des Quellenwertes der einzelnen Schriften ausgehend kann nun die systematische Erfassung sämtlicher einschlägiger Äußerungen Lukians in Angriff genommen werden. Zur Rubrizierung des Materials bieten sich am natürlichsten Kategorien an, die auch Lukian geläufig waren, nämlich die in der antiken Rhetorik eingeführten Termini für die Arbeitsschritte des Redners (ἔργα τοῦ ῥήτορος; officia oratoris) bzw. die Entstehungsstadien literarischer Werke. Von den fünf Aufgaben, die der Redner nach antiker Überzeugung zu erfüllen hatte, manifestieren sich die letzten beiden, also das Einstudieren des exakten Wortlautes (μνήμη; memoria) und die wirkungsvolle Darbietung (ὑπόκρισις; actio) nur beim mündlichen Vortrag einer Rede; sie haben mit deren Entstehungsprozeß nichts zu tun und können sogar von einer anderen Person wahrgenommen werden als dem Verfasser (wie dies etwa bei attischen Gerichtsreden die Regel war). Der Text selbst hingegen wird durch die drei vorangehenden Arbeitsschritte konzipiert, nämlich Auffinden bzw. Sammeln (εὕρεσις; inventio), Ordnen bzw. Gliedern des Stoffes (τάξις; dispositio) und sprachliche Ausformulierung (λέξις; elocutio). Nicht nur Reden, sondern sämtliche literarischen Texte gleichgültig welcher Art werden nach der übereinstimmenden Vorstellung antiker Literaturtheorie auf diese Weise produziert - ungeachtet aller Verschiedenheiten im einzelnen (z.B. wird der Geschichtsschreiber bei der inventio anders vorgehen müssen als der dramatische Dichter, der Verfasser einer fachwissenschaftlichen Abhandlung anderen Gliederungsprinzipien folgen als der eines Epinikion usw.). Das εὕρεσις - τάξις - λέξις - Schema eignet sich deshalb besonders gut dazu, die theoretischen Äußerungen eines antiken Literaturkritikers systematisch zu ordnen, soweit sie sich auf die literarischen Texte beziehen. Wie im attizistischen 2. Jh. nicht anders zu erwarten, stehen bei Lukian Fragen der λέξις im Mittelpunkt und seine Äußerungen zu diesem Thema übertreffen quantitativ bei weitem alle übrigen; mit der λέξις wird deshalb begonnen, danach τάξις und εὕρεσις. Den Abschluß bilden Bemerkungen, die sich nicht in das Raster rhetorischer Termini einfügen lassen, sondern der Person des Schreibenden gelten, seine Fähigkeiten, Arbeitsweise, Auftreten betreffen (s.u. S. 127ff.).

## 3.1. Lexis

Mit dem Begriff der sprachlichen Ausformulierung faßt die rhetorische Theorie der Antike die beiden Arbeitsschritte des Auswählens und Zusammenfügens der Wörter zusammen (ὀνομάτων ἐκλογή und σύνθεσις).[214] Lukians Interesse ist höchst einseitig auf ersteres gerichtet (womit er sich wohl als Kind seiner Zeit erweist, s. u. S. 87f.); über letzteres äußert er sich ausdrücklich nur ein einziges Mal in seinem gesamten Werk: *Beim Zusammenfügen der Wörter muß man eine ausgewogene und* (zwischen den im Folgenden genannten Extremen) *mittlere Linie einhalten, indem man* (sc. die Wörter) *weder allzu abgehackt und ungefüge nebeneinander stellt - das wäre nämlich grob - noch sie (wie die meisten) zu beinahe poetischen Maßen[215] zusammenfügt; letzteres erregt berechtigte Kritik, ersteres ist für die Hörer eine Zumutung* (*Hist.Conscr.* 46).[216] Lukian tut hier offenkundig nichts anderes, als eine altbekannte Regel für rhythmische Prosa zu referieren; das Schema aus einer Mitte und zwei Extremen hat seine engste Parallele bei Dionysios von

---

214   Die Unterscheidung der beiden Arbeitsschritte erstmals bei Arist.*Rh.* 1404b24f.; vgl. Grube 1965, 97 Anm. 3.

215   Aus den bei Avenarius 1956, 69 angeführten Parallelen wie auch aus dem Kontext der Stelle in *Hist.Conscr.* selbst (vgl. § 48: Verbot alles Poetischen in der Diktion) geht hervor, daß Lukian als das eine der beiden zu vermeidenden Extreme einen Prosarhythmus ansieht, der sich aus poetischen Maßen zusammensetzt. Es ist gewiß nicht seine Absicht, ein in der antiken Literaturtheorie singuläres Verbot des Rhythmisierens von Prosa auszusprechen, zumal er dies wenig später wie selbstverständlich empfiehlt (§ 48: ῥυθμιζέτω). Das überlieferte ῥυθμῶι müßte also mit 'poetischer Rhythmus' übersetzt werden, was es sonst nicht heißt; mit Avenarius' Konjektur μέτρωι entstünde ein wesentlich besserer Text.

216   Καὶ μὴν καὶ συνθήκηι τῶν ὀνομάτων εὐκράτωι καὶ μέσηι χρηστέον, οὔτε ἄγαν ἀφιστάντα καὶ ἀπαρτῶντα - τραχὺ γάρ - οὔτε ῥυθμῶι ( μέτρωι Avenarius) παρ' ὀλίγον ὡς οἱ πολλοὶ συνάπτοντα· τὸ μὲν γὰρ ἐπαίτιον, τὸ δὲ ἀηδὲς τοῖς ἀκούουσι.

Halikarnassos (*Comp.*), der eine rauhe (αὐστηρά), glatte (γλαφυρά) und mittlere (μέση) Fügung kennt. Wenn Lukian für die sachorientierte Geschichtsschreibung letztere empfiehlt, muß das für seine Meinung bezüglich anderer Literaturgattungen nicht viel besagen. Er äußert sich, wie gesagt, nirgends sonst expressis verbis zu dem Thema, und auch die Bemerkung in *Hist.Conscr.* scheint eher vom Vollständigkeitsstreben als von besonderem Interesse des Verfassers zu zeugen. Immerhin paßt die strikte Ablehnung alles Poetischen in einem Prosawerk zu dem auch sonst stark entwickelten Gefühl Lukians für die Eigengesetzlichkeit literarischer Gattungen (s.o. S. 33f.). Wenn er ferner von dem Philosophen Demonax berichtet, dieser habe sich über die Homilien eines Favorinos *hauptsächlich aufgrund der allzu einschmeichelnden Liedrhythmen lustig gemacht, in der Überzeugung, diese seien unedel, weibisch und ganz und gar nicht der Philosophie geziemend* (*Demon.* 12),[217] so ist dies ein weiteres Zeugnis für Lukians Ablehnung poetischer Metren in Prosa insgesamt; daß der Verfasser hier mit dem Sprecher Demonax einer Meinung ist, darf man - wie immer in *Demon.*[218] - voraussetzen.

‘Auswahl der Wörter’ meint im eigentlichen Sinne ein Verfahren, im Verlaufe dessen aus dem vorhandenen Vorrat des Sprachmaterials der jeweils die gemeinte Sache am genauesten treffende Ausdruck ausgewählt wird. Im Griechischen des 2. Jhs.n.Chr., das einerseits - wie jede Epoche - über das Vokabular der zeitgenössischen Umgangssprache mit ihren sozialen Abstufungen und regionalen Varianten verfügte, andererseits das gewaltige Arsenal einer gut 800jährigen, literarisch tradierten Sprachentwicklung als kostbaren und lebendigen Besitz empfand, hat Wortwahl eine zusätzliche - und sogar im Vordergrund stehende - Bedeutung, nämlich Definition des Reservoirs, aus dem überhaupt geschöpft werden darf, also Festlegung der Grenze zwischen ‘erlaubtem’ und ‘unerlaubtem’ Vokabular. Es ist dies eine der wesentlichen Fragen,

---

217    ...ὡς ἐν γέλωτι ποιοῖτο τὰς ὁμιλίας αὐτοῦ καὶ μάλιστα τῶν ἐν αὐταῖς μελῶν τὸ ἐπικεκλασμένον σφόδρα ὡς ἀγεννὲς καὶ γυναικεῖον καὶ φιλοσοφίαι ἥκιστα πρέπον...

218    Einer der wenigen Schriften, in denen Lukian "es durchweg ernst meint" (s.o. Anm. 23).

über die der Streit zwischen den verschiedenen attizistischen Richtungen geführt wird; daß sich auch Lukian - von seiner eigenen Praxis als Autor abgesehen - theoretisch über dieses Thema Gedanken gemacht hat, beweist eine relativ große Zahl von Stellen. Zunächst seien diejenigen behandelt, an denen er mit Beispielen den Bereich des seiner Ansicht nach unzulässigen Vokabulars markiert.

### 3.1.1. Beispiele für Verstöße bei der ὀνομάτων ἐκλογή

In *Lex.* 21 wird, wie wir gesehen haben (S. 83f.), die Wirkung des von Sopolis verordneten Emetikums in drei Phasen beschrieben. In der ersten erbricht der Patient sieben typisch attische Vokabeln (μῶν, κᾆτα, ἦ δ’ ὅς, ἀμηιγέπηι, λῷστε, δήπουθεν, ἄττα); fünf davon werden auch dem angehenden Redner in *Rh.Pr.* 16 zu ständigem Gebrauch empfohlen: *Sodann suche von irgendwoher 15 oder jedenfalls nicht mehr als 20 attische Vokabeln aus, lerne sie mit Sorgfalt auswendig und trage sie fortan auf der Zungenspitze zu ständigem Gebrauch ...; in jeder Rede trage davon reichlich auf, wie einen Zuckerguß. Um das andere - ob es etwa ungleich, unverwandt, disharmonierend ist mit diesen Vokabeln - kümmere dich nicht.*[219] Weder durch den Arzt noch durch den Redelehrer will Lukian offenbar zum Ausdruck bringen, daß er gegen die genannten Wörter grundsätzlich etwas einzuwenden habe. Nur wenn sie in übermäßiger Häufung auftreten, wenn die sonstige Diktion ganz und gar nicht zu diesen attischen Pretiosen paßt, wenn sie also dazu mißbraucht werden, eine gar nicht vorhandene Bildung vorzutäuschen, erhebt Lukian Einspruch. Der Umkehrschluß, nämlich daß ἄττα, μῶν und Konsorten derjenige ohne weiteres verwenden darf, der dies sparsam tut und auch sonst ein entsprechendes Sprachniveau erreicht, wird dadurch bestätigt, daß Lukian selbst keine einzige der sieben Vokabeln strikt vermeidet.

---

219    ..., ἔπειτα δὲ πεντεκαίδεκα ἢ οὐ πλείω γε τῶν εἴκοσιν ᾿Αττικὰ ὀνόματα ἐκλέξας ποθὲν ἀκριβῶς ἐκμελητήσας, πρόχειρα ἐπ’ ἄκρας τῆς γλώττης ἔχε ... καὶ ἐν ἅπαντι λόγωι καθάπερ τι ἥδυσμα ἐπίπαττε αὐτῶν. μελέτω δὲ μηδὲν τῶν ἄλλων, εἰ ἀνόμοια τούτοις καὶ ἀσύμφυλα καὶ ἀπωιδά.

Als Einleitung zur zweiten Phase fordert Sopolis den sich Übergebenden zu größerer Anstrengung auf, denn ἴκταρ, σκορδινᾶσθαι, τευτάζεσθαι, σκύλλεσθαι seien noch nicht erbrochen. Es handelt sich also um Vokabeln, von denen der Autor den Arzt und damit den Leser annehmen läßt, daß sie sich unter den bereits zum Vorschein gekommenen noch verbergen, und daß der Patient, um gesund zu werden, von ihnen befreit werden müsse. ἴκταρ mit seinen drei Bedeutungen (1. 'nahe beisammen', 2. das weibliche Geschlechtsteil, 3. eine Fischart) ist ein Musterbeispiel für ἀσάφεια; das ausschließlich in medizinischer Fachliteratur sowie der Alten Komödie belegte σκορδινᾶσθαι (die Bedeutung erklärt Sch.Ar. *Ach.* 30) dürfte aufgrund seiner Entlegenheit ebensowenig zur guten Literatursprache gehört haben wie τευτάζεσθαι, von dem wir immerhin wissen, daß der späthellenistische Grammatiker Heraklion es dem Lykophron angekreidet habe.[220] σκύλλεσθαι schließlich ist zwar inschriftlich, auf nichtliterarischen Papyri sowie in den Evangelien belegt, kommt aber sonst nur selten bei hellenistischen Dichtern und Autoren der späten Gräzität vor,[221] während A. *Pers.* 577 die einzige klassische Belegstelle ist. Dieser Befund könnte so zu deuten sein, daß das Verbum im kaiserzeitlichen Griechisch der niederen Umgangssprache angehörte und in anspruchsvoller Prosa gemieden wurde. Allen vier Ausdrücken gemeinsam ist also, daß auch ein einigermaßen gebildeter Zeitgenosse Lukians entweder wegen Mehrdeutigkeit bzw. Ungebräuchlichkeit Verständnisprobleme gehabt oder anderweitig an ihnen Anstoß genommen hätte.

Wenn Sopolis abschließend erklärt, möglicherweise verberge sich noch so manches in Lexiph.' Eingeweiden, das besser nicht erbrochen werde, sondern die entgegengesetzte Richtung einschlagen solle, und als Beispiel σιληπορδία nennt (als Substantiv ein Hap. Leg.,[222] das einerseits Lexiph.' Vorliebe für Neologismen ironisiert, andererseits eben das

---

220    Phot. 210, vgl. auch K.-A.VII 200 (zu Pherecr. 198); τευτάζειν im Aktiv ist mehrfach bei Platon und den Komikern belegt, als Medium hingegen nur als Konjektur zu Phryn.Com. 37 sowie Them. *Or.* XIII 16. Es wäre also auch denkbar, daß die Kritik (zusätzlich) der Diathese gilt.

221    Z.B. Nic. *Al.* 410; *AP* V 172. 258; Hdn. VII 3,4. IV 13,3; Diog.Oen. 1.

222    σιληπορδεῖν bei Sophr. 164; Posid. 36J; Ath. V 212c. Die Etymologie des ersten Bestandteiles ist ungeklärt.

Geräusch bezeichnet, das bei der angesprochenen Erleichterung des Patienten entstehen würde), so dürfte sich in diesem Scherz der Sinn erschöpfen.

In *Pseudol.* 24 muß sich der Sophist, der es gewagt hatte, sich über ein von Lukian gebrauchtes Wort lustig zu machen, im Gegenzug dessen Kritik an seinem eigenen Sprachgebrauch gefallen lassen. Als Beispiele für dessen Verkehrtheit werden sieben Vokabeln genannt (βρωμολόγους, τροπομάσθλητας, ῥησιμετρεῖν, ἀθηνιῶ, ἀνθοκρατεῖν, σφενδικίζειν, χειροβλιμᾶσθαι), allesamt Hap. Leg.,[223] fünf davon selbstgebastelte Nominal- bzw. Verbalkomposita, dazu zwei Verben, deren Auffälligkeit in der ungeläufigen Kombination von für sich jeweils geläufigen Stämmen und Suffixen liegt. Der kritisierte Sophist hat also gewissermaßen die Anweisung befolgt, die der Redelehrer in *Rh.Pr.* 17 erteilt: *Bilde nur gelegentlich auch selbst neue und absonderliche Vokabeln und setze die Regel fest, daß der Könner im sprachlichen Formulieren* εὔλεξις *genannt werden soll, der Mann mit Verstand* σοφόνους, *der Tänzer* χειρίσοφος.[224] Außer solchen Wortneuschöpfungen rät der Redelehrer seinem Schüler auch, verpönte, kuriose und bei den Alten kaum belegte Vokabeln wie Pfeile auf die Gesprächspartner abzuschießen, nämlich beispielsweise ἀποστλεγγίσασθαι, εἰληθερεῖσθαι, προνόμιον, ἀκροκνεφές, alles Ausdrücke, die zwar tatsächlich höchst selten belegt sind,[225] aber immerhin keine eigenmächtigen Neubildungen. Eine weitere

---

223    ῥησιμετρεῖν ist genau genommen ein 'Dis Leg.'; da die zweite Belegstelle aber des Lexiph. Symposion ist (*Lex.* 9), kann es als Hap. Leg. gelten.

224    ἐνίοτε δὲ καὶ αὐτὸς ποίει καινὰ καὶ ἀλλόκοτα ὀνόματα καὶ νομοθέτει τὸν μὲν ἑρμηνεῦσαι δεινὸν "εὔλεξιν" καλεῖν, τὸν συνετὸν "σοφόνουν", τὸν ὀρχηστὴν δὲ "χειρίσοφον". Während σοφόνους und εὔλεξις Hap. Leg. sind (letzteres wie ῥησιμετρεῖν noch in *Lex.* 1), findet sich χειρίσοφος noch in *Lex.* 14 und *Salt.* 69, jeweils mit der v.l. χειρόσοφος. Daß Lexiph. ein vom Redelehrer empfohlenes Wort verwendet, bräuchte nicht zu verwundern, umso mehr dagegen, daß Lukian selbst eben dieses Wort als von Lesbonax erfundene Bezeichnung für Tänzer ohne Kritik, im Kontext sogar mit zustimmendem Tenor, zitiert. Die Schwierigkeit entfällt, wenn man (anders als MacLeod) in *Salt.* χειροσόφους, in *Lex.* χειρισόφων schreibt: Nicht die eigenwillige Wortschöpfung des Lesbonax kritisiert Lukian (wiewohl er dies in einem anderen als dem in *Salt.* gegebenen Kontext vielleicht durchaus getan hätte), sondern die sprachlich mögliche, aber mit dem bekannten Personennamen zu verwechselnde Variante.

225    Aber immerhin z.T. auch bei Klassikern, so ἀποστλεγγίσασθαι bei Ar., ἀκροκνεφές bei Hes.

Liste mißbilligter Vokabeln wird in *Pseudol.* 29 vorgelegt; die Kritik Lukians bezieht sich aber nicht auf die Wörter selbst,[226] sondern darauf, daß der Sophist mit albernen und an den Haaren herbeigezogenen Junkturen seinen Formulierungen falsche Brillanz und gekünstelten Witz zu geben sich bemüht. Was Lukian mit diesen Beispielen anprangert, betrifft also nicht - wie alles Bisherige - die ὀνόματα an sich, sondern deren Beziehung zu den πράγματα, den gemeinten Gegenständen und Vorgängen.

Noch elementarer sind die Fehler, die Lukian mit den Beispielen in der zweiten Hälfte des Kapitels anspricht: An einen Verstoß gegen die Semantik (ἀπολωλότα im Sinne von 'verlorengegangen', so daß man die betreffende Person noch 'suchen' könnte) reihen sich zwei durch vermeintlich 'attische' Krasis zustandegekommene Genusfehler (θάτερον und ἄτερον für τὸν ἕτερον), es folgen falscher Gebrauch des Duals (τριῶν μηνοῖν), durch Verkennung des Sinnes der Vorsilbe νη- verursachte falsche Wortbildung (ἀνηνεμία) und zwei morphologische Abweichungen von der klassischen Grammatik, die späterem Sprachgebrauch entsprechen (πέταμαι, ἐκχύνειν). Lukian scheint, wie die Zusammenstellung zeigt, insbesondere daran Anstoß zu nehmen, daß der Sophist übertrieben gekünstelte - und aufgrund mangelhafter Kenntnis ins Fehlerhafte umschlagende - Attizismen mit verpönten Einsprengseln aus spätgriechischer Umgangssprache durcheinanderwirft.

Eine ähnliche Fehlerliste wird dem Lexiph. gegen Ende des Dialogs (§ 25) vorgehalten: *Was meinst du zum Beispiel, wie sehr ich mir wünschte, unter die Erde zu versinken, als ich dir bei einem Redevortrag zuhörte: Meintest du doch,* χιτώνιον *sage man auch für das Männergewand, bezeichnetest als* δουλάρια *auch die männlichen Mitglieder der Dienerschaft, obwohl doch wirklich jeder weiß, daß man* χ. *ein Frauenkleid,* δ. *nur die Mägde*

---

226    An τρίαινα ist nichts auszusetzen als der Zusammenhang, τριγλώχιν ist öfters belegt und eine in ihrer Art ganz gewöhnliche Zusammensetzung, ἐκτριαινοῦν als Kompositum ein - aber kaum anstößiges - Hap. Leg.

*nennt*.[227] Lukian gibt sich hier entschieden streng: Zwar hat er, was die Mehrzahl der uns vorliegenden Belegstellen angeht (vgl. LSJ s.v.) recht, doch immerhin verwendet er selbst einmal χιτώνιον in der inkriminierten Bedeutung (*Merc.Cond.* 37), und ein Autor mit so relativ reinem Attisch wie Arrian nennt männliche Sklaven ebenfalls δουλάρια (*Epict.* II 21,11); auch Pollux (VII 45 und III 76) weiß nichts von der geforderten Bedeutungsdifferenzierung. Diesen Beispielen für Verstöße gegen die Semantik werden drei 'Fehler' aus dem Bereich der Morphologie angereiht: ἵπτατο, die sekundäre Bildung eines neuen Präsensstammes innerhalb des an konkurrierenden Varianten reichen Paradigmas πέτομαι, die vermutlich zu πτήσομαι/ ἔπτην entstand in Analogie zu στήσομαι/ ἔστην/ ἵσταμαι;[228] im *Sol.* 7 wird die Form ebenso kritisiert wie von Phrynichos (373R 325L). ἀπαντόμενος wäre insofern ein Fehler, als Lexiph. ein laut Phrynichos (349R 288L) samt seinen Komposita zu meidendes, da poetisches, Verbum gebraucht hätte; die v.l. ἀπαντώμενος hingegen wäre ein vom medialen Futur fälschlich auf das Präsens übertragenes Medium (vgl. Poll. V 155), also ein Verstoß im Diathesengebrauch, was zu dem vorangehenden und zu dem folgenden Beispiel besser passen würde. καθεσθείς schließlich wird zwar von Lukian (*Sol.* 11) und Phrynichos (236) als ἔκφυλον abgelehnt, andererseits von demselben Lukian auch an einer Stelle (*VH* I 23) gebraucht.

Die Übereinstimmungen mit dem *Sol.* und Phrynichos einerseits und die Widersprüche zu Lukians eigenem Sprachgebrauch andererseits zeigen, daß der Kritiker hier pedantischer ist als der Autor. Die Erklärung für diesen scheinbaren Widerspruch gibt Lukian selbst in dem Satz, mit dem er die behandelten Beispiele einleitet: *Das Allerlächerlichste ist aber folgendes:*

---

227    οἷον ἐκεῖνα πῶς οἴει κατὰ γῆς δῦναι ηὐχόμην ἀκούων σου ἐπιδεικνυμένου, ὅτε χιτώνιον μὲν καὶ τὸ ἀνδρεῖον ᾦου λέγεσθαι, δουλάρια δὲ καὶ τοὺς ἄρρενας τῶν ἀκολούθων ἀπεκάλεις, ἃ τίς οὐκ οἶδεν ὅτι χιτώνιον μὲν γυναικὸς ἐσθής, δουλάρια δὲ τὰ θήλεα καλοῦσιν;

228    Näheres bei Rutherford 373, Chantraine s.v.; wie weit die Belege für ἵπταμαι zurückreichen, ist nicht mit Sicherheit zu ermitteln: E. *IA* 1608 (ἀφίπτατο codd. ἀπέπτετο Vitelli) wird von Passow akzeptiert, von LSJ verworfen ("spurious"); K.-Bl. II 450 und Passow nennen die Form in Prosa seit Aristoteles verbreitet, geben aber keine Belege; die ersten sicheren sind Mosch. 3,43; Babr. 65,4.

*Du erhebst den Anspruch, ein 'Super-Attizist' zu sein, und deine Sprache pedantisch auf das altertümlichste zurechtgedrechselt zu haben, und dann unterlaufen dir in deinen Reden / Schriften so manche - besser gesagt: die meisten - Fehler von einer Art, daß nicht einmal ein Knabe, der soeben begonnen hat zu lernen, darin unkundig sein dürfte ..."* (*Lex.* 25).[229] Wirkliches Ziel der Kritik ist also die Kluft zwischen überzogenem Anspruch und mittelmäßiger bis trauriger Realität der Diktion des Lexiph.; die 'Verstöße' selbst hingegen muß Lukian - trotz des übertreibenden 'worüber selbst ein Schuljunge schon Bescheid wissen dürfte' - nicht notwendig für besonders gravierend gehalten haben, was er auch durch die Wertung πάντων καταγελαστότατον zum Ausdruck bringt: Die hier aufgeführten Fehler sind für einen selbsternannten Meister des Attizismus wie Lexiph. in höchstem Maße peinlich, an substantieller Bedeutung stehen sie jedoch z.B. hinter dem, was Lukian unmittelbar zuvor gesagt hat (*Lex.* 24: τὸ μέγιστον ἁμαρτάνεις κτλ., s.u. S. 117ff.) eindeutig zurück. Soweit die Auflistungen von Beispielen für verunglückte ὀνομάτων ἐκλογή; Lukian gibt an mehreren Stellen, denen wir uns jetzt zuwenden, allgemeine Beschreibungen des Verfehlten auf diesem Gebiet.

## 3.1.2 Fehlerhafte ὀνομάτων ἐκλογή: allgemeine Definitionen

Unmittelbar nachdem Lexiph. die Vorlesung aus seinem Symposion abgebrochen hat, äußert sich Lykinos in allgemeiner Form über dessen Diktion, *dieses gewaltige Sammelsurium von deplazierten und verkehrten Vokabeln, von denen du einen Teil selbst fabriziert, andere, die tief vergraben waren, wer weiß woher ans Licht gezerrt hast - ganz so, wie es im Vers heißt: 'Zum Teufel mit dir, der du der Sterblichen Mißgriffe herausklaubst!'* (*Lex.* 17)[230] Die wenig konkreten Attribute, mit denen des Lexiph. Vokabeln charakterisiert werden, könnten so zu verstehen sein, daß diese teils nicht für die Gegenstände passen, die sie bezeichnen sollen

---

229 Τὸ δὲ πάντων καταγελαστότατον ἐκεῖνό ἐστιν, ὅτι ὑπεράττικος εἶναι ἀξιῶν καὶ τὴν φωνὴν εἰς τὸ ἀρχαιότατον ἀπηκριβωμένος τοιαῦτα ἔνια, μᾶλλον δὲ τὰ πλεῖστα, ἐγκαταμιγνύεις τοῖς λόγοις ἃ μηδὲ παῖς ἄρτι μανθάνων ἀγνοήσειεν·

230 ... τοσοῦτον ἑσμὸν ἀτόπων καὶ διαστρόφων ὀνομάτων, ὧν τὰ μὲν αὐτὸς ἐποίησας, τὰ δὲ κατορωρυγμένα ποθὲν ἀνασπῶν κατὰ τὸ ἰαμβεῖον "ὄλοιο θνητῶν ἐκλέγων τὰς συμφοράς" ...

(ἀτόπων), teils an sich verkehrt sind, d.h. im Hinblick auf eine von Lukian für korrekt gehaltene Sprachnorm. Aufschlußreicher ist Lykinos' Hinweis auf die beiden Quellen für den ἑσμὸς ὀνομάτων, nämlich Lexiph.' eigene Phantasie und namentlich nicht genannte Schriften bzw. Autoren, die allesamt entlegen und - zu Recht - vergessen sind und erst mühsam hervorgeholt werden müssen. Daß Lukian das Erfinden neuer Vokabeln grundsätzlich - und erst recht im Übermaß wie bei Lexiph.- ablehnt, ist bereits durch einige der oben behandelten Beispiele deutlich geworden; hier zeigt sich, daß es auch in der älteren Literatur (κατορωρυγμένα) Bereiche gibt, die als Quellen für Vokabular nicht in Frage kommen. Lukian bezeichnet diese nicht näher; wenn er jedoch in *Lex.* 25 sagt, die Diktion seines Freundes Lexiph. sei zu vergleichen mit *dem 'Altar' des Dosiadas und der 'Alexandra' des Lykophron und falls es jemanden gibt, der in der Sprache noch mehr von allen guten Geistern verlassen ist als diese beiden,*[231] dann kann man schließen, daß jedenfalls hellenistische Poesie weithin zu diesem Tabubereich gehörte. Überhaupt hält Lukian ja rein poetisches Vokabular in Prosaschriften für unzulässig, was besonders deutlich in *Hist.Conscr.* 45 zum Ausdruck kommt: Dort wird selbst für die Schilderung dramatischer Höhepunkte des historischen Geschehens zwar der γνώμη des Schreibenden ein poetischer Höhenflug erlaubt, die ἑρμηνεία dagegen müsse sich des dichterischen Rausches enthalten. Lukian lehnt bestimmte Charakteristika des poetischen Vokabulars, das ξενίζειν und ὑπὲρ τὸν καιρὸν ἐνθουσιᾶν in Prosaschriften generell ab; wenn dies sogar für poetisch inspirierte Passagen gelten soll, so kann man sich leicht denken, wie deplaziert ihm poetische Sprache bei der Beschreibung durch und durch prosaischer Gegenstände erschienen sein muß.

Es scheinen also vielleicht weniger bestimmte Namen oder Jahrhunderte zu sein, die in Lukians Vorstellung die Grenzen des Erlaubten markieren, als vielmehr Wesensmerkmale des Vokabulars (die in *Lex.* 25 Genannten, Dosiadas und Lykophron, werden lediglich als nicht zu überbietende Extreme des Negativen angeführt). Ein solches Wesensmerkmal kommt im

---

231     ... καθάπερ ὁ Δωσιάδα βωμὸς ἂν εἴη καὶ ἡ τοῦ Λυκόφρονος 'Αλεξάνδρα, καὶ εἴ τις ἔτι τούτων τὴν φωνὴν κακοδαιμονέστερος.

*Lex.* zur Sprache, als der zu den beiden Gesprächspartnern herangetretene Sopolis sich danach erkundigt, woran Lexiph. denn eigentlich leide. Lykinos antwortet: *Hörst du denn nicht, was für Laute er von sich gibt? Und läßt uns, die hier und heute ein Gespräch mit ihm führen wollen, stehen und redet mit uns (wie) vor 1000 Jahren, wobei er auch noch*[232] *die Zunge verrenkt und diese Mißbildungen da zusammenbastelt und darauf Eifer verwendet, als wäre es freilich eine Meisterleistung, wenn er sich mit dem Flair des Fremdartigen umgibt und die gültige Sprachmünze fehlprägt* (*Lex.* 20).[233] Neben der bereits angesprochenen Vorliebe für abwegige Wortneuschöpfungen[234] wird dem Lexiph. hier also die Verwendung uralter Vokabeln vorgeworfen. Denselben Tadel schreibt Lukian dem Philosophen Demonax zu: *Er hielt es auch für berechtigt, sich über diejenigen Leute lustig zu machen, die in ihren mündlichen Äußerungen ganz altertümliche und (be)fremde(nde) Vokabeln gebrauchten; als ihm jedenfalls jemand auf eine Frage nach einem Wort in übertriebenem Attisch Antwort gab, sagte er: "Mein Freund, ich habe dich heute gefragt, und du antwortest mir wie zu Zeiten Agamemnons!"* (*Demon.* 26).[235] Eine Vokabel wird also, wie aus den beiden Attributen ἀρχαῖος und ξένος hervorgeht, nicht allein durch ihr Alter kritikwürdig, sondern dann, wenn damit die Wirkung der Fremdheit und Befremdung (beim Zuhörer) verbunden ist, d.h. wohl, wenn das Wort aus der Sprache auch der Gebildeten[236] und damit in älterer Sprache Bewanderten gänzlich

---

232     Zur Übersetzung vgl. Anm. 234.

233     οὐκ ἀκούεις οἷα φθέγγεται; καὶ ἡμᾶς τοὺς νῦν προσομιλοῦντας καταλιπὼν πρὸ χιλίων ἐτῶν ἡμῖν διαλέγεται διαστρέφων τὴν γλῶτταν καὶ ταυτὶ τὰ ἀλλόκοτα συντιθεὶς καὶ σπουδὴν ποιούμενος ἐπ' αὐτοῖς, ὡς δή τι μέγα ὄν, εἴ τι ξενίζοι καὶ τὸ καθεστηκὸς νόμισμα τῆς φωνῆς παρακόπτοι.

234     ταυτὶ τὰ ἀλλόκοτα συντιθεὶς: An eine Anspielung auf fehlerhafte σύνθεσις ist hier nicht zu denken, da es im Kontext ausschließlich um die ὀνόματα an sich geht, wie auch die anschließende Akut-Therapie des Sopolis zeigt. Da die Neubildungen nicht zugleich der '1000 Jahre alten' Sprache angehören können, müssen die beiden untereinander gleichgeordneten Partizipien συντιθεὶς und διαστρέφων einen zusätzlichen Begleitumstand angeben, sind also nicht im Sinne eines cum identicum zu verstehen.

235     Καὶ μὴν κἀκείνων καταγελᾶν ἠξίου τῶν ἐν ταῖς ὁμιλίαις πάνυ ἀρχαίοις καὶ ξένοις ὀνόμασι χρωμένων· ἑνὶ γοῦν ἐρωτηθέντι ὑπ' αὐτοῦ λόγον τινὰ καὶ ὑπεραττικῶς ἀποκριθέντι, Ἐγὼ μέν σε, ἔφη, ὦ ἑταῖρε, νῦν ἠρώτησα, σὺ δέ μοι ὡς ἐπ' Ἀγαμέμνονος ἀποκρίνῃι.

236     Deren Urteil allein zählt, s.u. S. 145ff.

verschwunden ist; gewiß nicht möchte Lukian alles ablehnen, was nicht zur alltäglichen Umgangssprache seiner Zeitgenossen aller Schichten gehört hätte.

Zurück zu *Lex.* 20, wo sich noch etwas genauer bestimmen läßt, was Lykinos eigentlich meint: Da Sopolis vom Symposion nichts mitbekommen, vielmehr erst am Ende von § 18 zu den Gesprächspartnern sich hinzugesellt hat (χαῖρε Σώπολι), kann Lykinos' Antwort vernünftigerweise nur auf die letzte Äußerung des Lexiph. (§ 19), die auch der Arzt mitanhören konnte, Bezug nehmen. Tatsächlich finden sich hier Beispiele für alle von Lykinos genannten Rubriken: Wortneuschöpfungen sind die Zusammensetzungen ὀλισθογνωμονεῖν, γλωτταργία, ῥιναυλεῖν; sprachliche 'Fehlprägungen', d.h. an sich geläufige, aber von Lexiph. in einer dem Sprachgebrauch zuwiderlaufenden Bedeutung verwendete Vokabeln[237] sind πεφρενωμένος, ἀναίσχυντος, θηριομάχος, ἄβατος; die 'Sprache von vor 1000 Jahren' schließlich wird repräsentiert durch μακκοᾶν, τοῦ φνεῖ, ὀττεύεσθαι, alles Vokabeln, die nicht etwa irgendwoher von einem 'vergrabenen' Dichter entlehnt werden müssen, sondern z.B. bei dem von zünftigen Attizisten als Klassiker und Vokabelreservoir hochgeschätzten Aristophanes belegt sind. Es kann also nicht die Herkunft sein, die diese Wörter in Lukians Augen diskreditiert, sondern die Tatsache, daß sie seit Jahrhunderten aus der lebendigen Sprache verschwunden sind und somit 'befremdend' wirken. Zusätzlicher Anlaß der Kritik ist sicher auch, daß Lexiph. diese Raritäten unmäßig anhäuft; für all dies gilt dem Lykinos auch die Autorität eines Aristophanes nicht als ausreichende Legitimation.

In der Schrift *Pseudol.* äußert Lukian im Rahmen seiner Rechtfertigung der Vokabel ἀποφράς auch über diesen speziellen Fall hinausweisende Ansichten bezüglich korrekten bzw. fehlerhaften Sprachgebrauchs, die jedoch, wie sich zeigen wird, trotz ihrer relativen Ausführlichkeit hinsichtlich des Aussagewertes eher enttäuschend sind. In einer der Kritik

---

[237]    In diesem Sinne kennt die Wendung auch Galen (VIII 584,4); zum Wortspiel ὀνόματα - νομίσματα und der Verwendung von δόκιμος - κίβδηλος für 'gültige' bzw. 'ungültige' Vokabeln vgl. Norden 1909, 365 Anm. 1.

des Sophisten an ἀποφράς ironisch unterstellten Motivation werden Grenzen zwischen Erlaubtem und Unerlaubtem markiert: *Beim Zeus, es (sc. das Wort ἀποφράς) war natürlich nicht den Griechen eigen, sondern ein von irgendwoher zu ihnen hereingeschneiter Eindringling infolge der Vermischung mit Kelten, Thrakern, Skythen, du aber - als Kenner alles Athenischen - hast es sogleich aus dem Griechentum ausgesperrt und ausgewiesen, und das Hohngelächter galt dem Umstand, daß ich wie ein Barbar und Fremder spreche und die Grenzen des Attischen überschreite (Pseudol. 11).*[238] Unerlaubt im Sinne dieser dem Widersacher in den Mund gelegten Differenzierung (die als auf ἀποφράς unzutreffend erwiesen und damit in ihrer prinzipiellen Gültigkeit vom Verfasser nicht angefochten wird) sind also dem Griechischen fremde Übernahmen aus barbarischen Sprachen, das Erlaubte dagegen wäre einfach τὸ Ἑλληνικόν, welches offenbar als identisch mit τὰ τῶν Ἀθηναίων angesehen wird; jedenfalls differenziert Lukian hier nicht zwischen diesen Begriffen, verwendet sie vielmehr abwechselnd und nennt entsprechend das Verwenden einer 'ungriechischen' Vokabel, das ihm vorgehalten wird, ein Überschreiten der 'attischen Grenzen'. Prinzipiell könnte diese faktische Identifizierung der beiden Begriffe ebenso Werk eines besonders engherzigen Attizisten sein, für den außerhalb des echt Attischen eben nichts existiert, was den Namen 'griechisch' verdiente, wie eines liberalen Geistes, der zum Attischen, d.h. im Sinne des 2. Jhs. sprachlich Korrekten, auch sonstiges Griechisch zu zählen bereit wäre. Wenn man sich aber vor Augen hält, daß gerade für die pedantischsten Lexikographen des Attizismus wie Phrynichos und Moeris 'hellenisch' und 'attisch' antithetische Begriffe sind, so wird wohl deutlich, in welche Richtung jemand tendiert, der diese Kategorien so unbekümmert durcheinanderwirft: Lukian läßt hier - unabsichtlich und nebenbei, daher umso überzeugender - erkennen, daß die pedantische Zerlegung des

---

238 νὴ Δί᾽, οὐ γὰρ ἦν τῶν Ἑλλήνων ἴδιον, ἀλλά ποθεν ἐπεισκωμάσαν αὐτοῖς ἀπὸ τῆς πρὸς Κελτοὺς ἢ Θρᾶικας ἢ Σκύθας ἐπιμιξίας, σὺ δέ - ἅπαντα γὰρ οἶσθα τὰ τῶν Ἀθηναίων - ἐξέκλεισας τοῦτο εὐθὺς καὶ ἐξεκήρυξας τοῦ Ἑλληνικοῦ, καὶ ὁ γέλως ἐπὶ τούτωι, ὅτι βαρβαρίζω καὶ ξενίζω καὶ ὑπερβαίνω τοὺς ὅρους τοὺς Ἀττικούς. Ganz ähnlich auch § 8: ... ὥς τι ξένον καὶ ἀλλότριον τῶν Ἑλλήνων ὄνομα ἐγέλα εὐθύς ...

griechischen Wortschatzes in das (gute) Ἀττικόν und das (schlechte) Ἑλληνικόν bzw. κοινόν[239] seine Sache nicht ist.

Den von den ὅροι Ἀττικοί umgrenzten Bereich des Ἑλληνικόν bezeichnet Lukian, wie wir gesehen haben, ziemlich vage als das den Athenern Eigene und schon immer dort Heimische im Gegensatz zum Fremden und Hinzugekommenen. Was dazugehört und was nicht, darüber entscheiden die Bücher der Alten, deren Autorität eine Vokabel als zulässig erweist: *Ich würde auch diejenigen nennen, die vor uns die bewußte Vokabel gebraucht haben, ... Nein, lieber werde nicht ich dir die Gewährsmänner aufzählen - denn jedermann kennt sie -, sondern zeige du mir einen einzigen der Alten, der die Vokabel nicht gebraucht hat ...* (*Pseudol.* 15);[240] dieselbe Autorität billigt Lukian den Büchern der Alten zu, wenn er in § 24 den Sophisten hämisch fragt: *Denn wo findest du diese* (sc. von dir verwendeten, falschen Vokabeln) *in den Büchern? In einem Winkel irgendwo vielleicht eines dieser jämmerlichen Dichterlinge vergraben, über und über mit Schimmel und Spinnweben bedeckt, oder du hast sie aus den 'Deltoi' der Philainis, die dir ständig zur Hand sind.*[241] Zu diesem scheinbar strikten Festhalten an einer durch einen bestimmten Autorenkanon (von dem allen voran wieder die hellenistischen Dichter ausgeschlossen scheinen) lexikalisch definierten, als normativ verstandenen Sprachstufe paßt auch die Art, wie in § 16 der Gebrauch von ἀποφράς mit nicht genauer bezeichneten Belegen aus dem Bereich der 'Alten' (οἱ πάλαι πολλὰ τοιαῦτα ἀπέρριψαν κτλ.) gerechtfertigt wird.

Von einer völlig anderen Seite zeigt sich Lukian an anderen Stellen derselben Schrift: *Nun gut, mag einer sagen, aber auch aus dem alten*

---

239      Norden 1909, 358: "τὸ κοινόν d.h. das allgemein Gebräuchliche ist für die Attizisten synonym mit Ἑλληνικόν und wird als solches gebrandmarkt und dem Ἀττικόν gegenübergestellt."

240      Εἶπον ἂν καὶ τοὺς πρὸ ἡμῶν κεχρημένους τῶι ὀνόματι, ... μᾶλλον δὲ οὐδ' ἐγώ σοι τοὺς εἰπόντας ἐρῶ, πάντες γὰρ ἴσασιν, ἀλλὰ σύ μοι ἕνα τῶν πάλαι δείξας οὐ κεχρημένον τῶι ὀνόματι ...

241      ποῦ γὰρ ταῦτα τῶν βιβλίων εὑρίσκεις; ἐν γωνίαι που τάχα τῶν ἰαλέμων τινὸς ποιητῶν κατορωρυγμένα, εὐρῶτος καὶ ἀραχνίων μεστά, ἤ που ἐκ τῶν Φιλαινίδος Δέλτων, ἃς διὰ χειρὸς ἔχεις.

*Vokabular darf man einen Teil gebrauchen, einen anderen nicht; nicht gebrauchen darf man all das, was der großen Masse nicht geläufig ist, damit wir nicht das Gehör unserer Zuhörer verwirren und ihre Ohren verletzen (Pseudol. 14).*[242] Mit dieser, als möglicher Prämisse von Sprachkritik widerspruchslos eingeräumten Konzession an den Sprachwandel, der am Ende von § 14 sogar ausdrücklich konstatiert wird (καὶ τῶν Ἀττικῶν κατὰ χρόνους τινὰς πολλὰ ἐντρεψάντων τῆς αὐτῶν φωνῆς) harmoniert die kurz zuvor (§ 13) großzügig gewährte Verzeihung für Unkenntnis in denjenigen Bereichen des Vokabulars, *die abseits vom vielbegangenen Weg liegen und den Nicht-Fachleuten verborgen sind.*[243] Die sprachliche Kompetenz und Vokabelkenntnis der großen Menge der Laien würde damit als hinreichend erklärt und in den Rang eines Maßstabes erhoben. Es ist aber evident, daß Belegbarkeit in den Büchern der Alten und Gebräuchlichkeit bei der Masse der Zeitgenossen zwei schwerlich zu vereinbarende Kriterien für die Beurteilung von Wörtern sind - es sei denn, man kumuliert die beiden, wodurch jedoch kein allzu reichhaltiges Vokabular mehr als erlaubt übrigbleiben dürfte. Die Vermutung drängt sich auf, daß weder die völlige Anpassung an zeitgenössische Volkssprache noch das starre Pochen auf bestimmte Bücher der Alten Lukians voller Ernst ist; vielmehr macht er sich die beiden Kriterien immer nur im Dienst seiner jeweiligen Argumentation zu eigen, um nachzuweisen, daß weder vom einen noch vom anderen Standpunkt aus gesehen an ἀποφράς irgendetwas auszusetzen sei. Die von ihm hier zeitweise eingenommenen Positionen sind mithin ebenso kontextbedingt wie seine vergleichsweise rigide Pedanterie in *Lex.* 25 (dort kritisierte er den überzogenen Anspruch des 'Super-Attizisten', hier setzt er sich mit allen Mitteln zur Wehr) und allenthalben im *Sol.* Für etwaige tatsächliche Überzeugungen Lukians läßt sich aus all dem kaum etwas gewinnen.

---

242 Ἔστω, φησί τις, ἀλλὰ καὶ τῶν παλαιῶν ὀνομάτων τὰ μὲν λεκτέα, τὰ δ' οὔ, ὁπόσα αὐτῶν μὴ συνήθη τοῖς πολλοῖς, ὡς μὴ ταράττοιμεν τὰς ἀκοὰς καὶ τιτρώσκοιμεν τῶν συνόντων τὰ ὦτα.

243 ... ὁπόσα ἔξω τοῦ πολλοῦ πάτου καὶ ἄδηλα τοῖς ἰδιώταις ...

### 3.1.3 Konstruktives zur λέξις

Die bisher behandelten Äußerungen ergeben ein ziemlich unklares Bild; Lukian erwies sich auch bei dem Thema der ὀνομάτων ἐκλογή als ein stets zu Kritik und Spott aufgelegter Geist, der aber kaum Eigenes und schon gar nichts Konstruktives anzubieten hat - wie es ja einer früher weiter verbreiteten, aber auch heute noch nicht gänzlich aufgegebenen Einschätzung des syrischen Satirikers entspricht (s.o. S. 15ff.). Indessen gibt es insbesondere in den beiden sachorientierten Schriften *Lex.* und *Hist.Conscr.*, aber auch andernorts, eine beträchtliche Zahl von Stellen, aus denen deutlich zu entnehmen ist, worauf es Lukian bei der Wahl des Vokabulars wirklich ankam und wo er die Grenze zwischen Erlaubtem und Verpöntem gezogen sehen wollte; die Äußerungen lassen sich thematisch unter zwei Gesichtspunkten zusammenfassen.

### 3.1.3.1 Homogenität der Diktion

*Um alles andere - ob es etwa ungleich, unverwandt, disharmonierend ist damit* (sc.:jener Handvoll ständig zu gebrauchender attischer Vokabeln) - *kümmere dich nicht. Hauptsache der Purpurstreifen ist hübsch und leuchtend, auch wenn das Gewand ein zottiger Wollrock gröbster Sorte ist* (*Rh.Pr.* 16)[244] - so die Anweisung des Redelehrers, aus der ebenso wie aus *Lex.* 21 zu entnehmen war, daß Lukian nichts gegen bestimmte Ἀττικὰ ὀνόματα an sich einzuwenden hat, sondern gegen deren Instrumentalisierung als Zierat einer ansonsten schlechten und fehlerhaften Sprache (s.o. S. 88). Daß er darüber hinaus nicht nur an der Diskrepanz zwischen attischen Glanzlichtern und unattischer Umgebung Anstoß nimmt, sondern eine viel allgemeinere Forderung nach Homogenität literarischer Sprache stellt, geht aus drei Stellen in *Hist.Conscr.* hervor: In der langen Reihe der Negativ-Beispiele wird in § 15 auch ein Thukydides-Imitator erwähnt, dem so sehr an einem genauen Kopieren seines Vorbildes gelegen ist, daß er selbst die Ereignisse des Partherkrieges so 'umdichtet', daß sie in durch Thukydides' Peloponnesischen Krieg vorgegebene

---

[244] μελέτω δὲ μηδὲν τῶν ἄλλων, εἰ ἀνόμοια τούτοις καὶ ἀσύμφυλα καὶ ἀπωιδά. ἡ πορφύρα μόνον ἔστω καλὴ καὶ εὐανθής, κἂν σισύρα τῶν παχειῶν τὸ ἱμάτιον ἦι.

Schablonen passen. Im Widerspruch zu dieser oft bis in den genauen Wortlaut gehenden Anlehnung stehe, daß derselbe Autor für spezielle Waffen und kriegstechnische Geräte die zeitgenössischen, bei den Römern geläufigen und also natürlich lateinischen Fachausdrücke benutze, was Lukian zu folgendem Kommentar veranlaßt: *Und jetzt stelle dir bitte vor, wie 'erhaben' und einem Thukydides geziemend die Würde solcher Geschichtsschreibung ist, wenn inmitten der attischen Vokabeln diese lateinischen stehen - gleichsam als zusätzliche und glänzend passende Verzierung auf dem Purpurgewand.*[245] In unmittelbarem Anschluß (§ 16) wird ein gewisser Kallimorphos vorgestellt, der unter pompösem Titel ein stilistisch völlig anspruchsloses und unausgearbeitetes ὑπόμνημα verfaßt habe; der Autor ist Arzt, womit Lukians in diesem Zusammenhang einschlägiger Kritikpunkt zusammenhängt: *...daß er anfängt, in ionischer Sprache zu schreiben, dann aber urplötzlich - unerfindlich, von welcher Eingebung veranlaßt - in die Gemeinsprache übergeht, einerseits ἰητρική sagt und πείρη und ὁκόσα und νοῦσοι, das Übrige hingegen in der alltäglichen Volkssprache und zumeist Ausdrücken, wie man sie an jeder Straßenecke hört.*[246] In § 22 namentlich nicht genannt, aber durch Zitate als (zumindest fingierte) Person ausgewiesen wird ein Autor, der sich darin gefällt, Vokabeln des homerischen Epos in seiner Geschichtsdarstellung anzuhäufen; dazu sagt Lukian: *Wenn aber Leute gar, mein guter Philon, in der Geschichtsschreibung poetisches Vokabular benutzen - wo soll man das hinschreiben? ... Und dann waren zwischendurch wieder so niedere und jämmerliche Allerweltsausdrücke eingestreut... Die Sache gleicht also*

---

245    καί μοι ἐννόησον ἡλίκον τὸ ἀξίωμα τῆς ἱστορίας καὶ ὡς Θουκυδίδηι πρέπον, μεταξὺ τῶν ᾿Αττικῶν ὀνομάτων τὰ ᾿Ιταλιωτικὰ ταῦτα ἐγκεῖσθαι, ὥσπερ τὴν πορφύραν ἐπικοσμοῦντα καὶ ἐμπρέποντα καὶ πάντως συνάιδοντα. Das Bild des Purpurgewandes also wie in *Rh.Pr.* 17; dort bildeten die wenigen, aber ständig gebrauchten Attizismen den Purpurstreifen am zottigen Wollrock, hier sind die dem Thukydides wörtlich gestohlenen Partien der Purpurmantel, der durch lateinische Wörter wie durch häßliche Flicken zusätzlich 'verziert' wird.

246    καὶ ὅτι ἀρξάμενος ἐν τῆι ᾿Ιάδι γράφειν οὐκ οἶδα ὅ τι δόξαν αὐτίκα μάλα ἐπὶ τὴν κοινὴν μετῆλθεν, ἰητρικὴν μὲν λέγων καὶ πείρην καὶ ὁκόσα καὶ νοῦσοι, τὰ δ' ἄλλα ὁμοδίαιτα τοῖς πολλοῖς καὶ τὰ πλεῖστα οἷα ἐκ τριόδου.

*einem Schauspieler der Tragödie, der mit dem einen Fuß auf hohem Kothurn einherschreitet, den anderen in einer Sandale stecken hat.*[247]

Alle drei Stellen sind analog zu interpretieren: Lukian hat nichts grundsätzlich gegen Ἰταλιωτικὰ ὀνόματα einzuwenden - zur exakten Bezeichnung z.B. bestimmter, nur bei der römischen Armee gebräuchlicher Gerätschaften würde er sie im Interesse der σαφήνεια möglicherweise sogar für unentbehrlich halten - , innerhalb einer in thukydideischem Altattisch gekünstelten Schrift sind sie jedoch deplaziert. Und das literarische Ionisch lehnt Lukian ebensowenig in Bausch und Bogen ab wie homerisches Vokabular, er besteht nur darauf, daß ersteres sich nicht mit der allgemein üblichen Sprache in ein- und demselben Werk verträgt, letzteres nicht mit anspruchslosen und billigen Ausdrücken der Masse - gegen die er übrigens, für sich genommen, auch nicht protestiert. Offenbar ist es Lukians Überzeugung, daß eine gewisse Homogenität des Vokabulars was Stilebene und Provenienz betrifft Voraussetzung für eine ordentliche Literatursprache ist. Das am Beispiel der Gattung Historiographie erhobene Postulat deckt sich vollkommen mit dem Tenor seiner Äußerungen über attische Vokabeln in *Rh.Pr.* und *Lex.*, so daß man folgern kann, daß Lukian hier einen seiner Ansicht nach für Literatur insgesamt gültigen Grundsatz ausspricht. Er selbst gibt wohl einem am klassischen Attisch orientierten Idiom den Vorzug - dafür spricht neben seiner Sprachpraxis die Metapher der πορφύρα - , wertet aber andere Formen des Griechischen nicht pauschal ab: Wenn es nur konsequent innerhalb einer Schrift durchgehalten wird (und keine anderen Ansprüche erhoben werden), kann, wer will, auch ionisch schreiben oder eine der lebendigen Volkssprache angenäherte Diktion pflegen; und es ist nicht undenkbar, daß auch Lukian selbst solche Experimente gewagt hat.[248]

---

[247]  τοὺς δὲ καὶ ποιητικοῖς ὀνόμασιν, ὦ καλὲ Φίλων, ἐν ἱστορίαι χρωμένους, ποῦ δ' ἄν τις θείη ... εἶτα μεταξὺ οὕτως εὐτελῆ ὀνόματα καὶ δημοτικὰ καὶ πτωχικὰ πολλὰ παρενεβέβυστο ... ὥστε τὸ πρᾶγμα ἐοικὸς εἶναι τραγωιδῶι τὸν ἕτερον μὲν πόδα ἐπ' ἐμβάτου ὑψηλοῦ ἐπιβεβηκότι, θατέρωι δὲ σάνδαλον ὑποδεδεμένωι.

[248]  Das sprachliche Argument gegen die Authentizität der ionischen *DSyr* bzw. des stark volkssprachlichen *Asinus* hat also keine Berechtigung.

Auch das Streben nach Einheitlichkeit des Vokabulars kann man indes übertreiben. Für diesen Fehler führt Lukian ein abschreckendes Beispiel vor: *Denn vor lauter Eifer, ein waschechter Attiker zu sein und in seiner Sprache lupenrein, hielt dieser es für richtig, gar die Namen der Römer umzuändern und ins Griechische umzusetzen, so daß er Saturninus Kronios nannte, Fronto Phrontis, Titianus Titanios und anderes, noch weitaus Lächerlicheres (Hist.Conscr. 21).*[249] Es ist zu beachten, daß Lukian keinen Unterschied macht zwischen einer sprachlich-sachlich immerhin möglichen Übertragung wie Saturninus - Κρόνιος und oberflächlich-unsinnigen Gräzisierungen; was ihn stört, ist offenbar nicht dies, sondern daß Namen und damit Personen unkenntlich werden, wodurch das Stofflich-Inhaltliche in Mitleidenschaft gezogen wird, ein Bereich, in dem Lukian, wie wir noch genauer sehen werden, sozusagen keinen Spaß versteht.

## 3.1.3.2 σαφήνεια

In Plutarchs Biographie des Marius (§ 2) wird ein Ausspruch Platons zitiert (ὦ μακάριε Ξενόκρατες, θῦε ταῖς Χάρισιν), durch den der wohl allzu ernsthaft- mürrische Xenokrates zu mehr Heiterkeit und Freundlichkeit ermahnt werden sollte; ob Zufall oder beabsichtigte Reminiszenz, Lykinos weist den Lexiph. in § 23 in einer Weise zurecht, die deutlich an das Zitat eben des Philosophen anklingt, dem Lexiph. mit seinem Symposion ja Konkurrenz machen will: *...am meisten aber opfere den Göttinnen der Anmut und der Göttin der Klarheit, von denen du jetzt allzu weit entfernt bist.*[250] Nicht erst die berechtigte Großschreibung bei MacLeod, sondern die Verbindung mit θύειν und den Chariten[251] läßt σαφήνεια hier als

---

249    ὑπὸ γὰρ τοῦ κομιδῆι Ἀττικὸς εἶναι καὶ ἀποκεκαθάρθαι τὴν φωνὴν ἐς τὸ ἀκριβέστατον ἠξίωσεν οὗτος καὶ τὰ ὀνόματα μεταποιῆσαι τὰ Ῥωμαίων καὶ μεταγράψαι ἐς τὸ Ἑλληνικόν, ὡς Κρόνιον μὲν Σατουρνῖνον λέγειν, Φρόντιν δὲ τὸν Φρόντωνα, Τιτάνιον δὲ τὸν Τιτιανὸν καὶ ἄλλα πολλῶι γελοιότερα.

250    ...μάλιστα δὲ Χάρισι καὶ Σαφηνείαι θῦε, ὧν πάμπολυ λίαν νῦν ἀπελέλειψο.

251    Wie σαφήνεια ist auch χάρις (bzw. χάριτες) eine literaturwissenschaftlich definierte Stilqualität, nämlich der 'Reiz' oder 'Charme' der Sprache, den der Leser intuitiv empfinden und genießen kann oder eben nicht. Demetr. (*Eloc.* 128ff.) kennt eine feierlich-erhabene und eine komisch-witzige χάρις und zählt viele, sowohl in den

personifiziert und geradezu in den Rang einer Gottheit erhoben scheinen. Als Tugend des Prosastiles wird τὸ σαφές erstmals von Platon ausdrücklich erwähnt (*Phdr.* 236a),[252] für Aristoteles ist sie die bei weitem wichtigste, wenn nicht einzige[253] ἀρετὴ λέξεως, da sie allein der λέξις in ihrer Funktion als Träger von Information wesensgemäß sei.[254] Mit der weiteren Entfaltung der rhetorischen Theorie traten weitere Stilqualitäten hinzu,[255] doch behauptete die σαφήνεια immer ihre führende Position. Auch Lukian hebt des öfteren hervor, für wie bedeutend er die Klarheit des sprachlichen Ausdrucks hält: In *Hist.Conscr.* 58, wo es um die Gestaltung der in ein Geschichtswerk eingefügten Reden geht, nennt er neben der spezifischen Anweisung, daß sie zu Person und Gegenstand passen müssen, als einzige allgemeine Forderung, auch diese fingierten Reden müßten möglichst klar sein. Der Architekt Hippias, dessen Genie sich - wie bei jedem wirklichen Meister seines Faches - im Theoretischen und Praktischen gleichermaßen manifestiere, wird gepriesen als ein Mann, *der es an Tiefe seiner literarischen Bildung mit jedem beliebigen seiner Vorgänger aufnehmen kann, scharf in seiner Auffassungsgabe und glasklar im sprachlichen Ausdruck* (*Hipp.* 3).[256] Der pantomimische Tänzer, der ja mittels seiner Bewegungen und Gesten den Inhalt dessen, was gesungen werde, anschaulich vorführen wolle, müsse sich, so Lukian, ebenso wie der Redner in σαφήνεια üben, damit alles Dargestellte unmittelbar deutlich werde und man keinen Erklärer benötige (*Salt.* 62). Für die Bestätigung

---

πράγματα als auch in der λέξις liegende Faktoren auf, durch die χάρις erreicht werden könne. D.H. nennt die dem Stil des Lysias eigene χάρις als entscheidendes Kriterium für die Echtheit einer unter dessen Namen überlieferten Rede (*Lys.* 10); Lukian selbst wünscht sich, daß man in seinen Werken χάρις Ἀττική finden möge (*Zeux.* 2). Es leuchtet ein, daß ein Werk mit all den Mängeln, die in Lexiph.' Symposion zu finden sind, keine ästhetisches Vergnügen bereitende Anmut besitzen kann.

252    Im thukydideischen Methodenkapitel bezeichnet τὸ σαφές inhaltliche Klarheit und sachliche Genauigkeit, nicht dagegen eine Qualität des sprachlichen Ausdrucks.

253    Diese Ansicht vertritt Grube 1965, 95; Aristoteles erwähnt noch die später Ἑλληνισμός genannte ἀρετή (1407a19: ἔστι δ' ἀρχὴ λέξεως τὸ ἑλληνίζειν) sowie das πρέπον (1404b4. 1414a24).

254    σημεῖον γάρ τι ὁ λόγος, ὥστ' ἐὰν μὴ δηλοῖ οὐ ποιήσει τὸ ἑαυτοῦ ἔργον (1404b2f.).

255    Wohl schon bei Theophrast, vgl. Grube 1965, 103-105.

256    ...ἀνδρὸς λόγοις μὲν παρ' ὅντινα βούλει τῶν πρὸ αὐτοῦ γεγυμνασμένου καὶ συνεῖναί τε ὀξέος καὶ ἑρμηνεῦσαι σαφεστάτου...

einer für Lukian selbstverständlichen Grundüberzeugung sind diese beiden Stellen gerade deshalb besonders aussagekräftig, weil er hier nicht als Sprachkritiker ex professo spricht, sondern etwas ihm Unzweifelhaftes in andere Kontexte einfließen läßt. Sprache scheint ihm offenbar vor allem ein Kommunikationsmittel mit der allen anderen übergeordneten Funktion, das gegenseitige Verstehen zu gewährleisten; deshalb ist σαφήνεια ihre wichtigste Qualität. Besitzt sie diese nicht oder nicht in ausreichendem Maße, werden selbst intellektuelle Brillanz und die besten Argumente um ihre Wirkung gebracht, wie dies Apollon und Momos anläßlich des Philosophenstreits über die Existenz von Göttern bedauernd feststellen müssen: *AP.: Denn in seiner geistigen Auffassung ist er* (sc.: der Stoiker Timolaos) *überaus scharfsinnig und von feinem Verstand..., wenn er aber spricht und in Worte faßt, verdirbt und ruiniert er das durch seine mangelnde Fähigkeit, weil er nicht klarmachen kann, was er will, sondern seine Hypothesen Rätselsprüchen gleichen und seine Antworten auf die ihm gestellten Fragen dann gar noch viel unklarer sind. Die Leute aber verstehen nichts und lachen ihn aus. Dabei muß man doch, denke ich, klar sprechen und die allergrößte Umsicht darauf verwenden, daß die Zuhörer verstehen. MO.: Darin hast du gewiß recht, Apollon, die klar Sprechenden zu loben...(JTr.* 27f.).[257] Das Beispiel des Stoikers Timolaos deutet auch an, daß σαφήνεια nicht ausschließlich eine Frage der λέξις ist, sondern andere Faktoren entscheidenden Einfluß haben können; so könnte der Philosoph sehr wohl zwar in an sich verständlicher Diktion reden, aber inhaltlich so komplizierte Theoreme voraussetzen, daß der gewöhnliche Zuhörer doch nichts versteht. Auf außerhalb der λέξις liegende Voraussetzungen für σαφήνεια wird noch einzugehen sein (s.u. S. 111f. u. 119f.); zunächst wollen wir sehen, welche Voraussetzungen nach Lukians Meinung die λέξις erfüllen muß, damit σαφήνεια erreicht wird.

---

257     συνεῖναι μὲν γὰρ εἰς ὑπερβολὴν ὀξύς ἐστιν καὶ λεπτογνώμων,...λέγων δὲ καὶ ἑρμηνεύων ὑπ' ἀσθενείας διαφθείρει αὐτὰ καὶ συγχεῖ, οὐκ ἀποσαφῶν ὅ τι βούλεται ἀλλ' αἰνίγμασιν ἐοικότα προτείνων καὶ πάλιν αὖ πολὺ ἀσαφέστερα πρὸς τὰς ἐρωτήσεις ἀποκρινόμενος· οἱ δὲ οὐ συνιέντες καταγελῶσιν αὐτοῦ. δεῖ δὲ οἶμαι σαφῶς λέγειν καὶ τούτου μάλιστα πολλὴν ποιεῖσθαι τὴν πρόνοιαν, ὡς συνήσουσιν οἱ ἀκούοντες. ΜΩ· τοῦτο μὲν ὀρθῶς ἔλεξας, ὦ Ἄπολλον, ἐπαινέσας τοὺς σαφῶς λέγοντας...

In *Hist.Conscr.* 43-45 legt Lukian dar, welche sprachliche Form er in der Geschichtsschreibung für angemessen hält. Es überrascht nicht, daß er auch hier der σαφήνεια höchste Priorität zuerkennt, im Gegensatz zu den bisher behandelten Stellen macht er aber auch Andeutungen darüber, wodurch klare Diktion erreicht wird:...*die Diktion aber sei klar und 'zivil'*,[258] *so eben, daß sie mit größter Deutlichkeit das Zugrundeliegende klarzumachen vermag* (*Hist.Conscr.* 43).[259] Was sich Lukian unter λέξις πολιτική vorstellt, wird wenig später ausgeführt: ...*so gibt es auch für die Sprache des Historikers nur ein oberstes Ziel, nämlich die Sache klar darzulegen und deutlichst zu bezeichnen, weder durch verpönte und abgelegene Vokabeln noch durch diese Gossen- und Schenkenausdrücke, sondern so, daß die Masse es versteht, die Gebildeten es loben* (*Hist.Conscr.* 44).[260] Lukian spricht hier von Geschichtsschreibung, doch fordert er eine klare Darlegung des Gegenstandes natürlich nicht nur von dieser Gattung. Es ist also erlaubt zu folgern, daß er die mit gängigem, auch für die Masse verständlichem Vokabular auskommende πολιτική λέξις auch anderswo und grundsätzlich für geboten hält, kann er doch, wie es *Lex.* 25 heißt, *nicht einmal von den Dichtern diejenigen gutheißen, die Gedichte aus lauter Glossen verfassen.*[261] In seinen Ansichten über σαφήνεια, soweit sie Sache der λέξις ist, folgt Lukian offenkundig dem Aristoteles, der das Gebrauchen der 'eigentlichen' bzw. 'gültigen' Vokabeln als entscheidenden Faktor für die Klarheit der Diktion bezeichnet.[262] Dionysios von H. spricht ganz ähnlich von der sprachlichen Form, *die das Gemeinte durch die eigentlichen, allgemein gebräuchlichen und unmittelbar naheliegenden Vokabeln ausdrückt* (*Lys.* 2).[263] Weder

---

[258]    Zur Bedeutung von λέξις πολιτική vgl. Homeyer 1965, 255, LSJ s.v. V: nicht 'statesmanlike' (Harmon), sondern 'dem normalen Sprachgebrauch angehörig'. Phryn. 126R 53L spricht von πολιτικόν im Gegensatz zu ποιητικόν.

[259]    ...ἡ λέξις δὲ σαφὴς καὶ πολιτική, οἵα ἐπισημότατα δηλοῦν τὸ ὑποκείμενον.

[260]    ...οὕτω δὲ καὶ τῆι φωνῆι αὐτοῦ εἷς σκοπὸς ὁ πρῶτος, σαφῶς δηλῶσαι καὶ φανότατα ἐμφανίσαι τὸ πρᾶγμα, μήτε ἀπορρήτοις καὶ ἔξω πάτου ὀνόμασι μήτε τοῖς ἀγοραίοις τούτοις καὶ καπηλικοῖς, ἀλλ' ὡς μὲν τοὺς πολλοὺς συνεῖναι, τοὺς δὲ πεπαιδευμένους ἐπαινέσαι.

[261]    ἡμεῖς οὐδὲ ποιητὰς ἐπαινοῦμεν τοὺς κατάγλωττα γράφοντας ποιήματα.

[262]    τῶν δ' ὀνομάτων καὶ ῥημάτων σαφῆ μὲν ποιεῖ τὰ κύρια ... (*Rh.* 1404b5f.).

[263]    ἡ διὰ τῶν κυρίων καὶ κοινῶν καὶ ἐν μέσωι κειμένων ὀνομάτων ἐκφέρουσα τὰ νοούμενα ἑρμηνεία.

letzterer noch Lukian wollen mit der Forderung nach allgemeiner Verständlichkeit des Vokabulars zu uneingeschränktem Gebrauch der jeweils zeitgenössischen Volkssprache aufrufen. Wenn Lukian von 'Masse' spricht, so meint er doch immer nur die Masse der überhaupt literarisch Interessierten und damit wenigstens elementar Gebildeten. Für diesen Kreis muß die Literatursprache verständlich sein, was z.B. das Symposion des Lexiph. oder jeder nach ähnlichen Prinzipien konzipierte Text nicht ist. Lukian kennt also im Bereich der ὀνομάτων ἐκλογή keine dogmatischen Abgrenzungen ('Was bei Autor X belegt ist, ist zulässig, was bei Autor Y nicht'), sondern orientiert sich an übergeordneten Werten: Zulässig ist, was eine in sich homogene und klar verständliche Diktion ergibt.

## 3.2. Taxis

Lukian hält die Anordnung des gefundenen oder gesammelten Stoffes im Einklang mit der traditionellen Auffassung für den zweiten großen Arbeitsschritt im literarischen Schaffensprozeß,[264] legt jedoch nirgends in systematischer Form seine diesbezüglichen Auffassungen dar. Immerhin lassen sich aus verstreuten Bemerkungen einige Grundzüge erkennen: Der Redelehrer in *Rh.Pr.* 18 fordert dazu auf, sich um so etwas wie Gliederung oder Anordnung des Stoffes nur ja nicht zu kümmern: *...sprich immer aus, was dir gerade auf der Zunge liegt, und sorge dich kein bißchen darum, das Erste - wie es nun einmal das Erste ist - auch an der rechten Stelle zu sagen und das Zweite nach diesem und das Dritte wieder nach jenem, sondern was zuerst hereinplatzt, soll zuerst gesagt werden, und, wenn es sich denn so ergibt, um die Stirn die Beinschiene, ums Schienbein den Helm.*[265] Lukian definiert zwar nicht, was er unter Erstem, Zweitem, Drittem verstanden wissen will, aber er ist wohl überzeugt, daß eine organische und sinnvolle Reihenfolge eingehalten werden muß und jedenfalls nicht das, was sich zuerst anbietet, auch wirklich der geeignete Anfang ist.[266]

Die einzelnen Teile eines λόγος müssen aber nicht nur in der richtigen Reihenfolge stehen, sondern auch im Verhältnis zueinander richtig proportioniert sein. Lukian verweist als Negativbeispiel auf namentlich nicht genannte Geschichtsschreiber, *die glanzvolle, dramatisch-feierliche und weit ausladende Proömien verfassen, so daß die Erwartung aufkommt, man werde im Anschluß daran durchaus etwas ganz Wunderbares zu hören bekommen, dann aber als eigentlichen Körper ihres Werkes ein mickriges*

---

264    *Hist.Conscr.* 48: εἶτα ἐπιθεὶς τὴν τάξιν κτλ.

265    ...λέγε ὅττι κεν ἐπ' ἀκαιρίμαν γλῶτταν ἔλθηι, μηδὲν ἐκείνων ἐπιμεληθείς, ὡς τὸ πρῶτον, ὥσπερ οὖν καὶ ἔστι πρῶτον, ἐρεῖς ἐν καιρῶι προσήκοντι καὶ τὸ δεύτερον μετὰ τοῦτο καὶ τὸ τρίτον μετ' ἐκεῖνο, ἀλλὰ τὸ πρῶτον ἐμπεσὸν πρῶτον λεγέσθω, καὶ ἢν οὕτω τύχηι, περὶ τῶι μετώπωι μὲν ἡ κνημίς, περὶ τῆι κνήμηι δὲ ἡ κόρυς.

266    Des D.H. Definition dessen, was ein Anfang ist, hätte vermutlich auch Lukians Zustimmung gefunden: οὐ γὰρ τὸ πρῶτον ῥηθέν, ἀλλ' ὃ τοῦ προτεθέντος λόγου μηδαμοῦ μᾶλλον ἢ ἐπὶ πρώτου ὠφελήσειε, τοῦτο ἀρχή τε καὶ προοίμιον (*Lys.*17).

*und unansehnliches Etwas bieten (Hist.Conscr. 23)*.[267] Im Gegensatz dazu fordert Lukian, daß alle Teile einander gleichen und zueinander passen, damit nicht, wie er in einer an *Rh.Pr.* 18 erinnernden Metaphorik hinzufügt, *der Helm zwar aus Gold sei, der Brustpanzer aber ganz lächerlich irgendwoher aus Lumpen oder vergammelten Häuten zusammengeflickt und der Schild aus Schweins- und Schafsleder, und Ferkelhaut um die Schienbeine*.[268] Ein Verstoß gegen dieses Postulat der ausgewogenen Proportioniertheit der einzelnen Teile einer Schrift ist es auch, wenn ein notwendiger Bestandteil vollkommen fehlt, wie Lukian durch das Beispiel solcher Geschichtsschreiber demonstriert, *die Körper ohne Köpfe darbieten, ohne ein Proömium und gleich in medias res (Hist.Conscr. 23)*.[269] Ebenso kann das Prunken mit prätentiösen Buchtiteln, die in keinem Verhältnis zum Inhalt stehen, die inneren Proportionen einer Schrift zerstören *(Hist.Conscr. 32)*. Die genannten Fehler im Bereich der τάξις sind so elementar, daß sie auch außerhalb der Historiographie ihre Gültigkeit behalten und sicher davon auszugehen ist, daß Lukian die implizierten Forderungen als allgemeingültig verstanden wissen wollte.

Drittens äußert Lukian an einigen Stellen in *Hist.Conscr.* seine Vorstellungen über den richtigen Umfang einzelner Teile einer Schrift. Er vertritt den Grundsatz *ausführlich werden oder kurz raffen soll man entsprechend dem Stoff* (§ 55),[270] daß also die Beschaffenheit und Bedeutsamkeit des Darzustellenden die Breite der Darstellung bestimmen soll. So machen es z.B. diejenigen verkehrt, *die die wichtigen und denkwürdigen Ereignisse auslassen oder nur flüchtig streifen, aus mangelnder Professionalität aber, schlechtem Geschmack und*

---

267 ...τὰ μὲν προοίμια λαμπρὰ καὶ τραγικὰ καὶ εἰς ὑπερβολὴν μακρὰ συγγράφοντας, ὡς ἐλπίσαι θαυμαστὰ ἡλίκα τὰ μετὰ ταῦτα πάντως ἀκούσεσθαι, τὸ σῶμα δὲ αὐτὸ τῆς ἱστορίας μικρόν τι καὶ ἀγεννὲς ἐπαγαγόντας ...

268 ...ὡς μὴ χρυσοῦν μὲν τὸ κράνος εἴη, θώραξ δὲ πάνυ γελοῖος ἐκ ῥακῶν ποθὲν ἢ ἐκ δερμάτων σαπρῶν συγκεκαττυμένος καὶ ἡ ἀσπὶς οἰσυΐνη καὶ χοιρίνη περὶ ταῖς κνήμαις.

269 ἄλλους αὖ ἔμπαλιν ἀκέφαλα τὰ σώματα εἰσάγοντας, ἀπροοιμίαστα καὶ εὐθὺς ἐπὶ τῶν πραγμάτων...

270 ...ἀνάλογον τοῖς πράγμασιν ἢ μηκυνόμενον ἢ βραχυνόμενον...

*Unwissenheit darin, was man sagen muß und was nicht, bei den winzigsten Kleinigkeiten sich aufhalten und sie in behaglicher Breite und fleißig auswalzen* (§ 27).[271] Ein anschauliches Beispiel dafür wird nicht nur in § 28 erzählt, sondern bereits in § 19 erwähnt in Gestalt eines Autors, der ein ganzes Buch darauf verwendet hat, die Abbildungen auf dem Schild des Kaisers zu beschreiben.[272]

Zum Bereich der τάξις gehört schließlich auch, was Lukian in §§ 55f. für die διήγησις fordert - ein in der Geschichtsschreibung besonders wichtiger Punkt, da die historische Monographie vom Proömium (und gelegentlich eingelegten Reden, vgl. § 58) abgesehen eine einzige ausgedehnte διήγησις sei. Daß hier aber nicht nur Vorschriften für die Historiographie referiert werden, geht einerseits aus deren Inhalt hervor, der keinen spezifischen Bezug auf die Materie des Historikers erkennen läßt, andererseits aus der Formulierung ταῖς τῆς διηγήσεως ἀρεταῖς, in der durch den bestimmten Artikel 'die Qualitäten der Erzählung' als etwas Feststehendes (sc.: im rhetorischen Handbuch Nachzulesendes[273]), vom jeweiligen Anwendungsbereich und Zusammenhang Unabhängiges deklariert werden. Unter das oben behandelte Postulat der ausgewogenen Proportioniertheit der einzelnen Teile einer Schrift läßt sich die Anweisung subsumieren, daß eine Erzählung *glatt und gleichmäßig voranschreiten und sich selbst gleich*[274] bleiben müsse, also nicht zwischen hastiger Kürze und gemächlicher Breite unmotiviert wechseln darf. Das bedeutet jedoch nicht, daß alle Gegenstände in gleicher Ausführlichkeit behandelt werden sollen; vielmehr macht Lukian in § 56 klar, daß überhaupt nur die wichtigen Dinge eine ausreichende und angemessene Darstellung verdienen, das Unwichtige

---

271    ...οἳ τὰ μεγάλα μὲν τῶν πεπραγμένων καὶ ἀξιομνημόνευτα παραλείπουσιν ἢ παραθέουσιν, ὑπὸ δὲ ἰδιωτείας καὶ ἀπειροκαλίας καὶ ἀγνοίας τῶν λεκτέων ἢ σιωπητέων τὰ μικρότατα πάνυ λιπαρῶς καὶ φιλοπόνως ἑρμηνεύουσιν ἐμβραδύνοντες...

272    Zur Kritik an den zu ausführlichen ἐκφράσεις vgl. Montanari 1984; daß dieses Beispiel für das Verweilen beim Nebensächlichen, das man eigentlich erst im Zusammenhang mit § 27 erwarten würde, bereits in § 19 genannt wird, liegt an dem andersartigen Ausgangspunkt der Kritik (verfehlte μίμησις, s.u. S.135ff.).

273    Im allgemeinen kennt man drei solcher ἀρεταί, nämlich Deutlichkeit, Kürze, Wahrscheinlichkeit (vgl. Avenarius 1956, 118).

274    ...λείως τε καὶ ὁμαλῶς προιοῦσα καὶ αὐτῆι ὁμοίως ...

dagegen beiläufig erwähnt oder ganz übergangen werden soll. Das bei jeder διήγησις wünschenswerte und angesichts von Stoffülle notwendige 'Tempo' (τάχος) *muß gewährleistet werden nicht so sehr als Resultat sprachlicher Formulierung,*[275] *sondern des Umgangs mit den Gegenständen; das ist so zu verstehen, daß man das Geringe und weniger Notwendige nur flüchtig streift, ausreichend dagegen das Wichtige darlegt; ja, vieles muß sogar ganz übergangen werden.*[276] Aber auch die Tugend der Kürze kann übertrieben werden: so darf man nicht *sämtliche Ereignisse* (sc.: des Partherkrieges) *von Anfang bis Ende, alles in Armenien, in Syrien, in Mesopotamien, am Tigris und in Medien Geschehene in nicht einmal 50 Zeilen* (*Hist.Conscr.* 30)[277] zusammenfassen (und das Ganze obendrein mit einem Titel versehen, der *fast länger ist als das Buch*), eben weil die Fülle der πράγματα solche Kürze nicht gestattet.

Auch die Frage der Reihenfolge wird im Zusammenhang mit der διήγησις gestreift: Wie in *Rh.Pr.* 18 geht Lukian ohne weitere Erklärung von 'dem Ersten', 'dem Zweiten' aus - in der chronologisch orientierten Historiographie sicher weniger definitionsbedürftige Begriffe als anderswo. Darüber hinaus gibt er Anweisungen für die Ausarbeitung der Nahtstellen zwischen den einzelnen Themen: Zwar solle man die διηγήσεις über jeden Gegenstand als ein in sich vollständiges und unabhängiges Ganzes verfertigen, doch dürfe das Resultat am Ende nicht ein unverbundenes Nebeneinander einzelner Erzählungen sein, sondern diese müßten ineinander greifen, das Ende der ersten eng verzahnt sein mit dem Anfang der zweiten usw., vergleichbar den Gliedern einer Kette. Lukian postuliert für ein fortlaufend geschriebenes Werk eine kontinuierliche und bruchlose, vom Leser klar mitvollziehbare Aufeinanderfolge der Themen.

---

275    Wie es beispielsweise nach Ansicht des D.H. bei Thuc. der Fall ist: τὸ τάχος τῶν σημασιῶν führe dazu, daß διὰ τὸ τάχος τῆς ἀπαγγελίας ἀσαφής τε ἡ λέξις γίγνεται ...(*Thuc.* 24).

276    καὶ τοῦτο πορίζεσθαι χρὴ μὴ τοσοῦτον ἀπὸ τῶν ὀνομάτων ἢ ῥημάτων ὅσον ἀπὸ τῶν πραγμάτων· λέγω δέ, εἰ παραθέοις μὲν τὰ μικρὰ καὶ ἧττον ἀναγκαῖα, λέγοις δὲ ἱκανῶς τὰ μεγάλα· μᾶλλον δὲ καὶ παραλειπτέον πολλά.

277    ... ἅπαντα ἐξ ἀρχῆς ἐς τέλος τὰ πεπραγμένα ὅσα ἐν Ἀρμενίαι, ὅσα ἐν Συρίαι, ὅσα ἐν Μεσοποταμίαι, τὰ ἐπὶ τῶι Τίγρητι, τὰ ἐν Μηδίαι, πεντακοσίοις οὐδ' ὅλοις ἔπεσι ...

Eine solche συμπεριπλοκὴ τῶν πραγμάτων ist ihm nicht nur ästhetischer Anspruch, sondern neben der λέξις notwendige Voraussetzung, damit das stets höchste Ziel erreicht werde, nämlich daß über dem Ganzen *der Glanz der Klarheit liege*[278] (*Hist.Conscr.* 55); σαφήνεια ist also - das wird hier deutlich - auch eine Funktion der τάξις. Umgekehrt braucht es nicht zu verwundern, daß Lukian allein die falsche Anordnung für ausreichend hält, die Wirkung eines sonst tadellosen λόγος zu ruinieren: Es muß also nicht bloß *topos modestiae* sein, wenn in *Nigr.* 8 der (im allgemeinen als Sprachrohr Lukians verstandene) Dialogpartner zunächst zögert, die 'Predigt' des Philosophen Nigrinos, die ihn selbst so stark beeindruckt hat, nachzuerzählen, aus Furcht, *durch ungeordnetes Zusammenschustern*[279] und Verfehlen des richtigen Gedankens alles zu verderben. Als charakteristisch für Lukians τάξις-Konzeption - wenn man die verstreuten Äußerungen als Ausdruck einer solchen gelten lassen will - ist am ehesten festzuhalten, daß er zwar selbstverständlich die Kategorien und Vorschriften der Rhetorik kennt und akzeptiert, aber offenkundig eher geneigt ist, die jeweilige τάξις durch die jeweiligen πράγματα bestimmen zu lassen, statt sie in ein im voraus festgezurrtes Korsett zu pressen. Wie im Bereich der λέξις erweist er sich als Pragmatiker im wahrsten Sinne des Wortes, voll Mißtrauen gegenüber starrer Dogmatik.

---

[278] ἔπειτα τὸ σαφὲς ἐπανθείτω, τῆι τε λέξει, ὡς ἔφην, μεμηχανημένον καὶ τῆι συμπεριπλοκῆι τῶν πραγμάτων.

[279] ... τὰ μὲν ἀτάκτως συνείρων ...

### 3.3. Heuresis

Die ausdrückliche Differenzierung zwischen Stoff bzw. Inhalt und
Gestaltung bzw. Form als voneinander unabhängigen Kategorien
literaturkritischer Bewertung findet sich zum erstenmal bei Platon,[280] wo
sich Sokrates nacheinander zu εὕρεσις und διάθεσις der soeben von
Phaidros vorgetragenen Lysiasrede äußert. Dionysios v.H. benutzt die
Termini πραγματικὸς τόπος und λεκτικὸς τόπος und faßt unter ersterem
die von ihm παρασκευή, von den Alten εὕρεσις genannte Stoffsammlung
sowie die χρῆσις τῶν παρεσκευασμένων, die er selbst οἰκονομία nennt,
zusammen, unter letzterem die ἐκλογὴ τῶν ὀνομάτων sowie die σύνθεσις
τῶν ἐκλεγέντων (*Dem.* 51). Bei der Bildung eines Urteils über einen
Autor berücksichtigt der Literaturkritiker stets beide τόποι und räumt ihnen
in der Regel gleichen Rang ein, ein Prinzip, das beispielsweise in seiner
Kritik des Thukydides und des Herodot besonders deutlich wird.[281]

Auch Lukian trennt klar und scharf zwischen den beiden Bereichen, was
besonders aus einigen, im gegebenen Kontext eher nebensächlichen
Bemerkungen in seiner Invektive gegen den ungebildeten Bücherkäufer
hervorgeht. In § 2 dieser Schrift wird dargelegt, daß der Ungebildete selbst
von den besten Büchern nicht profitieren könne, da er nicht in der Lage sei,
deren Qualitäten zu erkennen. In einer Dihairesis setzt Lukian dabei
auseinander, worin diese vom ἀπαίδευτος verkannten, vom wirklich
Gebildeten hingegen verständnisvoll gewürdigten Qualitäten bestehen,
nämlich *Vortrefflichkeit oder Minderwertigkeit jedes einzelnen der darin
aufgeschriebenen Dinge, welcher Sinngehalt dem Ganzen eigen ist, was für
eine Anordnung der Wörter vorliegt, was alles der Verfasser im Einklang
mit der rechten Regel zustandegebracht und was unecht, falsch und*

---

280    *Phdr.* 236a; vgl. dazu Heitsch 1993, 81.

281    *Pomp.*; es kommt hier auf die Gleichrangigkeit der beiden τόποι an, die nicht
dadurch beeinträchtigt wird, daß D.H. etwa bei der Erörterung des πραγματικὸς τ.
innerhalb des Vergleichs zwischen Thuc. und Hdt. von für unsere Begriffe reichlich
albernen Kriterien ausgeht.

*Fehlprägungen sind.*[282] Die inhaltliche Aussage des Ganzen und die Anordnung der Wörter sowie deren Auswahl nach dem ὀρθὸς κανών[283] werden hier als wesentliche Kriterien für die Qualität eines Buches genannt, womit πραγματικὸς und λεκτικὸς τόπος gleichermaßen Berücksichtigung finden. Gebildete Leser profitieren nach Lukians Meinung folgerichtig auf beiden Gebieten von der Lektüre: *...denen es vollauf genügt, nicht vom äußeren Glanz ihrer Bücher oder deren Kostbarkeit zu profitieren, sondern von Sprache und geistiger Einsicht der Autoren (Ind. 28).*[284] Und diese beiden Bereiche sind es auch, innerhalb deren sich der praktische Nutzen des Studiums mustergültiger Autoren manifestiert: *Zwei Dinge gibt es, die man sich wohl von den Alten aneignen kann, nämlich die Fähigkeit, das Angemessene sprachlich zu formulieren und in die Tat umzusetzen, durch Nachahmung des Besten und Meidung des Schlechteren (Ind. 17).*[285] Hiervon ist die Fähigkeit, sich auszudrücken, der sprachlich-formalen Seite zuzuordnen, während die Kompetenz zu sachgemäßem Handeln nur aus dem Verständnis von νοῦς bzw. γνώμη, die in den Schriften enthalten ist, erwachsen kann; kritisches Unterscheidungsvermögen zwischen dem 'Besten' und dem 'weniger Guten', ein von Lukian im Rahmen seines μίμησις-Konzeptes stets betonter Gesichtspunkt (s.u. S. 131), ist dazu notwendig.

Das angestrebte Ziel der Bildung, und das heißt vornehmlich des Literaturstudiums, sieht Lukian also nicht einseitig in der sprachlichen Kompetenz, sondern genauso in der Fähigkeit zum richtigen Denken und

---

282    ...τὴν ἀρετὴν καὶ κακίαν ἑκάστου τῶν ἐγγεγραμμένων ... ὅστις μὲν ὁ νοῦς σύμπασιν, τίς δὲ ἡ τάξις τῶν ὀνομάτων, ὅσα τε πρὸς τὸν ὀρθὸν κανόνα τῶι συγγραφεῖ ἀπηκρίβωται καὶ ὅσα κίβδηλα καὶ νόθα καὶ παρακεκομμένα.

283    Daß Wortwahl gemeint ist, obwohl nicht ausdrücklich davon gesprochen wird, legt das Verbum ἀπηκρίβωται nahe (vgl. *Lex.* 25) sowie der Ausdruck κανών (eine Richtschnur, mittels deren zwischen zulässigem und verpöntem Vokabular unterschieden werden kann) und das Bild von der 'Fehlprägung' (s.o. Anm. 237).

284    ...οἷς ἀπόχρη ὠφελεῖσθαι οὐκ ἐκ τοῦ κάλλους τῶν βιβλίων οὐδ' ἐκ τῆς πολυτελείας αὐτῶν, ἀλλ' ἐκ τῆς φωνῆς καὶ τῆς γνώμης τῶν γεγραφότων.

285    δυοῖν δὲ ὄντοιν ἅττ' ἂν παρὰ τῶν παλαιῶν τις κτήσαιτο, λέγειν τε δύνασθαι καὶ πράττειν τὰ δέοντα ζήλωι τῶν ἀρίστων καὶ φυγῆι τῶν χειρόνων...

damit Handeln.[286] Bezeichnend für Lukians Überzeugung in diesem Zusammenhang ist ein - wiederum nebensächlicher - Teilaspekt seiner Attacke auf den Sprach-Kontrahenten: Wenn er diesem in § 1 der Schrift *Pseudol.* die Unkenntnis der Vokabel ἀποφράς vorwirft und dies zum Anlaß nimmt, an ein Archilochos-Zitat die hämische Bemerkung anzuschließen *falls du schon von einem Iambendichter namens Archilochos, einem Mann aus Paros, gehört hast,*[287] wenn er in § 15 vom Zitieren von Belegstellen mit dem Hinweis absieht, es sei ja sinnlos, *dir fremde und unbekannte Namen von Dichtern, Rednern und Geschichtsschreibern anzuführen,*[288] so bringt er in aller Selbstverständlichkeit Ignoranz in sprachlichen Dingen mit allgemein umfassender Unbildung in Zusammenhang. Dies wird auch darin deutlich, daß er sich nicht mit dem bloßen Angeben der Bedeutung von ἀποφράς begnügt, sondern dem angeblich Unwissenden eine ausgiebige inhaltliche Belehrung angedeihen läßt (§§ 12b-13a).[289]

Lukian setzt bei allen zitierten Äußerungen also eine Zusammengehörigkeit und Gleichgewichtigkeit des Inhaltlichen und Formalen voraus. Für eine wirkliche und tiefverwurzelte Überzeugung sind diese Bemerkungen deshalb umso aussagekräftiger, als sie nicht absichtsvoll-systematisch von einem dozierenden Autor vorgetragen werden, sondern in ganz heterogene Kontexte als selbstverständliche Basis des Argumentierens wie unbewußt einfließen. Bücher sind für Lukian nicht allein nach ihrem Sprachniveau zu beurteilen,[290] und Bildung manifestiert sich nicht allein im Einhalten des

---

286    Vgl. auch *Rh.Pr.* 1:...ὡς τάχιστα δεινὸς ἀνὴρ ἔσηι γνῶναί τε τὰ δέοντα καὶ ἑρμηνεῦσαι αὐτά.

287    ...εἴπερ τινὰ ποιητὴν ἰάμβων ἀκούεις Ἀρχίλοχον, Πάριον τὸ γένος...

288    ...ξένα σοι καὶ ἄγνωστα ποιητῶν καὶ ῥητόρων καὶ συγγραφέων ὀνόματα διεξιών.

289    Allerdings schreibt Lukian den ἡμέραι ἀποφράδες Eigenschaften zu, die sie im alten Athen gar nicht hatten (z.B. Ausfallen der Gerichtsverhandlungen), die aber typisch für die römischen dies atri sind; es liegt wohl eine Verwechslung vor, vgl. Mikalson 1975.

290    Sehr deutlich wird die Zusammengehörigkeit von sprachlich-stilistischer Qualität und gedanklicher Tiefe auch in dem Lob, das Lukian in *Pisc.* 22 die versammelten Philosophen dem Platon spenden läßt: ἥ τε γὰρ μεγαλόνοια θαυμαστὴ

ὀρθὸς κανών bei der Wortwahl bzw. -anordnung - und das ist eine im 2. Jh. nicht so selbstverständliche Position, wie man vielleicht zunächst meinen könnte: Lukian gehörte jedenfalls ganz offenkundig nicht zu den Leuten, die einen Demosthenes oder Aischines oder Aristophanes ausschließlich wegen ihrer mustergültigen Sprache studierten.

Wer ein Buch schreiben oder sonst einen Text verfassen will, muß zuallererst wissen, was er eigentlich sagen möchte; die Auffindung und Sammlung der πράγματα hat also in der Reihenfolge der Arbeitsschritte selbstverständliche Priorität vor der Disposition und Ausformulierung, wie Lukian in *Hist.Conscr.* feststellt: In § 47 dieser Schrift wendet sich die Erörterung dem richtigen Umgang mit dem Stoff zu (τὰ δὲ πράγματα in betonter Anfangsstellung); die in diesem Zusammenhang gegebenen Vorschriften für die Stoffsammlung (συνάγειν τὰ πράγματα), soweit sie sich auf die Methodik der möglichst exakten Erforschung des tatsächlich Geschehenen beziehen, gelten zwar nur innerhalb der Historiographie, die ja einzig der Darstellung der Wahrheit verpflichtet sein soll. Allgemein verbindlich ist dagegen wohl die Anweisung gemeint, nach dem Sammeln des Stoffes zuerst ein stilistisch unausgearbeitetes ὑπόμνημα anzufertigen (§ 48) und erst dann an die endgültige künstlerische Gestaltung zu gehen.[291] Über diese zeitliche Priorität hinaus scheint Lukian geneigt, dem richtigen Umgang mit den πράγματα auch einen sachlichen Vorrang vor dem Sprachlich-Stilistischen einzuräumen[292] - zumindest in der Geschichtsschreibung. So kann man jedenfalls die transitorische Formel verstehen, mit der in § 24 die Erörterung von Fragen, die er dem Bereich der sprachlichen Formulierung (ἑρμηνεία) und sonstigen Disposition (ἄλλη διάταξις) zuordnet, vorläufig abgeschlossen wird, um sich den

---

καὶ ἡ καλλιφωνία δεινῶς 'Αττικὴ καὶ τὸ κεχαρισμένον καὶ πειθοῦς μεστὸν ἥ τε σύνεσις καὶ τὸ ἀκριβὲς καὶ τὸ ἐπαγωγὸν ἐν καιρῶι τῶν ἀποδείξεων...

[291]     Vgl. Avenarius 1956, 86: "Daß dieses ... Verfahren auch sonst für Schriften Anwendung fand, die den Rang von Literaturwerken beanspruchten, bezeugt uns der Aristoteleskommentator Ammianos."

[292]     Treffend in diesem Punkt Atkins 1934, II 341: "Nothing, for instance, is more significant than the stress he lays upon the necessity for sound subject matter. The importance of *inventio* had been part of his rhetorical creed; but to an age given over to verbal dexterity and foolish artifice, nothing could have been more timely than this recall to 'the source and fountain-head of all good writing', as defined by Horace."

πράγματα zuzuwenden:[293] *Und doch ist all dies noch erträglich, was Verstöße im Bereich der sprachlichen Formulierung oder der sonstigen Disposition sind; bei Ortsangaben jedoch falsch zu informieren...*[294] Zwar ist die Antithese, die das Voraufgehende im Vergleich zum Folgenden als weniger wichtig, schlimm oder ähnliches deklariert, in solchen Übergangsformeln ein gängiger Topos, der die Spannung erhöhen soll; trotzdem sollte man nicht von vornherein ausschließen, daß Lukian meint, was er sagt, und also in Geschichtswerken sachliche Fehler wie falsche Angaben über Örtlichkeiten, Geschehensabläufe, Zusammenhänge usw. für gravierender hält als sprachliche Verstöße. Dafür spricht jedenfalls auch die Gewichtung der Kritik im *Lex.*: Vernachlässigung der εὕρεσις und überhaupt mangelnde Sorgfalt im πραγματικὸς τόπος ist unter den vielen Vorwürfen, die Lexiph. sich gefallen lassen muß, derjenige, der nach Lykinos Worten am schwersten wiegt: *Und Folgendes ist gewiß kein geringer, eher dein größter Fehler: Du legst dir nicht vor der sprachlichen Formulierung die gedanklichen Inhalte zurecht und gibst diesen dann mittels der passenden Verben und Substantive eine ansprechende Form, sondern wenn du nur irgendwo eine ausgefallene Vokabel entdeckst oder eine selbstgebildete dir schön vorkommt, bemühst du dich, dieser einen Gedanken anzupassen, und hältst es für einen Verlust, wenn du sie nicht irgendwo einflicken kannst, auch wenn sie für das, was gemeint ist, gar nicht gebraucht wird - wie du erst kürzlich das Wort* θυμάλωψ[295], *das gar nicht zum Inhalt paßte, beiläufig fallen ließest, ohne zu wissen, was es bedeutet (Lex.* 24).[296] Lykinos vermischt hier zwei Beanstandungen: Zum

---

293  Anders als D.H. (s.o. S. 113) geht Lukian also von einem Schema aus, das τάξις und λέξις zusammenfaßt und der εὕρεσις gegenüberstellt. Mattioli 1985, 96 ("i Greci non distinguevano fra contenuto e forma, ma fra materia e organizzazione concettuale e linguistica della materia...") ist zu pauschal.

294  καίτοι ταῦτα πάντα φορητὰ ἔτι, ὅσα ἢ ἑρμηνείας ἢ τῆς ἄλλης διατάξεως ἁμαρτήματά ἐστιν· τὸ δὲ καὶ παρὰ τοὺς τόπους αὐτοὺς ψεύδεσθαι ...

295  Zu θυμάλωψ vgl. Ar. *Ach.* 321; Stratt. 55; Poll. X 101.

296  καὶ μὴν κἀκεῖνο οὐ μικρόν, μᾶλλον δὲ τὸ μέγιστον ἁμαρτάνεις, ὅτι οὐ πρότερον τὰς διανοίας τῶν λέξεων προπαρεσκευασμένος ἔπειτα κατακοσμεῖς τοῖς ῥήμασιν καὶ τοῖς ὀνόμασιν, ἀλλ' ἤν που ῥῆμα ἔκφυλον εὕρηις ἢ αὐτὸς πλασάμενος οἰηθῆις εἶναι καλόν, τούτωι ζητεῖς διάνοιαν ἐφαρμόσαι καὶ ζημίαν ἡγῆι, ἂν μὴ παραβύσηις αὐτό που, κἂν τῶι λεγομένωι μηδ' ἀναγκαῖον ἦι, οἷον πρώην τὸν θυμάλωπα οὐδὲ εἰδὼς ὅ τι σημαίνει, ἀπέρριψας οὐδὲν ἐοικότα τῶι ὑποκειμένωι.

einen macht er Lexiph. den Vorwurf, daß er den primären Arbeitsschritt der εὕρεσις einfach überspringe, sich also keine Gedanken darüber mache, welche Inhalte er eigentlich vermitteln wolle, sondern sich stattdessen sogleich und ausschließlich um die λέξις, genauer die ὀνομάτων ἐκλογή, bemühe. Die διάνοιαι würden sodann beliebig zusammengestückelt und zurechtgedrechselt mit dem einzigen Ziel, möglichst alle gewünschten Vokabeln unterzubringen.[297]

Zum anderen erwähnt Lykinos ein Beispiel, das Grundsätzlichkeit und Tragweite des allgemeinen Vorwurfs nicht erreicht: Es ist doch etwas anderes, ob man innerhalb eines gegebenen Zusammenhanges eine Vokabel 'fallen läßt', die für das Gemeinte nicht notwendig ist oder nicht zum Inhalt paßt, oder ob ein λεγόμενον bzw. ὑποκείμενον primär gar nicht vorhanden ist und erst nachträglich passend zum gewünschten Vokabular zusammengebastelt wird. Die Unstimmigkeit läßt sich aber wohl auflösen: Mit διάνοιαν ἐφαρμόσαι (sc.: τοῖς ἐκφύλοις ὀνόμασιν) wird treffend die Entstehung eines Werkes wie des von Lexiph. dargebotenen Symposions beschrieben, in dem es um nichts geht als um das Plazieren von Vokabeln. Der Gebrauch unnötiger oder unpassender Wörter setzt dagegen voraus, daß jemand inhaltlich irgendetwas zu sagen hat und auch weiß, was er sagen will. Das ist natürlich zuweilen selbst bei Lexiph. der Fall, zumindest dann, wenn er sich im Gespräch (also mündlich) äußert. Die Vermutung, daß Lykinos sich mit seinem Beispiel auf Lexiph.' Redeweise bezieht, wird dadurch bestärkt, daß kein Beleg aus dem Symposion zitiert, sondern eine bei anderer Gelegenheit gefallene Äußerung des Lexiph. angeführt wird. Das Einfügen weiterer Vokabeln in einen bereits fertigen Kontext findet aber gewiß auch in schriftlich zu fixierenden Werken statt, dieses παρεμβύσαι ist gewissermaßen die Feinarbeit, die auf den konstituierenden Arbeitsschritt des διάνοιαν ἐφαρμόσαι folgt. So war es beispielsweise in *Lex.* 4b Absicht des Autors, 'ophthalmologisches' Vokabular unterzubringen; zu diesem Zweck wurde das (im Kontext unbegründete und unpassende, vgl.u. S. 193) Motiv erfunden, daß eine der Personen über ein Augenleiden klagt. Dieser um das Vokabular

---

[297] Bei διάνοιαν ἐφαρμόσαι ist das artikellose διάνοια effiziertes Objekt, denn Lexiph. hat sich ja im voraus keine δ. zurechtgelegt.

'herumgebaute' Inhalt wurde dann mit weiteren, nicht notwendigen oder unpassenden (z.B. φαρμακᾶι, ταράξας, vgl. u. S. 194f.) Vokabeln aufgefüllt. Vermutlich hat Lukian die dargelegte Unterscheidung weder selbst getroffen noch so verstanden wissen wollen; eher ordneten sich für ihn diese beiden in der Praxis mehr graduell als prinzipiell verschiedenen Verfahren unter der Leitvorstellung zusammen, daß bei Leuten wie Lexiph. nicht die Wörter dem Sinn, sondern der Sinn den Wörtern folge. Er befindet sich damit in vollkommener Übereinstimmung mit Dionysios v.H., der zum Verhältnis zwischen Stoff / Inhalt und Sprache / Form bemerkt: *Die Natur fordert, daß von den Sinngehalten die sprachliche Formulierung bestimmt wird, und nicht von der sprachlichen Formulierung die Sinngehalte (Isoc. 12).*[298] Dionysios versteht die Priorität dessen, was gesagt werden soll, vor den sprachlichen Mitteln, mit denen man es sagt, aber nicht nur als eine Forderung der Natur, er hält sie auch - neben der richtigen Wortwahl - für eine notwendige Voraussetzung der σαφήνεια: In § 4 seiner Schrift über Lysias differenziert der Literaturkritiker zwischen σαφήνεια ἐν τοῖς ὀνόμασιν und σ. ἐν τοῖς πράγμασιν; erstere erreiche der Redner durch seinen *reichen Vorrat an genau treffenden Vokabeln,* letztere dadurch, daß *bei ihm nicht den Vokabeln die Gegenstände dienstbar sind, vielmehr den Gegenständen die Vokabeln sich unterordnen.*[299] Lukian stellt einen solchen Bezug zur σαφήνεια nirgends ausdrücklich her. Natürlich kann aber eine Schrift wie das Symposion, deren Autor keinerlei Inhalte zu vermitteln hat, sondern nur Vokabular zur Schau stellen möchte, niemals die Qualität der Klarheit erreichen, und zwar unabhängig vom sprachlichen Ausdruck. Man kann also begründet vermuten, daß Lukian das totale Verfehlen der σαφήνεια mit im Sinn hatte, wenn er dem Lexiph.

---

298    βούλεται δὲ ἡ φύσις τοῖς νοήμασιν ἕπεσθαι τὴν λέξιν, οὐ τῆι λέξει τὰ νοήματα. So kritisiert er an Isokrates, daß *häufig der gedankliche Inhalt im Dienste des Prosarhythmus stehe* (δούλευει γὰρ ἡ διάνοια πολλάκις τῶι ῥυθμῶι τῆς λέξεως); zwar kann man gewiß Isokrates nicht mit Lexiph. vergleichen, aber doch feststellen, daß bei dem einen die ἐκλογὴ ὀνομάτων, bei dem anderen die σύνθεσις τῶν ἐκλεγέντων ungebührlichen Einfluß auf die διάνοια bzw. νοήματα nehmen. - Zur Nähe zwischen theoretischen Vorschriften des D.H. und dem z.B. auch von Lukian Praktizierten vgl. Schmid 1887, 26.

299    ...ὁ πλοῦτος τῶν κυρίων ὀνομάτων...· ...ὅτι οὐ τοῖς ὀνόμασι δουλεύει τὰ πράγματα παρ' αὐτῶι, τοῖς δὲ πράγμασιν ἀκολουθεῖ τὰ ὀνόματα...

die Vernachlässigung der πράγματα bzw. διάνοια als schwersten Fehler vorhält.

Bei demselben Dionysios sind jedoch auch Ansätze für ein Verständnis von Literatur zu finden, dem der πραγματικὸς τόπος gleichgültig, der λεκτικὸς τόπος alles ist, jene besonders in Lukians Zeit zu beobachtende Vorliebe, sich über belanglose oder alberne Gegenstände in erlesenster Sprache[300] zu verbreiten, die der Syrer im *Lex.* so einprägsam karikiert. Wenn Dionysios etwa in *Dem.* 51 innerhalb der beiden τόποι der jeweils zweiten Tätigkeit Vorrang vor der ersten gibt, also der σύνθεσις ὀνομάτων vor der ἐκλογή und der οἰκονομία vor der παρασκευή,[301] so liegt das Mißverständnis nicht fern, es sei gleichgültig, was man schreibe bzw. sage, die Dinge müßten nur gut angeordnet sein. In *Comp.* 3 schreibt Dionysios, es sei vorgekommen, daß Autoren bei der Wortwahl zwar keine glückliche Hand gehabt, durch gute Zusammenfügung am Ende aber doch ein ordentliches Resultat erreicht hätten; das Verhältnis zwischen σύνθεσις und ἐκλογή sei analog dem zwischen ὀνόματα und νοήματα: Wie nämlich eine διάνοια χρηστή nichts helfe ohne καλὴ ὀνομασία, so nütze die beste Wortwahl nichts ohne den προσήκων κόσμος τῆς ἁρμονίας. Wenn man die Überlegung des zweiten Satzes auf den ersten anwendet, gelangt man zu der - von D. wohl kaum beabsichtigten - Folgerung, auch eine dürftige διάνοια könne in Verbindung mit den richtigen ὀνόματα noch passable Texte ergeben. Einer Überschätzung des λεκτικός vor dem πραγματικὸς τόπος leistet D. auch Vorschub, wenn er in *Comp.* 6 Elemente der Diktion, die für den Sinn relevant sein können (z.B. Gebrauch von Singular oder Plural, verbum simplex oder compositum), ausschließlich unter dem Gesichtspunkt der Schönheit von σύνθεσις bzw. ἁρμονία betrachtet.

---

300     Wie es von Nesselrath (1990, 112) - unter allerdings fragwürdiger Einbeziehung Lukians - charakterisiert wird: "People even made it their profession to perform as orators and lived by this art, and Lucian was one of them. For such performers it mattered less what they would say than how they would say it..." Vgl. auch die sehr abwertende Charakteristik der griechischen Literatur des 2. Jhs. bei van Groningen 1965 (z.B. 52: "Everywhere second century rhetoric follows the road of easy thinking and inflated emotion. It is keen on nothing except the word"; Lukian habe das zwar abgelehnt, aber nichts entgegenzusetzen gehabt als "a sterile negativism").

301     ...ἐν ἑκατέρωι τούτων πλείω μοίραν ἔχει τὰ δεύτερα τῶν προτέρων· τὸ μὲν οἰκονομικὸν ἐν τῶι πραγματικῶι, τὸ δὲ συνθετικὸν ἐν τῶι λεκτικῶι.

Zurück zu Lukian: Nicht allein die onomatologischen Vorlieben eines Wortklaubers bzw. -jägers wie Lexiph. können seiner Ansicht nach den Sinngehalt unzulässig dominieren, einen ähnlichen Effekt hat eine andere, bei seinen zeitgenössichen Kollegen beliebte Gepflogenheit; an der bereits behandelten (s.o. S. 108) Stelle *Rh.Pr.* 18 besteht Lukian nicht nur auf einer sinnvollen Aufeinanderfolge der Gedanken, er lehnt auch - wieder in Form einer gegenläufigen Anweisung des Redelehrers - das unentwegte Repetieren immer derselben Motive ab: *Und nirgends dürfen Marathon fehlen und Kynegeiros, ohne die ja wohl gar nichts zustandekommen kann. Unentwegt lasse man den Athos zu Schiff durchfahren und den Hellespont zu Fuß überquert und die Sonne von den medischen Pfeilen verdunkelt werden, unentwegt den Xerxes fliehen und den Leonidas bewundert werden und den Brief des Othryades vorgelesen, und Salamis und Artemision und Plataiai - all dies in großer Zahl und dichter Folge.*[302] Diese Motive aus der Geschichte der Perserkriege sind für viele Rhetoren so unentbehrliche Versatzstücke, daß Lukian seinen Momos mit unüberhörbar ironischem Unterton fragen läßt: *Und wie könnten die Redner, wenn all dies* (sc.: die στοὰ ποικίλη mit den berühmten Gemälden über die Schlacht bei Marathon) *zusammengestürzt ist, noch deklamieren, da ihnen doch die wichtigste Thematik für ihre Ausführungen genommen ist? (JTr.* 32)[303] Ob Vokabeljagd oder unablässiges Bemühen der Standardthemen aus der Glanzzeit des alten Hellas - in beiden Fällen sieht Lukian offenkundig die πράγματα und διάνοια vernachlässigt und damit das Wesen von Literatur als Vermittlung von Inhalten pervertiert.

---

302    ἐπὶ πᾶσι δὲ ὁ Μαραθὼν καὶ ὁ Κυνέγειρος, ὧν οὐκ ἄν τι ἄνευ γένοιτο. καὶ ἀεὶ ὁ Ἄθως πλείσθω καὶ ὁ Ἑλλήσποντος πεζευέσθω καὶ ὁ ἥλιος ὑπὸ τῶν Μηδικῶν βελῶν σκεπέσθω καὶ Ξέρξης φευγέτω καὶ ὁ Λεωνίδας θαυμαζέσθω καὶ τὰ Ὀθρυάδου γράμματα ἀναγιγνωσκέσθω, καὶ ἡ Σαλαμὶς καὶ τὸ Ἀρτεμίσιον καὶ αἱ Πλαταιαὶ πολλὰ ταῦτα καὶ πυκνά.

303    καὶ πῶς ἂν τούτων συμπεσόντων οἱ ῥήτορες ἔτι ῥητορεύοιεν, τὴν μεγίστην εἰς τοὺς λόγους ὑπόθεσιν ἀφῃρημένοι; - Allerdings scheinen andere historische Themen noch beliebter gewesen zu sein: "In all, we know of about 350 themes of Greek history treated by the declaimers. A few are mythological, 43 deal with the Persian war, about 90 with the Peloponnesian war, 125 with the period of Demosthenes, and 25 or so with Alexander. There is hardly anything later." (Russell 1983, 107).

Ob es Lukian selbst in all seinen Werken immer gelungen ist, einen überzeugenden Gegenentwurf zu den von ihm angeprangerten Mißgriffen vorzulegen, kann man anzweifeln, und für eine Diskussion dieser Frage ist hier nicht der Ort. Theoretisch jedenfalls beschreibt er an mehreren Stellen die Prinzipien, von denen er sich als Schriftsteller leiten lasse; und nie ist zu übersehen, daß sich seine Aufmerksamkeit - wenn auch in unterschiedlicher Intensität - auf den πραγματικὸς τόπος richtet: So legt er dem Adressaten seiner Rechtfertigung das folgende Lob auf seine Schrift *Merc.Cond.* in den Mund: *Die sprachliche Gestaltung nämlich ist nicht zu tadeln, und Erkundung sowie Erforschung der Gegenstände sind umfassend, und* (sc.: lobenswert ist auch) *die Tatsache, daß jedes einzelne Ding klar gesagt wurde, und, was das wichtigste ist, daß es allen nützlich war und besonders den Gebildeten, damit sie nicht aus Unwissen sich selbst in die Sklaverei verdingen (Ap. 3).*[304] Was mit der Schrift nach Lukians Vorstellung also hauptsächlich erreicht werden soll, ist ein praktischer Nutzen für einen bestimmten Kreis von Lesern, wofür entscheidend die inhaltliche Kompetenz des Autors (ἱστορία, ἐμπειρία) ist; die gefällige sprachliche Form (ἡ ... τῶν λόγων παρασκευή) bleibt dagegen sekundär.

Dieselbe Gewichtung läßt sich auch für Lukians literarische Neuschöpfung, die Verbindung von Komödie und Dialog, feststellen; so erklärt er in *BisAcc.* ausführlich, aus welchen Gründen er sich von der - zur Hure heruntergekommenen - Rhetorik ab- und dem *in der Nachbarschaft wohnenden*[305] Dialog zugewandt habe, und erläutert gleichzeitig die einschneidenden Veränderungen, durch die er aus diesem literarischen Genus etwas Neues geschaffen habe (§ 34). Nicht mehr schwer verständliche, spitzfindige und das Publikum im allgemeinen abschreckende philosophische Spekulationen werden in Lukians Dialogen

---

304    ἥ τε γὰρ τῶν λόγων παρασκευὴ οὐ μεμπτὴ καὶ ἡ ἱστορία πολλὴ καὶ ἐμπειρία τῶν πραγμάτων καὶ ὅτι ἕκαστα σαφῶς ἐλέγετο, καὶ τὸ μέγιστον, ὅτι χρήσιμα πᾶσιν ἦν καὶ μάλιστα τοῖς πεπαιδευμένοις, ὡς μὴ ὑπ' ἀγνοίας σφᾶς αὐτοὺς εἰς δουλείαν ὑπάγοιεν.

305    Die bildhafte Ausdrucksweise spricht m. E. für die Überzeugung Lukians von der Affinität anderer literarischer Genera zur Rhetorik; auch (nicht ausschließlich) an ihren Kriterien muß sich etwa auch der philosophische Dialog messen lassen.

erörtert, stattdessen habe er diese allenthalben mit der Komödie verbunden, sie dazu gebracht, nach Art der Menschen sich auf dem Boden zu bewegen, und ihnen so ein freundliches und anziehendes Äußeres gegeben. Die Umgestaltung, von der Lukian spricht, betrifft also im wesentlichen das Inhaltliche; durch sie soll erreicht werden, daß im Gegensatz zu bisher der Dialog ein breites Publikum anspricht und gern gelesen bzw. gehört wird. Man wird also sagen können, daß es Lukian - auch wenn τοῖς πλήθεσιν vielleicht nicht ganz wörtlich zu nehmen ist - darum geht, einem breiten Publikum verständlich zu sein und es zu unterhalten, ein breiteres jedenfalls, als dies in seiner Zeit etwa die Dialoge Platons fanden. Dagegen besteht Lukian darauf, daß er nicht etwa dem Dialog ein *barbarisches Gewand* übergestreift, sondern ihm das alte, gut hellenische, gelassen habe - was Sprache und Stil angeht, wird also Ebenbürtigkeit mit dem klassischen Vorbild Platon erstrebt: Neue πράγματα und διάνοιαι in altbewährter λέξις - so ließe sich dieses literarische Programm für den Dialog vielleicht zusammenfassen.

Lukian ist sich also wohl bewußt, durch die Kombination von Elementen des philosophischen Dialogs und der Komödie *ein ganz neuartiges und keinem anderen Vorbild nachgeahmtes Werk (Prom.Es 3)*[306] geschaffen zu haben; und mit kaum verhohlenem Stolz läßt er durchblicken, daß es ihm wohl gelungen sei, diese Mischung *harmonisch und unter Wahrung der rechten Proportionen (Prom.Es 5)*[307] zu gestalten.[308] Es war daher eine allzu starke Vereinfachung zu sagen, daß Lukian "vor allem der Form, nicht des Inhalts wegen bewundert sein will".[309] Richtig ist hingegen (und nur das läßt sich bei genauerem Hinsehen aus denjenigen Stellen, die wohl Grundlage für dieses Urteil waren, entnehmen), daß das Innovative in Stoff und gedanklichem Gehalt für Lukian nicht zufriedenstellend wäre, wenn seine Produkte nicht auch noch in anderer Hinsicht reizvoll wären (*Prom.Es* 3). In der προλαλιά *Zeuxis* spricht er deutlich aus, daß er es als

---

306     ...τὸ καινουργὸν τοῦτο ... καὶ μὴ πρός τι ἄλλο ἀρχέτυπον μεμιμημένον ...

307     ...ἐναρμόνιος καὶ κατὰ τὸ σύμμετρον ...

308     Man kann also nicht ohne weiteres behaupten (wie Bompaire 1958, 136ff.), Lukian erhebe keinerlei Originalitätsanspruch.

309     Schmid 1891, 315.

eine falsche Bewertung seiner Schriften betrachtet, wenn diese nur aufgrund ihrer Neuartigkeit Beifall finden: *So wohnte also allein dieser Reiz meinem Werk inne, daß es nicht das Gewohnte ist und sich auf den ausgetretenen Pfaden bewegt wie die anderen - treffend darin gesetzte und im Einklang mit dem klassischen Richtmaß zusammengefügte Vokabeln jedoch, Scharfsinn, kluge Überlegung, attische Anmut, Harmonie oder die alles durchdringende Kunstfertigkeit: von all diesen Vorzügen wäre denn also das Meine weit entfernt ?! (Zeux. 2)*[310] Lukian möchte also für die ἀκρίβεια τῶν ἔργων gleichermaßen Anerkennung finden wie für die τῆς ὑποθέσεως καινοτομία (*Zeux.* 7), was aber nicht heißt, daß er ersterem den Vorrang vor letzterem gibt.[311] Vielmehr bestätigt sich auch im *Zeuxis* - obwohl es hier ganz offensichtlich darum geht, eine ausschließliche Aufmerksamkeit für das Inhaltliche zugunsten einer verständigen Würdigung auch des Sprachlich-Formalen zu überwinden - Lukians Grundüberzeugung, daß gute Literatur nur entstehen kann, wenn auf beiden Feldern die gleiche Sorgfalt waltet.

Wer inhaltlich nichts zu sagen hat, braucht auch nichts zu schreiben oder vorzutragen, und täte er es noch so formvollendet. Und Lukian weiß zwar sehr wohl, daß seine λόγοι zuvörderst ein Publikum gut unterhalten sollen,[312] doch warnt er davor, sie nur als Scherz und Spiel aufzufassen: Sehr überrascht seien die Menschen, die mit dieser Erwartung kämen und dann statt des (dionysischen) Efeus Eisen vorfänden (*Bacch.* 5). Die auf den ersten Blick nur spielerischen und scherzhaften Stücke haben also Substanz und ernstzunehmenden Inhalt, der unter Umständen sogar verwunden kann.[313]

---

[310]    οὐκοῦν τοῦτο μόνον χάριεν τοῖς λόγοις ἔνεστιν, ὅτι μὴ συνήθη μηδὲ κατὰ τὸ κοινὸν βαδίζει τοῖς ἄλλοις, ὀνομάτων δὲ ἄρα καλῶν ἐν αὐτοῖς καὶ πρὸς τὸν ἀρχαῖον κανόνα συγκειμένων ἢ νοῦ ὀξέος ἢ περινοίας τινὸς ἢ χάριτος Ἀττικῆς ἢ ἁρμονίας ἢ τέχνης τῆς ἐφ' ἅπασι, τούτων δὲ πόρρω ἴσως τοὐμόν.

[311]    Wie Nesselrath (1990, 129) zu meinen scheint: "they (sc.: das Publikum) think that it is the newness and boldness of his themes that make his productions so admirable; but to him that is not really the most important thing - quite the opposite."

[312]    *Prom.Es* 2: ...ἀλλὰ τέρψις ἄλλως καὶ παιδιὰ τὸ πρᾶγμα ...

[313]    Vgl. Nesselrath 1990, 137: "...Lucian's works may reveal on closer inspection something more serious than mere jokes."

Zur Verdeutlichung von Lukians Position kann vielleicht ein kurzer Blick auf die sprachtheoretischen Äußerungen eines seiner Zeitgenossen hilfreich sein, des Arztes Galenos von Pergamon, für dessen Identifizierung mit Sopolis es ja gute Gründe gibt (s.o. S. 82ff.). Dieser Wissenschaftler geht innerhalb seiner zahlreichen medizinischen Fachschriften immer wieder auf das in seiner Zeit eben offenbar allgemein interessierende und brennende Problem des Sprachgebrauchs ein;[314] dabei macht er deutlich, daß für ihn der Inhalt stets absoluten Vorrang habe, also die medizinischen Probleme, die erörtert, bzw. Kenntnisse, die vermittelt werden sollen. Sprache ist für ihn nichts weiter als Mittel zum Zweck, den sie am besten erfüllt, wenn sie eindeutig verstanden wird.[315] Man solle sich deshalb einer allgemein verständlichen Sprache bedienen, d.h. der alten Literatursprache, soweit möglich[316] und die συνήθεια das zulasse,[317] ansonsten Umschreibungen[318] zu Hilfe nehmen oder auch Wortneuschöpfungen, falls das nicht zu umgehen sei.[319] Mit denjenigen, die diese Grundsätze nicht billigen, will Galen sich aber nicht anlegen, denn Zank um Worte und Sprache ist ihm zuwider.[320] Einzig und allein die präzise Vermittlung der Inhalte scheint ihm der Bemühung wert zu sein.[321] Galen geht sogar

---

314    Die Stellen sind gesammelt bei Herbst 1911.

315    Vgl. z.B. VI 579: ἐγὼ μὲν οὖν τοῖς ὀνόμασιν οὕτως ἐχρησάμην, ὡς οἱ νῦν ἄνθρωποι, βέλτιον ἡγούμενος εἶναι διδάξαι σαφῶς τὰ πράγματα τοῦ παλαιῶς ἀττικίζειν.

316    VII 417f.: ...νόμος ἐστὶν κοινὸς ἅπασι τοῖς Ἕλλησιν, ὧν μὲν ἂν ἔχωμεν ὀνόματα πραγμάτων παρὰ τοῖς πρεσβυτέροις εἰρημένα, χρῆσθαι τούτοις· ὧν δὲ οὐκ ἔχομεν, ἤτοι μεταφέρειν ἀπό τινος ὧν ἔχομεν ἢ ποιεῖν αὐτοὺς κατ᾽ ἀναλογίαν τινὰ τὴν πρὸς τὰ κατωνομασμένα τῶν πραγμάτων, ἢ καὶ καταχρῆσθαι τοῖς ἐφ᾽ ἑτέρων κειμένοις. VII 624· ...χρήσομαι δ᾽ ὀνόμασιν οὐκ ἐμοῖς, ἀλλ᾽ ἀνδρῶν παλαιῶν ...

317    In XIII 407 bekennt sich Galen ausdrücklich zu Sprachwandel und Gebräuchlichkeit.

318    VII 39: ἀλλὰ χρὴ λόγωι δηλοῦν αὐτὸ (sc.: einen Sachverhalt, für den es kein altes Wort gibt) μᾶλλον ἤπερ ὀνόμασιν ἐσχάτως χρῆσθαι βαρβάροις...

319    II 736: καὶ οὐδὲν ἴσως ἄτοπον ὀνοματοποιεῖν ἕνεκα σαφοῦς διδασκαλίας, ἀπὸ τῶν ἤδη κειμένων παράγοντας...; ähnlich II 13; VIII 698. 764.

320    VIII 494: οἱ δὲ νεώτεροι μόνον οὐ καθ᾽ ἑκάστην συλλαβὴν ἐρίζονταί τε καὶ φιλονεικοῦσι καὶ οὐδὲ παύονται περὶ τῶν ὀνομάτων ἐρίζοντες; ähnlich V 436; VII 414. 427.

321    Z.B. VI 565f.: ἄμεινον γὰρ μακρῶι τὸ σαφῶς ἑρμηνεύειν ἐστὶ τοῦ μετὰ περιεργίας τοιαύτης ἀσαφῆ τὴν διδασκαλίαν ἐργάζεσθαι· σαφηνείας δὲ μάλιστα

soweit, dem klassischen Attisch keinen Vorrang vor anderen griechischen oder nichtgriechischen Idiomen einzuräumen, sondern grundsätzlich alle Sprachen als gleichwertig anzusehen, wenn man sich damit nur in einem gegebenen Kontext eindeutig verständlich machen könne. Er selbst verwende die sogenannte κοινή διάλεκτος - ob man diese nun als eine Entwicklungsform des Attischen ansehen wolle oder als etwas anderes, sei ihm gleichgültig - , weil er diese am besten beherrsche und so am eindeutigsten verstanden zu werden hoffe.[322] In diesem Punkt hat Lukian, der auf seine Beherrschung des Attischen stolz war, wohl anders gedacht, die klassische Literatursprache war für ihn jeder anderen überlegen. Aber in der Verachtung für die Wortklauberei, die sich um das Gemeinte nicht kümmert und dafür belanglos ist, in der Überzeugung, daß um der Verständlichkeit willen Zugeständnisse an den Sprachwandel eines halben Jahrtausends gemacht werden müssen und daß Sprache eben in erster Linie zur eindeutig verständlichen Vermittlung von Inhalten da ist, treffen sich der Syrer und der Pergamenier. Nur daß ersterer als berufsmäßiger Literat den λεκτικὸς τόπος nicht so ausschließlich von seiner Funktion her betrachtet wie der sachorientierte Mediziner.

τυχεῖν ἐστι τὰ συνηθέστατα τοῖς πολλοῖς ὀνόματα ἐκλέγοντα μετὰ τοῦ φυλάττειν αὐτῶν τὰ σημαινόμενα; ähnlich VI 85f.; XIV 49.

[322]     Vgl. VII 758; VIII 582; die Bescheidenheit, mit der Galen von seiner Kenntnis altgriechischer Idiome spricht, fällt im Jh. der selbsternannten Attiker angenehm auf: ...ἀλλὰ τῶν 'Αττικῶν μὲν μάλιστα, δεύτερον δ' ἤδη τῶν 'Ιωνικῶν ἔχειν ἐμπειρίαν ὁμολογήσω τινὰ καὶ τῶν Δωρικῶν ὀνομάτων, ὥσπερ γε καὶ τῶν Αἰολικῶν. 'Αλλ' ἐν ταύταις μὲν ταῖς διαλέκτοις ἀγνοεῖν μᾶλλον ἢ γιγνώσκειν τὰ πλεῖστα, τῆς δ' 'Ατθίδος δ' αὖ γιγνώσκειν τὰ πλείω ἢ ἀγνοεῖν ὁμολογήσαιμ' ἄν (V 869). - Zusammenfassende Urteile zu Galens Position als Sprachtheoretiker bei Herbst 1911, 145, Reardon 1971, 62, Sarton 1954, 80f.

## 3.4. Die Person des Schreibenden

In einer Zeit, in der Literatur noch nicht fast ausschließlich schriftlich verbreitet und rezipiert, sondern vielfach vom Autor einem breiteren Publikum durch mündlichen Vortrag bekanntgemacht wurde, ist auch die Person des Schreibenden selbst natürlicherweise in höherem Maße Gegenstand literaturkritischer bzw. -theoretischer Betrachtung. Lukian äußert sich zu diesem Thema an vielen Stellen, das daraus sich ergebende Bild soll hier rein deskriptiv erfaßt werden, ohne auf die vielleicht naheliegende, aber im Rahmen unserer Zielsetzung letztlich gleichgültige Frage einzugehen, ob der Samosatenser selbst all seinen Postulaten gerecht geworden sein mag. Wie immer geht es um die möglichst genaue Rekonstruktion eines geistigen Hintergrundes, vor dem dann die Konturen des Symposions als Literaturparodie sowie ihres Autors deutlicher erkennbar werden sollen.

## 3.4.1. Ausbildung und Voraussetzungen

Lukian, der auf seine eigene Bildung zweifellos nicht wenig stolz war, zeigt sich sehr interessiert an der Frage, über welche Kenntnisse und Voraussetzungen ein literarisch produktiv Tätiger verfügen muß und wie erstere zu erwerben sind. Die Schrift *Rhetorum Praeceptor*, die - wie der Titel andeutet - ausschließlich diesem Thema gewidmet ist, ermöglicht allerdings in der Sache nur enttäuschend oberflächliche und undifferenzierte Erkenntnisse; zu dominierend sind die persönliche Motivation Lukians und der sarkastisch-maliziöse Grundton (s.o. S.49f.), und nur selten gelingt durch die boshafte Ironie hindurch ein Blick auf tatsächliche Überzeugungen des Autors. Wenn etwa der Führer des rauhen Weges ein langjähriges und gründliches Studium vorbildlicher Autoren wie des Demosthenes, des Platon und anderer fordert,[323] der Rhetoriklehrer dasselbe höhnisch verwirft und stattdessen zur schamlosen Ausplünderung

---

323      § 9: ...ὑποδεικνὺς τὰ Δημοσθένους ἴχνη καὶ Πλάτωνος καὶ ἄλλων τινῶν... κελεύσει ζηλοῦν ἐκείνους τοὺς ἀρχαίους ἄνδρας... καὶ τὸν χρόνον πάμπολυν ὑπογράψει τῆς ὁδοιπορίας...

der Deklamationen aus der jüngsten Vergangenheit aufruft,[324] dann dürfte daraus zweifelsfrei hervorgehen, daß Lukian den traditionellen Bildungsgang für den einzig richtigen hält. Eine Formulierung in § 9 (*Wenn du auch nur ein wenig danebentrittst oder außerhalb* (sc.: des rechten Weges) *deinen Fuß setzt oder dich durch den Schwung mehr der Gegenrichtung zutreiben läßt, daß du dann aus der rechten Bahn herausgetragen wirst...*)[325] klingt sogar so, als würde Lukian einer sklavischen Nachahmung bestimmter Vorbilder das Wort reden. Man muß aber bedenken, daß ihm hier nicht an einer differenzierenden Erörterung verschiedener Bildungswege gelegen ist, sondern daran, die echte und wahre Ausbildung mit deren modischem Zerrbild zu kontrastieren; es wäre daher verfehlt, diese plakativen Formulierungen allzu sehr zu strapazieren.[326]

Das Pamphlet gegen den ungebildeten Bücherkäufer kreist unentwegt um das Motiv der absoluten Nutzlosigkeit all der schönen Bücher für ihren ignoranten Besitzer. Was ihm fehlt ist literarische Bildung, die Lukian als *hautnah-vertrauten Umgang mit den Büchern* (*Ind.* 4)[327] bezeichnet. Weitere inhaltliche Angaben werden in dieser Schrift zum Thema Bildung nicht gemacht, immerhin läßt Lukian durchblicken, daß der Bildungsgang, den er selbst durchlaufen hat, für ihn so etwas wie normative Geltung besitzt: *Willst du etwa behaupten, Bescheid zu wissen, obwohl du doch nicht dasselbe gelernt hast wie wir? ... und du hast ja auch nicht dieselben Studien in der Kindheit betrieben wie wir* (*Ind.* 3).[328] Nicht gleichgültig

---

[324]     § 17: ἀλλὰ καὶ ἀναγίγνωσκε τὰ παλαιὰ μὲν μὴ σύ γε, μηδὲ εἴ τι ὁ λῆρος Ἰσοκράτης ἢ ὁ χαρίτων ἄμοιρος Δημοσθένης ἢ ὁ ψυχρὸς Πλάτων, ἀλλὰ τοὺς τῶν ὀλίγον πρὸ ἡμῶν λόγους καὶ ἅς φασι ταύτας μελέτας, ὡς ἔχῃς ἀπ' ἐκείνων ἐπισιτισάμενος ἐν καιρῶι καταχρῆσθαι καθάπερ ἐκ ταμιείου προαιρῶν.

[325]     εἰ δέ  κἂν μικρόν τι παραβαίης ἢ ἔξω πατήσειας ἢ ἐπὶ θάτερα μᾶλλον κλιθείης τῆι ῥοπῆι, ἐκπεσεῖσθαί σε τῆς ὀρθῆς ὁδοῦ...

[326]     Bompaire (1958, 126 Anm. 4. 129 Anm. 5. 135) überbewertet aber m.E. Lukians Ironie; gegen Demosthenes, Isokrates usw. ist sie nicht gerichtet.

[327]     ...τῆς ἐν χρῶι πρὸς τὰ βιβλία συνουσίας...

[328]     φῄς, καὶ ταῦτὰ μὴ μαθὼν ἡμῖν, εἰδέναι; ...οὐδὲ τὰς αὐτὰς διατριβὰς ἡμῖν ἐν παισὶν ἐποιοῦ.

ist es für Lukian auch, wo einer seine Studien betrieben hat, d.h. bei welchem Lehrer und mit welchen Mitschülern.[329]

Die richtige Bildung - das wenigstens geht aus *Ind.* hervor - betrachtet Lukian als eine für die Rezeption von Literatur gleichermaßen unentbehrliche Voraussetzung wie für deren Produktion; und er ist fest davon überzeugt, selbst im Besitz dieser echten Bildung zu sein. Was er sich konkret darunter vorstellt, wird am ausführlichsten in *Lex.* 22 entwickelt, wo Lykinos Anweisungen für das zur Heilung des Lexiph. notwendige Umlernen erteilt: *...sondern beginne mit den besten Dichtern und lies diese unter der Anleitung von Lehrern, sodann gehe zu den Rednern über, und wenn du dich mit deren Sprache ganz vertraut gemacht hast, befasse dich zum rechten Zeitpunkt mit den Schriften des Thukydides und des Platon, nachdem du eifrig die feine Komödie und die feierlich-ernste Tragödie studiert hast; denn dadurch, daß du dir von diesen all die schönsten Blüten zusammensuchst, wirst du in der Literatur etwas gelten.*[330] Der empfohlene Bildungsgang verläuft demnach in vier Etappen: Lexiph. soll damit beginnen, daß er die 'besten Dichter' - womit gewiß vornehmlich Homer, wohl auch Hesiod gemeint sind - unter kundiger Anleitung liest; er muß sich also zunächst mit denjenigen Autoren befassen, deren Studium traditionell Grundlage jeglicher Bildung war,[331] und darf die Lektüre nicht eigenständig betreiben, womit Lykinos klarmacht, daß sein hoffnungslos in die Irre gegangener Freund tatsächlich noch einmal ganz von vorn anfangen muß. Mit den Rednern, denen sich Lexiph. danach zuwenden soll, meint Lykinos wohl die spätestens seit Kaikilios kanonisch gewordenen zehn attischen Redner,[332] und Lukian dürfte vor allem an die von ihm besonders geschätzten denken, Demosthenes und Isokrates. Durch

---

329    §4: ...ὡς διδάσκαλός σοι ὁ δεῖνα ἢ τῶι δεῖνι συνεφοίτας.

330    ...ἀρξάμενος δὲ ἀπὸ τῶν ἀρίστων ποιητῶν καὶ ὑπὸ διδασκάλοις αὐτοὺς ἀναγνοὺς μέτιθι ἐπὶ τοὺς ῥήτορας, καὶ τῆι ἐκείνων φωνῆι συντραφεὶς ἐπὶ τὰ Θουκυδίδου καὶ Πλάτωνος ἐν καιρῶι μέτιθι, πολλὰ καὶ τῆι καλῆι κωμωιδίαι καὶ τῆι σεμνῆι τραγωιδίαι ἐγγυμνασάμενος· παρὰ γὰρ τούτων ἅπαντα τὰ κάλλιστα ἀπανθισάμενος ἔσηι τις ἐν λόγοις. - Bompaire 1994, 71f. sieht hier ein Echo von *de subl.* 14,1.

331    Vgl. z.B. D.Chr. XVIII 8; Quint. X 1,46.

332    Lukian erwähnt diese in *Scyth.* 10.

die Formulierung τῆι ἐκείνων φωνῆι συντραφείς wird ein deutlicher Hinweis gegeben, welchem 'Lernziel' (wohl neben anderen) das Rednerstudium vornehmlich dienen soll, nämlich der Aneignung eines kultivierten und geläufigen attischen Wortschatzes, korrekter Syntax usw. Von allen genannten Autoren sind es wohl die Redner, die Lykinos in sprachlicher Hinsicht am meisten zur Nachahmung empfiehlt. Parallel zur Lektüre der Redner soll sich Lexiph. intensiv mit Komödie und Tragödie befassen. Die Allgemeinheit der Formulierung läßt darauf schließen, daß Lukian die auch sonst von ihm am meisten geschätzten Dichter meint, also die drei großen Tragiker, besonders Euripides,[333] sowie die herausragenden Vertreter der Alten und Neuen Komödie, also Aristophanes und Menander. Was bei diesen Autoren speziell gelernt werden kann, sagt Lykinos nicht; allgemein galt Dramenlektüre als beste Schule des ἦθος-gemäßen Argumentierens, d.h. der Kunst herauszufinden, was ein in bestimmter Weise gezeichneter Charakter in einer gegebenen Situation sagen kann, muß oder nicht darf.[334] Dies war erforderlich nicht nur bei der εὕρεσις für die Abfassung einer Rede, sondern überhaupt für die Auffindung der πράγματα bei jedem literarischen Schaffensprozeß. Am Ende des Bildungsganges stehen Thukydides und Platon, und der Zusatz ἐν καιρῶι kann im Kontext nichts anderes bedeuten als 'nicht zu früh'. Weshalb diese beiden Autoren nach Lukians Ansicht erst für den Fortgeschrittenen in Frage kommen, läßt sich nur vermuten: Angesichts der Verschiedenheit der Gegenstände einer historischen Monographie und philosophischer Dialoge ist an inhaltliche Schwierigkeiten nicht zu denken, sondern die Gründe werden im sprachlich-stilistischen Bereich liegen: Der Stil des Thukydides galt als besonders dunkel und schwer verständlich, deshalb nur mit größter Vorsicht oder gar nicht zur Nachahmung geeignet.[335] Platon wurde als Stilist zwar hochgeschätzt,[336] aber auch wegen seiner manchmal ins Poetische übergehenden Diktion heftig

---

[333]    Von dem Quint. (X 1,67) betont, er habe für die rhetorisch-literarische Ausbildung den größten Nutzen; vgl. auch D.Chr. XVIII 6f.

[334]    Den Nutzen der Dichterlektüre allgemein für den Redner faßt Quint. X 1,27 zusammen und beruft sich dabei auf Theophrast; vgl. auch D.Chr. VII.

[335]    Zur schweren Verständlichkeit Cic. *Or.* 30; D.H. *Thuc.* 24; zur eingeschränkten Nachahmbarkeit D.H. *Thuc.* 55.

[336]    Auch bei Lukian (*Pisc.* 229), wo allerdings nicht Lukian selbst spricht.

kritisiert,[337] was ihn als Stilmuster gerade für Anfänger ungeeignet erscheinen lassen mußte. Bei beiden Autoren sind also die der μίμησις entgegenstehenden Schwierigkeiten so groß, daß ein gewinnbringendes Studium nicht ohne vorhergehende Beschäftigung mit unproblematischeren Vorbildern und das dadurch geschärfte Urteilsvermögen in Angriff genommen werden kann. Die letzte Anweisung des Lykinos bezieht sich nicht auf ein weiteres Stoffgebiet, sondern beschreibt eine Verfahrensweise, die der Lernende zwar wohl während seines gesamten Bildungsganges nach Möglichkeit anwenden soll, zu deren vollkommener Realisierung er aber erst am Ende fähig sein wird. Vorher kann er nämlich nicht beurteilen, was jeweils τὰ κάλλιστα ist. Das empfohlene eklektische Vorgehen[338] ist gleichbedeutend mit der Aufforderung zur Selbständigkeit bei der Fruchtbarmachung der erworbenen sprachlichen und stilistischen Kompetenz zur Ausbildung eines persönlichen, an den besten Vorzügen verschiedener Klassiker geschulten Stils; abgeraten wird damit stillschweigend von der sklavischen Nachahmung eines einzigen Vorbildes.

Lukian zeigt sich hier also als entschiedener Verfechter eines traditionellen Bildungsganges, zusammenfassend bezeichnet er sein Konzept als *Nachahmen von* bzw. *Wetteifern mit den alten Vorbildern*.[339] Dringend warnt er davor, *das Abgeschmackteste der wenig vor unserer Zeit lebenden Sophisten nachzuahmen und dies anzuknabbern* (*Lex.* 23).[340] Eine an den Klassikern orientierte Bildung wird metaphorisch beschrieben als *solide Nahrung, wie sie die Athleten bevorzugen,* nicht *betören lassen* solle man sich hingegen *durch die Anemonenblüten der Diktion* (*Lex.* 23).[341] Diese Metapher für die nach Lukians Meinung falschen Leitbilder ist ohne

---

337     Z.B. D.H. *Dem* . 5. 7.

338     Ganz ähnlich Quint. X 2,1ff.

339     *Lex.* 23: ...ζηλοῦν δὲ τὰ ἀρχαῖα τῶν παραδειγμάτων. Vgl. auch *Hist.Conscr.* 34: ζήλωι τῶν ἀρχαίων.

340     ...μὴ μιμεῖσθαι τῶν ὀλίγον πρὸ ἡμῶν γενομένων σοφιστῶν τὰ φαυλότατα μηδὲ περιεσθίειν ἐκεῖνα...; vgl. *Rh.Pr.* 17; *Pseudol.* 6.

341     μηδέ σε θελγέτωσαν αἱ ἀνεμῶναι τῶν λόγων, ἀλλὰ κατὰ τὸν τῶν ἀθλητῶν νόμον ἡ στερρά σοι τροφὴ συνήθης ἔστω...

Parallele,[342] tertium comparationis soll wohl die rasche Vergänglichkeit und damit letztlich Unechtheit der Schönheit einer Anemonenblüte sein, wobei zusätzlich das Verbum θέλγειν die Schädlichkeit für den Bewunderer signalisiert. Konkret dürfte Lukian etwa anspielen auf auffällige Attizismen, obsoletes Vokabular oder sonstige 'Prunkstücke', wie sie oben in Beispielen dargelegt wurden.

Als Leitbilder für die sprachlich-stilistische Schulung läßt Lukian also offenbar außerhalb eines - von ihm nie ausdrücklich definierten - Klassikerkanons nichts gelten, zeitgenössische oder in der jüngeren Vergangenheit entstandene Literatur wird ebenso verworfen wie die als Quelle für Vokabular ausgeschlossene hellenistische Dichtung.[343] Die oben dargelegte, theoretische wie praktische Liberalität in Fragen des Sprach- und Wortgebrauchs hat in der Bildungskonzeption keine Parallele, hier gibt es für Lukian unumstößlich gültige und durch nichts ersetzbare Inhalte. Auf einem anderen Gebiet, nämlich dem der Philosophie und einer durch sie bestimmten Lebensgestaltung, äußert er indes einmal eine deutlich abweichende Meinung über das Auswählen gültiger Vorbilder; in *Demon.* 2 gibt er als Zweckbestimmung seiner Schrift über Demonax an, er wolle erreichen, *daß die Edelsten und zur Philosophie Hinstrebenden unter den jungen Leuten die Möglichkeit haben sollen, sich selbst nicht nur nach den alten Vorbildern zu formen, sondern auch aus unserem zeitgenössischen Leben sich eine Richtschnur vor Augen zu führen und nachzueifern jenem Manne, dem Besten unter den mir bekannten Philosophen.*[344] So scheint

---

342  Daß sich für Lukian mit der Anemone negative Assoziationen zu verbinden scheinen, zeigen die vier Vergleiche, durch die er in *Ap.* 11 die völlige Verschiedenheit seiner Position als Amtsträger in der römischen Provinzialverwaltung und derjenigen eines 'Hausphilosophen' bei einem reichen Privatmann verdeutlicht: εύρήσεις γὰρ ... τοσοῦτον ἐοικότας ἀλλήλοις τοὺς βίους, ὅσον μόλυβδος ἀργύρωι καὶ χαλκὸς χρυσῶι καὶ ἀνεμώνη ῥόδωι καὶ ἀνθρώπωι πίθηκος. Weitere Erwähnungen der Anemone - allerdings ohne die hier vermutete Konnotation - bei Cratin. 105,3; Pherecr. 113,25; Dsc. II 176 (Wellmann I 244f.).

343  *Lex.* 25; *Pseudol.* 24: Die hier erwähnten Φιλαινίδος Δελτοί werden wohl auch ihrer Sprache, nicht ihres Inhalts wegen (περὶ σχημάτων συνουσίας, vgl. RE XIX 2,2122, Maas) attackiert.

344  ...καὶ οἱ γενναιότατοι τῶν νέων καὶ πρὸς φιλοσοφίαν ὁρμῶντες ἔχοιεν μὴ πρὸς τὰ ἀρχαῖα μόνα τῶν παραδειγμάτων σφᾶς αὐτοὺς ῥυθμίζειν, ἀλλὰ κἀκ τοῦ

auch Lukian die in einer strikt klassizistischen Epoche gut verständliche Sehnsucht zu kennen, sich nicht unentwegt und bei jedem Tun an jahrhundertealten (und meist bis zur Unerreichbarkeit glorifizierten) Vorbildern selbst zu messen und messen lassen zu müssen. Für den Bereich des Literarischen hat dieser Sehnsucht der um etwa zwei Generationen ältere Dion von Prusa Ausdruck gegeben, indem er innerhalb seines Katalogs der lesenswerten Autoren auch dazu auffordert, die neueren und der jüngeren Vergangenheit angehörigen nicht zu vernachlässigen: *Und an dieser Stelle möchte ich sagen, daß es notwendig ist - auch wenn jemand von den ganz Akkuraten, dem dieser Rat zu Ohren kommt, es kritisieren wird - auch die Neueren und kurz vor unserer Zeit Lebenden nicht gänzlich zu ignorieren. Deren Kräfte dürften uns nämlich auch in derjenigen Hinsicht nützlich sein, daß wir uns ihnen nicht so gänzlich eingeschüchtert nähern müssen, wie das bei den Alten der Fall ist. Weil wir nämlich die Möglichkeit haben, bei jenen auch einmal etwas von dem, was dasteht, zu kritisieren, sind wir in höchstem Maße guten Mutes, selbst das Gleiche in Angriff zu nehmen, und lieber vergleicht man sich doch mit einem, bei dem man sich zureden kann, im Vergleich nicht schlechter, manchmal sogar besser abzuschneiden* (XVIII 12).[345] Es ist m.E. nicht ausgeschlossen, daß Lukian nicht einer von den 'πάνυ ἀκριβεῖς' ist und hier zugestimmt hätte; jedenfalls ist seine Kritik am Nachahmen der ὀλίγον πρὸ ἡμῶν an allen drei Stellen, an denen sie vorgebracht wird,[346] in einer bestimmten Weise eingegrenzt (in *Lex.* 23 wird vor dem Nachmachen der φαυλότατα gewarnt; in *Rh.Pr.* 17 werden die Neueren als Ersatz für die Klassiker abgelehnt; in *Pseudol.* 6 wird kritisiert, daß jemand eine aus fremden Versatzstücken zusammengeflickte Rede als eigenes Erzeugnis zum Besten gibt), und Lukian sagt nirgends

---

ἡμετέρου βίου κανόνα προτίθεσθαι καὶ ζηλοῦν ἐκεῖνον ἄριστον ὧν οἶδα ἐγὼ φιλοσόφων γενόμενον.

345    ἐνταῦθα δή φημι δεῖν, κἂν εἴ τις ἐντυχὼν τῆι παραινέσει τῶν πάνυ ἀκριβῶν αἰτιάσεται, μηδὲ τῶν νεωτέρων καὶ ὀλίγον πρὸ ἡμῶν ἀπείρως ἔχειν... αἱ γὰρ τούτων δυνάμεις καὶ ταύτηι ἂν εἶεν ἡμῖν ὠφέλιμοι, ἧι οὐκ ἂν ἐντυγχάνοιμεν αὐτοῖς δεδουλωμένοι τὴν γνώμην, ὥσπερ τοῖς παλαιοῖς. ὑπὸ γὰρ τοῦ δύνασθαί τι τῶν εἰρημένων αἰτιάσαθαι μάλιστα θαρροῦμεν πρὸς τὸ τοῖς αὐτοῖς ἐπιχειρεῖν ἡμεῖς, καὶ ἥδιόν τις παραβάλλει αὐτὸν ὧι πείθεται συγκρινόμενος οὐ καταδεέστερος, ἐνίοτε δὲ καὶ βελτίων ἂν φαίνεσθαι.

346    *Lex.* 23, *Rh.Pr.* 17, *Pseudol.* 6.

kategorisch, daß nicht eventuell auch neuere Literatur des Studiums wert sei. In der Philosophie, wie gesehen, wünscht er sehr der eigenen Zeit nähere Vorbilder; in der Literatur ist dergleichen nicht beweisbar, jedoch möglich. Die Priorität der Klassiker ist aber unzweifelhaft.

Besondere Literaturgattungen stellen an den Schreibenden über das bisher Festgestellte hinausgehende, besondere Anforderungen. So muß der Geschichtsschreiber nach Lukians Meinung neben der - auch sonst in der Literatur unentbehrlichen - Fähigkeit zum sprachlichen Ausdruck auch ein Verständnis für politische Zusammenhänge besitzen, welches nicht lehrbar sei;[347] auch praktische Erfahrung als Politiker und Militär sei nötig.[348] Es ist klar, daß hier nur von der Historiographie gesprochen wird und sich diese Postulate nicht verallgemeinern lassen. Allgemeingültig dagegen ist die Überzeugung, daß die Bildung ihre Wirkung nur entfalten könne, wenn von Natur aus gewisse Voraussetzungen erfüllt sind; davon ist in *Hist.Conscr.* 35 allenthalben die Rede, und die Argumentation läßt sich so zusammenfassen, daß die Regeln für die richtige Geschichtsschreibung nur nützlich sein können für einen Mann, *der von Natur aus intelligent und literarisch bestens geschult ist.*[349] Daß hier nicht von Gattungsspezifischem die Rede ist, zeigt *Rh.Pr.* 15, wo der Redelehrer ebenfalls bestimmte Voraussetzungen von seinem Schüler fordert.[350] Die Überzeugung von der Notwendigkeit des Zusammentreffens von Begabung und Bildung - in der gesamten Antike, soweit ich sehe, nie bestritten - wird also auch von Lukian geteilt. Über die Prinzipien, von denen das Studium der vorbildhaften Autoren und der unablässige Versuch, ihnen nachzueifern,[351] bestimmt sein müssen, äußert Lukian recht klar ausgeprägte Vorstellungen und zwar sowohl anhand von Beispielen als auch in Form allgemeiner Anweisungen. Obgleich all diese Äußerungen in

---

347    *Hist.Conscr.* 35; zur σύνεσις πολιτική vgl. Baldwin 1977.

348    *Hist.Conscr.* 37.

349    ...τῶι φύσει συνετῶι καὶ ἄριστα πρὸς λόγους ἠσκημένωι...

350    ...ὁπόσα χρὴ αὐτόν σε οἴκοθεν ἔχοντα ἥκειν ἐφόδια πρὸς τὴν πορείαν...; natürlich verlangt der Redelehrer etwa das Gegenteil von dem, was Lukian für richtig hält.

351    *Hist.Conscr.* 34:...ἡ δύναμις δὲ πολλῆι τῆι ἀσκήσει καὶ συνεχεῖ τῶι πόνωι καὶ ζήλωι τῶν ἀρχαίων προσγεγενημένη ἔστω.

der Schrift über die Geschichtsschreibung getan werden, läßt sich aus ihnen doch eine gattungsübergreifende μίμησις-Konzeption[352] Lukians erkennen: In dem mit § 23 endenden 'Negativ-Teil' werden als Beispiele verfehlter μίμησις vorgestellt zunächst ein Homer-Imitator, der sein Werk mit einem Musenanruf beginnt und die Hauptakteure des Geschehens mit denen der Ilias gleichsetzt (§ 14), also Motive des Epos ohne Rücksicht auf die Gattungsverschiedenheit in die Geschichtsschreibung übernimmt. Daß derselbe sich überdies mit Homer vergleicht - selbstverständlich mit für ihn günstigem Ergebnis - und seine extreme Parteilichkeit von Anfang an zu erkennen gibt, hat bereits nichts mehr mit μίμησις, vielmehr mit törichter Geschmacklosigkeit zu tun. Danach der bereits erwähnte Thukydides-Imitator (s.u. S. 100f.), der seinem Anspruch durch wörtliches Kopieren des Einleitungssatzes des thukydideischen Proömiums (unter Einsetzung seines eigenen Namens und der kriegführenden Parteien) und überhaupt möglichst unveränderte Übernahme thukydideischer Motive und Formulierungen ohne Rücksicht auf seinen Stoff gerecht zu werden glaubt (§ 15). Dasselbe trifft auf den in § 18 erwähnten Herodot-Imitator zu, und andere, die sich an Xenophons Anabasis orientieren, meinen, bereits durch das Fortlassen eines Proömiums ihrem Vorbild gerecht zu werden (§ 23; in Verkennung der Tatsache, wie Lukian hinzusetzt, daß in Xenophons Anabasis nur formal ein Proömium fehle, es jedoch funktional dieses ersetzende Partien gebe). Diesen Beispielen verfehlter μίμησις gemeinsam ist die Beschränkung auf das Äußerliche, Oberflächliche, sofort Auffällige und damit Zeit-, Kontext-, Gattungsgebundene, das sich zur Übertragung auf andere Gegenstände gerade nicht eignet. Was Lukian im Gegensatz dazu unter gelungener μίμησις versteht, wird in *Hist.Conscr.* nicht systematisch entwickelt; einige Schlußfolgerungen erlauben aber die Bemerkungen, mit denen er im 'Positiv-Teil' auf die Autoren zurückkommt, deren unangemessene Imitation er zuvor kritisiert hatte: In § 42 referiert Lukian wesentliche Aussagen des thukydideischen Methodenkapitels:[353] Unvoreingenommenheit und Objektivität des

---

352    Zum antiken μίμησις - Konzept allgemein vgl. Flashar 1979.

353    Aus dem Referat spricht aber ein von Thukydides abweichendes Verständnis des Sinnes der Geschichtsschreibung (aus der Antithese τὸ σαφές - τέρψις wird bei Lukian diejenige τὸ τερπνόν - τὸ χρήσιμον); Näheres bei Verdin 1973, 547f. und Sacks 1986.

Historikers habe Thukydides als bindenden Grundsatz festgelegt (ἐνομοθέτησεν)[354] und in der Befolgung dieses bzw. der Abweichung von diesem Gesetz das Kriterium für ἀρετή bzw. κακία συγγραφική gesehen. Die Methodik seiner Darstellung habe als Leitlinie stets die ἀλήθεια τῶν πραγμάτων, nicht das μυθῶδες, damit sie ein κτῆμα ἐς ἀεί werde und kein ἐς τὸ παρὸν ἀγώνισμα. Erkenntnisgewinn und damit Nutzen für spätere Generationen sehe er als den Sinn seiner Geschichtsschreibung. Es ist deutlich, daß Lukian hier knapp zusammenfaßt, was er an Thukydides' Werk für vorbildlich und deshalb nachahmenswert hält: Die richtige Geisteshaltung, Methode und Zielsetzung könne der Historiker bei Thukydides lernen, andere Eigentümlichkeiten des Werkes - so dürfen wir hinzusetzen - brauchen, können oder sollen dagegen nicht nachgeahmt werden.[355]

In § 53f. werden ebenfalls Thukydides und zusätzlich Herodot als Vorbilder im Hinblick auf die Proömiengestaltung empfohlen: Im Gegensatz zum rhetorischen Proömium habe das historische nicht drei, sondern zwei Funktionen (nämlich προσοχή und εὐμάθεια des Lesers zu gewährleisten, nicht dagegen εὔνοια);[356] diese Aufgaben erfüllten die Proömien des herodoteischen und des thukydideischen Geschichtswerkes in mustergültiger Weise. Nicht einzelne Formulierungen dieser Autoren, die ein pseudo-herodoteisches bzw. - thukydideisches Kolorit suggerieren, sollen also nachgeahmt werden, sondern der Geschichtsschreiber muß sich bemühen, in eigenständiger Gestaltung des Proömiums eben die Wirkung zu erzielen, die den Proömien der beiden Klassiker eigen ist.

---

[354]    τοῦτ' ist auf den Inhalt von § 41 insgesamt zu beziehen.

[355]    Schon bei Rigault 1856, 41 findet man die Meinung, Lukian habe Th. uneingeschränkt als gültiges Vorbild der Historiographie betrachtet und somit deutlich Gegenposition zu D.H. bezogen (Ähnlich Homeyer 1965, 51). In der Tat scheinen manche Aussagen Lukians den Th. gegen die Kritik des D.H. in Schutz zu nehmen, über Sprache und Stil jedoch - die D.H. am schärfsten mißbilligt - verliert Lukian kein Wort. Das dürfte nicht mit Desinteresse "an der kritischen Beurteilung einer inzwischen noch ferner gerückten Sprache" (Homeyer 1965, 57) zu erklären sein, sondern eher damit, daß in diesem Punkt Lukian mit D.H. einig war.

[356]    Eine der wenigen Vorschriften in *Hist.Conscr.*, für die wir "ein ausdrückliches Parallelzeugnis nicht besitzen"; jedoch dürfte "dies Zufall sein" (Avenarius 1956, 116).

Auch der epische Dichter kann für den Historiker nachahmenswert sein, wenn die μίμησις sich nur das Richtige zum Gegenstand nimmt: In § 57 wird die Kürze und Zurückhaltung Homers bei der Schilderung von Dingen, die abseits vom Hauptstrang der Handlung liegen, gelobt und zur Nachahmung empfohlen. So wie dieser sich durch die beiläufige Erwähnung des Tantalos, Ixion und Tityos[357] nicht dazu hinreißen lasse, deren allbekannte Unterweltsqualen in üppiger Breite auszumalen (was hellenistische Dichter wie Parthenios, Euphorion, Kallimachos sich nicht hätten entgehen lassen), so solle sich auch der Historiker der Beschreibung des 'Szenariums' - Lukian nennt Gebirge, Befestigungsanlagen, Flüsse - nur in dem um Zweckmäßigkeit und Klarheit willen notwendigen Ausmaß widmen, keinesfalls sich in ausufernden und sich verselbständigenden ἐκφράσεις ergehen, die nicht mehr im Dienste der ἱστορία stehen, sondern nichts weiter seien als eitle und von schlechtem Geschmack zeugende Prahlerei des Autors. Diese auch in der Historiographie sehr angebrachte Tugend (durch die sich natürlich auch Thukydides auszeichne, § 57 Ende) des Epikers zu erkennen und zum Vorbild zu nehmen, nicht die Musen anzurufen und einen nachgemachten Achill oder Thersites auftreten zu lassen, hält Lukian also für die richtige Art der Homer-Imitation. Zusammengefaßt und von diesen Beispielen abstrahiert heißt das, daß imitatio eines vorbildlichen Autors immer Nachahmung und dem eigenen Gegenstand angemessene Übertragung von dessen ureigenen und besonderen Qualitäten sein muß; allein deren Erkennen setzt allerdings gründliches Studium voraus. Das oberflächliche Kopieren der dem Laien zuerst ins Auge springenden Eigenheiten, wie es im ersten Abschnitt in Beispielen vorgeführt wurde, hat dagegen mit Lukians Verständnis von μίμησις nichts zu tun.

Daß Lukian gepflegte Sprache für ein Ziel hält, für dessen Erreichung Anstrengungen sich lohnen, wird aus den behandelten Äußerungen über die richtige Ausbildung deutlich. Vervollkommnung auf sprachlichem Gebiet ist nur zu erreichen, wenn aufgrund natürlicher Voraussetzungen und gründlicher Anleitung die Fähigkeit zum kritischen Studium der

---

357   Tantalos: Od. XI 582ff.; Ixion: Il. XIV 317; Tityos: XI 576ff.

Vorbilder erworben wird - 'kritisch' im Wortsinn von 'unterscheidend', nämlich zwischen Nachahmbarem und Unnachahmlichem, der Nachahmung Würdigem und nicht Würdigem. Lukians eklektische μίμησις-Konzeption findet ihre engste Parallele bei dem ein knappes Jahrhundert älteren Quintilian (X 2,1ff.), der ebenfalls hervorhebt, daß es eines kritisch urteilenden Verstandes bedürfe, sowohl um die Vorbilder auszuwählen, als auch um bei diesen das herauszufinden, was wirklich vorbildhaft sei. Ganz auf Lukians Linie liegt auch die Warnung vor dem häufig begangenen Fehler, einfach Vokabular zu übernehmen, was schon deshalb nicht gehe, weil *et verba intercidant invalescantque temporibus, ut quorum certissima regula sit in consuetudine*: Archaisten gab es in Rom nicht erst im 2. Jh., und bei aller sprach- und literaturgeschichtlich bedingten Verschiedenheit des Griechischen und Lateinischen ähnelten sich doch bestimmte Tendenzen in den beiden Sprachen.[358]

### 3.4.2  Selbsteinschätzung und soziales Verhalten

Über die Selbsteinschätzung eines Literaten und dessen Verhalten gegenüber Konkurrenten bzw. Kollegen sowie seinem Publikum ein Urteil zu fällen, scheint zunächst kaum Sache des Literaturkritikers zu sein. Doch war offenbar das öffentliche Auftreten der Redner und Sophisten des 2. Jhs. so regelmäßig mit gewissen Auffälligkeiten verbunden, daß sich Lukian dazu ebenso äußert wie zu Sprache, Stil, Qualität der Werke selbst. Das Kritisieren bestimmter menschlicher Verhaltensweisen kann unter den Publikations- und Rezeptionsbedingungen der 2. Sophistik also durchaus in den Bereich der Literaturkritik einbezogen werden.

---

[358]    Vgl. Marache 1952, bes.110f.: Der lateinische Archaismus sei zwar kein Äquivalent des griechischen Attizismus, da ersterer im Gegensatz zu letzterem ein Abrücken von den Klassikern bedeute; doch gebe es "dans les théories de Fronton une analogie frappante avec celles que Lucien prête à Lexiphanès". Zu einem prinzipiellen Unterschied zwischen griechischem und lateinischem Archaismus vgl. Brock 1911, 32: Im Lateinischen sei Archaistisches stets nur Ornament gewesen; "No one had yet conceived the idea of writing a whole book, or even a single letter, in archaic style and language, as was done in the east in the Atthis."

Wir haben den Dialog *Sol.* insgesamt als Versuch Lukians interpretiert, einen jüngeren 'Kollegen' zu einer Korrektur seiner allzu hohen Meinung über das eigene Können zu bewegen und ihm das hyperkritische Bemängeln vermeintlicher oder wirklicher sprachlicher Schnitzer anderer Leute abzugewöhnen. Diese Tendenz des *Sol.* deckt sich vollkommen mit Lukians anderswo geäußerten Ansichten zum Thema; eindringlich wird etwa Lexiph. zurechtgewiesen: *Fort mit der Überheblichkeit, Prahlerei und Boshaftigkeit, fort mit der Wichtigtuerei und dem Große-Töne-Spucken, dem Herabsetzen all dessen, was von anderen kommt, und dem Glauben, daß du selbst der Erste sein wirst, wenn du die Leistungen aller anderen in Verruf bringst (Lex. 24).*[359] Drei Verhaltensweisen werden hier jeweils doppelt, nämlich nominal und verbal, benannt: übertriebene Selbsteinschätzung, die mit der Realität nichts gemein hat (τῦφος, βρενθύεσθαι),[360] lärmende Prahlerei, also die direkte äußere Folge des τῦφος (μεγαλαυχία, λαρυγγίζειν)[361] sowie das boshafte Herabsetzen und Lächerlichmachen all dessen, was andere geschaffen haben (κακοήθεια, διασιλλαίνειν). Lexiph. hat nach allem, was der Leser durch den bisherigen Dialog über ihn weiß, diese Vorhaltungen sehr wohl verdient: Sein gesamtes Benehmen im Einleitungsgespräch (§ 1), insbesondere sein Anspruch, mit Platon zu konkurrieren, der unverhohlene Stolz auf seine vermeintlich gelehrte Diktion, die an den Gesprächspartner gestellte Forderung, doch gefälligst seinerseits das kuriose Vokabular zu übernehmen - all das kann man treffend τῦφος nennen. Und die Geringschätzung anderer manifestiert sich in einer Bemerkung, die Lexiph. sich selbst in seinem Symposion machen läßt: *Sind wir doch die schönste Blüte des Attizismus...*(§ 14, vgl. u. S. 266).

Noch anschaulicher als im Benehmen des - ja nicht als Redner vor großem Publikum auftretenden - Lexiph. wird das von Lukian angeprangerte

---

359     καὶ ὁ τῦφος δὲ καὶ ἡ μεγαλαυχία καὶ ἡ κακοήθεια καὶ τὸ βρενθύεσθαι καὶ λαρυγγίζειν ἀπέστω, καὶ τὸ διασιλλαίνειν τὰ τῶν ἄλλων καὶ οἴεσθαι ὅτι πρῶτος ἔσηι αὐτός, ἢν τὰ πάντων συκοφαντῆις.

360     Vgl. z.B. Pl. *Smp.* 221b; Luc. *DMort* 10,8. *Tim.* 54; Ar. *Pax* 26; Sextus Empiricus (M. 8,5) definiert τῦφος als οἴησις τῶν οὐκ ὄντων ὡς ὄντων.

361     Vgl. z.B. Pl. *Tht.* 174d. *Ly.* 206a; D. XVIII 291; Phld. *Rh.* 1,200S; Luc. *Am.* 36.

Fehlverhalten in Auftreten und Ratschlägen des Rhetoriklehrers im *Rh.Pr.*; der empfängt seinen angehenden Schüler mit einer von keinerlei Selbstzweifeln getrübten Begrüßungsrede: *Hat dich etwa, mein Lieber, der pythische Apollon zu mir geschickt, indem er mich als den Besten der Redner bezeichnete, so wie er damals, als Chairephon ihn fragte, deutlich bezeichnet hat, wer der Weiseste unter den damaligen Menschen war? Sollte es jedoch nicht so sein und kommst du, dem Rühmen folgend, von selbst, weil du hörst, wie alle vom Donner gerührt unsere Kunst bestaunen, in den höchsten Tönen preisen, offenen Mundes begaffen und kaum wieder zu sich kommen, so wirst du gleich auf der Stelle erfahren, zu was für einem göttlichen Mann du gekommen bist. Erwarte jedoch nicht, irgendetwas von einer Art zu sehen, daß es mit diesem oder jenem verglichen werden könnte, sondern - falls es einen Tityos, Otos oder Ephialtes gibt - weit über deren Maß hinausgehend wird dir die Sache gewaltig und umwerfend erscheinen; wirst du doch feststellen, daß ich die anderen so sehr übertöne wie die Trompete die Flöten... (Rh.Pr. 13).*[362] Auch seinem Schüler gibt er die Anweisung, fortan sorgfältig darauf bedacht zu sein, nur ja nie das eigene Licht unter den Scheffel zu stellen: *Und wenn du mit jemandem ins Gespräch kommst, so sage Wunderdinge über dich und lobe dich über die Maßen und gehe ihm ruhig auf die Nerven. 'Was ist schon der Paianier gegen mich?' und 'Ein einziger von den Alten könnte es eventuell mit mir aufnehmen' und dergleichen (Rh.Pr. 21).*[363] Diese maßlose Selbstüberschätzung auf der einen Seite wird zu einem Ganzen gerundet durch boshafte Unverschämtheit gegenüber Konkurrenten (*Rh.Pr.* 22) und schamlose Mißachtung des Publikums (*Rh.Pr.* 19) auf der anderen Seite.

---

[362]  Μῶν σέ, ὦ ἀγαθέ, ὁ Πύθιος ἔπεμψε πρός με ῥητόρων τὸν ἄριστον προσειπών, ὥσπερ ὅτε Χαιρεφῶν ἤρετο αὐτόν, ἔδειξεν ὅστις ἦν ὁ σοφώτατος ἐν τοῖς τότε; εἰ δὲ μὴ τοῦτο, ἀλλὰ κατὰ κλέος αὐτὸς ἥκεις ἀκούων ἁπάντων ὑπερεκπεπληγμένων τὰ ἡμέτερα καὶ ὑμνούντων καὶ τεθηπότων καὶ ὑπεπτηχότων, αὐτίκα μάλα εἴσηι πρὸς οἷόν τινα δαιμόνιον ἄνδρα ἥκεις. προσδοκήσηις δὲ μηδὲν τοιοῦτον ὄψεσθαι οἷον τῶιδε ἢ τῶιδε παραβαλεῖν, ἀλλ' εἴ τις ἢ Τιτυὸς ἢ Ὦτος ἢ Ἐφιάλτης, ὑπὲρ ἐκείνους πολὺ φανεῖταί σοι τὸ πρᾶγμα ὑπερφυὲς καὶ τεράστιον· ἐπεὶ τούς γε ἄλλους τοσοῦτον ὑπερφωνοῦντα εὑρήσεις ὁπόσον ἡ σάλπιγξ τοὺς αὐλούς...
[363]  καὶ ἤν τις ἐντύχηι, θαυμάσια περὶ σαυτοῦ λέγε καὶ ὑπερεπαίνει καὶ ἐπαχθὴς γίγνου αὐτῶι. Τί γὰρ ὁ Παιανιεὺς πρὸς ἐμέ; καί, Πρὸς ἕνα ἴσως μοι τῶν παλαιῶν ὁ ἀγών, καὶ τὰ τοιαῦτα.

Zu all dem hat Lukian einen Gegenentwurf anzubieten, ebenso was die Einschätzung der eigenen Leistung angeht, wie in Form und Art der Kritik, die an anderen geübt wird. In der προλαλιά *Electrum* versucht er, gegen allzu hochgespannte, durch Erzählungen Dritter erweckte Erwartungen eines Publikums anzugehen: *Indes rufe ich euch zu Zeugen an, daß weder ihr noch ein anderer je gehört hätte, wie ich solche Prahlereien über das Meine von mir gab, und dergleichen wird wohl auch nie einer hören. Anderen nämlich könnte man wohl in nicht geringer Zahl begegnen, 'Eridaniern' gewissermaßen, denen nicht Bernstein, sondern pures Gold von ihren Reden tropft, Leute, die viel schöner tönen als die Schwäne aus der Dichtung; das Meine hingegen seht ihr ja bereits, was für ein einfaches und nicht vom Mythos umwobenes Ding es ist, und keinerlei Gesang ist dabei (Electr. 6).*[364] Zwar spielt gewiß auch die dem Proömium eigene Bescheidenheitstopik in dieser προλαλιά eine Rolle; einem Manne, der so entschieden gegen Prahlerei und Wichtigtuerei eines ganzen Berufsstandes vorgeht wie Lukian, kann man aber durchaus glauben, daß es ihm mit der bescheidenen Ankündigung seiner eigenen Erzeugnisse ernst ist - auch wenn er im Stillen von deren Qualität sehr überzeugt war -, und er sich bewußt von der μεγαλαυχία der Rhetoren und Sophisten absetzt.

Ernst scheint es Lukian auch damit zu sein, in der Kritik an anderen ein gewisses Maß nicht zu überschreiten. So hält er seinem Opfer im *Pseudol.* vor, daß er immer andere auslache und boshaft herabsetze (§ 29), sich über andere wegen deren Sprachgebrauchs lustig mache, wogegen ihm selbst bisher noch keiner seine zahlreichen Fehler vorgehalten habe (§ 24). Und tatsächlich galt Lukians Gelächter über seinen Kontrahenten in der in §§ 5f. geschilderten Szene nicht irgendwelchen sprachlichen Ausrutschern, sondern dem schlecht arrangierten und folglich aufgeflogenen Betrug mit der angeblichen Stegreifrede. Daß die teilweise wüsten Beschimpfungen im *Pseudol.* insgesamt schlecht zu solchen Grundsätzen zu passen scheinen,

---

364    ἀλλὰ μάρτυρομαι, ὡς ἐμοῦ τοιαῦτα μεγαλαυχουμένου περὶ τῶν ἐμῶν οὔτε ὑμεῖς οὔτε ἄλλος πω ἀκήκοεν, οὐδ' ἂν ἀκούσειέν ποτε. ἄλλοις μὲν γὰρ οὐκ ὀλίγοις ἐντύχοις ἂν Ἠριδανοῖς τισι καὶ οἷς οὐκ ἤλεκτρον, ἀλλὰ χρυσὸς αὐτὸς ἀποστάζει τῶν λόγων, πολὺ τῶν κύκνων τῶν ποιητικῶν λιγυρωτέροις· τὸ δὲ ἐμὸν ὁρᾶτε ἤδη ὁποῖον ἁπλοικὸν καὶ ἄμυθον, οὐδέ τις ᾠδὴ πρόσεστιν.

sei nicht bestritten; aber Lukian spricht in dieser Schrift, wie wir gesehen haben, als der Angegriffene und Beleidigte, und er ist gewiß nicht der Einzige, dem eine Diskrepanz zwischen Theorie im allgemeinen und Praxis in einer Ausnahmesituation nachgewiesen werden kann.

Natürlich gibt es Situationen und Personen, die Kritik einfach notwendig erscheinen lassen, aber auf die Form kommt es an. Welchen Stil Lukian anstelle von beleidigendem Spott für das Richtige hält, wurde schon im *Sol.* durch das Beispiel des Sokrates von Mopsos verdeutlicht; an zwei anderen Stellen bestätigt sich dieses Bild, und es ist für unser Thema ohne Belang, daß es dort nicht um Sprache und Literatur, sondern Philosophie und die rechte Lebensführung geht; die Form der Zurechtweisung ist auf beiden Gebieten entscheidend. Von dem bewunderten Vorbild Demonax berichtet Lukian: *Kein einziges Mal jedenfalls sah man, daß er laut geschrien, sich sehr aufgeregt hätte oder ernstlich böse gewesen wäre, auch nicht wenn es galt, jemandem Vorhaltungen zu machen, sondern die Verfehlungen ging er scharf an, denen, die sie begangen hatten, verzieh er; und für richtig hielt er es, sich an den Ärzten ein Beispiel zu nehmen, welche die Erkrankungen zu kurieren versuchen, nicht aber zornig auf die Kranken losgehen. Er war nämlich der Meinung, daß Fehler zu machen Kennzeichen des Menschen sei, des Gottes oder des gottgleichen Mannes aber, die Mißgriffe zu korrigieren (Demon. 7).*[365] Behutsame Korrektur in der Sache statt beleidigender Herabsetzung der Person scheint der 'Spötter' Lukian zumindest theoretisch für das Angebrachte zu halten; wie dergleichen konkret aussehen kann, zeigt eine beispielhafte Anekdote, die trotz ihres Umfanges hier im ganzen zitiert werden soll: *Im Gedächtnis war ihm* (sc. dem Nigrinos) *einer der schwerreichen Männer, der, nach Athen gekommen, äußerst auffällig und protzig durch sein zahlreiches Gefolge, seine farbenprächtige Kleidung und durch sein Gold, selbst glaubte, für alle Athener ein Gegenstand des Neides und der Bewunderung zu sein und*

---

365    οὐδεπώποτε γοῦν ὤφθη κεκραγὼς ἢ ὑπερδιατεινόμενος ἢ ἀγανακτῶν, οὐδ' εἰ ἐπιτιμᾶν τωι δέοι, ἀλλὰ τῶν μὲν ἁμαρτημάτων καθήπτετο, τοῖς δὲ ἁμαρτάνουσι συνεγίνωσκεν, καὶ τὸ παράδειγμα παρὰ τῶν ἰατρῶν ἠξίου λαμβάνειν τὰ μὲν νοσήματα ἰωμένων, ὀργῆι δὲ πρὸς τοὺς νοσοῦντας οὐ χρωμένων· ἡγεῖτο γὰρ ἀνθρώπου μὲν εἶναι τὸ ἁμαρτάνειν, θεοῦ δὲ ἢ ἀνδρὸς ἰσοθέου τὰ πταισθέντα ἐπανορθοῦν.

*die Blicke auf sich zu ziehen wie ein Glückseliger; denen aber schien der arme Kerl in der Tat übel dran zu sein, und sie gingen daran, ihn zu erziehen - nicht mit bitterer Strenge und schon gar nicht durch Verbote, in einer freien Stadt sein Leben in der Weise zu führen, wie einer wollte. Sondern wenn er selbst in Gymnasien und Bädern lästig war, indem er durch sein Gefolge Gedränge verursachte und den Entgegenkommenden den Platz wegnahm, so machte schon einmal mancher ganz leise eine Bemerkung und tat dabei so, als mache er sie im Stillen für sich und ziele gar nicht auf jenen, der gemeint war: "Er hat Angst ums Leben zu kommen, während er ein Bad nimmt; dabei herrscht doch tiefer Friede im Bade; eine Armee ist also wirklich nicht nötig." Der aber hörte immer, was die Wahrheit war, und wurde dabei allmählich erzogen. Seine farbenprächtige Kleidung aber und den ständigen Purpur zogen sie ihm aus, indem sie ganz witzig über den Glanz der Farben scherzten: "Ach, ist schon Frühling?", hieß es da und "Wo kommt denn dieser Pfau her?" und "Muß wohl seiner Mutter gehören!" und dergleichen. Und so nahmen sie auch die anderen Dinge witzig aufs Korn, die Menge seiner Fingerringe oder seine allzu akkurat geschniegelte Frisur oder die Schamlosigkeit seiner Lebensweise; wodurch er nach und nach zur Vernunft gebracht wurde und mit seiner Erziehung durch die Bürgergemeinschaft die Stadt als ein wesentlich besserer Mensch verließ (Nigr. 13).*[366]
Daß Lukian das Spotten sehr liebt und sich bestens darauf versteht, ist hinlänglich bekannt und kann und soll durch das Herausarbeiten solcher

---

[366] Ἐμέμνητο γοῦν τινος τῶν πολυχρύσων, ὃς ἐλθὼν Ἀθήναζε μάλ' ἐπίσημος καὶ φορτικὸς ἀκολούθων ὄχλωι καὶ ποικίληι ἐσθῆτι καὶ χρυσῶι αὐτὸς μὲν ὤιετο ζηλωτὸς εἶναι πᾶσι τοῖς Ἀθηναίοις καὶ ὡς ἂν εὐδαίμων ἀποβλέπεσθαι· τοῖς δ' ἄρα δυστυχεῖν ἐδόκει τὸ ἀνθρώπιον, καὶ παιδεύειν ἐπεχείρουν αὐτὸν οὐ πικρῶς οὐδ' ἄντικρυς ἀπαγορεύοντες ἐν ἐλευθέραι τῆι πόλει καθ' ὅντινα τρόπον βούλεται μὴ βιοῦν· ἀλλ' ἐπεὶ κἂν τοῖς γυμνασίοις καὶ λουτροῖς ὀχληρὸς ἦν θλίβων τοῖς οἰκέταις καὶ στενοχωρῶν τοὺς ἀπαντῶντας, ἡσυχῆι τις ἂν ὑπεφθέγξατο προσποιούμενος λανθάνειν, ὥσπερ οὐ πρὸς αὐτὸν ἐκεῖνον ἀποτείνων, Δέδοικε μὴ παραπόληται μεταξὺ λουόμενος· καὶ μὴν εἰρήνη γε μακρὰ κατέχει τὸ βαλανεῖον· οὐδὲν οὖν δεῖ στρατοπέδου. ὁ δὲ ἀκούων ἃ ἦν μεταξὺ ἐπαιδεύετο. τὴν δὲ ἐσθῆτα τὴν ποικίλην καὶ τὰς πορφυρίδας ἐκείνας ἀπέδυσαν αὐτὸν ἀστείως πάνυ τὸ ἀνθηρὸν ἐπισκώπτοντες τῶν χρωμάτων, Ἔαρ ἤδη, λέγοντες, καί, Πόθεν ὁ ταῶς οὗτος; καί, Τάχα τῆς μητρός ἐστιν αὐτοῦ· καὶ τὰ τοιαῦτα. καὶ τὰ ἄλλα δὲ οὕτως ἀπέσκωπτον, ἢ τῶν δακτυλίων τὸ πλῆθος ἢ τῆς κόμης τὸ περίεργον ἢ τῆς διαίτης τὸ ἀκόλαστον· ὥστε κατὰ μικρὸν ἐσωφρονίσθη καὶ παρὰ πολὺ βελτίων ἀπῆλθε δημοσίαι πεπαιδευμένος.

theoretischer Prinzipien nicht wegdiskutiert werden. Letzteren jegliche Ernsthaftigkeit abzusprechen wäre indessen ebenso verfehlt, zeigt sich doch Lukian auch in der Praxis in der Rolle des einfühlsam Belehrenden, des von Demonax zum Leitbild erhobenen Arztes; besonders deutlich tut er dies im *Lex.*: Unmittelbar, nachdem die Verlesung des Symposions abgebrochen wurde, gibt Lykinos zu verstehen, daß er Lexiph. für einen Kranken hält: Zunächst, so Lykinos, habe er zwar Lust verspürt, ihn einfach auszulachen, dann aber habe er Mitleid mit dem offenbar schwer Erkrankten empfunden. Es folgen mehrere, immer wieder durch andere Ausführungen unterbrochene Feststellungen über des Lexiph.' Zustand, die man am treffendsten als das Stellen einer Diagnose bezeichnen kann. So beschreibt er in § 16 den Zustand des Kranken durch zwei Metaphern, eine aus dem Bereich des Mythos (εἰς λαβύρινθον ἄφυκτον ἐμπεπτωκότα)[367] und eine aus dem der Medizin (νοσοῦντα νόσον τὴν μεγίστην, μᾶλλον δὲ μελαγχολοῦντα).[368] Lexiph. sei Opfer einer κακοδαιμονία, eines Unglückes also, bei dem eigenes Verschulden gering veranschlagt wird und das entsprechend eher Anlaß zu Mitleid als zu Polemik ist. In § 17 differenziert Lykinos dann seine Diagnose, indem er ausführt, durch welche Umstände die Krankheit begünstigt wurde und das Wesen des Leidens genauer beschreibt: Ein Freund oder Vertrauter, der es gut mit Lexiph. meint, hätte ihn durch rechtzeitige Kritik vor der ausweglosen Verirrung im Labyrinth bewahren können; Liebe zum offenen Wort (παρρησία) und der Mut zum Aussprechen der Wahrheit (τἀληθὲς εἰπών) sind weitere Kennzeichen dieses potentiellen Helfers, mit dem Lykinos/Lukian natürlich auf sich selbst anspielt.[369] Da aber dem Lexiph. bisher offenbar noch niemand die Wahrheit gesagt habe, unterliege er weiterhin der Selbsttäuschung, da er sich selbst für gesund halte, in

---

[367]   Der Kranke kann also nicht aus eigener Kraft entkommen, sondern bedarf, wie Theseus des Fadens der Ariadne, eines kundigen Führers.

[368]   Zur μελαγχολία vgl. Hp. VI 354,19ff.; IX 330,13ff.; die antike Medizin versteht darunter eine Krankheit, die den Verstand des Menschen beeinträchtigt, so daß sich dessen Zustand mitunter der μανία bzw. παράνοια annähere (Hp. VI 200,11f.; VII 133,25f.; IX 338,7ff.).

[369]   Die Kombination der beiden Eigenschaften kennzeichnet bei Lukian auch sonst den guten Kritiker, vgl.: *Demon.* 11; *Tim.* 36; *Cont.* 13; *Merc.Cond.* 4; *Hist.Conscr.* 41 (dazu auch MacLeod 1979, 327).

Wahrheit aber *von der Wassersucht geplagt werde und infolge dieses Leidens zu platzen drohe.*[370] Etwas später (§ 22) beschreibt Lykinos diese Diskrepanz zwischen wahrem Zustand und subjektiver Meinung des Patienten durch einen Vergleich mit den auf dem Markt angebotenen Figürchen, die außen zwar mit leuchtendem Rot und Blau bemalt, innen aber aus Ton bestehen und leicht zu zertrümmern sind.[371] Insgesamt übernimmt Lykinos also eindeutig die Rolle des fürsorglichen Helfers und Freundes, der durch Kritik in der Sache bekehren und bessern will; als solcher präsentiert er sich auch in § 18 dem dazugekommenen Sopolis, wenn er den Lexiph. ausdrücklich als *unseren Gefährten* bezeichnet.

### 3.4.3. Das Urteil der anderen

Nach allem, was wir wissen, lebte Lukian die längste Zeit seines Lebens von den Mitteln, die ihm das öffentliche Vortragen seiner Werke einbrachte, und war somit existentiell auf den Erfolg bei einem möglichst breiten Publikum angewiesen; es versteht sich also von selbst, daß er Anklang und Beifall bei der Masse der Zuhörer finden wollte und mußte, was auch aus einigen Stellen seines Werkes deutlich hervorgeht.[372] Wo Lukian jedoch jenseits dieser Notwendigkeiten seiner Lebensrealität über Ruhm und Anerkennung des literarisch Tätigen theoretisch spricht, läßt er

---

370　Zu ὕδερος vgl. Hp. V686,2f.. VI 232,14f.; die medizinische Metapher ist nicht aufs Geratewohl gewählt, sondern illustriert einen weiteren Aspekt von Lexiph.' Krankheit, wie Lykinos sie beurteilt: Wassersucht galt als unheilbar, wenn sie nach einem erfolgreichen Therapieversuch erneut auftrat, die jetzt versuchte Behandlung ist also die letzte Chance (vgl. *Lex.* 25, [69, 13-16]); häufigste Ursache der Wassersucht ist fehlende Purgierung nach einer langwierigen Krankheit - was gleichfalls in übertragenem Sinne von Lexiph. gesagt werden kann.

371　Der Vergleich für den Gegensatz zwischen äußerem Schein bzw. Selbsteinschätzung und wahrer Substanz könnte angeregt sein durch die Antiphanes-Komödie mit dem Titel κοροπλάθοι (vgl. Poll. X 103).

372　Die von Nesselrath (1990) chronologisch als die frühesten der προλαλιαί eingeordneten Stücke (*Herod., Harm., Scyth.*) befassen sich mit dem Thema des Erwerbens von Ruhm; in *BisAcc.* 34 geht Lukian auch auf die Publikumswirksamkeit der von ihm dem philosophischen Dialog zugemuteten Veränderungen ein (...καὶ μειδιᾶν καταναγκάσας ἡδίω τοῖς ὁρῶσι παρεσκεύασα ... καὶ κατὰ τοῦτο πολλὴν οἱ μηχανώμενος τὴν εὔνοιαν παρὰ τῶν ἀκουόντων, οἳ τέως τὰς ἀκάνθας τὰς ἐν αὐτῶι δεδιότες ὥσπερ τὸν ἐχῖνον εἰς τὰς χεῖρας λαβεῖν αὐτὸν ἐφύλαττοντο.).

eine kritisch differenzierende Haltung erkennen. Der Geschichtsschreiber, dessen Werk einzig und allein dem χρήσιμον verpflichtet sei, darf nach Lukians Ansicht nicht den geringsten Wert auf das Urteil der Masse legen, die nur auf das τερπνόν aus sei und somit zwangsläufig falsch urteilt: *...wenn du nicht auf den dahergelaufenen Pöbel achtest, sondern auf diejenigen, die mit der Einstellung strenger Richter und, beim Zeus, gar scharfer Ankläger lauschen werden, Zuhörer, denen nichts im Vorbeischlüpfen entwischt, die schärfer sehen als Argos und mit allen Punkten ihres Körpers, die jedes einzelne Wort wie ein Geldwechsler prüfen, um Fehlprägungen auf der Stelle zu verwerfen und nur das Gültige, Regelrechte und exakt Geprägte zu akzeptieren; mit Blick auf diese Leute muß man schreiben, um die anderen aber sich wenig kümmern, auch wenn sie vor Lobhudelei platzen (Hist.Conscr. 10).*[373] Bei einer Literaturgattung, deren Ziel nicht die Unterhaltung ist, kann der Beifall des breiten Publikums also kein Maßstab oder Kriterium für Qualität sein. Aber auch auf dem Gebiet der die begeisterte Zustimmung der Vielen doch naturgemäß erheischenden Rhetorik traut Lukian der Masse, immer wenn er theoretisch auf die Reaktion der Zuhörer zu sprechen kommt, nichts anderes als Fehlurteile zu. Den Redelehrer etwa läßt er voller Zuversicht zu seinem Schüler sagen: *So nämlich* (sc.: wenn du 15-20 attische Vokabeln dauernd gebrauchst usw.) *werden sich die Blicke der großen Masse auf dich richten und sie werden dich für bewundernswert halten und für ihnen selbst an Bildung weit überlegen...(Rh.Pr. 17);*[374] und wenig später: *Der Verständigen sind nämlich wenige, und gerade die werden schweigen aus Bescheidenheit und Anstand. Die Vielen hingegen werden Haltung, Stimme, Schritt und Gang bestaunen, Melodie des Vortrags und feines Schuhwerk und dein unentwegtes ἄττα; und sehen sie erst deinen Schweiß*

---

[373] ...ἢν μὴ τὸν συρφετὸν καὶ τὸν πολὺν δῆμον ἐπινοῇις, ἀλλὰ τοὺς δικαστικῶς καὶ νὴ Δία συκοφαντικῶς προσέτι γε ἀκροασομένους, οὓς οὐκ ἄν τι λάθοι παραδραμόν, ὀξύτερον μὲν τοῦ ῏Αργου ὁρῶντας καὶ πανταχόθεν τοῦ σώματος, ἀργυραμοιβικῶς δὲ τῶν λεγομένων ἕκαστα ἐξετάζοντας, ὡς τὰ μὲν παρακεκομμένα εὐθὺς ἀπορρίπτειν, παραδέχεσθαι δὲ τὰ δόκιμα καὶ ἔννομα καὶ ἀκριβῆ τὸν τύπον, πρὸς οὓς ἀποβλέποντα χρὴ συγγράφειν, τῶν δὲ ἄλλων ὀλίγον φροντίζειν, κἂν διαρραγῶσιν ἐπαινοῦντες.
[374] οὕτω γάρ σε ὁ λεὼς ὁ πολὺς ἀποβλέψονται καὶ θαυμαστὸν ὑπολήψονται καὶ τὴν παιδείαν ὑπὲρ αὐτούς...

*und dein Keuchen, so werden sie nicht anders können als fest daran zu
glauben, daß du ein ganz ungeheurer Streiter auf dem Felde der Redekunst
bist (Rh.Pr. 20).*[375]

Doch nicht immer werden die wenigen Kenner, auf deren Urteil allein es
ankommt, schweigend alles über sich ergehen lassen; der
Geschichtsschreiber, der sein Buch durch mythische bzw. enkomiastische
Einlagen dem breiten Publikumsgeschmack glaubt anpassen zu sollen, muß
ebenso mit deren Hohngelächter rechnen,[376] wie dies dem im *Pseudol.*
attackierten Sophisten durch Lukian selbst und andere widerfahren ist (§§
5f.). Am ausführlichsten und differenziertesten geht Lukian aber im *Lex.*
auf die Publikumsreaktion ein; zur Sprache kommt sowohl seine eigene als
auch die der Gebildeten bzw. Ungebildeten; berücksichtigt wird
gleichermaßen des Lexiph. gegenwärtiger, im Symposion sich
manifestierender Zustand wie der nach einem möglichen Umlernen sich
einstellende: Die Auswirkungen von Lexiph.' Krankheit spürt zunächst
Lykinos während der Vorlesung des Symposions am eigenen Leibe: Seine
Bitte abzubrechen begründet er damit, daß er um seine eigene geistige
Gesundheit fürchte, wenn er noch weiter zuhören müsse (§ 16).[377] Es ist
klar, daß Lykinos hier nicht im Ernst seine Empfindungen beschreibt,
sondern durch komisch übertriebene Klagen rechtfertigen möchte, warum
er Lexiph. so abrupt unterbrochen hat; erst im nächsten Satz offenbart
Lykinos durch das anstelle des Hohngelächters sich einstellende Mitleid
seine wirkliche Besorgnis um den 'erkrankten' Gefährten. Bei der
Beschreibung der Wirkung auf andere Personen wird zwischen Gebildeten
und Unverständigen unterschieden: Erstere haben, wie Lykinos, für

---

375    οἱ μὲν γὰρ συνιέντες ὀλίγοι, οἳ μάλιστα μὲν σιωπήσονται ὑπ'
εὐγνωμοσύνης. οἱ πολλοὶ δὲ τὸ σχῆμα καὶ φωνὴν καὶ βάδισμα καὶ περίπατον καὶ
μέλος καὶ κρηπῖδα καὶ τὸ ἄττα σου ἐκεῖνο θαυμάσονται, καὶ τὸν ἱδρῶτα ὁρῶντες
καὶ τὸ ἆσθμα οὐχ ἕξουσιν ὅπως ἀπιστήσουσιν μὴ οὐχὶ πάνδεινόν τινα ἐν τοῖς
λόγοις ἀγωνιστὴν εἶναί σε.

376    *Hist.Conscr.* 11: Καὶ οἱ μὲν πολλοὶ ἴσως καὶ ταῦτά σου ἐπαινέσονται, οἱ
ὀλίγοι δὲ ἐκεῖνοι ὧν σὺ καταφρονεῖς μάλα ἡδὺ καὶ ἐς κόρον γελάσονται, ὁρῶντες τὸ
ἀσύμφυλον καὶ ἀνάρμοστον καὶ δυσκόλλητον τοῦ πράγματος.

377    Die Ausdrücke μεθύω und ναυτιῶ greifen das zuletzt Gehörte scherzhaft auf: Die
Trunkenheit wäre Folge des Trinkgelages, die Seekrankheit des Mitfahrens auf Lexiph.'
unter vollen Segeln dahinrauschendem Dreimaster.

Lexiph. nur Mitleid (§ 17 [65, 9]) oder Hohngelächter (§ 23 [68, 4]; § 24 [68, 28]) übrig, die anderen dagegen spenden Beifall (§ 17 [65, 8]) und sind sprachlos vor Bewunderung (§ 24 [68, 25f.]).[378]

Das bisher Zusammengetragene könnte den Eindruck erwecken, Lukian habe die zu seiner wie zu anderen Zeiten nicht ganz unberechtigte Überzeugung geteilt, daß schlechte, aber publikumswirksam aufgemachte Literatur zwar die Mißbilligung der wenigen Gebildeten, aber den Beifall der Masse finde, während man mit wirklich Gutem zwar jene Wenigen für sich einnehmen könne, von den Vielen aber abgelehnt werde. Es ist schwer vorstellbar, wie ein Mann mit solchen Grundsätzen vor einem großen Publikum hätte auftreten können (was Lukian ja getan hat), ohne sich selbst und seine eigenen Prinzipien zu verleugnen. Andererseits gibt es aber Anzeichen dafür, daß Lukian in dieser Frage wohl doch nicht so rigoros

---

[378]      Die Verhaltensweisen der beiden Gruppen werden also in den §§ 17 und 24 antithetisch einander gegenübergestellt, weshalb man erwartet, eine solche Struktur auch an der dritten Stelle, wo von der Reaktion des Publikums auf Lexiph. die Rede ist, vorzufinden (§ 23 [68, 4ff.]). Das ergäbe sich ohne weiteres durch Bekkers Konjektur τῶν ... ἀξίων (bei MacLeod nicht erwähnt, vgl. Nesselrath 1984) : *'und nicht mehr wird man dich auslachen wie jetzt, und du wirst auch nicht Gegenstand herabsetzenden Geredes bei den Besten sein, während dich als 'Griechen' und 'Attiker' (nur) diejenigen bezeichnen, die es nicht einmal verdienen, in der Reihe der Barbaren zu denen gezählt zu werden, die das reinste Griechisch beherrschen'* (σαφῶς hier ebenso verwendet wie bei D.Chr. XXXVI 9 [über die Bewohner der Stadt Borysthenes]: οὐκέτι σαφῶς ἑλληνίζοντες); die zuletzt genannte Personengruppe wäre dann identisch oder stünde jedenfalls auf einer Stufe mit den ἀνόητοι und ἰδιῶται. Somit wird auch die Reaktion der Unverständigen dreimal erwähnt; der Inhalt des von diesen gespendeten Lobes ist, daß Lexiph. als 'Hellene' und 'Attiker' bezeichnet wird, Ausdrücken also, die mit dem Selbstlob im Symposion (§ 14 [63, 21f.]) harmonieren. - In dem bei MacLeod gedruckten Text muß τὸν ... ἄξιον dagegen als Apposition zu σε und Urteil des Lykinos verstanden werden: Lexiph. verdiene es nicht einmal, zu denjenigen unter den Nichtgriechen gezählt zu werden, die usw. Nach allem, was Lykinos sonst zu kritisieren hat, schiene diese Wertung überraschend milde (daß einer unter den Nichtgriechen nicht zu den σαφέστατοι gehört, ist eigentlich noch kein Grund für Hohnlachen oder Mitleid); MacLeods Konjektur ἀσαφεστάτοις würde diesen Einwand zwar beseitigen, doch stört auch so (wie bei dem gedruckten Text) das Fehlen des Subjekts zu ἀποκαλούντων. Zu erwägen ist schließlich das überlieferte τὸν ... βάρβαρον ... ἄξιον: *'wobei/während (sc. irgendwer) dich G. und A. nennt, der du es nicht einmal verdienst, Barbar genannt zu werden bei denen, die im Gebrauch der Wörter am genauesten sind.'* Die Antithese wäre klar formuliert, doch stört wieder das fehlende Subjekt zu ἀποκαλούντων (die ἄριστοι können das natürlich nicht sein, sondern eine diesen entgegengesetzte Personengruppe) sowie ἐν mit Dativ, wo man ὑπό mit Genitiv erwartet.

und pessimistisch gedacht hat; das zeigt sich insbesondere im *Lex.*: Dort erteilt Lykinos seinem Gesprächspartner Ratschläge für den Weg des künftigen Umlernens unter der Prämisse, daß er die Anweisungen befolgen müsse, *falls du denn in Wahrheit gelobt werden willst für literarische Leistungen und Erfolg haben willst vor dem breiten Publikum* (*Lex.* 22);[379] und er stellt ihm in Aussicht: *Wenn du dies tust, wirst du zwar für eine Weile Tadel für mangelnde Bildung über dich ergehen lassen müssen und darfst dich deines Umlernens nicht schämen, dann aber voll guter Zuversicht vor zahlreichem Publikum auftreten können und wirst dich nicht mehr auslachen lassen müssen...*(*Lex.* 23).[380] Beides kann nicht so gemeint sein, daß Lexiph. mit seiner literarischen Geschmacksverirrung gegenwärtig etwa gar keinen Erfolg beim Publikum habe, das gerade hatte Lykinos ja in § 17 noch eingeräumt und tut es in § 24 ein weiteres Mal.[381] Wohl aber heißt es, daß man mit wirklich Gutem, auch wenn es nicht dem groben Geschmack der Ungebildeten angepaßt ist, dennoch deren Applaus erhalten kann - und zwar durch das von den vielen Nicht-Sachverständigen als autoritativ akzeptierte Urteil der wohl in jedem Publikum anzutreffenden wenigen Kenner: Wie es einem Sophisten, dessen Vortrag der urteilslosen Menge eventuell zugesagt hätte, vor deren feineren Ohren aber nicht besteht, am Ende ergehen kann, beschreibt Lukian in *Pseudol.* 5f.; umgekehrt ist er überzeugt, daß durch den sachkundigen Beifall weniger auch die Begeisterung der großen Masse induziert werden kann.[382] Lukian macht sich also keine Illusionen darüber, wie allzu leicht der Ruhm Unwürdigen in den Schoß fällt; er scheint jedoch ebenso überzeugt gewesen zu sein, daß es auch möglich sei, mit anspruchsvoller Literatur Erfolg zu haben - eine Zuversicht, ohne die ein Literat, der einerseits den Beifall breiterer Kreise anstrebt und benötigt, andererseits sich gewissen

---

379    ...εἴπερ ἄρ' ἐθέλεις ὡς ἀληθῶς ἐπαινεῖσθαι ἐπὶ λόγοις κἄν τοῖς πλήθεσιν εὐδοκιμεῖν...

380    Ἐὰν ταῦτα ποιῇς, πρὸς ὀλίγον τὸν ἐπὶ τῆι ἀπαιδευσίαι ἔλεγχον ὑπομείνας καὶ μὴ αἰδεσθεὶς μεταμανθάνων, θαρρῶν ὁμιλήσεις τοῖς πλήθεσιν καὶ οὐ καταγελασθήσηι ...

381    § 17: ...καὶ ὑπὸ μὲν τῶν ἀνοήτων ἐπαινούμενον ... § 24: καὶ οἱ μὲν ἰδιῶται πάντες ἐτεθήπεσαν...

382    Die προλαλιά *Harmonides*, in der Lukian über die Möglichkeiten zur Erlangung von Ruhm spricht, geht von eben dieser Überzeugung aus.

Qualitätsmaßstäben verpflichtet weiß, auf die Dauer nicht auskommen kann.

## 4. Lexiphanes und sein Symposion

Nachdem nunmehr ein vollständiges Bild von Lukians Positionen im
Bereich der Literaturtheorie entstanden ist, kann der Versuch unternommen
werden, zu einem vertieften Verständnis seiner Literaturparodie zu
gelangen. Zu untersuchen sind jetzt also die Lexiph.-Partien des
gleichnamigen Dialogs, d.h. die Äußerungen des Lexiph. im Gespräch mit
Lykinos und Sopolis sowie insbesondere das Symposion. Der Text, den
Lukian seine Dialogfigur Lexiph. vortragen läßt, ist ein Torso, da ja
Lykinos seinen Gesprächspartner abrupt unterbricht. Lukian war
offensichtlich der Auffassung, daß das vorgelesene Stück ausreiche, um
alles, worauf es ihm ankam, zu demonstrieren. Trotz der Fiktion einer nicht
mehr zum Vortrag kommenden Fortsetzung ist es daher zulässig, Lexiph.'
Symposion qua Parodie wie ein abgeschlossenes Ganzes zu betrachten.

Hinsichtlich des Inhalts läßt sich der Text in zwei größere Einheiten
gliedern, nämlich das eigentliche Symposion (§§ 6-15) und diesem zeitlich
vorangehende Geschehnisse (§§ 2-5); jeder der beiden Teile ist seinerseits
aus kleineren Abschnitten aufgebaut. Hinsichtlich der Darstellungsweise ist
dagegen eine Dreiteilung zu konstatieren: Zwei in direkter Rede stehende
Dialogpartien (§§ 2-4 und 9 b-15) umrahmen einen narrativen Mittelteil, in
dem von Vorgängen vor und während des Symposions berichtet wird (§§
5-9 a). An diesem Befund ist zunächst nichts besonders auffällig, außer
vielleicht dies, daß man eine einführende Erzählung eher am Anfang, den
Wechsel in der Darstellungsweise eher zusammenfallend mit auch
inhaltlichen Einschnitten erwarten würde.

Betrachten wir nun die kleineren Abschnitte im einzelnen unter dem
Gesichtspunkt der Anordnung und Verknüpfung: Den Anfang bildet eine
Äußerung eines gewissen Kallikles, in der ein sowohl in sich
widersprüchliches als auch mit dem tatsächlich Folgenden nicht
übereinstimmendes 'Programm' für den Nachmittag verkündet und einem
Sklaven Anweisungen für den bevorstehenden Besuch im Bad erteilt
werden (§ 2 a [56,15-57,4]). Etwas für den Einstieg weniger Geeignetes
als diese kurze Kallikles-Rede läßt sich kaum ausdenken, denn es fehlt

alles, was der Leser von einem Anfang - sowohl allgemein wie auch besonders bei einem Symposion - erwartet.[383]

Es folgt ein weit ausholender Bericht des Lexiph. über seinen soeben beendeten Aufenthalt auf dem Land (§§ 2 b - 3 a [57,5-23]); von mehreren Ungereimtheiten im einzelnen abgesehen fällt dabei insbesondere das Mißverhältnis zwischen Fülle sowie kontextueller Irrelevanz der mitgeteilten Details und Geringfügigkeit des Anlasses für diese Suada auf, der ja schlicht in der Frage des Kallikles besteht, ob Lexiph. ins Bad mitkommen wolle. Das unvermittelte Erscheinen von Lexiph.' Sklaven Attikion gibt sodann Anlaß zu einem kurzen Gespräch zwischen den beiden (§ 3 b [57,24-58,11]), dessen Inhalt für das Folgende ohne Relevanz ist, mit dem Vorausgehenden zum Teil im Widerspruch steht.[384] Den Abschluß der ersten Dialogpartie bilden Äußerungen zweier Personen, von deren Anwesenheit der Leser bislang nichts ahnen konnte und die jetzt ebenfalls ihre Absicht, das Bad zu besuchen, kundtun (§ 4). Der eine, Onomarchos, begründet, weshalb man auf der Stelle aufbrechen müsse, der andere, Hellanikos, klagt über sein Augenleiden, was im gegebenen Zusammenhang einigermaßen überraschend ist.[385] Von der angekündigten Konsultation eines Augenarztes hört man selbstverständlich nie wieder etwas.

Die nun beginnende Erzählung umfaßt fünf Abschnitte: Einem einigermaßen wirren Bericht über verschiedene sportliche Aktivitäten der Gesellschaft im Gymnasion, das man entgegen der Ankündigung und Erwartung des Lesers zunächst aufgesucht hat, sowie über das anschließende Bad (§ 5 a [58,22-59,8]) folgt eine Überbrückungspartie bis zum Beginn des Symposions, die unter dem Motto 'Jeder tut etwas anderes' einige mehr oder weniger groteske Tätigkeiten aufzählt (§ 5 b, [59,9-15]). Das Symposion selbst wird eingeleitet durch die lange Aufzählung der aufgetragenen Speisen (§ 6) und der vielfältigen Trinkgefäße (§ 7); über 'Nebensächlichkeiten' wie Zeit, Ort, Anlaß des

---

383   Näheres im Komm. zu εἶτα δειπνήσομεν (S. 166ff.).
384   Vgl. Komm. zu diesem Abschnitt, bes. S. 188-9.
385   Vgl. u. S. 193.

Gelages und Identität von Gastgeber und Gästen wird der Leser hingegen nicht unterrichtet.[386] Nach diesen Vokabelorgien hat man beinahe den Eindruck, daß dem Autor nichts Rechtes mehr einfällt und das Symposion - von dessen Verlauf man eigentlich noch gar nichts erfahren hat - bereits sein Ende zu finden droht (§ 8).

Ein Fortgang der am Ende sich mit sichtlicher Mühe dahinschleppenden Erzählung wird dann gewährleistet durch das topische Motiv des plötzlichen Eintreffens nicht eingeladener und zugleich verspäteter (der Widerspruch wird nie aufgelöst[387]) Gäste (§ 9 a [60,21-61,2]). Lexiph. fragt nach dem Grund für ihr verspätetes Erscheinen und gibt damit Anlaß zu drei Berichten, denen gemeinsam ist, daß sie das Zuspätkommen beim abendlichen Symposion nur unzureichend oder gar nicht erklären und deshalb als Antwort auf die Frage nicht passen: Chaireas, der Goldschmied, weist auf seine (alltägliche) Arbeit hin (§ 9 b [61,3-5]), Megalonymos, der Rechtsanwalt, erzählt von einer Verhaftung, deren Zeuge er geworden sei (§§ 9 c-10 [61,6-62,5]), Eudemos, der Faustkämpfer, von turbulenten Geschehnissen im Hause seines Freundes Damasias, von dem er bereits am frühen Morgen gerufen worden sei (§§ 11-12); die beiden letzten Berichte werden jeweils von kurzen Nachfragen des Lexiph. unterbrochen. Es folgt und beschließt zugleich den Text ein Gespräch unter Beteiligung mehrerer Personen (Megalonymos, Lexiph., Kallikles, Eudemos), in dem über nichts anderes gesprochen wird als darüber, daß man im Fortgang des Gelages weiterhin miteinander altattisch-pretiöse Konversation betreiben werde... (§§ 13-14).

Die Übersicht zeigt, daß eine planvoll durchgeführte τάξις in dieser Schrift nicht existiert, die einzelnen Motive vielmehr beliebig, unorganisch und zuweilen sogar unlogisch aneinandergereiht sind. Wie inhaltlos dieses Symposion ist, bedarf keiner genaueren Ausführung; alles, was Lexiph. zu bieten hat, sind Berichte über Erlebnisse der anwesenden Personen, Beschreibungen und Dialoge, die niemals über den die Sprechenden jeweils

---

386    Vgl. Komm. zu εἶτα δειπνήσομεν (S. 166ff.), ἄλλος ἄλλοσε ἄλλα etc. (S. 201).

387    Vgl. Komm. zu αὐτεπάγγελτοι (S. 231).

umgebenden, unmittelbaren Kontext hinausreichen.[388] Die Gestaltung diskursiver und argumentativer Partien wäre - das will Lukian wohl deutlich machen - über die Kräfte eines Autors gegangen, der sich mit der εὕρεσις ebensowenig Mühe gemacht hat wie mit der τάξις. Denn Lexiph. hat lediglich topische Motive der Symposienliteratur[389] zusammengestückelt, deren Vorbilder zumeist schon bei den beiden Klassikern der Gattung, Platon und Xenophon, zu finden sind.[390] Anderes, insbesondere der Inhalt der von den Symposiasten gegebenen Erlebnisberichte könnte etwa aus Komödienszenen herausgesponnen sein. Die implizierte Kritik, die Lexiph. sich zuziehen soll, besteht aber wohlgemerkt nicht in der Übernahme gattungstypischer Motive - das ist gängige Praxis auch Lukians selbst -, sondern in deren wahl- und verständnislosem Zusammensetzen und dem Fehlen jeder Spur einer eigenen inhaltlichen Konzeption. Diese Mängel sind es, die - abgesehen von der Diktion - das Symposion des Lexiph. einem Mann mit der theoretischen Position Lukians als ein Stück Anti-Literatur par excellence erscheinen lassen müssen. Nach diesem zusammenfassenden Überblick kann die Einzelkommentierung der Lexiph.-Partien, also des Einleitungsgespräches Lykinos - Lexiph. (§ 1), des Symposions (§§ 2-15)

---

[388]      Es gibt also nur 'szenische Motive', die bei echt sokratischen Symposien (im Unterschied zu den Deipnen) stets Nebensache bzw. Ausgangspunkte für das Gespräch sind, vgl. Martin 1931, 117-27.

[389]      Zu dieser Gattung vgl. Komm. zu τῶι ’Αρίστωνος (S. 159f.).

[390]      Es handelt sich um die folgenden Motive: *Lex.* 2 (56,16f.) - X. 1,7: χρίεσθαι; *Lex.* 2 (56,17) - X. 2,18: Hitze; *Lex.* 2 (56,17) etc. - Pl. 174a3 / X. 1,7: λουσαμένους; *Lex.* 2 (57,5ff.) - Pl. 185c4ff. / X. 1,15: jemand fühlt sich unwohl; *Lex.* 2 (57,7) - Pl. 190d6: ἀσκωλιάζων; *Lex.* 2 (57,12) - Pl. 220a6ff.: Frost und Kälte; *Lex.* 4 (58,17) - X. 4,24: σκαρδαμύττω; *Lex.* 5a - Pl. 217b7 / X. 1,7. 2,16. 2,17. 2,19: γυμνάζεσθαι; *Lex.* 5b und 8 - X. 6,1: jeder macht etwas anderes; *Lex.* 5 (59,10) etc. - Pl. 174a3f.: Schuhe anziehen; *Lex.* 6 - Pl. 190d7ff.: Speisen; *Lex.* 7 - Pl. 213e11ff. / X. 2,23. 2,26: Trinkgefäße; *Lex.* 8 (60,17) - X. 2,3ff.: Parfüm, *Lex.* 8 (60,17f.) - X. 2,1: Tänzer(innen) und Musikanten/-innen; *Lex.* 9 - Pl. 212c6ff. / X. 1,11.1,13: uneingeladene Gäste; *Lex.* 13 (63,10ff.) - X. 1,11.: Mitbringen von Speisen; *Lex.* 14 - X. 3,2: Anregung zum Gespräch. - Lukian hat viele der Motive auch anderweitig in seinen Schriften verwendet, eine (im einzelnen zu kritisierende, so ist z.B. Lexiph. kein 'opponent' wie der Angegriffene im *Pseudol.*) Liste gibt Anderson, theme 129f.

und des Dreiergesprächs Lexiph. - Sopolis - Lykinos (§§ 19-20) in Angriff
genommen werden.


**Einleitungsgespräch Lykinos Lexiphanes (§ 1)**


<u>Λεξιφάνης ὁ καλός</u>
Das Adjektiv κ. wird im Attischen häufig als Apposition zu Eigennamen
gesetzt, um Zuneigung oder Bewunderung auszudrücken (LSJ s. v. 2; zu
dem verbreiteten Brauch, solche Aufschriften auf allerlei Materialien
anzubringen vgl. Ar. *Ach.* 144; *V.* 98f.; zu den καλός - Inschriften auf
attischen Vasen vgl. die Listen bei Beazley, Carpenter, Shapiro [zitiert bei
Heitsch 1993, 236 Anm. 571]; s. auch u. zu κυψελόβυστα); in den von
Xenophon (*HG* II 3,56) überlieferten letzten Worten des Theramenes beim
Leeren des Giftbechers (Κριτίαι τοῦτ' ἔστω τῶι καλῶι) steht es für
beißende Ironie. Lukian spielt hier wohl auf den Beginn des platonischen
*Hp. Ma.* an (281 a1), wo Sokrates seinen Gesprächspartner mit Ἱππίας ὁ
καλός τε καὶ σοφός begrüßt. Gleich im ersten Abschnitt des Dialogs wird
dieser dann in mehreren Punkten der Unwissenheit überführt und lächerlich
gemacht (Woodruff 1982, 55: "though Socrates is polite on the surface, his
irony is intense from the first line, more consistently scathing than in any
other of Plato's works."); mit gerade dieser Reminiszenz wird so das
Verhältnis der Dialogpartner von Anfang an festgelegt: Lexiph. als der von
seiner Gelehrsamkeit überzeugte Fachmann, Lykinos als höflicher, in
Wahrheit aber ironischer und letztlich mit besserem Wissen ausgestatteter
Sokrates.


<u>μετὰ βιβλίου</u>
Eine Reminiszenz an Pl. *Phdr.* 228 d6ff. (wie gründlich Lukian gerade
diesen Dialog kennt, zeigt z.B. *Dom.* 4), wo der Dialogpartner des
Sokrates ebenfalls ein Buch bei sich hat (Tackaberry 1931, 74: "Lexiph.
reads the composition as does Phaedrus"). Allerdings trägt Phaidros kein
eigenes Werk mit sich, sondern eine angebliche Lysiasrede, und er läßt es
nicht offen sehen, sondern holt es erst hervor, als Sokrates ihn dazu
auffordert. Lexiph. dagegen legt es darauf an, auf sein Buch angesprochen

zu werden, um so Gelegenheit zu bekommen, eine Probe seines
Meisterwerkes vorzutragen.


γράμμα

Durch die vorangehende Frage ist klar, daß Lexiph. mit γρ. sein Buch
meint; der Sg. in dieser Bedeutung ist jedoch nur zweimal belegt (Call.
*Epigr.* 23; *AP* IX 63, beide Male als Obj. zu ἀναλέγεσθαι - offenbar also
eine spezielle Junktur), in Prosa müßte σύγγραμμα (wie Lykinos kurz
darauf sagt) oder der Pl. γράμματα stehen. Bompaire 1958, 636 bemerkt:
"la distinction entre γράμμα et σύγγραμμα est un écho de Parménide (128
a)." Dort bedeutet γρ. tatsächlich 'Buch', und zwar gleich viermal in dichter
Folge (128 a3. b8. c3. d3); Sprecher ist jeweils der Parmenidesschüler
Zenon. Im selben Abschnitt wird eben das, was Zenon beharrlich als γρ.
bezeichnet, zweimal mit dem Pl. benannt (127 c3, d3). Daraus folgt, daß
an den vier erstgenannten Stellen kein normaler Wortgebrauch vorliegt,
sondern entweder tatsächlich ein Terminus der eleatischen Schule oder ein
zur Charakterisierung Zenons beitragender (vgl. Branham 1989, 72: "It is
characteristic of Plato's comic technique to present thinkers as personified
expressions of their theories, as comic instantiations of their own dominant
ideas."): Dieser ist so durchdrungen von der Lehre seines Meisters über das
ἕv, daß es sogar auf seinen Sprachgebrauch durchschlägt. Lexiph. versteht
von diesem feinen Witz Platons und den philosophischen Implikationen
freilich nichts, übernimmt aber begeistert den aparten Sg.


τητινόν

Das nur bei Lexikographen und Grammatikern (Poll. VI 73: τητινὸν γὰρ
τὸ ἐπέτειον; Phryn. *PS* 114 b: ἀττικώτερον τὸ τήτινον, εἴρηται μέντοι
καὶ ἐπέτειον; Hdn. Gr. II 233,11) sowie inschriftlich (Knoepfler, BCH
103 (1979) 175; Jones 1986, 104 Anm. 14) belegte Adj. ist aus dem
Adverb τῆτες gebildet; dieses findet sich bei Ar. (*Ach.* 15; *V.* 400), Harp.
(Bedeutung: 'in diesem Jahr') und Ath. (III 98 b), wo es dem zu den
'Ulpianischen Sophisten' gehörenden Pompeianos in der sonst nicht
belegten Bedeutung 'heutig' in den Mund gelegt wird, die wohl auch
Lexiph. meint; Suid. gibt als weitere Bedeutung merkwürdigerweise

χθεσινή (sc. ἡμέρα) an. Die Vokabel war offenbar längst obsolet, und über ihre genaue Bedeutung herrschte bereits Unsicherheit.

## κομιδῆι νεοχμόν

Das häufige Adverb ist prosaisch und gehörte zur attischen Umgangssprache; von den Attizisten des 2. Jhs. wurde es mit besonderer Vorliebe in Verbindung mit νέος verwendet (Doehring 88). Das Adj. hingegen ist zwar in Tragödie und Komödie öfter belegt (z. B. A. *Pr.* 150; E. *IT* 1162; Ar. *Ra.* 1372), kommt auch in ionischer Prosa vor (Hdt. IX 99,104; Hp. VIII 298,1), ist aber dem Attischen fremd (lediglich Thuc. I 12,2 hat das Verbum νεοχμοῦν). In Verbindung mit dem umgangssprachlichen Adverb wirkt es also wohl befremdlich und gibt Lykinos Gelegenheit zu einem vorgeblichen Hörfehler und einem daran angeknüpften Scherz (das Wortspiel wird auch vermerkt von Saintsbury 1902, 148).

## αὐχμῶν

Die hier gemeinte Bedeutung von ἀ. verdeutlicht am besten D.H. (*Dem.* 44), wo lobend bemerkt wird, Demosthenes habe es verstanden, seine Reden entsprechend den verschiedenen Anforderungen der rhetorischen Genera stilistisch zu differenzieren: οὔτε δὴ τὸν ἐν δικαστηρίοις λόγον ᾤετο δεῖν κωτίλλειν καὶ λιγαίνειν, οὔτε τὸν ἐπιδεικτικὸν αὐχμοῦ μεστὸν εἶναι καὶ πίνου. ἀ. meint hier also die 'Dürre', d.h. mangelnde Lebensnähe und Frische des Ausdrucks (Usher übersetzt: "dry and musty antiquity"; vgl. auch Luc. *Bis Acc.* 34). Im Bezug auf Lexiph. hat Lykinos mit seinem vorgeblichen Hörfehler ganz recht: Dieser schreibt insofern περὶ αὐχμῶν, als sein Buch αὐχμοῦ μεστόν ist.

## ἀρτιγραφές

Hap. Leg., das Lexiph. nach dem Muster anderer, aus ἄρτι und einem passiven Aoriststamm gebildeter Adj. erfunden hat (z.B. ἀρτιπαγής, ἀρτιφανής, ἀρτιφυής; nach Casewitz 1994, 78 "le pastiche d'un terme homérique, ἀρτιεπής"); solche Bildungen sind aber im allgemeinen nur in der Dichtung oder in sehr später Prosa belegt, bei den Attikern mit einer Ausnahme (ἀρτιτελής, Pl. *Phdr.* 251 a2) gar nicht.

<u>κυψελόβυστα</u>

Hap. Leg., dessen erster Bestandteil κυψέλη hier entweder im Sinne von 'Ohrenschmalz' zu verstehen ist (so LSJ s.v.) oder als 'das Wachs eines ganzen Bienenstockes' (Roux 1963, 281); gängige Ausdrucksweisen wie κυψέλην ἔχειν ἐν τοῖς ὠσίν (Diph. 54; vgl. auch Eup. 227: Dieses Fragment überliefert das Sch. Ar. *V.* 98[ τὸν Πυριλάμπους· Μέμνηται τούτου καὶ Εὔπολις ἐν Πόλεσιν "καὶ τῶι Πυριλάμπους ἆρα Δήμωι κυψέλη ἔνεστιν"] als Erklärung zu der Formulierung Δῆμος ὁ καλός. Ein Zufall ist nicht auszuschließen, aber es sieht doch so aus, als ob diese Szene aus den *Wespen* samt einem die Eupolis-Parallele bietenden Kommentar von Lukian bei der Gestaltung des Einleitungsgespräches benutzt wurde) sind sprichwörtlich für einen törichten und begriffsstutzigen Menschen (vgl. dazu Hall 1980, 539). Lexiph. bringt das Kunststück fertig, in einem einzigen - mündlich spontan formulierten - Satz zwei bislang nicht existierende Adj. unterzubringen; zusätzlich besteht der Witz darin, daß ein "composé, noble et relevé, s' applique à une matière familière et banale" (Casewitz 1994, 78).


<u>πολὺ γὰρ ... μετέχει</u>

Doppeldeutige Formulierung, deren vordergründiger Sinn (νεοχμός hat an αὐχμός insofern viel Anteil, als die Wörter sehr ähnlich klingen) von Lexiph. verstanden wird, während ihm der Hintersinn (νεοχμός ist eine verstaubte und zu meidende Vokabel) verborgen bleibt; andernfalls würde er protestieren, ist er doch auf das Adj, wie seine Antwort beweist, besonders stolz.


<u>τίς ὁ νοῦς</u>

Daß sich Lykinos sogleich nach dem 'Sinn'/'Inhalt' von Lexiph.' Buch erkundigt (er könnte etwa auch fragen περὶ τίνος ἐστίν o.ä.) ist wichtig: Der Leser wird so von Anfang an für ein entscheidendes Defizit des Symposions sensibilisiert, nämlich daß es einen νοῦς gar nicht hat.

ἀντισυμποσιάζω

Hap. Leg., dessen von Lexiph. intendierte Bedeutung (LSJ: 'write a
Symposium in rivalry of Plato; zur allgemeinen Verbreitung der Platon-
Imitation bzw. Konkurrenz im 2. Jh. vgl. Branham 1989, 67f.) der
griechische Sprachgebrauch nur mit Mühe hergibt: συμποσιάζειν heißt
selbstverständlich 'mit jemandem zusammen trinken' (erst in später Prosa
belegt, z.B. Aen.Gaz.*Thphr.* 48b; Hld. V 28) und nicht 'ein S. schreiben';
die mit ἀντι- gebildeten Komposita haben in der Regel die Bedeutung
'etwas im Gegenzug tun', höchst selten 'in Konkurrenz zu' (so z.B.
ἀνταναπλέκω, *AP* IV 2). Was Lexiph. eigentlich meint, ist also nur durch
den Kontext zu verstehen.


τῶι 'Αρίστωνος

Einen Namen wie Platon spricht man unter 'Gebildeten' vom Schlage des
Lexiph. natürlich gar nicht erst aus; eine weitere Antonomasie in § 19 (τὸν
Μνησάρχου; vgl. dazu Hall 1980, 539). - Die durch Platon und Xenophon
begründete (zu Vorformen vgl. Ullrich 1908/9 I 24ff.) Gattung der
Symposienliteratur (grundlegend dazu: Ullrich 1908/9; Martin 1931) wurde
während der gesamten Antike in großem Umfang gepflegt, so daß trotz der
vergleichsweise geringen Menge des Erhaltenen das Symposion diejenige
Institution des gesellschaftlichen Lebens in Griechenland ist, über die wir
am besten unterrichtet sind (vgl. Murray 1983, 257). Neben die
sokratischen Symposien der beiden Archegeten der Gattung mit ihrer
überwiegend philosophischen Ausrichtung und der als charakteristisch
empfundenen Mischung von Scherz und Ernst bei Personen und
Sachthemen (Hermog. p. 454 Rabe: σπουδαῖα καὶ γελοῖα καὶ πρόσωπα
καὶ πράγματα; vgl. Plu. *Mor.* 708d) traten später andere Typen:
Symposien-Schilderungen, deren Inhalt weniger die Gespräche der
Teilnehmer bilden als das Symposion selbst, die auch als δεῖπνα
bezeichnet werden (vgl. Ullrich 1908/9 II 18ff.); satirisch-komische
Symposienbeschreibungen, deren Zweck vor allem im Lächerlichmachen
einer oder mehrerer Personen, meist des reichen, ungebildeten und
prahlerischen Gastgebers besteht (vgl. Pabst 1986); schließlich die als
συμποσιακά bezeichneten, oft sehr umfangreichen Sammelwerke, in
denen der Symposien-Kontext völlig in den Hintergrund tritt und lediglich

als Aufhänger dient für gelehrte Erörterungen verschiedenster Probleme
(vgl. Ullrich 1908/9 II 32ff.; Martin 311ff.); zu diesen gehören als
Sonderform die sog. 'grammatischen' Symposien (vgl. Ullrich 1908/9 II
36ff.). Lexiph. aber stellt sich mit seinem Symposion ausdrücklich in die
Nachfolge Platons und erweckt damit Erwartungen, denen sein Werk nicht
gerecht werden kann.


<u>ἐν αὑτῶι</u>

Im Gebrauch des Personal- statt eines zu erwartenden Demonstrativ-
pronomens sieht Chabert (1897, 178) "une affectation d'atticisme"; dafür
ist dieser Gebrauch aber doch zu verbreitet (K.-G. I 660f.).


<u>ἀνέγνως</u>

Lexiph. gebraucht das Verbum in einer dem Attischen fremden Bedeutung
(Sch.: ἀντὶ τοῦ ἀνελογίσω), worauf Lykinos diskret hinweist, indem er
es in seiner Antwort in der geläufigen Bedeutung setzt. Doehring (92)
bemerkt: "antiqua significatione utitur, quam apud Homerum legimus"; von
den angeführten Belegen ist aber lediglich Il. XIII 734 brauchbar, wo es
ähnlich wie hier um geistige, durch Schlußfolgerung entstandene
Erkenntnis geht; sonst (Od. IV 250. XIX 250. XXIII 206; Pi. *I*. II 23. *O*.
X 1) wird das Verbum im Sinne von 'Erkennen' bzw. 'Wiedererkennen'
durch Sinneswahrnehmung verwendet, eine Bedeutung, die später ja auch
noch möglich ist, hier aber nicht paßt.


<u>ὡς ἄλλωι παντὶ ἀνόητον</u>

Eine Formulierung, deren Sinn nicht unmittelbar klar ist (Longo: "ma ciò
che ho detto sarebbe inintelligibile per chiunque altro"; Harmon: "but what I
said would have been caviare to the general"). Die Schwierigkeit liegt in der
Bedeutung von ἀνόητος und der Funktion des Dativs in Verbindung mit
ὡς; jeweils zwei Möglichkeiten sind denkbar:
a) Man versteht den Dativ als respectus (Bezeichnung des subjektiv
Urteilenden; mit ὡς vgl. K.-G. I 421b), also ἄλλωι παντὶ sc. ἢ σοί; dann
muß ἀ. in der ungewöhnlichen Bedeutung 'nicht erkenn- bzw. verstehbar'
verwendet sein (Doehring 62 gibt als einzige Parallele *h.Merc.* 80:
σάνδαλα ... ἄφραστ' ἠδ' ἀνόητα διέπλεκεν; hier ist aber eindeutig

gemeint 'Sandalen, wie sie noch keiner erdacht und wahrgenommen hatte').

b) Die geläufige aktivische Bedeutung von ἀ. ('verständnislos, töricht') ergäbe in Verbindung mit einer anderen Auffassung des Dativs (ἄλλωι παντὶ ἢ τῶι ᾿Αρίστωνος) den Sinn: 'das Gesagte wäre für (=im Falle) jedes anderen (als Platon) Unsinn'; statt des Dativs würde man dann aber z.B. πρός mit Akk. erwarten.

Lexiph. selbst meint vermutlich das unter (a) Gesagte, der Leser aber wird (und das ist von Lukian intendiert) am ehesten den Dativ wie unter (a), das Adj. wie unter (b) verstehen, so daß Lexiph. unabsichtlich etwas sehr Treffendes über sich selbst bemerkt: 'In den Augen jedes anderen wäre das, was von mir gesagt wird, dummes Zeug'. Zur weiteren Verunklärung des Sinnes trägt auch das Pt.Präs. (statt Aor. oder Perf.) bei, was fälschlich auf die geläufige Formel τὸ λ. = 'wie man sprichwörtlich sagt' führt.


<u>ὅπως μὴ ... οἰνοχοήσειν ἀπ᾽ αὐτοῦ</u>
Die Ironie, die Lexiph. in Lykinos' Worten erkennt, bezieht sich nicht auf dessen durch die homerische Diktion hervorgehobene Überzeugung von der hervorragenden Qualität des bevorstehenden Literaturgenusses (vgl. *Nigr.* 38: ἐλελήθεις δέ με πολλῆς ὡς ἀληθῶς τῆς ἀμβροσίας καὶ τοῦ λωτοῦ κεκορεσμένος), denn daran glaubt er auch selbst; als ironisch wird vielmehr wohl der erste Teil von Lykinos' Bemerkung empfunden, denn Lexiph. geht davon aus, daß sein Gesprächspartner auch ohne eine Probe aus dem Symposion derartiger 'Bewirtung' (die Metapher des Bewirtens mit λόγοι, die sich bei einem Symposion natürlich besonders anbietet [vgl. Luc. *Symp.* 2], ist häufig bei Platon [*Ly.* 211 c11; *R.* 352 b5. 354 a10. b1. 571 d8]; weitere Stellen bei Görgemanns 1991, 100; vgl. auch Branham 1989, 112 mit Anm. 49) nicht gänzlich entraten muß. Wie im vorangehenden Satz kommt ein 'kollegiales' Verhältnis der beiden zum Ausdruck; Lexiph. betrachtet Lykinos als kompetenten und urteilsfähigen Gesprächspartner.

### τὸν μὲν εἴρωνα

Den Menschentypus des εἴρων beschreibt Aristoteles (*EN* 1108a20ff.):
περὶ μὲν οὖν τὸ ἀληθὲς ὁ μὲν μέσος ἀληθής τις καὶ ἡ μεσότης ἀλήθεια
λεγέσθω, ἡ δὲ προσποίησις ἡ μὲν ἐπὶ τὸ μεῖζον ἀλαζονεία καὶ ὁ ἔχων
αὐτὴν ἀλάζων, ἡ δ' ἐπὶ τὸ ἔλαττον εἰρωνεία καὶ ὁ ἔχων εἴρων; vgl.
auch 1127a22ff.: δοκεῖ δὴ ... ὁ δὲ εἴρων ἀνάπαλιν ἀρνεῖσθαι τὰ
ὑπάρχοντα ἢ ἐλάττω ποιεῖν. Der seltsame Gebrauch von εἴρων statt
εἰρωνεία läßt in Verbindung mit dem Prädikat ein unbeabsichtigtes
konkretes Bild entstehen.


### πεδοῖ

Nach Hdn. Gr. I 502 (vgl. K.-Bl. II 304δ) Paroxytonon, da bei
zweisilbigen Bildungen dieser Art der Akzent auf der Stammsilbe bleibe,
mehrsilbige dagegen Perispomena werden; es sollte also πέδοι geschrieben
werden, denn Lexiph. macht keine 'Akzentfehler'. Das Wort ist rein
poetisch (besonders bei den Tragikern) und kann sowohl Richtung wie
Ortsruhe bezeichnen.


### εὔπορα

In der hier gemeinten Grundbedeutung 'leicht passierbar' wird das Adj.
sonst nur zu Subst. gesetzt, die etwas tatsächlich Passierbares bezeichnen,
wie das Meer (A. *Supp.* 470), einen Weg (Pl. *R.* 328 e4) oder das Gelände
(X. *An*. III 5,17). Die Übertragung auf ein Sinnesorgan, durch das
allenfalls der Schall passieren kann, dürfte ziemlich kühn sein; bei Ar. *Eq.*
637 findet man εὔπορος γλῶττα, aber natürlich in dem Sinne 'über
reichliche Mittel verfügend'.


### ἐπιβύστρα

Hap.Leg. zu dem bei den Komikern belegten Verbum ἐπιβύω (Ar. *Pl.* 379;
Cratin. 198; im Med. auch bei Luc.*Tim.* 9 und *Pr.Im.* 29); das Simplex bei
Antiph. 178, zu dem Lexiph. lediglich die Vorsilbe hinzugefügt hat.


### κυψελίς

Die seltene Vokabel kann wie κυψέλη einen das Gehör behindernden
Pfropfen bezeichnen, bestehend entweder aus Ohrenschmalz (Poll. II 83.

85) oder aus Wachs (vgl. zu κυψελόβυστα). Was MacLeod mit der Großschreibung andeuten möchte, ist ebenso unerfindlich wie der Sinn von Doehrings Bemerkung (33: "consulto utitur Lex. forma derivata κυψελίς, quae nomen feminae videri potest, alludit autem cum respondeat Lucianus ad nomen Cypseli"): Weder meint Lexiph. das Wort als Eigennamen noch faßt Lykinos es so auf, sondern der Witz beruht einfach (wie bei νεοχμός - αὐχμός) auf einem vorgeblichen, durch die obsolete Vokabel verursachten Hörfehler.

### οὔτε Κύψελος οὔτε Περίανδρος

K. heißt so, weil er als Kind in einer κυψέλη versteckt und so vor den Nachstellungen der herrschenden Bacchiaden gerettet wurde (Hdt. V 92); mit der Nennung des K. liegt die Assoziation an seinen noch berühmteren Sohn und Nachfolger nahe.

### διαπεραίνομαι ... τὸν λόγον

Das gewöhnlich im Aktiv gebrauchte Verbum wird von Platon im Med. bevorzugt (z.B. *Lg.* 966 c2); besonders ähnlich ist *Phdr.* 263 e1f.: καὶ ὁ Λυσίας ... πάντα τὸν ὕστερον λόγον διεπεράνατο. Sokrates und Phaidros sprechen hier über die Gliederung der Lysiasrede, wobei ersterer bemängelt, daß der Anfang ganz verkehrt sei (264 a5f.: οὐδὲ ἀπ' ἀρχῆς ἀλλ' ἀπὸ τελευτῆς ἐξ ὑπτίας ἀνάπαλιν διανεῖν ἐπιχειρεῖ τὸν λόγον) und nicht klar gegliedert sei (264 b3f.: οὐ χύδην δοκεῖ βεβλῆσθαι τὰ τοῦ λόγου;). Wer den wohl beabsichtigen Bezug zu der Platonstelle herstellt und sich deren Inhalt vergegenwärtigt, erhält also noch vor Beginn des Vorlesens gewisse Vorstellungen über das zu Erwartende.

### εἰ ... εὐώνυμος

Lexiph. formuliert die Ansprüche, denen sein λόγος genügen soll, und legt damit die Kriterien für Lykinos fest; die zum Teil neugebildeten, zum Teil in unerhörter Bedeutung verwendeten Ausdrücke häufen sich hier:

### εὔαρχος

Als Ableitung von ἄρχειν im Sinne von 'herrschen' ist das Adj. sowohl in passiver ('leicht zu beherrschen', Arist.*Oec.* 1344b14) als auch in aktiver

Bedeutung ('gut herrschend', Lyc. 233) belegt; was Lexiph. damit meint (Sch.: τὸ καλὴν ἀρχὴν ἔχειν), kann es dagegen eigentlich nicht heißen. Wer verstanden hatte, daß hier an ἀρχή im Sinne von 'Anfang' zu denken ist, für den stellten sich allerdings abwegige Assoziationen ein: εὔαρχος war nämlich, wie das *EM* weiß, Eigenname sowohl für den Poseidonsohn Kyknos (διὰ τὸ ἐπιτυχῶς καινίσαι τὸ δόρυ τοῦ 'Αχιλλέως: er 'weihte' den Speer des A. gewissermaßen 'ein' [καινίζειν in dieser Bed. auch bei Lyc. 530] , indem er ihn als erster zu spüren bekam) als auch für einen Fluß bei Sinope (ποταμόν τινα ... Εὔαρχον ὑπὸ τῶν 'Αργοναυτῶν προσηγορεῦσθαι, ἀφ' οὗ πρῶτον ἔπιον); εὔαρχος sei weiter eine bei den Händlern übliche Bezeichnung für den ersten Kunden des Tages gewesen (so in *AP* VI 304, falls der von Meineke hergestellte Text richtig ist, vgl. dazu Gow/Page 1965, II 473). Lexiph.' Ausdrucksweise stiftet also Verwirrung, auch wenn man letztlich doch verstehen kann, was er meint: Als erste Qualität seines Werkes beansprucht er eben das, was in der als Vorlage dienenden Phaidros-Stelle (s.o.) dem lysianischen λόγος abgesprochen wurde.

<u>πολλὴν τὴν εὐλογίαν</u>

Das mehrdeutige Wort εὐλογία (logische Stimmigkeit; Lobpreis; Segen) ist hier wohl in demselben Sinne zu verstehen wie bei Pl. *R.* 400 d11 (so Doehring 24), also etwa 'Schönheit des sprachlichen Ausdrucks'. Daß dies keine gebräuchliche Bedeutung ist, beweist allerdings gerade die zitierte Platonstelle, an der durch Häufung der εὐ-Komposita signalisiert wird, daß jeweils der 'eigentliche' (etymologische) Sinn gemeint ist: εὐλογία ἄρα καὶ εὐαρμοστία καὶ εὐσχημοσύνη καὶ εὐρυθμία εὐηθείαι ἀκολουθεῖ (bei letzterem wird sogar ausdrücklich gesagt, daß nicht die übliche Bedeutung (ἄνοια), sondern eben εὐ-ήθεια zu verstehen sei). Die Frage ist allerdings, was die beiden folgenden Adj. darüber hinaus noch bedeuten können (wenn man Lexiph. nicht zutrauen möchte - was man könnte -, daß er dreimal mit jeweils neuen Vokabeln dasselbe sagt); einen beachtenswerten Hinweis gibt das Sch.: τὴν συνθήκην εὐάρμοστος. Von den beiden Grundvoraussetzungen für guten sprachlichen Ausdruck, dem ἐκλέγειν der Wörter und dem συντιθέναι, bezieht der Scholiast εὐλογία also offenbar auf die σύνθεσις, und zwar sowohl der Wörter (ὀνομάτων) als auch der Inhalte (πραγμάτων); besonders letzteres schwingt in einer der üblichen Bedeutungen von εὐλογία (logische Stimmigkeit) mit.


### ἐπιδεικνύμενος

Der Anklang an das rhetorische γένος ἐπιδεικτικόν ist wohl beabsichtigt: Obgleich des Lexiph.' λόγος keine Rede ist, sondern sich als Dialog in Konkurrenz zu Platon ausgibt, hat er als einzigen Zweck, die Fähigkeiten seines Autors zur Schau zu stellen, und kann insofern den epideiktischen Reden gleichgestellt werden.


### εὔλεξις

Trotz des Belegs in *Rh.Pr.* 17 als ein Hap. Leg. zu bezeichnen, da dort die Vokabel als eine der albernen Neubildungen genannt wird, allerdings in etwas verschiedener Bedeutung: In *Rh.Pr.* wird damit eine Person bezeichnet, Lexiph. bezieht es dagegen auf seinen λόγος, woraus klar wird, daß mit einer sonderlich spezifischen Bedeutung nicht zu rechnen ist, und man sich mit vagen Wiedergaben wie 'stilistisch gut' wohl begnügen muß; das Sch. beschränkt sich hier wie beim folgenden auf die Auflösung des Kompositums.


### εὐώνυμος

Daß das Wort normalerweise etwas ganz anderes bedeutet (nämlich: 'mit gutem Namen'; 'von Vorbedeutung' [gut oder schlecht]; 'links'; ein [noch heute so genannter] immergrüner Baum) ist ebenso klar wie die singuläre Bedeutung, die Lexiph. ihm hier zumutet: Im Gegensatz zu dem für εὐλογία ermittelten Sinn geht es hier allein um die Auswahl der ὀνόματα; deren zentrale Bedeutung (für Lexiph.) zeigt die Schlußstellung und die Anknüpfung mit ἔτι δέ, mit der sogar die nach εὔλεξις inhaltlich überflüssige Zerstörung des Trikolons in Kauf genommen wird.


### ἔοικε ... ἄρξαι ποτέ

Lykinos meint natürlich, daß eben aufgrund der Autorschaft des Lexiph. mit dem Schlimmsten zu rechnen ist. Diese Erwartung, die Lykinos durch die vorauszusetzende längere Bekanntschaft mit Lexiph. (vgl. § 24f.) begründen kann, wird der Leser bereits nach dem kurzen Vorgespräch teilen. Trotzdem muß Lykinos mit gespielter Ungeduld auf den Beginn des Vorlesens drängen; indes hat Lukian es verstanden, die ironisch-kritische Haltung des Lykinos mit dem Stattfinden der Vorlesung zu vereinbaren, nämlich durch dessen pädagogische Ambitionen: Nur wenn er dem Lexiph. Gelegenheit gibt, sein Werk vorzutragen, kann er hinterher versuchen, korrigierend und bessernd einzugreifen; deshalb drängt Lykinos so, obwohl er ahnt, was ihn erwartet.


## Kallikles: Das 'Programm' (§ 2a)

εἶτα δειπνήσομεν

Lexiph.' Aufforderung, zu prüfen, ob seine Schrift εὔαρχος sei, zwingt zu dem Schluß, daß er nicht an einer beliebigen Stelle beginnt, sondern von Anfang an vorliest. Wann kann bei einem in die Tradition des platonischen Symposions sich einreihenden Werk von einem gelungenen Anfang gesprochen werden? Von den beiden theoretischen Äußerungen zur Gestaltung eines Symposions, die uns aus der Antike vorliegen (Hermog. 36 = p. 453f. Rabe; Ath. V, vgl. dazu Martin 1931, 1f.), werden nur bei Ath. Vorschriften für den Beginn einer solchen Schrift referiert: ἡμεῖς δὲ νῦν περὶ τῶν Ὁμηρικῶν συμποσίων λέξομεν. ἀφορίζει γὰρ αὐτῶν ὁ ποιητὴς χρόνους, πρόσωπα, αἰτίας. τοῦτο δὲ ὀρθῶς ἀπεμάξατο ὁ Ξενοφῶν καὶ Πλάτων, οἳ κατ' ἀρχὰς τῶν ξυγγραμμάτων ἐκτίθενται τὴν αἰτίαν τοῦ συμποσίου καὶ τίνες οἱ παρόντες. Ἐπίκουρος δὲ οὐ τόπον, οὐ χρόνον ἀφορίζει, οὐ προλέγει οὐδέν. δεῖ οὖν μαντεύσασθαι πῶς ποτ' ἄνθρωπος ἐξαπίνης ἔχων κύλικα προβάλλει ζητήματα καθάπερ ἐν διατριβῆι λέγων (V 186 d-e). Bei einem Symposion wird also - wie bei anderen Literaturgattungen auch - eine Art Exposition am Anfang gefordert, die bestimmte Informationen enthalten soll; Xen. und Pl. sind vorbildlich, Epikur gibt das Negativbeispiel (zu letzterem vgl. Ullrich 1908/9 II 6; Martin 1931, 29f.). Das von Masurios bei Ath. Vorgetragene läßt sich verstehen als spezielle, auf das Symposion bezogene Ausprägung des aristotelischen - auf die Tragödie bezogenen - Postulats (*Po.* 1450 b27f.), ein geschlossenes Ganzes müsse Anfang, Mitte, Ende haben, wobei Anfang definiert wird als etwas, dem nichts notwendig vorausgehen, dem

aber notwendig etwas folgen muß. Daß man dieses Postulat auch außerhalb
der Tragödie für gültig hielt, zeigt z.B. D.H.*Thuc.* 10, wo Kritik gegen
den Beginn des Geschichtswerkes referiert wird: ...οὐκ ἐλάχιστον μέρος
εἶναι λέγοντες οἰκονομίας ἀγαθῆς ἀρχήν τε λαβεῖν, ἧς οὐκ ἂν εἴη τι
πρότερον... - Neben dem Vergleich mit diesen Forderungen des
Literaturtheoretikers bietet sich auch derjenige mit dem Vorbild direkt
(Lexiph. konkurriert ja mit Platon) an, also mit den Anfängen der
platonischen Dialoge insgesamt, zu denen das Symposion ja gehört; für die
Bewertung der Qualität von Lexiph.' Anfang ergibt sich so folgendes:
1) Vorstellung der Personen: In den (wie hier) mit direkter Rede
einsetzenden Dialogen Platons wird der Gesprächspartner immer sogleich
mit Namen angesprochen und damit dem Leser vorgestellt; hier dagegen
erfährt man erst nach Mitteilung zahlreicher unerheblicher Details und
nachdem ein namentlich nicht genannter Sklave angesprochen wurde,
daß der Angeredete Lexiph. selbst ist. Auffällig und ohne Parallele bei
Platon ist auch die Art der Vorstellung des ersten Sprechers: Während man
dort ganz natürlich durch die mit namentlicher Anrede verbundene erste
Antwort des Partners über dessen Identität unterrichtet wird, geschieht dies
hier gleich zu Beginn mit der Formel ἦ δ' ὃς ὁ Καλλικλῆς, die nur
angebracht wäre, wenn dieser Name schon einmal vorgekommen wäre,
nicht aber am Anfang. Doch Lexiph. scheint von dieser 'attischen' Floskel
so begeistert, daß er sie ohne Zögern auch an unpassender Stelle setzt
(Chabert [1897, 179] meint gar, die Verbindung mit einem Eigennamen sei
"tout à fait incorrect", auch wenn sie bei Lukian selbst oft vorkomme [z.B.
*Scyth.* 4, *Philops.* passim, *Symp.* 9. 33. 37]: "C'est une imitation visible
de ἦ δ' ὃς de Platon, que, sans doute, dès cette époque, des additions
marginales entrées dans le texte rendaient plus clair pour le lecteur." Das ist
allerdings Spekulation). Wenn ferner außer den Sprechern des ersten
Wortwechsels weitere Personen von Anfang an zugegen sind, erfährt man
das bei Platon immer in den ersten Sätzen; hier dagegen wird erst mit § 4
beiläufig klar, daß außer Kallikles, Lexiph. und Sklaven andere Personen
da sind (Philinos, Onomarchos, Hellanikos). Man kann also
zusammenfassend sagen, daß Lexiph. bei der Vorstellung seiner Personen
im Vergleich zu Platon unsystematisch und nachlässig ist; die
Anschaulichkeit der Situation leidet sehr darunter, daß der Leser erst an

deren Ende (mit § 5 findet ja ein Ortswechsel statt) erfährt, wen er sich unter ἅπαντες οἱ παρόντες (§ 5 [58, 22]) eigentlich von Anfang an vorzustellen hat.

2) Nicht besser steht es mit dem gedachten Schauplatz: Platon unterläßt es nur selten (nämlich dann, wenn man solche Angaben nicht vermißt, weil das Sachthema von Anfang an dominiert [z.B. *Cra.*, *Phlb.*, *Euthd.*], oder wenn die Situation durch Anschluß an einen anderen Dialog klar ist [*Plt.*, *Ti.*]), diesen zu benennen oder zu beschreiben, und auch über das Woher und Wohin der auftretenden Personen wird der Leser meist informiert; ebenso verfährt übrigens Lukian selbst in seinen Dialogen (vgl. Branham 1989, 88). Dagegen wird in diesem Symposion nie klar, wo eigentlich die bis § 4 Ende reichende Szene sich abspielt, man erhält nichts als unklare und einander widersprechende Hinweise (s.u. zu ἐγγυοθήκη und γνώμων, S. 174 und 191). Besonders auffällig ist dieser Mangel, wenn Kallikles sagt, es sei nun Zeit wegzugehen (§ 2[56, 18]), ohne daß man weiß, von wo weggegangen wird. So wird der Leser zwar über ein Vorhaben der Dialogpersonen in allen (teilweise grotesken) Einzelheiten informiert (nämlich ein Bad aufzusuchen; erzähltechnisch ist es freilich überflüssig, das Vorhaben im einzelnen zu schildern, da dem Leser dessen ausführliche Realisierung ja keineswegs erspart bleibt), platzt aber ganz unvorbereitet in die ihm unbekannte und nie erläuterte Eingangssituation hinein.

3) In vielen Dialogen Platons wird direkt oder durch leicht deutbare Anspielungen auf das oder auf ein wichtiges Thema des folgenden Gesprächs in der Einleitung hingewiesen (z.B. *Phd.*: ἅττα εἶπεν ὁ ἀνὴρ πρὸ τοῦ θανάτου; *Cra.*: ὀνόματος ὀρθότητα; *Phdr.*: παρὰ Λυσίου ... τίς ἡ διατριβή). Aus Lexiph.' Einleitung kann man nur den (wie sich zeigen wird: zutreffenden) Schluß ziehen, daß es in diesem Dialog um rein gar nichts gehen wird; weder wird ein Thema genannt noch irgendeine Voraussetzung (z.B. die Ankunft eines Fremden o.ä.) dargelegt, die zu einem solchen führen könnte.

Der Anfang von Lexiph.' Symposion muß also in jeder Hinsicht als mißglückt bezeichnet werden, und zwar sowohl im Vergleich zu Platon als auch vor dem Hintergrund des genannten theoretischen Postulats für einen Anfang: Der geschilderten Situation muß etwas vorausgehen, worüber man nichts erfährt (aus welchem Anlaß und wo haben sich die Anwesenden getroffen?), es liegt also kein Anfang im aristotelischen Sinne vor. Da nichts auf einen Inhalt des Dialogs hinweist, wird beim Leser auch keinerlei Interesse erzeugt (diejenige der drei Anforderungen an ein rhetorisches Proömium, die sich wohl ohne Einschränkung auf andere Gattungen übertragen läßt): εὔαρχος kann man eine solche Schrift also gewiß nicht nennen.

In der ersten Äußerung des Kallikles (der Name ist wohl eine Reminiszenz an jenen K., in dessen Haus der 'Gorgias' stattfindet; auch dieser Dialog wird von K. in direkter Rede eröffnet) wird ein 'Programm' für die weitere Gestaltung des Tages verkündet, wobei unterschieden wird zwischen Tätigkeiten, die 'jetzt gleich' folgen und solchen, die sich 'nachher' anschließen sollen: sich salben, sich in der Sonne wärmen, nach dem Bad einen Imbiß einnehmen; die Hauptmahlzeit einnehmen und sich im Lykeion aufhalten. Jeweils eines der in den beiden Gruppen genannten Vorhaben wird nicht in die Tat umgesetzt, ohne daß der Leser von einer Änderung der Pläne unterrichtet würde: Die von K. als ἀρτοσιτεῖν bezeichnete Tätigkeit im Anschluß an den Besuch von Gymnasion und Bad fällt ohne Erklärung aus, stattdessen wird an der entsprechenden Stelle (§ 5 [59, 9ff.]) 'jeder etwas anderes' tun; das pretiöse Verbum (s.u.) steht also um seiner selbst willen, der Verfasser hält sich nicht an das von ihm selbst verkündete Programm.

Auch von einem nachmittäglichen Aufenthalt im Lykeion ist in dem vorgetragenen Stück keine Rede, und das kann nicht daran liegen, daß Lykinos einen vorzeitigen Abbruch dieses Vortrags veranlaßt. Zwar könnte man aus K.' Worten den Eindruck gewinnen, daß περιδινεῖσθαι τὸ δειλινὸν ἐν τῶι Λυκείωι zeitlich auf δειπνεῖν folgen (und damit in dem nicht mehr vorgelesenen Stück vorkommen) soll, aber diese Reihenfolge ist aus sachlichen Gründen unmöglich: Das δεῖπνον ist eine Mahlzeit, die immer am späten Nachmittag oder Abend eingenommen wird (vgl. z.B. Pl. *R.* 328 a7f.; s. auch u. S. 170 zu δειλινόν), jedenfalls so spät, daß kein nachmittäglicher Aufenthalt an irgendeinem Ort mehr folgen kann. Das bestätigt auch die Aufeinanderfolge der einzelnen Tätigkeiten bei Lexiph.: Als man sich ins Gymnasion begibt, ist es um die Mittagszeit (§ 4 [58, 12f.]); die dortigen Aktivitäten nehmen einige Zeit in Anspruch, danach unternimmt noch jeder etwas anderes; wenn also der mit εἶτα δειπνήσομεν korrespondierende Teil der Erzählung erreicht ist, muß der Teil des Tages, den man δειλινόν nennen kann, vorüber sein. Wie ἀρτοσιτεῖν hat demnach auch die Formulierung τὸ δειλινὸν περιδινησόμεθα ἐν τῶι Λ. ihr Vorkommen einzig der Vorliebe fürs Entlegene zu verdanken; ihr zuliebe nimmt Lexiph. Widersprüche zwischen Ankündigungen und dem tatsächlich Folgenden bedenkenlos in Kauf.

### τὸ δειλινὸν περιδινησόμεθα

Das substantivierte Adj. ist hier in der Funktion eines Zeitadverbs verwendet wie einmal bei Lukian (*JTr*. 15) und in der Septuaginta (*Ge*. III 8; an beiden Stellen übrigens mit περιπατεῖν). Aus Ath. I 11e: τῆς δὲ τετάρτης τροφῆς οὕτως Ὅμηρος μέμνηται "σὺ δ' ἔρχεο δειελιήσας", ὃ καλοῦσί τινες δειλινόν, ὅ ἐστι μεταξὺ τοῦ ὑφ' ἡμῶν λεγομένου ἀρίστου καὶ δείπνου; vgl. auch X 418b) geht aber hervor, daß mit δ. auch ein Imbiß bezeichnet wurde, den man um die Nachmittagszeit einnahm; diese Bedeutung wird der Leser hier in unmittelbarer Nachbarschaft zu δειπνήσομεν zuerst assoziieren, um dann durch das Prädikat widerlegt zu werden. Dieses wiederum ergibt mit der naheliegenden, aber falschen Auffassung von δ. als Objekt einen grotesken Sinn: Dem im Akt. und Pass. ('herumdrehen bzw. gedreht werden') belegten Verbum gibt Lexiph. im Med. eine neue Bedeutung, nämlich = περιπατεῖν. Zusätzlich erschwert wird das Verständnis dadurch, daß π. im Medium transitiv gebraucht werden kann (*AP* VII 485: καὶ περιδινήσασθε μακρῆς ἀνελίγματα χαίτης): Dies in Verbindung mit der durch den Kontext zunächst empfohlenen Bedeutung von δειλινόν würde etwa heißen: 'wir werden uns den Nachmittagsimbiß herumwirbeln'.

### τὸ ἡλιοκαές

Die syntaktische Funktion des sonst nur in medizinischer Fachliteratur belegten Adjektivs (v.l. in Dsc. II 2: substantiviert als Bezeichnung eines Puders gegen Warzen und Geschwüre; Orib. *Fr*. 115, Raeder IV 289; nach Casewitz 1994, 79 liegt eine typische Wortbildung vor "pour désigner des choses, produits notamment, nouvelles") ist unklar und damit der Sinn des ganzen Satzes: entweder Attribut zu einem zu ergänzenden Akk.obj. zu χρίεσθαι (etwa: μέρος τοῦ σώματος); dagegen spricht, wie Doehring (70)

richtig sieht, das Folgende (wenn man bereits einen Sonnenbrand hat,
wärmt man sich nicht mehr in der Sonne auf). Oder es ist, wie τὸ
δειλινόν, als adverbiale Bestimmung der Zeit zu verstehen (Doehring 70:
"...inaudita certe ratione dicendi: 'dum sol urit'"). Sachlich spricht gegen
beide Auffassungen, daß man sich natürlich nicht vor, sondern nach dem
Bad zu salben pflegte.


<u>πρὸς τὴν εἴλην θέρεσθαι</u>

Die Formulierung ist auffällig durch das in Prosa seltene Verbum, ebenso
das Substantiv und die Bedeutung von πρὸς mit Akk. (letzteres auch bei
D.Chr. IV 14; bloßer Dat. [*Rh.Pr.* 17] oder πρός mit Dat. [Arist. *Pa*
645a19] wären eher zu erwarten); Ar. (*Fr.* 636) spricht von τῶν πρὸς
εἴλην ἰχθύων ὠπτημένων, und die komische Assoziation mit in der
Sonnenglut gedörrten Trockenfischen könnte Lukian im Sinn gehabt
haben. Man beachte übrigens, daß alles Bisherige auf ein Stattfinden des
Dialogs im Sommer oder jedenfalls bei großer Wärme hinweist.


<u>ἀρτοσιτεῖν</u>

Das Verbum ist im Kontext nicht ganz angebracht, da es gewöhnlich nicht
den einmaligen Vorgang des 'Weizenbrot Verzehrens' bezeichnet, sondern
eine über längere  Zeit eingehaltene Diät, deren Hauptbestandteil
Weizenbrot ist (vgl.  etwa X. *Cyr.* VI 2,28: καὶ γὰρ ὅστις ἀλφιτοσιτεῖ,
ὕδατι μεμαγμένην ἀεὶ τὴν μᾶζαν ἐσθίει, καὶ ὅστις ἀρτοσιτεῖ, ὕδατι
δεδευμένον τὸν ἄρτον). Eine ähnliche Bedeutung hat das Substantiv
ἀρτοσιτίη an zwei Stellen bei Hp., die eine auffällige Ähnlichkeit zu *Lex.*
aufweisen: In V 237f. wird berichtet, wie ein Koch in Akanthos
Erleichterung von einem Nierenleiden fand: τούτωι φαρμακοποσίη
οὐδεμίη ξυνήνεγκεν, οἶνος δὲ μέλας καὶ ἀρτοσιτίη· λουτρῶν
ἀπέχεσθαι καὶ ἀνατρίβεσθαι λείως, θάλπεσθαί τε μὴ πολλῶι
πυριήματι, ἀλλὰ πρηέως. VIII 136 handelt über die Therapie von
Geschwüren des Uterus; man solle den Körper der Patientin möglichst
trocken halten durch alle 2-3 Tage angewandte Schwitzbäder mit
anschließend herbeigeführtem Erbrechen: μετὰ δὲ τοὺς ἐμέτους καὶ τὰς
πυρίας διαιτῆιν ἀλουσίηισί τε καὶ ὀλιγοποσίηισι καὶ ἀρτοσιτίηισι.
Die ἀρτοσιτία galt in der Medizin also offenbar als eine Diät, die in

Verbindung mit anderen Maßnahmen (Vermeidung von Bädern; maßvolle Erwärmung durch Schwitzbäder) zur Entwässerung des Körpers führen sollte. Für den in diesen Dingen Kundigen muß die Zusammenstellung λουσαμένους ἀρτοσιτεῖν deshalb als komisches Paradoxon erscheinen; da zudem Kallikles soeben vom 'Erwärmen des Körpers' gesprochen hat, fällt es schwer, an einen Zufall zu glauben. Lukian hat die Stelle wohl in Kenntnis medizinischer Fachliteratur gestaltet (wobei es sich nicht um die zitierten Stellen zu handeln braucht); Lexiph. überführt sich selbst nicht nur des ungenauen Wortgebrauchs, sondern auch der Ahnungslosigkeit in diätetischen Grundregeln.

ἀπιτητέα

Neutr. Pl. statt Sg. des Verbaladjektivs ist eine Vorliebe des Thuc. (vgl. Chabert 1897, 180; K.-G. I66f.); die Form ἰτητέον ist bei Ar. (*Nu.* 131) und Diph. (30) belegt, also nicht als Verstoß gegen die Formenlehre (so Hall 1980, 284) zu werten. Daß "une allusion malicieuse qui évoque ἀπίτης (οἶνος)" [Birnwein] (Casewitz 1994, 79) vorliegt, ist unwahrscheinlich: worin sollte der Witz dieser Anspielung liegen?

στλεγγίδα ... βύρσαν ... φωσώνια ... ῥύμματα

Den vier Vokabeln, mit denen Kallikles Gegenstände bezeichnet, die sein Sklave ins Bad mitnehmen soll, ist gemeinsam ihre Mehrdeutigkeit und daß sie im 2. Jh. in der jeweils hier wohl vorausgesetzten Bedeutung kaum mehr verstanden wurden; zudem werden durch bestimmte Signale bewußt falsche Assoziationen geweckt:

στλεγγίς ist ein älteres Wort für ξύστρα, also den metallenen Schaber, mit dem man sich nach den sportlichen Übungen Sand, Schweiß und Öl vom Körper entfernte; die Angabe des Sch. (ἔοικε δὲ τὸ κτένιον οὕτω καλεῖν) trifft nicht zu (vgl. dazu Doehring 49f.), spricht aber für die Unsicherheit bezüglich des Sinnes von στλ., das auch einen Kopfschmuck aus Metall bezeichnen kann (X. *An.* I 2,10; Ar. *Th.* 536); wie veraltet das Wort ist, zeigt auch *Rh.Pr.* 17, wo empfohlen wird, statt ἀποξύσασθαι ἀποστλεγγίσασθαι zu sagen (s. auch u. zu ξύστρα, S. 202f.).

βύρσα ist die abgezogene Haut eines Tieres (ausnahmsweise auch die eines lebenden: Theoc. XXV 238), sodann daraus hergestellte Gegenstände wie ein Weinschlauch (*Lex.* 6; Aristid. *Or.* XXVI 18) oder eine Trommel (E. *Ba.* 513). Was Kallikles hier meint, kann man nur raten (Harmon denkt an einen Ranzen, LSJ an einen Weinschlauch); bei Lukian (*Nav.* 4) wird die Vokabel für das aus Leinwand gefertigte Segel verwendet: Es ist wohl diese (im Kontext lächerliche) Bedeutung, die der Leser angesichts der folgenden 'nautischen' Ausdrücke am ehesten assoziiert.

φωσώνια sind irgendwelche aus grobem Leinen hergestellte Gegenstände, wie ein Hemd (Poll. VII 71), ein Handtuch (*EM* 804,84) oder Schiffssegel (Lyc. 26; Eust. 1151,12).

ῥύμματα muß hier wohl in der in klassischer Zeit mehrfach belegten Bedeutung 'Waschzubehör' (z.B. Ar. *Lys.* 377; Pl. *R.* 429 e2 und 430 a6) verstanden werden. Scholien (Sch.Nic. *Al.* 96; Ar. *Lys.* 377) erklären das Wort durch σμῆγμα oder νίτρον. In späterer Zeit ist allerdings eine andere Bedeutung belegt, nämlich 'Schmutzwasser, das beim Waschen übrigbleibt' (Gal. VI 795).


ναυστολεῖν

In transitiver Verwendung bedeutet das nur dem poetischen Vokabular zugehörige Verbum 'zur See befördern' (E. *Or.* 741), wird aber auch - wie hier - metaphorisch gebraucht (Pi. *N.* VI 32; Ar. *Av.* 1229). Lächerlich wirkt es wohl in Verbindung mit so alltäglichen Gegenständen wie Badeutensilien (vgl. Doehring 118), und auch das folgende βαλανεῖον (statt des gehobenen λουτρά) steht stilistisch in auffälligem Kontrast dazu.


τοὐπίλουτρον

Neubildung, deren Sinn der Sch. wohl aufgrund des folgenden Satzes richtig erraten hat (τὸ ἐν τῆι συνηθείαι βαλανικόν); aus dem zugrundeliegenden Verbum geht er nicht hervor (ἐπιλούειν bedeutet einfach 'baden', vgl. Alex. *Fig.* II 21, Spengel III 36f.). Angeregt wurde der Neologismus vielleicht durch das homerische λύτρον (vgl. Casewitz 1994, 79).

<u>χαμᾶζε</u>

Hier wie öfter im Sinne von χαμαί; es fällt allerdings auf, daß Lexiph. für
die Ortsruhe das Suffix gebraucht, das eigentlich die Richtung bezeichnet,
für die Richtung das der Ortsruhe (s.o. πέδοι, S. 162). Vielleicht soll damit
Unsicherheit bezüglich der eigentlichen Bedeutung dieser alten Suffixe
angedeutet werden (zur in der späteren Gräzität um sich greifenden
Unsicherheit in der Bezeichnung der Ortsverhältnisse vgl. Schmid 1887,
91f.).


<u>ἐγγυοθήκη</u>

Man muß aus diesem beiläufigen Hinweis wohl schließen, daß das
Gespräch sich in irgendeinem möblierten Innenraum abspielt; es ist
bezeichnend für des Lexiph. 'Kunst' der anschaulichen Beschreibung
(ἐνάργεια in der rhetorischen Terminologie), daß man über den Schauplatz
der Handlung nichts weiter erfährt als die ganz unerhebliche Tatsache, daß
sich dort ein bestimmtes Möbelstück befindet. In wessen Haus die
Anwesenden sich versammelt haben (am ehesten bei Kallikles; weshalb
sollte er in einem fremden Haus Geldstücke auf dem Fußboden liegen
haben?), zu welchem Anlaß und ähnliches bleibt ungeklärt.


<u>δύ' ὀβολώ</u>

Der Dual bezeichnet eigentlich nicht einfach die Zweizahl im allgemeinen,
sondern von Natur aus paarweise vorkommende oder zumindest eng
zusammengehörige Dinge bzw. Personen; dieser Gebrauch wurde befolgt,
solange der Dual lebendig war (K.-G. I 69). Lexiph.'
Wiederbelebungsversuch des obsoleten Numerus wird an denkbar
ungeeigneten Objekten vorgenommen (zu der im Attischen seltenen, aber
möglichen Verbindung des Duals mit δύο vgl. K.-G. I 70; zum
Dualgebrauch bei den Attizisten insgesamt vgl. Schmid 1887, 87f.).


<u>ἐλινύσεις</u>

Ein der attischen Prosa fremdes Verbum (jedoch bei Dichtern, z.B. A. *Pr.*
53; Ar. *Th.* 598; Pi. *N.* V 1), das besonders häufig bei Hp. vorkommt und
dort meist das '(Bett)ruhe Halten' des Patienten als Bestandteil der Therapie
bezeichnet.

## Lexiphanes: Der Landausflug (§§ 2b-3a)

Der folgende Exkurs, in dem Lexiph. von seinen Erlebnissen bei einem
soeben beendeten Ausflug aufs Land berichtet (bis § 2 Ende), ist in
dreierlei Hinsicht bemerkenswert:
1. Für den Zusammenhang sind Ausführlichkeit und Detailreichtum
überflüssig, da es um nichts anderes geht als zu begründen, daß auch
Lexiph. Verlangen nach einem Bad verspürt.
2. Die Erzählung ist in sich widersprüchlich, verworren und
unanschaulich.
3. Die Mißverständnisse, zu denen Lexiph.' Ausdrucksweise des öfteren
Anlaß gibt, haben einen komischen Effekt.

<u>κἀγώ, ἦν δ' ἐγώ</u>
Eine in dieser Form - soweit ich sehe - einmalige Junktur, die man weder
vom Klang noch vom Sinn her als geglückt bezeichnen kann.

<u>τρίπαλαι</u>
Wohl eine Reminiszenz an Ar. *Eq.* 1153ff. (ἐγὼ μέντοι παρεσκευασμένος
τρίπαλαι κάθημαι βουλόμενος σ' εὐεργετεῖν. - ἐγὼ δὲ δεκάπαλαί γε
καὶ δωδεκάπαλαι καὶ χιλιόπαλαι καὶ πρόπαλαι πάλαι πάλαι. - ἐγὼ δὲ
προσδοκῶν γε τρισμυριόπαλαι βδελύττομαί σφω, καὶ πρόπαλαι πάλαι
πάλαι.), wo die exzessiven Zusammensetzungen mit πάλαι komische
Wirkung entfalten; daß dergleichen auch in ernsthaftem Kontext erträglich
sein konnte, zeigt aber das Herakleitos-Epigramm des Kallimachos (*AP*
VII 80).

<u>λουτιῶ</u>
Das von Lexiph. neugebildete Verbum gehört in die Klasse der
Desiderativa auf -ιάω, die von Substantiven abgeleitet werden (K.-BL. II
264); das bei Lexiph. mehrfach zu findende Suffix dient auch zur
Bezeichnung von Krankheitszuständen (σπληνιάω, ὑδεράω) und zur
Bildung von Intensiva (κελευτιάω).

<u>οὐκ...εὐπόρως ἔχω</u>

Die gewöhnliche Bedeutung ('wohl versehen sein mit', vgl. z.B. Th. VIII
36,1) gibt hier keinen Sinn, und auch die von LSJ angenommene ('I don't
feel well') dürfte nicht ganz Lexiph.' Intention entsprechen. Er spielt
vielmehr auf die etymologische Verwandtschaft mit πορεύεσθαι an (so
auch Sch.) und meint wohl dasselbe, was er später etwas verständlicher mit
βαδίζω τε ὀδυνηρῶς (§ 2 [57, 18f.]) ausdrückt. Die Kühnheit, mit der
dem Adjektiv hier eine neue Bedeutung gegeben wird, übertrifft noch den
bei E. *I T* 765 vorliegenden aktivischen Gebrauch (εὐπόροισι πλάταις).

<u>τὰ ἀμφὶ τὴν τράμιν μαλακίζομαι ἐπ' ἀστράβης ὀχηθείς</u>

Eine Formulierung, die zweideutige Assoziationen erweckt und auf den
Sprecher ein eigenartiges Licht fallen läßt: ἀστράβη muß hier in derselben
Bedeutung verstanden werden wie bei Lys. XXIV 11 und D. XXI 133 (zu
weiteren Bedeutungen vgl. neben LSJ besonders MacDowell 1990, 351; s.
auch u. zu ἀστραβηλάτης, S. 177); zu letztgenannter Stelle führt das Sch.
aus: εἶδος καθέδρας, παρὰ τὸ μὴ στροβεῖσθαι μηδὲ στρέφεσθαι. ἔστι δὲ
ἐπὶ πλεῖστον εἰς ὕψος ἀνῆκον, ὥστε τῶν καθεζομένων ἀνέχειν τὰ
νῶτα. χρῶνται δὲ αὐτῶι μάλιστα αἱ γυναῖκες. Es handelt sich also um
einen größtmögliche Bequemlichkeit bietenden, sesselähnlichen Sattel
(σέλλα war das kaiserzeitliche Wort, vgl. Sch.Luc. *Hist.Conscr.* 45),
dessen Benutzung Männern den Vorwurf der Effeminiertheit einbrachte
(vgl. MacDowell l.cit.). Von diesen bedenklichen Assoziationen abgesehen
kann man nicht verstehen, weshalb ausgerechnet ein solcher 'Luxus-Sattel'
den beklagenswerten Zustand von Lexiph.' τράμις verursacht haben soll;
Hall (1980, 283) schreibt: "the refined L. wants to say that he is sore from
riding on a hard saddle, but by using a word (...) which really means a
soft, padded saddle (cf. LSJ), and by combining it with ἀμφὶ τὴν τράμιν
μαλακίζομαι, he produces a distinctly less reputable impression." Dieser
'entschieden weniger noble Eindruck' rührt daher, daß das Verbum neben
seiner gängigen Bedeutung eine in den Bereich des Weiblichen bzw.
Effeminierten gehende Konnotation hat (z.B. Luc. *Am.* 19); beachtenswert
ist in diesem Zusammenhang eine Notiz des Photios (403 Naber), wonach
ἐν ταῖς νόσοις φασὶν Ἀττικοὶ τὰς γυναῖκας μαλακίζεσθαι, τοὺς δὲ
ἄνδρας ἀσθενεῖν. Doehring (116) macht zwar durch einige Belege

wahrscheinlich, daß die Unterscheidung so strikt nicht immer durchgehalten wurde, meint aber auch, daß μαλακίζεσθαι bei einem Mann "parum apte" gesagt werde. Wenn nun ein solches Verbum noch mit dem Acc.lim. τὰ ἀμφὶ τὴν τράμιν verbunden wird, kann das Gesagte nur mißverstanden werden: Was Lexiph. sagen will, ist, daß er durch einen langen Ritt auf einem Maultier sich an dem dabei hauptsächlich beteiligten Körperteil etwas lädiert fühle, was er wirklich sagt, ist etwa: 'Ich bin im Schritt unpäßlich bzw. wie ein Weib, weil ich auf einem (Weiber-)Polstersattel geritten bin.' Eine 'Verweiblichung' (durch Absengen der Haare) in derselben Körpergegend muß Mnesilochos in Ar. *Th.* über sich ergehen lassen (246: αἰθὸς γεγένημαι πάντα τὰ περὶ τὴν τράμιν); die Vermutung, daß Lukian diese Szene vorschwebte, wird durch eine noch deutlichere Reminiszenz im weiteren Verlauf des Symposions (§ 11 [62, 9f.]; s.u. zu καὶ τὰ μὲν πιττῶν, S. 248f.) unterstützt.


<u>ἀστραβηλάτης</u>

Kein Hap. Leg. (wie Doehring 10 meint; vgl. Poll. VII 185), aber sicher eine auffällige Vokabel, in deren erstem Bestandteil ἀ. in der seltenen Bedeutung 'Maultier' (vgl. Sch.) vorliegt und die also den 'Maultiertreiber' bezeichnet (nach dem homerischen ἱππηλάτης, vgl. Casewitz 1994, 79). Wie aus dem Folgenden hervorgeht, ist hier ein Maultiertreiber aber ganz überflüssig, und der Witz dürfte darin liegen, daß er das Gegenteil dessen tut, was durch die Bezeichnung als seine Aufgabe ausgewiesen wird.


<u>ἐπέσπερχε</u>

Das Verbum kommt nur in Dichtung (mit einem persönl. Subj nur bei Tim. *Pers.* 98, sonst vom Sturmwind gesagt, vgl. z.B. Od. V 403; Pi. *Parth.* II 18) und ionischer Fachprosa vor (vom plötzlichen Auftreten einer Krankheit, Aret. V 8,3. VII 5,7) und dürfte in Anwendung auf einen Maultiertreiber sehr befremdlich gewirkt haben.


<u>ἀσκωλιάζων</u>

bezeichnet eigentlich einen beim Fest der Askolia ausgeübten Brauch, nämlich das Hüpfen auf eingefetteten Weinschläuchen (Sch.Ar. *Pl.* 1129), dann überhaupt das Hüpfen auf einem Bein bzw. mit zusammengehaltenen

Beinen (LSJ); Lexiph. gebraucht das Verbum ausschließlich um des ihm
anhaftenden Flairs antiquarischer Gelehrsamkeit willen; wie das
beschriebene Verhalten des Treibers ausgesehen haben soll, vermag man
sich beim besten Willen nicht vorzustellen.


<u>ἀκμής</u>

Hier im Sinne von 'untätig' (Doehring 60: "laboris expertem"), den das
Adjektiv sonst nicht hat (normalerweise: 'unermüdet, frisch', vgl. z.B.
Plu. *Cim.* 13; D.H. IX 14,6; Luc. *Herm.* 40. *Nav.* 15).


<u>λιγυρίζοντας τὴν θερινὴν ὠιδήν</u>

Vorbild könnte Pl. *Phdr.* 230 c2 (θερινόν τε καὶ λιγυρὸν ὑπηχεῖ) sein,
wo allerdings von Zikaden die Rede ist. Was für ein 'Sommerlied' die
Arbeiter singen, wird nicht klar, möglich wäre ein Erntelied (Ath. XIV
618f nennt eine θεριστῶν ὠιδή mit dem Namen Λιτυέρσης). Jedenfalls
scheint es sich eher um einen fröhlichen denn um einen traurigen Gesang
zu handeln (dafür spricht auch das Verbum, vgl. Hsch. s.v. λιγυρῶς),
womit sich ein merkwürdiger Widerspruch zum Folgenden ergibt; auch ist
nicht ersichtlich, inwiefern das Antreffen der Arbeiter beim Singen eines
'Sommerliedes' Begründung (γὰρ) dafür sein kann, daß Lexiph. bei
seinem Landaufenthalt nicht untätig war.


<u>τοὺς δὲ τάφον τῶι ἐμῶι πατρὶ κατασκευάζοντας</u>

So erfahren Leser und Gesprächspartner beiläufig, daß Lexiph.' Vater
gestorben ist, welchen Umstand man sich doch als nichts anderes denn als
den eigentlichen Grund für den Landaufenthalt vorstellen kann. Eine Sache
von größter Wichtigkeit sowohl für den Sprecher als auch für den Kontext
wird in einem Atemzug und ohne jede Hervorhebung unter lauter
unerheblichen Details genannt und muß sogar noch hinter solchen
Albernheiten wie der Zustandsbeschreibung von Lexiph.' τράμις bzw.
einem hopsenden Maultiertreiber zurückstehen.


<u>συντυμβωρυχήσας</u>

Lexiph. meint mit dem neugebildeten Kompositum 'beim Aufschütten des
Grabhügels helfen', in Wirklichkeit bedeutet es aber "help in grave-

robbing" (Hall 1980, 283); der falsche Wortgebrauch veranlaßt selbst den Sch. zu einem ungewöhnlich temperamentvollen Kommentar: ἄξιος εἶ τῶι ὄντι τυμβωρυχίας τοιαῦτα περὶ τοὺς λόγους ἀσελγαίνων. Daß immerhin Lexiph. mit seiner etymologisch möglichen, im Sprachgebrauch aber nicht durchgedrungenen Auffassung der Bedeutung von τυμβ-ωρυχέω nicht ganz allein steht, zeigt folgende Definition in einem bei S. E. (*M* VII 45) gegebenen Referat: τυμβώρυχος γὰρ λέγεται καὶ ὁ ἐπὶ τῶι σκυλεύειν τοὺς νεκροὺς τοῦτο πράττων καὶ ὁ τύμβους τοῖς νεκροῖς ὀρύττων. Motivgeschichtliches Vorbild für das Grabhügel-Aufschütten beim Vater dürfte der Streit zwischen Euripides und Aischylos über die Interpretation des ersten Verses der Choephoren sein, in dessen Verlauf Dionysos den albernen Einwurf macht (Ar. *Ra.* 1149): οὕτω γ' ἂν εἴη πρὸς πατρὸς τυμβώρυχος. Der unmittelbar folgende Vers (Διόνυσε, πίνεις οἶνον οὐκ ἀνθοσμίαν), indem sich eine weitere, von Lexiph. wenig später verwendete seltene Vokabel findet, weist darauf hin, daß Lukian diese Stelle gewissermaßen 'aufgeschlagen' hatte.

τὰ ἄνδηρα

Das dem poetischen Vokabular zugehörende Substantiv bedeutet eigentlich 'Flußufer' (Poll. IX 49; oder ist Synonym für στῆθος χειρός, Poll. II 144) bzw. die dort aufgeschütteten Deiche (LSJ), kann aber auch allgemein den beim Ausheben von Gräben entstehenden Erdaufwurf bezeichnen (Eust. 1229,48); entsprechend versteht Doehring (7): "Hac significatione vox a L. usurpatur, qui coniungit τοῖς ἀναχοῦσι τὰ ἄνδηρα de sepulcro dicens." Jedoch kann sich αὐτοῖς nur auf τοὺς...τάφον...κατασκευάζοντας beziehen, und die Verbindung mit καὶ legt nahe, daß es sich bei den 'Aufschüttern der Dämme' um andere Personen handelt, bei deren Arbeit Lexiph. ebenfalls Hand mitanlegt. Es ist also vollkommen unklar, was mit ἄνδηρα gemeint ist, zumal der in Kürze folgende Rundgang durch den Gemüsegarten auch an die öfter belegte Bedeutung 'Beet' denken läßt (Thphr. *CP* III 15,4; Theoc. V 93; *AP* XII 197; Nic. *Th.* 576).

συγχειροπονήσας

Hap. Leg., wohl in Analogie zu dem klassisch einmal belegten συγχειρουργεῖν (Is. VIII 16; vgl. auch Jos. *AJ* XVII 3,2) gebildet.

τοῦ τε κρύους ἕνεκα καὶ ὅτι καύματα ἦν

Aus Ath. III 98b (einer der dort beschriebenen Sophisten erklärt einem Freund, den er mitten im Februar trifft, er habe sich διὰ τὰ καύματα einige Zeit nicht außer Haus blicken lassen) kennt man den Gebrauch des Wortes καύματα in einem dem gewöhnlichen entgegengesetzten Sinn ('Frost' statt 'Hitze'). Lexiph. scheint an dieser Stelle (wie der folgende οἶσθα δὲ - Satz zeigt) 'Erfrierungen' zu meinen (so auch Sch.: ἔοικε τὰ ἀπὸ τοῦ κρύους γινόμενα ἐγκαύματα εἰς τὸ σῶμα ἡμῶν λέγειν). Damit ist klar, daß während seines Landaufenthaltes starke Kälte herrschte, wodurch sich ein auffälliger Widerspruch zu τὴν θερινὴν ᾠδήν sowie den vorangehenden Äußerungen des Kallikles ergibt. Auf der Jagd nach entlegenem bzw. in eigenwilliger Bedeutung gebrauchtem Vokabular unterlaufen Lexiph. Ungereimtheiten in den einfachsten Grundbegriffen.

τὰ ἀρώματα

Gegenüber der v.l. ἀρόματα (Sch.: ἀρόματα δὲ τὰ ἀρότρωι ἐξειργασμένα πεδία) ist das zwei Bedeutungen vereinende ἀρώματα (Ackerland; Gewürzkraut) vorzuziehen, das auch die ältere und attische Form zu sein scheint (vgl. Doehring 9: "...apparet L. formam ἀρώματα vere Atticam scripsisse, praesertim cum vis esset ambigua"); Lexiph. macht also einen Rundgang durch das Ackerland oder durch die Würzkräuter. Wahrscheinlich stand Lukian hier eine Komödienszene vor Augen, die uns noch fragmentarisch greifbar ist: οὗ τὰ βιβλί' ὤνια / περιῆλθον ἐς τὰ σκόροδα καὶ τὰ κρόμμυα / καὶ τὸν λιβανωτόν, κεὐθὺ τῶν ἀρωμάτων / καὶ περὶ τὰ γέλγη (Eup. 327); die Übereinstimmung in vier Begriffen (περιελθεῖν, σκόροδα, ἀρώματα, γέλγη (das bei Lexiph. in § 3 vorkommt) läßt sich kaum als Zufall erklären.

<u>γηπαττάλους</u>

Hap. Leg., dessen zweiter Bestandteil auch als Bezeichnung für das männliche Glied verwendet wird (Ar. *Ec.* 1020; *AP* V 128); gemeint sind wohl eine Art Rettiche.

<u>τῶν σκανδίκων καὶ βρακάνων</u>

In der Komödie und botanisch-medizinischer Fachliteratur (σκάνδιξ: Ar. *Ach.* 478. *Av.* 602; And. *Fr.* 4; Thphr. *HP* VII 7,1. 8,1; Dsc. II 138. βράκανα: Pherecr. 14 ) belegte Bezeichnungen für Gemüsepflanzen, deren erste mit Kerbel identifiziert wird, während die Bedeutung der zweiten unklar ist (vielleicht eine Sammelbezeichnung für Wildgemüse, vgl. K.-A. VII 112); das Sch. begnügt sich mit der Erklärung εἴδη λαχάνων.

<u>λαχανευσάμενος</u>

Nur in der späteren Gräzität belegtes Verbum, das im Aktiv bedeutet 'mit Gemüse bepflanzen' (PSI IV 403,13), im Passiv 'mit G. bepflanzt sein bzw. G. hervorbringen' (Str. V 4,3; App. *Pun.* 117) oder 'als Gemüse in einem Gericht verwendet werden' (Dsc. II 119); Lexiph. gebraucht es medial in der sonst nicht bekannten Bedeutung 'G. einsammeln'.

<u>κάχρυς</u>

Attisches Wort (öfter belegt in der Komödie: Ar. *Nu.* 1358. *V.* 1306; Cratin. 300) für das, was sonst κριθαὶ πεφρυγμέναι (Hsch. s.v. καχρυδίων) heißt; zu weiteren Bedeutungen vgl. LSJ. Wieder hat Lexiph. vergessen, auf inhaltliche Stimmigkeit seiner Erzählung zu achten: Wo eigentlich hätte er bei seinem Rundgang durch die ἀρώματα etwas kaufen können bzw. müssen, da es sich doch anscheinend um sein eigenes Land handelt, wo er alles Übrige einfach eingesammelt hat?

<u>ἀνθοσμίαι</u>

Ein sonst immer in Verbindung mit Wein auftretendes Attribut, das auch ohne οἶνος zur Bezeichnung eines besonders gut duftenden Weines dienen konnte (X. *HG* VI 2,6; Luc. *Sat.* 22; Gegensatz ist γλεῦκος, der noch unvergorene Most), also mit Wein zusammengehört wie etwa das Wort

Bouquet; als Attribut für Wiesen dürfte es trotz der etymologischen 'Korrektheit' befremdlich wirken.

### αὐτοποδητί

Hap. Leg., gebildet in Analogie zu ἀκροποδητί (Luc. *DMort.* 27,5. *DMar.* 14,3) anstelle des sonst in diesem Sinne belegten αὐτοποδί (D.C. L 5). Inwiefern allerdings das Blühen der Wiesen Voraussetzung für einen 'eigenfüßigen' Spaziergang durch dieselben sein kann, fragt man besser nicht.

### ὄρρον

Meint hier wohl dasselbe wie τράμις, obwohl sich die sonstigen Belege in der genauen Lokalisierung nicht einig sind  (1. Ende des os sacrum, Sch.Ar. *Pl.* 122 u.a.; 2. =τράμις, Ammon. *Diff.* 27 in Verbindung mit Poll. II 173 und Ruf.*Onom.* 101; 3.τὸ ἐπάνω τοῦ πρώκτου, Moeris 284, vgl. Sch.Ar. *Ra.* 222). Es ist charakteristisch für Lexiph., daß er auf dieses bereits zur Genüge ausgebreitete Thema noch einmal zurückkommt, mit dem einzigen Zweck, eine weitere obsolete Vokabel unterzubringen.

### ὀδυνηρῶς

Lexiph. sagt etwa 'Ich gehe unter Wehen', denn das seltene Adverb ist in Verbindung mit einem körperliche Aktivität bezeichnenden Verbum sonst nur vom Geburtsschmerz belegt (Arist. *HA* 609b25: ...τίκτει (sc. ὁ πέλλος) φαύλως καὶ ὀδυνηρῶς).

### ἰδίω θαμὰ καὶ μαλακιῶ

Eine Entscheidung zwischen dem von MacLeod in den Text aufgenommenen Wortlaut und der von LSJ im Anschluß an Dindorf bevorzugten Alternative (ἰδίω θ' ἅμα καὶ μαλκίω) ist aufgrund der sonstigen Belege für μαλακιᾶν und μαλκίειν nicht möglich, da die Überlieferung entweder uneinheitlich ist oder begründet angezweifelt wurde (vgl.z.B. D. IX 35; X.*Cyr.* V 2). Die Bedeutung 'vor Kälte starr sein' paßt jedenfalls in den Kontext und fügt sich auch gut mit dem Gegensatz ἰδίω in Lexiph.' widersprüchliche Diktion. Weniger wahrscheinlich ist ein Anklang an μαλακίζομαι und damit eine

Ausweitung des Gefühls der Angegriffenheit von der τράμις auf den ganzen Körper. Für den Aristophanes-Kenner hat ἰδίειν eine komische Konnotation, wird es doch mehrfach von Personen gesagt, die den unwiderstehlichen Drang verspüren, sich zu entleeren, dazu jedoch keine Gelegenheit haben und deshalb mit größter Anstrengung das Unvermeidliche zu verhindern suchen (*Av.* 790ff.; *Nu.* 1386ff.; *Ra.* 237; vgl. Henderson 1975, 189); die für Lexiph. peinliche Assoziation liegt nach den Ausführungen über τράμις und ὄρρος besonders nahe.


### διανεῦσαι

Das Kompositum paßt in seiner normalen Bedeutung (hinüberschwimmen oder sicher durchschwimmen) nicht, angebracht wäre das Simplex. Lukian hat es wohl um der durch Formgleichheit mit dem Inf. Aor. Akt von διανεύειν entstehenden Unklarheit willen gesetzt.


### ἀπολούμενος

Eines der auffälligsten und stets bemerkten (vgl. z.B. Longo, Harmon) Beispiele dafür, daß Lexiph. anderes sagt, als er eigentlich meint. Der Witz liegt natürlich im Gleichklang mit der Pt. Fut.-Form von ἀπόλλυμαι, welche durch die Unterdrückung des kurzen Themavokals von ἀπολούομαι (K.-BL. II 478; gefordert von Phryn. 274R 188L) entsteht. Während diese Unterdrückung beim Simplex ohne Verwechslungsgefahr möglich war, aber (wie der handschriftliche Befund z.B. zu X. *HG* VII 2,22 zeigt) später nicht mehr durchgeführt wurde, scheint sie im Falle des Kompositums Spezialität einer bestimmten Sorte von Sprachpedanten gewesen zu sein (vgl. Ath. III 97eff.). Wie beim eben behandelten Verbum paßt das Kompositum vom Sinn her viel schlechter als das Simplex, es steht also wirklich nur, um die Verwechslung zu ermöglichen.


### ἀποθρέξομαι

Die ungewöhnliche Futurform kommt sonst nur in der attischen Komödie vor (z.B.Ar. *Av.* 1005), das Aktiv auch bei Lykophron (108). Wie οὖν zeigt, betrachtet Lexiph. seine hier angekündigte Absicht als Folge des zuvor Gesagten, also sein dringendes Badebedürfnis als Grund dafür, daß er nun auch seinerseits zu seinem Sklaven laufen will, doch wohl um diesem (wie Kallikles es eben getan hat) die für den Besuch des Bades notwendigen Anweisungen zu geben. Man müßte also annehmen, daß Lexiph. beabsichtigt, seinen Diener mit den notwendigen Utensilien vorauszuschicken.

### λεκιθοπώλιδι

Da λέκιθος sowohl Eidotter als auch einen aus Hülsenfrüchten hergestellten Brei bezeichnet, kann mit λεκιθόπωλις eine Verkäuferin des einen wie des anderen gemeint sein (Sch.: ἡ τὰ ἀληλεσμένα ὄσπρια ἤτοι τὰ βεβρεγμένα πωλοῦσα; Sch.Ar. *Pl.* 427: ὠιόπωλιν ... ἀπὸ τοῦ χρυσίζοντος τοῦ ὠιοῦ, ἔστι δὲ καὶ εἶδος ὀσπρίου ... ἀπὸ μέρος οὖν ὀσπριόπωλιν δηλοῖ). Aus der Ar.-Stelle geht auch hervor, daß λεκιθόπωλις als Inbegriff der 'Marktschreierin' galt.

### γρυμεοπώληι

Was dieser Händler verkauft, ist auch nicht ganz klar: γρυμέα ist belegt in der Bedeutung 'Kiste zur Aufbewahrung alter Kleider' (Diph. 128, vgl. Poll. X 160) sowie gleichbedeutend mit γρύτη ('Trödel', 'Kram'; also ein 'Trödler', so Casewitz 1994, 79); Sotad.Com. 1,3 hat γρυμέα im Sinne von 'verschiedene Zutaten zur Zubereitung eines Gerichts' und ist damit in der Nähe der vom Sch. gegebenen Erklärung (ὁ τὰς εὐτελεῖς ὀπώρας πιπράσκων). Angesichts des Kontexts sollte man annehmen, daß auch der γρυμεοπώλης etwas Eßbares verkauft.

### ἐπὶ τὰ γέλγη ἀπαντᾶν

Zu γέλγη vgl. o. zu ἀρώματα; ἀπαντᾶν ἐπὶ τόπον τινά entspricht klassischem Sprachgebrauch, eine Beziehung zur Kritik des Lykinos in § 25 (69,7) besteht nicht. Wichtiger ist das Inhaltliche: Lexiph.' Diener hatte den Auftrag (προηγόρευτο αὐτῶι), seinem Herrn bis zum Trödelmarkt entgegenzukommen, d.h. also, ihn auf dem Rückweg vom Land an einem bestimmten Ort zu treffen, wohl um dort weitere Anweisungen entgegenzunehmen; dies läßt sich mit dem, was folgt, logisch nicht vereinbaren.

**Lexiphanes - Attikion (§ 3b)**

<u>ἐμπωλήσας γε, ὡς ὁρῶ</u>

In schöner Offenheit stellt Lexiph. im voraus klar, daß seine detaillierte Aufzählung all der von Attikion mitgebrachten Lebensmittel überflüssig ist, da er selbst sie ja sieht und der Diener natürlich weiß, was er eingekauft hat; einziger Zweck ist die Gelegenheit zum Gebrauch entlegenen Vokabulars.

<u>πυριάτην</u>

Das Sch.Ar. *V.* 709f. (ἔζων ἐν πᾶσι λαγώιοις ... καὶ πυῶι καὶ πυριάτηι) führt aus: τὸ πυρίεφθον ὑπό τινων προσαγορευόμενον, ὃ κατασκευάζουσιν ἐκ τοῦ πρώτου γάλακτος μετὰ τὸν τόκον; es folgt ein Zitat aus Cratin. (149), in dem ebenfalls πῦος und πυριάτης nebeneinander stehen (so auch bei Eub. 74,5). Der Sch. versichert indes, beides sei dasselbe, nicht, wie manche meinen, πῦος die frische, πυριάτης die gekochte Milch. Diese Erklärung wird bestätigt durch Galen (VI 694), der πυρίεφθον als die zeitgenössische Bezeichnung für das alte πυριάτης angibt. Der Sch. z.St. hält hingegen πυριάτης für eine bestimmte Brotsorte, was aber sonst nirgends Bestätigung findet; möglicherweise liegt eine Verwechslung mit ἀποπυρίας oder einer der anderen zahlreichen, bei Ath. III 109cf. erwähnten Brotsorten vor (so Doehring 46).

<u>ἐγκρυφίας</u>

Ein direkt auf der Asche gebackenes (und deshalb stark verunreinigtes) Brot, das zu den einfachsten und billigsten Sorten gehörte (Sch.Luc. *Pisc.* 45; Sch.Luc. *DMort.* 6.4; vgl auch Herbst 1911, 114f.).

<u>γήτεια</u>

Eine bestimmte Sorte von Wildzwiebeln, die als Gewürz verwendet wurden (Sch.Ar. *Eq.* 677; Anaxandr. 42,57 u.a.).

<u>φύκας</u>

Eine Fischart (auch φυκίς genannt, vgl. Alex. 115,12; Ath. VII 282a), die sich nach Arist. *HA*5 91b13 bevorzugt in Seegras (φῦκος) aufhält. Daß sich innerhalb dieser Aufzählung von Lebensmitteln sonst keine Fischart mehr findet, war wohl Grund für die Konjektur φύσκας ("intestinum efflatum et farcimentum", Doehring 54); doch sollte man von Lexiph. nicht allzu strenge Konsequenz in der inhaltlichen Gliederung einer Aufzählung erwarten, da es ihm doch allein um die Vokabeln geht.

### οἶβος

Nach Auskunft des Sch. das Fleischstück vom Nacken eines Ochsen; ein 'echtes' Hap. Leg., d.h. eines, für dessen Einmaligkeit wohl die Überlieferung Ursache ist, nicht des Lexiph. Wortneubildungswut.

### λωγάνιον

Bauchlappen, von dem der Sch. weiß, daß dieses Stück beim Rind unbrauchbar sei, weshalb Lexiph. vermutlich vom λωγάνιον eines anderen Tieres spreche. Der Kontext weist aber eindeutig auf Rind, und der Witz könnte gerade darin liegen, daß Lexiph. aus Unachtsamkeit oder Unkenntnis der exakten Bedeutung der von ihm bevorzugten Vokabeln eines der besten und ein ungenießbares Stück in einem Atemzug nebeneinander nennt (etwa: 'Filet und Kuddeln'); vielleicht wurde oben mit 'Erstmilch' (einem vermutlich eher teuren Nahrungsmittel) und 'Aschenbroten' schon derselbe Scherz gemacht.

### τὸ πολύπτυχον ἔγκατον

Das poetische Adjektiv (z.B. Il. VIII 411. XXI 499) in Verbindung mit einem prosaischen Wort der Metzgersprache dürfte auffällig gewirkt haben (ähnlich Doehring 78). Außerhalb der Dichtung hat die Junktur mit einem prosaischen Gegenstand Parallelen nur bei Hp., wo an vier Stellen von 'vielgefältelten' Verbänden (σπλήν, τρύχιον, ἱμάτιον) zur Ruhigstellung bzw. richtigen Lagerung von Frakturen die Rede ist (III 448,9. IV 206,20. 220,9. 300,14. 306,2).

### φώκτας

Das Adjektiv φωκτός bedeutet 'gekocht' oder 'gebacken' (Dsc. *Eup.* II 39); für das sonst nie belegte Substantiv vermuten LSJ den Sinn 'Gerstenfladen' (vielleicht wegen Nic. *Fr.* 68,6, wo das Adj. in

Verbindung mit κρῖμνον [geschrotete Gerste] vorkommt), während Doehring (54) resigniert: "Quid sit φώκτη, non liquet."

## ᾿Αττικίων

Der Name auch bei Ar. *Pax* 214; Helm (1906, 36 mit Anm. 2) bewertet die Verwendung derartiger komischer Namen bei Lukian als Übernahme aus seinen Vorlagen; zumindest hat sich Lukian im Falle von 'Attikion' in sehr geschickter und passender Weise bei Ar. bedient.

## ἄβατον

Longo versucht das Verb.adj. auch hier in einer gängigen Bedeutung ("impercorribile") zu verstehen ("significa..., che il servo, avendo percorso per gli acquisti una gran parte della via che avrebbe dovuto percorrere il padrone, ha fatto sì che questi non possa più percorrerla."), Casewitz 1994, 85 übersetzt "impracticable"; aber der einzige an dieser Stelle wirklich passende Sinn ist 'nicht zurückzulegen', was ἄβατος sonst nie heißen kann (eine singuläre Verwendung, nämlich im Sinne 'das Gehen verhindernd' auch bei Luc.(?) *Ocyp.* 36); nach der Aufzählung all der eßbaren Dinge könnte Lukian auch die irreführende Assoziation an τὸ ἄβατον (Gal. VI 623: eine Pflanze, die man sauer eingelegt aß) intendiert haben.

## σίλλος ... γεγένημαι ... περιορῶν

σίλλος hat sonst nie die hier nötige Bedeutung (Sch.: διάστροφος τοὺς ὀφθαλμούς), sondern es bezeichnet (a) ein satirisches Gedicht in Hexametern, wie sie etwa Timon von Phleius verfaßte, oder (b) allgemein den Spott bzw. das Spottgedicht (vgl. LSJ s.v.). Die Bedeutung 'schielend' hat dagegen das Adj. ἰλλός, zu unterscheiden von ὁ ἴλλος ('Auge'; zu der Unterscheidung vgl. Eust. 206,28; Poll. II 54). Wenn man nicht annehmen will, daß Lexiph. die Vokabel in einem nicht bloß singulären, sondern eindeutig falschen, auf Verwechslung beruhenden, Sinn gebraucht, muß also ἰλλός (ein durch Dittographie leicht zu erklärender Fehler) gelesen werden (wie von Hemsterhuis konjiziert); dies legt auch der Vergleich mit Ar. *Th.* 846 nahe, einer Stelle, die hier als Vorbild gedient haben könnte (ἰλλὸς γεγένημαι προσδοκῶν); statt προσδοκῶν setzt Lexiph. aber περιορῶν in einer dem Sprachgebrauch zwar zuwiderlaufenden, aber immerhin verstehbaren Bedeutung (Doehring 121: "vis rara circumspiciendi verbo a L. attribuitur, cum soleat vim neglegendi habere apud scriptores.") mit witzigem Effekt.

<u>σὺ δὲ ποῦ χθὲς ἐδείπνεις</u>
Diese Frage und die Antwort des Lexiph. zeigen, daß Attikion nichts von dem Landaufenthalt seines Herrn gewußt hat und sich dessen Abwesenheit nicht erklären konnte. Natürlich kann unter diesen Umständen auch nicht mit ihm vereinbart worden sein, daß er Lexiph. entgegenkommen und ihn beim Trödelmarkt treffen solle. Der Widerspruch macht erneut deutlich, wie nachlässig der Verfasser des Symposions mit allen nicht das Vokabular betreffenden Dingen umgegangen ist.

<u>ἀγρόνδε</u>
Derartige mit Suffix gebildete Ortsadverbien (vgl. dazu K.-BL. II 307ff.) wirkten zu Lukians Zeit gewiß gesucht und auffällig, waren aber nicht verpönt (Poll. IX 12 zählt sie zu den Ἀττικοὶ σχηματισμοί); wie Doehring (85) bemerkt, macht auch Lukian selbst manchmal Gebrauch davon (z.B. *Icar.* 14).

<u>ψύττα κατατείνας</u>
Alternativform zu ψίττα und σίττα; das Sch.Theoc. IV 45 erklärt: βουκολικὰ ἐπιφθέγματα, οἷς χρῶνται ἐν τῶι διώκειν τοὺς βοῦς, während Hsch.(s.v. σίττα) von einem ἐπιφώνημα αἰξίν spricht. Poll. IX 122 und 127 berichtet über eine Art Nachlauf-Spiel namens ψίττα, das besonders von Mädchen gespielt worden sei. In Verbindung mit κατατείνας gewinnt das Adverb allgemeine Bedeutung (= ταχέως, vgl. Luc. *Sat.* 35; Hsch. s.v. ψύττα). Doehring (90f.) vermutet, der Witz liege im Anwenden des Ausdrucks auf einen Menschen, doch dies findet man auch in *AP* XI 351,5 (allerdings scherzhaft: Der Sprecher [ψύττα δ' ἐγὼ κατέτεινα φοβεύμενος ἄγριον ἄνδρα] flieht eiligst vor einem Boxer); zu κατατείνας ('mit aller Kraft') vgl. Arist. *HA* 629 b18; Pl. *R.* 358 d und 367 b.

φίλαγρος

Das Adj. ist nur noch einmal inschriftlich belegt, als Epitheton der Artemis (Mnemosyne 4,1936,11), wobei der zweite Bestandteil aber natürlich von ἄγρα abzuleiten ist (also = φιλαγρέτις bzw. φιλαγρότις). Als Eigenname ist es mehrfach bezeugt (vgl. Doehring 83; zu Spekulationen über die Identität des Lexiph. mit Philagros, dem Schüler des Lollianos, s.o. Anm. 183). Aber Lexiph. meint hier sicher 'landliebend', was angesichts der geschilderten Beschwerlichkeiten seines Ausflugs seltsam anmutet; noch seltsamer, daß vom Tode seines Vaters als Grund der Reise wieder nicht gesprochen wird.


λαταγεῖν κοττάβους

Zwei Varianten des hier angesprochenen Kottabos-Spieles beschreibt das Sch.; λαταγεῖν ist eine Neubildung des Lexiph., abzuleiten von λάταξ (der restliche Weintropfen in der Trinkschale bzw. das Geräusch, das er beim Treffen des Zieles verursacht). Zur Sache trägt der gesamte Satz nichts bei, Lexiph. geht es ausschließlich darum, eine pretiöse Umschreibung für κοτταβίζειν unterzubringen.


εἰσιών

Man fragt sich, wohinein zu gehen Lexiph. seinem Sklaven eigentlich befiehlt: doch wohl in sein eigenes Haus, damit dort die Lebensmittel verarbeitet und das Mahl zubereitet wird. Folglich müßte sich das bisherige Gespräch in der Nähe von Lexiph.' Haus, jedenfalls aber im Freien, abgespielt haben. Andererseits hatte vor kurzem Kallikles seinen Diener zwei neben irgendeinem Wandregal auf dem Fußboden liegende Obolen aufzuheben befohlen (§ 2 [57, 2f.]), woraus zu schließen war, daß man sich in einem Innenraum und zwar am ehesten bei Kallikles zu Hause befindet; ein Ortswechsel hat inzwischen nicht stattgefunden. Lexiph. - das will Lukian mit diesen beabsichtigten Ungereimtheiten wohl sagen - ist so sehr mit der Vokabeljagd beschäftigt, daß ihm bei den beschriebenen Vorgängen die gröbsten Schnitzer unterlaufen; er setzt nur Wörter, Wendungen, Zitate zusammen, ohne irgendeine Vorstellung zu haben, was er beschreibt, geschweige denn eine solche zu vermitteln.

<u>σμῆν</u>

Die im Attischen noch mit η gebildeten Formen wurden seit frühhellenistischer Zeit von den entsprechenden α-Formen verdrängt (mit wenigen Ausnahmen, z.B. ζῆν; vgl. Phryn. 132R 61L; K.-BL. II 139 Anm. 4); der Inf. σμῆν ist sogar nur hier belegt, war also vielleicht nie üblich.

<u>θριδακίνας</u>

Da man 'Lattich' nicht 'kneten' kann, ist θρ. hier als Adj. (sc. μᾶζα) zu verstehen (wie bei Ath. III 114f.), und gemeint ist eine bestimmte Brotsorte (vgl. Sch.; Casewitz 1994, 86: "une galette 'en forme de salade'").

<u>ξηραλοιφήσω</u>

'Sich trocken (also ohne vorausgehendes Bad) mit Öl einreiben' (vgl. Sch.); aus anderen Stellen (Plu. *Sol.* 1; Aeschin. I 138) geht hervor, daß das Verbum auch allgemein 'sportliche Übungen im Gymnasion betreiben' heißen kann. Allerdings zeigt ein wenige Jahrzehnte nach Lukian zu datierender Beleg, daß diese Art des Sports in späterer Zeit bei manchen als unzivilisiert galt: τὸ δὲ πυριᾶσθαι καὶ ξηραλοιφεῖν, ἐπειδὴ τῆς ἀγροικοτέρας γυμνασίας ἔχεται, Λακεδαιμονίοις ἀφῶμεν (Philostr. *Gym.* 58). Wenn dieser pejorative Sinn auch hier bereits angesetzt werden kann (was nicht zu beweisen ist), würde sich Lexiph. wieder einmal um der seltenen Vokabel willen unfreiwillig selbst herabsetzen.

Insgesamt steht die das Gespräch mit dem Diener abschließende Anweisung des Lexiph., er solle sich drinnen um das Essen kümmern, während er selbst ins Gymnasion gehen werde, im Widerspruch zu der einleitenden Ankündigung, seinen Sklaven nun seinerseits (wie Kallikles) suchen zu wollen (sc. damit dieser ihm im Bad zu Diensten stehe). Nun stellt sich heraus, daß Attikion in die Küche geschickt wird, so daß man nicht mehr verstehen kann, weshalb Lexiph. angesichts seines dringenden Badebedürfnisses noch vor dem Gang zum Bad seinen Sklaven suchen wollte.

**Philinos und das Augenleiden des Hellanikos (§ 4)**

καὶ ἡμεῖς

Vgl. zu εἶτα δειπνήσομεν (S. 166ff.): Plötzlich sind drei weitere Personen zugegen, von deren Anwesenheit der Leser bisher nichts wußte, und die außer den unmittelbar folgenden Äußerungen nichts zum Gespräch beitragen.

γνώμων ... τὴν πόλον

Philinos meint mit γν. hier nur den in der Sonnenuhr angebrachten Schattenstab (wie Plu. *Mor.* 1006e: οἱ τῶν ὡρολογίων γνώμονες); sonst (auch an den übrigen von LSJ s.v. II 2 für die Bedeutung 'pointer' angeführten Stellen) wird als γν. eine vollständige Sonnen- (z.B. D.L. II 1) oder Wasseruhr (Ath. II 42b) bezeichnet.

Auch unter π. versteht man normalerweise eine vollständige Uhr (wenn das Wort auch wohl veraltet war, vgl. Poll. IX 46: τὸ δὲ καλούμενον ὡρολόγιον ἦ που πόλον ἄν τις εἴποι, es folgt Ar. *Fr. 169*) mit der Form einer flachen Schüssel (Poll. VI 110); die Nachbildung eines offenbar berühmten, im syrakusanischen Stadtteil Achradine aufgestellten π. erwähnt Ath. V 207e. Daß man mit γν. und π. in der Regel zwei eigen- und vollständige Instrumente bezeichnete, zeigt auch Hdt. II 109: πόλον μὲν γὰρ καὶ γνώμονα ... παρὰ Βαβυλωνίων ἔμαθον οἱ Ἕλληνες (vgl. dazu How / Wells 1912, I 221f.: "Both certainly were used independently of each other." - Eine Beschreibung beider Instrumente bei Stein 1901, 21). Ungewöhnlich an Philinos' Ausdrucksweise ist also, daß er γν. und π. als Bestandteile ein- und derselben Uhr nennt (Sch.: ...πόλον δὲ τὸ μέσον καὶ κοῖλον τοῦ αὐτοῦ ὡρολογίου λέγει); kaum glauben kann man hingegen, daß er das sonst nur als Mask. belegte π. fälschlich als Fem. gebraucht, denn Fehler auf diesem Niveau macht Lexiph. sonst nicht. Entweder also nimmt man mit Pape / Benseler an, π. in dieser Bedeutung sei Fem. (wogegen aber Poll. VI 110 spricht), oder der Text ist fehlerhaft. Übrigens läßt auch diese Äußerung darauf schließen, daß man sich im Freien befindet.

ἐν λουτρίωι

Zweideutige Vokabel, die sowohl (was sie hier natürlich soll) τὸ ὕδωρ τοῦ λουτροῦ (Poll. VII 167) bezeichnen kann als auch τὸ ἀπόλουμα καὶ ῥυπαρόν, ὅ ἐστι τὸ ἀπόλουτρον (Sch.Ar. *Eq.* 1401; λούτριον ist Konjektur, die Hss. haben λοῦτρον).

ἀπολουσόμεθα

Der Ind. Fut. statt des Konj. nach μή in diesem Sinne ist selten, aber möglich (Pl. *Phil.* 13a; X.*Cyr.* II3,6).

τῶν Καριμάντων

Der überlieferte Name ist sonst nirgends belegt und unverständlich; Guyets Versuch (Doehring 29) einer Ableitung aus Κᾶρ und ἱμάς überzeugt nicht. Γαριμάντων (Meinecke) wäre eine nur leichte Änderung, doch läßt der Sinn zu wünschen übrig (Hsch.: τοὺς βαρβάρους· οἱ δὲ ἔθνος Λιβυκόν). Mit Μαρικάντων (Harmon; zustimmend Longo) ergäbe sich ein Bezug zu Ar. *Nu.* 553, wo die Komödie Μαρικᾶς des Eupolis erwähnt wird: Der Titel dieses gegen Hyperbolos gerichteten Stückes (aufgeführt an den Lenäen 421) könnte (wie Dover, Komm. z.St. vermutet) mit dem kretischen μαρίς (Hsch.: 'Sau') zusammenhängen, denn das Schwein galt als Symbol für schamlose Ignoranz. Dazu paßt Quintilians Notiz ( I 10,18 = Eup. 208): Maricas, qui est Hyperbolus, nihil se ex musice scire nisi litteras confitetur. Der Pl. des Komödientitels wäre hier also im Sinne von 'ungebildeter Pöbel' (diese Bedeutung vermutet auch das Sch., allerdings für Καριμάντες) zu verstehen; die Anspielung auf ein Stück der Alten Komödie und die nur mit Hilfe antiquarischer Gelehrsamkeit zu verstehende Verwendung stünden dem Lexiph. wohl an.

μετὰ τοῦ σύρφακος

Ar. *V.* 673 verwendet das Wort in pejorativem Sinn für das gemeine Volk von Athen aus der Sicht der ausgebeuteten und terrorisierten Bundesgenossen.

βύζην

Das Adverb gehört zur Fachterminologie der Seekriegsbeschreibung: Bei Th. IV 8,7; Arr. *An.* II 20,8; App. *Pun.* 123 wird es jeweils von Schiffen gesagt, die in dichtgedrängter Formation eine Hafeneinfahrt blockieren. Die Anwendung auf Menschen, die sich im Bad drängen, ist also vielleicht gar nicht unpassend, wenn auch kühn. Für den in medizinischer Fachliteratur Bewanderten liegt aber eine andere Assoziation nahe: Im corpus Hipp. kommt βύζην nur zweimal vor (VII 492,23. VIII 28,13), beide Male zur Bezeichnung einer schubweise auftretenden und massiven Regelblutung. Wie auch immer, Lexiph. hat jedenfalls das sonst auf einen sehr eng definierten Anwendungsbereich begrenzte Adverb auf einen alltäglichen Kontext übertragen.

ὠστιζόμενοι

Das sonst nur in der Alten Komödie (Ar. *Ach.* 24. 42. 844. *Lys.* 330 etc.; Telecl. 1, 13) belegte Frequentativum zu ὠθέομαι.

Die folgende 'Augen-Geschichte' des Hellanikos läßt sich weder mit dem Voraufgehenden (Mahnung des Philinos zur Eile) noch dem Folgenden (Aufbruch ins Gymnasion: Was soll H. dort mit seinen entzündeten Augen?) in irgendeinen Zusammenhang bringen, sondern fällt aus dem Kontext. Ein witziger Hintersinn des Abschnittes (Baldwin 1973, 14 Anm. 40, spricht von "the ocular malady of one of the characters in the Symposium of the aesthetically blind Lexiphanes") ist m.E. wenig wahrscheinlich: Lukian will einfach zeigen, daß Lexiph. um der Unterbringung eines gewissen Vokabulars willen ohne Rücksicht auf Kontext und Plausibilität die albernsten Motive erfindet.

δυσωπῶ

In der hier notwendigen Bedeutung (Sch.: ἀμβλυώττω, κακῶς διάκειμαι τοὺς ὦπας) und intransitiv verwendet nur an dieser Stelle; normalerweise heißt δυσωπεῖν τινα ' jmd. zum Niederschlagen der Augen veranlassen', indem man ihn entweder beschämt (z.B. Plu. *Mor.* 418e; Luc. *Asin.* 38) oder mit Bitten bestürmt (so daß er sich schämt abzulehnen, Hld. X 2); einen ganzen Traktat über den Charakterfehler der δυσωπία, d.h. der von

übertriebener Scham herrührenden Nachgiebigkeit gegenüber
aufdringlichen Bitten, hat Plutarch verfaßt. Ob darauf angespielt wird, kann
man nicht wissen, jedenfalls sagt Hellanikos etwas anderes, als er
eigentlich will.

<u>τὰ κόρα</u>

Im Gegensatz zu δύ' ὀβολώ (§ 2 [57, 3]) korrekter und angemessener
Gebrauch des veralteten Duals, insofern nicht zu vergleichen mit Luc.
*Pseudol.* 29 (τριῶν μηνοῖν), wie das Doehring 32 tut.

<u>ἐπιτεθόλωσθον</u>

Ein erst in der späteren Gräzität belegtes Verbum (seit Plutarch), bei dem
deshalb die Dualform wohl umso befremdlicher wirkt.

<u>ἀρτίδακρυς</u>

Gemäß normalem Sprachgebrauch müßte das Adjektiv eine Person
bezeichnen, die 'soeben geweint hat', Lexiph. meint aber offenbar
jemanden, der 'kurz davor steht zu weinen'. Das Vorbild für diesen
ungewöhnlichen Wortgebrauch gab wohl E. *Med.* 903 (...ἀρτίδακρύς
εἰμι καὶ φόβου πλέα), wozu Page (1938, 138) bemerkt: "In most other
compounds (e.g. ἀρτιθανής), ἄρτι means 'recently'; ἄρτι itself never
refers to the future in classical Greek..." Das Sch.E. *Med.* 903 (ἀντὶ τοῦ
ἑτοιμόδακρυς ἢ προσφάτως δακρύουσα) erwägt zwar auch die gängige
Bedeutung (so auch Casewitz 1994, 85: "qui vient de pleurer"), aber der
Kontext spricht eindeutig dafür, daß Medea kurz davor steht, in Tränen
auszubrechen. Die kühne Wortschöpfung des Dichters wird von Lexiph.
bereitwillig aufgegriffen, die Verwendung von ἄρτι im Bezug auf die
Zukunft scheint ein verbreiteter Fehler (Luc. *Sol.* 1) gewesen zu sein.

<u>φαρμακᾶι</u>

In der normalen Bedeutung ('unter dem Einfluß eines Giftes bzw.
Medikamentes leiden'; vgl. z.B. D. XLIV 16; Plu. *Mor.* 1016e) entsteht
ein Widerspruch mit dem Folgenden: Wer bereits unter einem φάρμακον
leidet, benötigt nichts weniger als ein weiteres; aber Lexiph. verwendet das
Verbum eigenwillig als Desiderativum.

<u>ὀφθαλμοσόφου</u>
Diese Wortschöpfung gehört wohl in dieselbe Kategorie wie das *Rh.Pr.* 17
'empfohlene', von Lexiph. in § 14 gebrauchte χειρίσοφος (zu *Salt.* 69 s.o.
Anm. 224); der Unterschied dieser Bildungen zu den zahlreichen und
geläufigen σοφός-Komposita besteht darin, daß das erste Glied keinen
Grad oder Bereich der σοφία bezeichnet (wie ἀκρόσοφος, δοξόσοφος,
θυμόσοφος), sondern einen Körperteil, durch den bzw. in Bezug auf den
die σοφία sich manifestiert.

<u>ταράξας ... φάρμακον</u>
Nicht eben gängige Ausdrucksweise, aber doch in Dichtung (Amips. 17;
Nic. *Th.* 665. 936) wie Prosa (Plu. *Mor.* 499b) belegt.

<u>ἀπερυθριᾶσαι</u>
Eines der auffälligsten Beispiele für unfreiwillige Komik, das selbst der
sonst so humorlose Sch. (Baldwin 1980/1, 233 bescheinigt diesem zu
Recht "failure to recognise irony" und "a literalminded seriousness in the
presence of humour") vermerkt: ἐπίτηδες ὁ παιγνιήμων τὸ ἀπερυθριᾶσαι
τέθεικε διὰ τὸ γελοῖον. Das relativ häufig bezeugte Verbum bedeutet 'sich
der Schamröte entledigen', also 'schamlos handeln' (z.B. Ar. *Nu.* 1216;
Plu. *Mor.* 547b;). Hellanikos meint aber natürlich ein Nachlassen der
Rötung seiner Augen: die beiden in entsprechender, nämlich dem
Sprachgebrauch zuwiderlaufender Reetymologisierung, falsch verwendeten
Verben δυσωπῶ und ἀπ. bilden einen würdigen Rahmen für Hellanikos'
abstruse Augengeschichte.

<u>λημαλέους</u>
Neubildung zu λήμη (Sch.Ar. *Lys.* 301: ἔστι δὲ κυρίως ἡ τῶν ὀφθαλμῶν
ἀκαθαρσία); eine ausführliche Beschreibung der mit dem λημᾶν (Ar. *Nu.*
327) verbundenen Augenleiden bei Hp. IX 44f.

<u>διερόν</u>
Poetisches (in der Bed. 'lebendig' Od. VI 201. IX 43; später 'flüssig', A.
*Eu.* 263; Ap.Rh. I 184. II 1099. IV 1457; doch blieb die alte Bed. auch
erhalten, *AP* VII 123) und veraltetes, aber offenbar noch verständliches

(Sch.: κἂν μὴ λέγωμεν, δῆλον) Adj., das von Arist. (330a16) als ἔχον ἀλλοτρίαν ὑγρότητα ἐπιπολῆς definiert wird.


## Im Gymnasion (§ 5a)

### ἀπησθημένοι

Der Sch. bemerkt: ἔοικε δέ μοι αὐτὸς ταῦτα τοῦ γελοίου καλῶς γε ποιῶν διαπλάττειν. Da das Verbum simplex öfter belegt ist (z.B. Hdt. III 129,3. VI 112,3; Ael. *VH* XII 32. XIII 1), dürfte die 'lächerliche Wortbildung' im Kompositum liegen: Es fällt auf, daß ἐσθέομαι nur als Pt. Perf. vorkommt, das seltene und der attischen Prosa fremde Verbum also vielleicht wie ein Adjektiv empfunden wurde. Durch die Vorsilbe kommt es gewissermaßen zu einer Reverbalisierung, und der Effekt könnte ähnlich sein, wie wenn man im Deutschen 'ausbekleidet' sagen würde; anders Casewitz 1994, 80: "un tel composé n' est pas, en soi, impossible (malgré le scholiaste)".

Ein Komma vor ἀπησθημένοι muß wohl doch (wie MacLeod im app.crit. erwägt) gesetzt werden, die Gesellschaft kam ja nicht bereits ausgekleidet ins Gymnasion; das Komma nach ἤδη ist hingegen zu tilgen: ἀπησθημένοι als Pt. coni. in Beziehung auf ὁ μὲν...ὁ δέ läßt sich als appositio distributiva (K.-G. I 286ff) ohne weiteres verstehen .


### ἀκροχειρισμῶι

"...there were two tactical approaches to wrestling. In the first, the wrestler attempted to seize the hands, wrists or arms of his opponent and to throw him by a sudden twist ...; this was called akrocheirismos." (Harris 1966, 103); bei der anderen Methode versuchte man hingegen, Griffe am ganzen Körper anzusetzen. Nach Gal. (VI 324) ist der ἀκρ. für Menschen mit schwachen Beinen besonders geeignet, Hp. VI 580,16 erwähnt die allgemein kräftigende Wirkung.


### τραχηλισμῶι

'den Gegner um den Nacken Fassen und durch Würgen außer Gefecht setzen': Gal. (V 902) erwähnt den τρ. zusammen mit anderen παλαιστικαῖς ἀντιλήψεσιν im Zusammenhang mit dem Ballspiel (vgl. auch Ath. I 14f).

### ὀρθοπάληι

Die Wortschöpfung meint wohl dasselbe, was Pl. (*Lg.* 796a) als τὰ (sc. μαθήματα) ἀπ' ὀρθῆς πάλης bezeichnet, also das Ringen mit aufgerichtetem Körper, im Unterschied zum Ringkampf zweier bereits am Boden liegender Gegner; die beiden Arten gingen in der Praxis natürlich von selbst ineinander über (vgl. Schröder 1927, 122-125). Eine ähnliche Wortbildung überliefert Sueton (*Dom.* 22) für Kaiser Domitian, der seine alltäglichen Liebesspiele mit Konkubinen als κλινοπάλη bezeichnet habe.

### ἐλυγίζετο

Wird meist von Tänzern gesagt zur Bezeichnung des Beugens und Verdrehens der Glieder beim Tanz (vgl. z.B. Eup. 369; *AP* VI 33; Luc. *Salt.* 77), aber auch metaphorisch gebraucht (Pl. *R.* 405c; S. *Ichn.* 371); als Sport-Fachausdruck ('sich ducken oder biegen, um dem Zugriff bzw. Schlag des Gegners zu entgehen) hat das Verbum Poll. III 155. Die Verbindung von ἐλυγίζετο mit λίπα χρισάμενος spricht übrigens dafür (falls man aus diesem Potpourri von Fachausdrücken überhaupt Sachinformationen entnehmen darf), daß das Salben mit Öl auch dazu diente, den Griffen des Gegners leichter zu entschlüpfen (was Harris 1966, 103 bestreitet).

### ἀντέβαλλε τῶι κωρύκωι

Was man sich unter einem κώρυκος vorzustellen hat, und welche verschiedenen Trainingsmöglichkeiten dieses Gerät bot, wird beschrieben bei Philostr. *Gymn.* 57, Orib. VI 33,1 (Raeder I 186), ferner Sor. I 49. πρὸς κώρυκον γυμνάζεσθαι war ein sprichwörtlicher Ausdruck für fruchtlose Anstrengungen (Diogenian. VII 54). Lexiph. will offenbar sagen, daß der κ. von einem der Trainierenden wie ein punching-ball bearbeitet wurde; das dazu verwendete Verbum ἀντιβάλλειν heißt normalerweise jedoch 'zurückwerfen oder -schießen' (nämlich Wurfgeschosse) und steht ohne Obj. (Th. VII 25,6; Plb. VI 22,4); nur einmal findet man das Verbum mit dem Dativ, doch ist dieser dort instrumental zu verstehen: ἀντέβαλλον ἀκοντίοις καὶ τοξεύμασι (Plu. *Nic.* 25). Lexiph.' formuliert also mißverständlich.

## μολυβδαίνας χερμαδίους δράγδην ἔχων

'Bleigewichte von der Größe eines handlichen Feldsteines griffweise haltend'; Doehring 38 verweist auf Luc. *Anach.* 27, wo das hier Gemeinte mit gebräuchlicheren Vokabeln ausgedrückt werde: μολυβδίδας χειροπληθεῖς ἐν ταῖν χεροῖν ἔχοντες (von Weitspringern gesagt). Zu δράγδην vgl. Plu. *Mor.* 418e; Q.S. XIII 91.

## ἐχειρόβολει

Doehring 129 übersetzt das Hap. Leg. mit "manu coniecit" und erklärt: "verbum composuit pro simplici βάλλειν" (ebenso Casewitz 1994, 80); der Sportler würde die Bleigewichte also werfen, womit jedoch das Pt. ἔχων kaum zusammenpaßt. Wahrscheinlicher ist, daß Lexiph. eine Art Hanteltraining meint (Belege für diese Trainingsart bei Billerbeck 1987,131 Anm. 19), bei dem die Gewichte festgehalten und mit den Armen Bewegungen ausgeführt wurden; derartige Übungen waren als Training für verschiedene Disziplinen verbreitet (vgl. Harris 1966, 176). Oder Lexiph. spricht vom Ausüben der χειρονομία, einer Bezeichnung sowohl für tänzerische (Ath. XIV 631c: πυρρίχη) als auch für gymnastische Bewegungen (Luc. *Salt.* 78).

## συντριβέντες

Das Sch. meint, συντριβέντες stehe ἀντὶ τοῦ ἀλλήλους διατρίψαντες, und Harmon hält es für "an allusion to the 'rub-down' previous mentioned"; man habe sich also gegenseitig abgerieben, was sich entweder auf das Salben mit Öl (was man jedoch vor und nicht nach den Übungen tat) oder auf das Entfernen der aus Sand, Schweiß, Öl bestehenden Kruste beziehen könne. Was immer Lexiph. eigentlich sagen will, im klassischen Sprachgebrauch bedeutet συντρίβειν 'durch Prügel übel zurichten' (Lys. III 8; Pl. *R.* 611d; X. *An.* IV 7,4); Lexiph. redet also ähnlichen Unsinn wie Pompeianos bei Ath. III 8a: κόμιζε δὲ τοῦ ἐλαίου τὴν λήκυθον· πρότερον γὰρ συντριβησόμεθον, ἔπειθ' οὕτως ἀπολούμεθον.

κατανωτισάμενοι

Die von Lexiph. intendierte und vom Sch. erklärte Bedeutung (ὃ ποιεῖν εἰώθασιν ἐπί τινων παιδιῶν οἱ νικῶντες ἀναβαίνοντες ἐπὶ νῶτον τοὺς ἡττημένους) ist singulär. Sonst bedeutet das Verbum entweder 'sich etwas um den Rücken legen' (Longus I 20; Plu. *Mor.* 924c) oder - offenbar insbesondere in spätgriechischer Umgangssprache - 'jmd. den Rücken zukehren' im Sinne von 'geringschätzen' (LSJ s.v. II). Durch das benachbarte συντριβέντες wird das Mißverstehen der beiden Verben gefördert: 'nachdem wir uns hatten durchprügeln lassen und einander den Rücken zugedreht hatten'.


ἐμπαίξαντες τῶι γυμνασίωι

Lexiph. meint παίξαντες ἐν τῶι γ. (Sch.); das Kompositum bedeutet normalerweise 'mit jmd. oder etw. seinen Spott treiben' (z.B. Hdt. IV 134,2). Nur an zwei Stellen, und zwar innerhalb lyrischer Verse, hat es annähernd den hier nötigen Sinn (E. *Ba.* 866: ὡς νεβρὸς χλοεραῖς ἐμπαίζουσα λείμακος ἡδοναῖς; Ar. *Th.* 975: ἢ πᾶσι τοῖς χοροῖσιν ἐμπαίζει), doch sind hier die Dative keine reinen Ortsangaben, sondern präzisieren, worin das παίζειν besteht. Das Kompositum in seiner gängigen Bedeutung aufzufassen liegt umso näher, als Lexiph. ja wieder einmal ungewollt die Wahrheit sagt: Um möglichst viele entlegene Fachausdrücke unterzubringen, schildert er ganz unanschaulich (vgl. als Kontrast etwa Luc.*Anach.* 1-5), wirft Termini aus verschiedenen Disziplinen durcheinander und schreckt nicht vor un- bzw. mißverständlicher Diktion zurück. Seine Darstellung des Gymnasion-Besuches 'spottet' also jeder vernünftigen Beschreibung eines wirklichen Trainings.


ἐν τῆι θερμῆι πυέλωι

Das Baden in warmem Wasser galt Moralisten und Asketen als Zeichen von Verweichlichung (vgl. Dover 1970, 146); andererseits gab es auch Leute, die ein kaltes Bad nach dem Sport als prahlerisches Gehabe ablehnten (Plu. *Mor.* 131b; Luc. *Nigr.* 27). πύελος, ein offenbar im 2. Jh. nicht mehr gebräuchliches Wort für Badewanne (Poll. VII 168: τῶν δὲ ἔτι νεωτέρων τις Εὔπολις καὶ τὴν πύελον τὴν ἐν τῶι βαλανείωι μάκτραν ὠνόμασεν, ὡς οἱ νῦν) wird auch von Lukian selbst gebraucht (*baln*. 7; *VH* II 11). Ein Eupolis-Fragment (272) zeigt, daß die Benutzung einer π. mit effeminierter Lebensweise in Zusammenhang gebracht werden konnte: ὅστις πύελον ἥκεις ἔχων καὶ χαλκίον, ὥσπερ λεχὼ στρατιῶτις ἐξ Ἰωνίας.

### καταιονηθέντες

Ein medizinischer Fachausdruck für an einzelnen Körperteilen angewandte Spülungen (z.B. Hp. V 240,1. 434,6; Plu. *Mor*. 74d; Ath. I 41b), dessen eng definierte Bedeutung auch an der einzigen Stelle mit metaphorischer Verwendung deutlich erhalten ist (D.C. XXXVIII 19: ὥσπερ γὰρ τῶν φαρμάκων, οὕτω δὴ καὶ τῶν λόγων διαφοραὶ πολλαὶ καὶ δυνάμεις ποικίλαι εἰσίν, ὥστ' οὐδὲν θαυμαστὸν εἰ καὶ ἐμὲ τὸν λαμπρὸν ἔν τε τῆι γερουσίαι καὶ ἐν ταῖς ἐκκλησίαις τοῖς τε δικαστηρίοις σοφίαι τινὶ καταιονήσειας). Zur Beschreibung eines normalen Wannenbades wirkte das Verbum wohl lächerlich.

### ψυχροβαφές

Fachterminus des Färbens von Stoffen: Thphr. *Od*. 22 unterscheidet zwischen kalt- und warmfärbenden Farbstoffen (τῶν ἀνθῶν τὰ μὲν ψυχροβαφῆ, τὰ δὲ θερμοβαφῆ), Poll. VII 56 erwähnt im gleichen Zusammenhang, unter ὑγροβαφές sei wohl dasselbe zu verstehen, was man jetzt ψυχροβαφές nenne. Wie bei καταιονηθέντες wird ein Fachterminus auf alltägliche Vorgänge sprachgebrauchswidrig ausgedehnt; als Attribut zu κάρα paßt das Wort bestimmt nicht.

### δελφινίσαντες παρένεον

Das erste Verbum ist eine Neubildung des Lexiph. mit leicht erschließbarem Sinn: 'wie ein Delphin zum Untertauchen bringen' (sc. κάρα; also: 'einen Kopfsprung machen', vgl. Schröder 1927, 87f.). Zusammen mit παρένεον verstärkt sich der Eindruck, als sei tatsächlich von Delphinen die Rede, denn dieses Kompositum wird sonst speziell vom 'Danebenschwimmen' (sc. neben Schiffen oder entlang der Küste) dieser Tiere (Luc. *DMar*. 8,2; Philostr. *VA* I 23) bzw. von Fischen (Ael. *NA* IX 38) gebraucht.

**Vor dem Symposion (§ 5b)**

<u>ἄλλος ἄλλοσε ἄλλα</u>

Die Angabe, 'jeder sei woandershin zurückgekehrt, um jeweils etwas anderes zu tun', bedeutet, daß die Gesellschaft sich nach dem Besuch im Bad zerstreut hat. Folglich müßte man sich zum eigentlichen Symposion, das mit § 6 beginnt, wieder zusammenfinden. Davon ist aber nirgends die Rede, so daß man auch nicht erfährt, wo sich die Symposiasten treffen; der Schauplatz bleibt ebenso unbestimmt wie beim Einleitungsgespräch. An allgemeiner Knappheit der Darstellung kann das nicht liegen, denn Lexiph. erzählt mit größter Ausführlichkeit, wenn es sich um Belangloses handelt; wirklich wichtige Züge der das Symposion umrahmenden Handlung werden dagegen weggelassen.

Das pronominale Polyptoton ist wegen seiner Dreigliedrigkeit beachtenswert; eine Parallele bei Pl. *Grg.* 448c7 (ἄλλοι ἄλλων ἄλλως), wo aber eindeutig die mit gorgianischen Figuren dekorierte Redeweise des Polos parodiert wird. Sonst besteht die beliebte Paronomasie mit Formen von ἄλλος immer nur aus zwei Gliedern (vgl. die Beispiele bei K.-G. II 602,2; Krause 1976, 1-37).

<u>ἐξυόμην</u>

Welche Assoziationen ξύεσθαι (das hier 'sich kämmen' bedeuten soll) normalerweise evoziert, verdeutlichen folgende Stellen: Arist. *HA* 578b4f. ist die Rede von Wildschweinen, die ξυόμενοι πρὸς τὰ δένδρα ἐκθλίβουσι τοὺς ὄρχεις; *Pr.* 953b37 schreibt Arist., auch noch nicht geschlechtsreife Jugendliche empfänden bereits eine gewisse Lust, ὅταν ἐγγὺς ὄντες τοῦ ἡβᾶν ξύωνται τὰ αἰδοῖα δι' ἀκολασίαν. Die Bedeutungsverschiebung hat Lexiph. in Analogie zu seiner Umdeutung des entsprechenden Substantivums (s. zu ξύστρα S. 202f.) vorgenommen.

<u>ὀδοντωτῆι</u>

Das Attribut macht klar, daß Lexiph. mit ξύστρα nicht das meint, was es in der Sprache des 2. Jhs. zu bezeichnen pflegte, nämlich einen Schaber zur Körperreinigung, der selbstverständlich nicht 'gezähnt', sondern glatt war. Allerdings läßt an den übrigen Belegstellen für ὀδοντωτός der Kontext eher an die Bedeutung 'grob gezähnt' denken (Hero *Spir.* II 36 von einem Zahnrad; Gal. XVIII (2) 331 von einer Säge): Eine ὀδ. ξύστρα im Sinne des Wortes dürfte zum Kämmen der Haare also kaum ein geeignetes Instrument sein.

### ξύστραι

Lexiph. gebraucht die Vokabel hier für 'Kamm' (κτείς oder κτένιον); daß sie diese Bedeutung im 2. Jh. nicht hatte, ist klar, weniger klar dagegen, ob sie diese je hatte, und wie Lexiph. auf die Umdeutung kommt; daß ihm das normale Wort für Kamm "not elegant enough" (Harmon) gewesen sei, ist eine zwar richtige, aber nicht ausreichende Erklärung. Für die Bedeutung von ξύστρα läßt sich folgendes feststellen: In Lexika und Scholien dient es als Erklärung für στλεγγίς, heißt im späteren Griechisch also offenbar das, was früher στλεγγίς hieß, nämlich ein Schaber zum Reinigen des Körpers nach dem Sport und vor dem Bad (z.B. Sch.Ar. *Eq.* 580; Sch.Pl. *Chrm.* 161e; Hsch.); der Archaist Phryn. (358R 299L) rät entsprechend: ξύστραν μὴ λέγε, ἀλλὰ στλεγγίδα. Jedoch ist auch ξ. ein altes Wort, nach Phot. (*Bibl.* 533b7) sogar älter als στλ. Daß die beiden Substantive im älteren Griechisch eine verschiedene Bedeutung haben konnten, geht aus Diph. 51 hervor: λήκυθον ξύστιν δ' ἔχεις; - (B)· ἐγὼ δὲ καὶ ξύστραν. Wenn nämlich Pollux (X 62, wo das Fragment überliefert ist: στλεγγίδας· καὶ ξύστιδας δ' αὐτὰς ἄν τις εἴποι) recht hat und ξύστις (so nach Suda s.v. die attische Betonung) hier dasselbe wie στλ. bedeutet (dafür spricht auch die Verbindung mit λήκυθος), dann ergibt der Wortwechsel nur einen Sinn, wenn ξύστρα etwas anderes bedeutet (anders Naechster [1908, 30 Anm. 1], der die Worte ἐγὼ δὲ κτλ. nicht der dramatis persona B des Diphilos zuweist, sondern Pollux; dafür gibt es aber kein anderes Argument als die [eben erst zu beweisende] Annahme, στλεγγίς, ξύστις, ξύστρα seien Synonyme, weshalb diese Auffassung des Textes zu Recht keinen Anklang gefunden hat). Einen wichtigen Hinweis auf die gesuchte alte Bedeutung von ξύστρα gibt das Sch.Pl. *Hp.Mi.* 368c (das mit geringfügigen Varianten auch andernorts überliefert wird, vgl. K.-A. III 2, 130): στλεγγίς· ἡ ξύστρα, καὶ στλεγγιζόμενοι οἱ ἀποξυόμενοι ὅ ἐστι κτενιζόμενοι. στλεγγὶς γὰρ τὸ κτένιον ... καλεῖται δὲ στλεγγὶς καὶ χρυσοῦν ἔλασμα τὸ περὶ τῆι κεφαλῆι τῶν γυναικῶν. Damit ist die

Bedeutung 'Kamm' zum einen für στλ. postuliert (vielleicht, wie K.-A. III 2, 97 vermuten, eine "consuetudo recentior"), zum anderen für ξύστρα in den Bereich des Möglichen gerückt. Dazu paßt Poll. III 154, der στλ. für in früherer Zeit gleichbedeutend mit ξύστρα und σπαθίς (einem von den Webern zum Kämmen der Wolle benutzten Instrument) erklärt. Nach all dem scheint es eine plausible Möglichkeit, daß στλεγγίς und ξύστρα einmal dasselbe, nämlich Kamm, heißen konnten; in späterer Zeit hätten sich die Bedeutungen dann differenziert, ξ. die alte Hauptbedeutung von στλ. (Schaber) übernommen, während letzteres in der früher gemeinsamen Bedeutung 'Kamm' neben dem gebräuchlicheren κτένιον fortlebte. Lexiph. würde also den in der lebendigen Sprache verbreiteten Sinn der beiden Substantive austauschen, indem er ξ. hier für Kamm, στλ. oben (§ 2 [56, 18]) für Schaber verwendet.

κηπίον ... σκάφιον ... κόννον ... κορυφαίαν
Die beiden Frisuren (das sonst nicht belegte Diminutiv κηπίον ist wohl Analogiebildung zu σκάφιον) unterscheiden sich durch die Haarlänge (Sch.Ar. *Av.* 806: τὸ μὲν οὖν σκάφιον τὸ ἐν χρῶι· ὁ δὲ κῆπος τὸ πρὸ μετώπου κεκοσμῆσθαι): Beim κ. fielen die Haare lang in die Stirn, die Haartracht galt als luxuriös (Hsch.: εἶδος κουρᾶς, ἣν οἱ θρυπτόμενοι ἐκείροντο); das σ. war eine Kurzhaarfrisur, die bei Frauen zum Zeichen der Schande geschoren (Ar. *Th.* 838; Sch.z.St.: εἶδος κουρᾶς δουλικῆς), aber auch von Hetären bevorzugt wurde (Hsch. s.v. σκάφιον). In dieser Assoziation könnte ein Teil des Witzes dieser Erwähnung ganz belangloser Details aus der Geschichte der Haarmode ("that contrast of hairstyle is a favourite flourish of erudition on Lucian's part" [Anderson, 1977, 65] mag sein [vgl. *Nav.* 2f.; *Tox.* 51; *VH* I 23], reicht aber nicht als Erklärung) liegen, dann natürlich auch darin, daß "Both styles had been for centuries out of fashion in Lucian's days" (Harmon). Zu beachten ist auch, daß Lexiph. sich als doch nicht ganz sattelfest in den zur Schau gestellten antiquarischen Kenntnissen erweist: Die Tatsache, daß er ein σ., nicht ein κ. trägt, dient ihm zur Begründung der Notwendigkeit, sich zu kämmen; längere Haare bedurften jedoch zu allen Zeiten eher des Kämmens als ein Kurzhaarschnitt, der notfalls auch ohne auskommt. Lexiph. weiß offenbar nicht wirklich, wovon er redet. Das merkt man auch daran, daß er das

Tragen eines σ. damit begründet, daß ihm vor nicht langer Zeit die Haare im Bereich von κόννος und κορυφαία hätten auszufallen (ἀποκομᾶν ist Hap. Leg., eine dem genannten ἀπερυθριᾶν vergleichbare Bildung) begonnen, er also im Bereich der Hauptmitte nunmehr kahl ist. Denn κορυφαία ist zwar normalerweise ein Teil des Geschirrs von Pferden (X. *Eq.* 3,2. 5,1; Poll. I 47), muß hier aber singulär als 'Haar auf der Hauptmitte' (vgl. Eusth. 1528,28) verstanden werden; auch κόννος kann einen Schmuck bezeichnen (Suid .s.v. κόννους), oder den Bart (Hsch. s.v.), wohl auch das hier Gemeinte (Hsch. s.v. ἱέρωμα). Beide ebenso obsolete wie uneindeutige Substantiva sollen also die Stelle des Kopfes bedeuten, an der Haarausfall gewöhnlich beginnt. Weshalb nun in diesem Stadium eine Kurzhaarfrisur eher getragen werden könnte als eine andere, ist unerfindlich, so daß der von Lexiph. konstruierte Kausalzusammenhang (ὡς+Pt.) keinen Sinn macht. Es entsteht der beabsichtigte Eindruck, daß Lexiph. nicht genau weiß, was die pretiösen Vokabeln bedeuten, wenn auch ein offenkundiger Widerspruch (so Longo: κήπιον sei eine Art Tonsur mit kahler Kopfmitte, während ein σκάφιον gerade dort Haare erfordere) nicht vorliegt. - Man beachte auch die auffällige Häufung der k-Laute, ein Klangeffekt, dessen (vielleicht unschöne) Wirkung wir nicht einschätzen können.

ἐθερμοτράγει

Zur Bildung des Hap. Leg. vgl. Ar. *Av.* 231 (κριθοτράγος), Poll. VI 40: Nach vielen Zusammensetzungen mit φαγεῖν erwähnt er: τάχα δὲ καὶ τὸ ἐντραγεῖν, ἐπιτραγεῖν, συκοτραγεῖν.

ἤμει τὸν νῆστιν

Lexiph. drückt sich so seltsam aus, daß nicht sicher zu sagen ist, was er eigentlich meint (Longo: "oscura frase"): Da νῆστις als Substantiv feminin ist ('Leerdarm' [Arist. *PA* 675b33; Aret. IV 9,4]; 'sizilische weibliche Gottheit' [Alex. 323; Emp. 6,3; Eust. 1180,14]), muß es als Adjektiv (mit Ellipse des Subst.) verstanden werden; als solches (sc. κεστρεύς) bezeichnet es eine wegen ihres Wohlgeschmackes geschätzte Fischart (Eub. 109; Ath. VII 307d; Poll. VI 50 etc.), und da im Kontext von allerlei Eßbarem die Rede ist, wird diese Bedeutung nahegelegt. Lexiph. würde also unabsichtlich sagen, daß jemand einen Fisch erbrach (den er beim κάρα δελφινίζειν verschluckt hatte?), während seine eigentliche Aussageabsicht am ehesten der Interpretation Doehrings (75) entsprochen haben dürfte: "...significantur ... humores, qui a ieiunis evomi solent; summa enim breviloquentia dicit ὁ δὲ ἤμει τὸν νῆστιν, quod nescio an recte suppleas τὸν νῆστιν ἔμετον..." (die Junktur ist belegt bei Aret. VII 5,9. VIII 7,1. 13,4).


ὁ δὲ ἀραιὰς ... ἰχθυηροῦ ζωμοῦ

Auch in diesem Satz bereitet Lexiph.' Diktion dem Verständnis erhebliche Schwierigkeiten. Das Adjektiv ἀραιός paßt hier einigermaßen nur im Sinne 'spärlich' (also weit verteilt, so daß große Zwischenräume entstehen; bezogen z.B. auf τρίχες, ἀκτῖνες, φωναί, ὀδόντες, vgl. LSJ s.v. IV); die Übersetzung "excavatis raphani frustis" (Gesner, zit. bei Doehring 63) ist nicht zu halten, da ῥαφανῖδες (nach Sch.Ar. *Pl.* 544 ein typisch attisches Wort für eine Rettich- oder Radieschenart) schwerlich sich eignen, ausgehöhlt und zum Schöpfen einer Flüssigkeit verwendet zu werden. μυστιλᾶσθαι (von μυστίλη) meint das Auftunken einer Soße mit Brotstückchen (Sch.Ar. *Eq.* 827), während die v.l. ἐμυστίλατο (μυστίλλειν = 'in kleine Stückchen schneiden') keinen Sinn ergibt (vgl. Seiler 1836, 278). Was Lexiph. ἰχθυηρὸς ζωμός nennt, würde man normalerweise eher als ἰχθύων ζωμόν bezeichnen (Poll. VI 49; also eine Art garum); ἰχθυηρός heißen hingegen bevorzugt Gegenstände, die bei Fischfang und -verarbeitung verwendet werden (vgl. z.B.: Ar. *Pl.* 814. *Fr.* 547; Diph. 31,21), und die dem deutschen 'fischig' anhaftende Konnotation kann sich durchaus einstellen, wenn sie wohl auch nicht zwingend ist (LXX *Ne.* III 3 heißt das Tor zum Fischmarkt πυλὴ ἡ ἰχθυηρά); doch fördert das folgende φαυλίας das beabsichtigte Mißverständnis 'nach Fisch stinkend'.

Insgesamt besteht die beschriebene Tätigkeit also darin, daß jemand mit eingebrocktem Brot eine Fischsauce ißt und dabei die (als verfeinernde Zutat) in dieser enthaltenen Rettichstückchen 'ausdünnt', d.h. sich bevorzugt herausnimmt.

φαυλίας

sc. ἐλαίας: Gemeint sind die (kaum genießbaren, aber in unreifem Zustand für die Ölpressung bevorzugten) Früchte des wilden Ölbaumes (z.B. Thphr. *CP* VI 8,3; Poll. VI 45); an sich ist φαύλιος aber gleichbedeutend mit φαῦλος, φαυλίαι sind als 'die Schlechten, die Groben' - eine nicht eben appetitliche Bezeichnung für denjenigen, der die entlegene Bedeutung nicht kennt.

ἐρρόφει τῶν κριθῶν

Das in der Regel mit Akk. konstruierte Verbum bedeutet 'eine Flüssigkeit ausschlürfen' (z.B. Ar. *V.* 906; Nicom.Com. 3) wie ein Vieh (X. *An*. IV 5,32); der Kasus des Objekts ist ebenso ungewöhnlich wie die Tatsache, daß von einem nicht flüssigen Nahrungsmittel (Gerstenbrei?) gesprochen wird, es sei denn Lexiph. meint ein bierähnliches Getränk (vgl. Ath. X 447a-d; A. *Supp*. 953; Hdt. II 77,4), das sonst aber nie so genannt wird (sondern πῖνος oder βρῦθος, vgl. Ath. *l.cit*.).

Auch dieser Abschnitt erweist sich als ein um gesuchte Vokabeln mühsam herumgebauter Kontext, bei dem Unklarheit und Widersprüche nicht nur hingenommen, sondern intendiert sind. Es kennzeichnet die Logik von Lexiph.' Erzählung, wie er abschließend fünf Tätigkeiten aufzählt, mit denen man sich die Zeit bis zum Beginn des Symposions vertrieben habe: Vier davon bestehen in Nahrungsaufnahme (wobei man nicht fragen darf, weshalb vor dem üppigen Gelage das noch nötig war), eine einzige, mitten unter den anderen, im geraden Gegenteil.

**Das Symposion: Die Speisen (§ 6)**

Die Schilderung des eigentlichen Symposions beginnt mit einer langen
Aufzählung der aufgetischten Speisen, die Lexiph. Gelegenheit bietet, ein
umfangreiches, größtenteils der Komödie entnommenes, kulinarisches
Vokabular auszubreiten. Ein solches 'Vorlegen der Speisekarte' ist ein aus
der Komödie bekanntes Motiv (vgl. z.B. Anaxandr. 42), während man in
Symposien ernsthaften Inhalts (Pl., X.) dergleichen nicht findet und auch
Lukian in seinem Symposion das ταῦτα καταριθμεῖσθαι, χυμοὺς καὶ
πέμματα καὶ καρυκείας (conv. 11) ausdrücklich ablehnt. In Plutarchs
Symposion der sieben Weisen wird gar ein Zusammenhang hergestellt
zwischen dem intellektuellen Rang der Symposiasten und dem Ausmaß des
Tafelluxus und zwar in dem Sinne, daß beim Zusammensein hochkarätiger
Persönlichkeiten ein bescheidenes Speisenangebot ausreiche - sc. weil es
auf die geistreiche Konversation in erster Linie ankommt (Mor. 150c: ἐμοὶ
δὲ τὸ δεῖπνον εὐτελέστερον ὁρῶντι τοῦ συνήθους ἐννοεῖν ἐπήιει πρὸς
ἐμαυτὸν ὡς σοφῶν κἀγαθῶν ἀνδρῶν ὑποδοχὴ καὶ κλῆσις οὐδεμίαν
προστίθησι δαπάνην ἀλλὰ συστέλλει μᾶλλον, ἀφαιροῦσα περιεργίας
ὄψων καὶ μύρα ξενικὰ καὶ πέμματα καὶ πολυτελῶν οἴνων
διαχύσεις...); so betrachtet müssen sich allerdings bei Lexiph. die Tische
biegen.


<u>καιρὸς ἦν</u>
Zur der für das δεῖπνον üblichen Tageszeit bemerkt Poll. VI 44: τῆι σκιᾶι
δ' ἐτεκμαίροντο τὸν καιρὸν τῆς ἐπὶ δεῖπνον ὁδοῦ, ἣν καὶ στοιχεῖον
ἐκάλουν· καὶ ἔδει σπεύδειν, εἰ δεκάπουν τὸ στοιχεῖον εἴη. Der
Zeitpunkt änderte sich also mit den Jahreszeiten, etwa konstant blieb nur
der Zeitraum zwischen Essenszeit und Einbruch der Dunkelheit.


<u>ἐπ' ἀγκῶνος ἐδειπνοῦμεν</u>
Auffällig ist die Ellipse eines Verbums des Haltens bzw. Stützens
(Doehring 4: "pro ἐπ' ἀγκῶνος ἐρειδόμενοι"; vgl. Luc. Luct. 20:
ἀνακλίνας αὐτὸν ἐπ' ἀγκῶνος); die Haltung wird genauer beschrieben in
Il. X 80, wo sich Nestor von seinem Lager halb aufrichtet, um sich am
Gespräch zu beteiligen. In Lukians Tagen scheint man beim Gelage

bequemere Arten des Liegens bevorzugt zu haben, ἐπ' ἀγκῶνος galt wohl als altmodisch-asketische Haltung: Jedenfalls lehnt in *conv.* 13 der Kyniker Alkidamas, der durch sein gesamtes Benehmen den Anschein äußerster Bedürfnislosigkeit zu erwecken sucht, einen ihm angebotenen Sessel entrüstet ab mit dem Hinweis, er brauche dergleichen Luxus nicht, sondern werde im Stehen essen; wenn er aber ermüde, χαμαὶ τὸν τρίβωνα ὑποβαλόμενος κείσομαι ἐπ' ἀγκῶνος οἷον τὸν Ἡρακλέα γράφουσιν.

### ὀκλαδίαι καὶ ἀσκάνται

Eine ὀκλαδία ist eigentlich ein zusammenklappbarer Stuhl (der für versteckte Zweideutigkeiten sensibilisierte Leser könnte sich an die obszöne Bedeutung des Wortes erinnert fühlen, vgl. z.B. Ar. *Eq.* 1384ff.; dieselbe Metaphorik findet sich auch sonst in der Komödie, vgl. Henderson 1975, 180). ἀσκάντη bezeichnet dasselbe wie σκίμπους (Ar. *Nu.* 254. 633; Poll. VI 9. X 35), also ein einfaches, nicht sonderlich bequemes, vielleicht sogar schäbiges Sofa (Dover 1970, 95: "How a σκίμπους differed from other kinds of bed we do not know, but everything [including the squalid discomfort of the school] combines to suggest that it was not luxurious. Plato's Socrates slept on one at home [Prt. 310c]", vgl. auch Luc. *asin.* 3, wo σκιμπόδιον eine Schlafstätte für Sklaven ist; σκίμπους kann auch 'Trag- [Luc. *philops.* 11] ἀσκάντη auch 'Leichen-bahre' [*AP* VII 634] bedeuten). So dürfte eine ἀ. kaum das passende Möbel für ein aufwendiges Gelage gewesen sein, und falls doch eine dastand, hätte man es besser verschwiegen. Wieder ist Lexiph. Opfer seiner Gier nach alten Wörtern geworden, deren Bedeutung er nicht genau genug kennt: Im ersten Satz wird gesagt, man habe 'auf dem Ellenbogen', also doch beinahe im Liegen, gespeist; das folgende 'es standen auch Klappstühle da usw.' läßt erwarten, daß weitere Sitzgelegenheiten genannt werden, denn das Vorhandensein von Liegemöbeln impliziert ja bereits der erste Satz. Stattdessen folgt auf die Klappstühle wieder eine Art Sofa, das zum Liegen benutzt wird.

### ἀπὸ συμφορῶν

Der auch vom Sch. registrierte Wortwitz (διαπαίζων εἶπε τὸν ἔρανον) besteht darin, daß Lexiph. mit συμφοραί das bezeichnet, was

normalerweise σύμβολα heißt, also die Beiträge der Teilnehmer zu einem
gemeinsamen Gelage (vgl. z.B. Sandbach 1973, 614). Ähnlich
reetymologisierender Gebrauch (zu συμ- φέρειν) läßt sich zwar auch an
wenigen anderen Stellen beobachten (Polem. *Cyn.* 24; Aret. *SD*
11,1=Hude 79,32), aber nie im hier intendierten Sinne. Lexiph. sagt also
unabsichtlich, das Essen habe sich aus 'Katastrophen' zusammengesetzt
(vgl. Harmon) - was sich zumindest teilweise als nicht unzutreffend
erweisen wird.

Die aufgezählten Speisen lassen sich in folgende Gruppen
zusammenfassen; nur an einer Stelle wird das Gliederungsprinzip nicht
eingehalten.

a) Fleischspeisen

<u>δίχηλα ὕεια</u>
Lexiph. meint 'Schweinshaxen' (vgl. Poll. VI 47: συῶν πόδες), drückt
dies aber in sehr prätentiöser Weise aus, indem er das sonst nur als Adj.
belegte δίχηλος substantiviert und damit den (durch einen in zwei Hälften
gespaltenen Huf gekennzeichneten) Fuß des Schweines bezeichnet;
normalerweise wird das Adj. auf ein Tier als Ganzes angewendet (z.B.
Hdt. II 71; Arist. *PA* 663a31). Eine entfernt ähnliche Ausdrucksweise bei
E. *Ba.* 740, wo ebenfalls der Fuß eines Spalthufers δίχηλος ἔμβασις
genannt wird.

<u>σχελίδες</u>
'Rippenstücke', meist vom Rind, eine hochgeschätzte, aber
vergleichsweise alltägliche Speise (Ar. *Eq.* 362. Fr. 264); das Sch.
hingegen erklärt die veraltete Vokabel als τὰ ἀπὸ τῶν σκελῶν τῶν ζώιων
εἰς μῆκος ἀφαιρούμενα, ἅ φασιν ἀκρονάρια.

<u>ἠτριαία</u>
Als Fem. oder Neutr. substantiviert findet sich das Adj. an drei anderen
Stellen, wo aber im Gegensatz zu hier jeweils gesagt wird, von welchen
Tieres Magen die Rede ist (Ath. I 4c: τῶν Παχυνικῶν θύννων τὰς

ἠτριαίαν). Der Kontext legt nahe (wenn man Lexiph. soviel Konsequenz zutrauen möchte), daß auch hier ein Ferkelmagen gemeint ist.

### τοκάδος ὑὸς τὸ ἐμβρυοδόχον ἔντερον

τοκὰς ὗς ist hier wohl nicht (wie Od. XIV 16; Plb. XII 4,8; E. *Med.* 187. *Hec.* 1157) als 'bereits oder soeben geboren habend' zu verstehen, sondern in der Bedeutung 'trächtig' (ähnlich Str. IV 1,2: 'gebärfreudig', allerdings auf Frauen bezogen). Verdeutlicht wird dies durch das Hap. Leg. ἐμβρυοδόχος, das zusammen mit dem unspezifischen ἔντερον den (mit dem Fötus gefüllten und deshalb wohl einen besonderen Leckerbissen darstellenden) Uterus des Tieres bezeichnen soll; vgl. auch Casewitz 1994, 80: "La periphrase donne au signifié une allure noble qu' il ne mérite pas."

### λοβὸς ἐκ ταγήνου

Die Zweideutigkeit der Vokabel (1.Teil der Leber: Nic. *Th.* 560; Pl. *Tim.* 71c; A. *Pr.* 495. *Eum.* 158 u.a. - 2.Ohrläppchen: Poll. II 85; eine Erklärung der doppelten Bedeutung bei Hsch., Suid.) kann innerhalb des eindeutigen Kontextes zwar nicht ernstlich zu einem Mißverständnis führen (wie Doehring 36 meint: "facile errorem parat legentibus"), hat aber witzigen Effekt. τάγηνος ist laut Phryn. *PS* 65,11 die attische Form für das dorische (und später gemeinsprachliche) τήγανος (vgl. auch Moer. 330).

### b) Würzsaucen

### μυττωτός

Die ausführlichste Erklärung gibt das Sch.Ar. *Eq.* 771: ἔστι δὲ ὑπότριμμα διὰ σκορόδου, κατασκευάζεται δὲ ἀπὸ τυροῦ καὶ σκορόδου καὶ ὠοῦ καὶ ἐλαίου καὶ πράσου; Poll. VI 70 beschreibt die Mixtur als τρῖμμα ἐκ σκορόδων δριμύ. Erot. erklärt zu Eup. 191 (K.-A. V 399), als μυττωτός bezeichneten einige auch einen πλακοῦντα διὰ λαχάνου συντεθέντα; im hier gegebenen Kontext liegt aber die erstgenannte Bedeutung näher.

### ἀβυρτάκη

Nach Angabe des Sch. ein σκεύασμα βαρβαρικὸν διὰ καρδάμου καὶ πράσων; Zutaten dieser Sauce werden genannt von Antiph. 140 (vgl. Poll.

VI 66). Daß es sich um eine üppige, fremdländische Sauce handelt, zeigt auch Pherecr. 195 (ἀβυρτάκην τρίψαντα καὶ Λυδίαν καρύκην).

καρυκεῖαι

Die erst seit dem 2. Jh.n.Chr. belegte Vokabel (Luc. *Symp.* 11; Ael. *NA* IV 40; Ath. XIV 646e) ist ein Sammelbegriff für Speisezubereitung mit üppigen und scharf gewürzten Saucen (καρύκη, nach Ath. XII 516c von den Lydern erfunden); Gal. (VI 298) jedenfalls rät, insbesondere auf κ. zu verzichten, wenn man eine bestimmte Diätsauce zubereiten wolle. Sachlich bezeichnet das 'neumodische' Wort also etwa dasselbe wie die beiden altattischen Reminiszenzen.

c) Pasteten und Kuchen

θρυμματίδες

Bei Antiph. 181 wird eine θρυμματὶς τεταραγμένη innerhalb einer Aufzählung von teuren und aufwendigen Speisen genannt; diese ist vielleicht identisch mit der bei Poll. VI 77 beschriebenen στεγαστὴ θρ. (ἦν δὲ καὶ κρηπὶς ἐξ ἀλεύρου καὶ μέλιτος, ἦι ἐνέκειντο ἀμπελίδες τινὲς ἢ συκαλίδες ὀπταί, ὧν βρωθεισῶν τὴν κρηπῖδα ζωμῶι ὀρνιθείωι ἐνθρύψαντες ἤσθιον). Von der 'Unterlage' aus Gerstenmehlteig hat das Gericht seinen Namen (θρύμματα sind laut Poll. VII 23 μέρη τῶν ἄρτων), und es wird vermutlich verschiedene Varianten dieser 'Teigtaschen' gegeben haben.

θρῖα

bedeutet eigentlich 'Feigenblatt', meist aber 'gefülltes Feigenblatt' (Ar. *Ach.* 1101f.;*Eq.* 954; *Ra.* 134), über dessen Zubereitung Poll. VI 57 in allen Einzelheiten informiert: στέαρ ὕειον ἐφθὸν λαβὼν μετὰ γάλακτος μίγνυ χόνδρωι παχεῖ, συμφυράσας δ' αὐτὰ τυρῶι χλωρῶι καὶ λεκίθοις ὠιῶν καὶ ἐγκεφάλοις περιβαλὼν συκῆς φύλλωι εὐώδει, ζωμῶι ὀρνιθείωι ἢ ἐριφείωι ἔνεψε, ἔπειτα ἐξελὼν καὶ τὸ φύλλον ἀφελὼν ἔμβαλε εἰς ἀγγεῖον γέμον μέλιτος ζέοντος.

μελιττοῦται

Ein Honigkuchen, der offenbar nicht zum Essen bestimmt war, sondern als Opfergabe für die Schlangen der Akropolis (Sch.Ar.*Nu.* 507; Hdt. VIII 41,2f.) oder Bestattungsbeigabe für die Toten (Sch.Ar.*Lys.* 601; Sch.Ar.*Av.* 557) verwendet wurde. Diese 'Kleinigkeit' hat Lexiph. bei seiner Vokabeljagd übersehen.

d) Meeres- und Süßwassertiere

ὑποβρυχίων

In der Bedeutung 'unter Wasser befindlich' wird das Adj. sonst nur auf Lebewesen und Gegenstände angewandt, die zeitweilig bzw. unfreiwillig 'untergetaucht' werden (z.B. *h.Hom.* 33,12; Hdt. I 189,1; auch metaph.: Aristid. *Or.* XXIII 46), befremdet also als Sammelbegriff für stets und von Natur aus unter Wasser lebende Tiere; vor kurzem hatte auch Lexiph. das Wort in seinem eigentlichen Sinne verwendet (§ 5 [59,8]).

σελάχια

Diminutiv zu τὸ σέλαχος, womit bestimmte Fische bezeichnet wurden (Arist. *HA* 511a5f.: καλεῖται δὲ σέλαχος ὃ ἂν ἄπουν ὂν καὶ βράγχια ἔχον ζωιοτόκον ἦι) oder Schalentiere (Erot. zu Eup. 1, K.-A.V 303) oder Stücke von Fischen (Plin. *NH* IX 24[40],78; Hsch.). In medizinischer Literatur werden sie als Diät bei bestimmten Leiden empfohlen (z.B. Hp. VII 198,15) aufgrund ihrer abführenden Wirkung; darin gleichen sie den ὀστρακόδερμα ζῶια (Hp. VI 550,7f.; Gal. VI 737).

ὀστράκινα τὸ δέρμα

Singulärer Ausdruck für den aristotelischen Terminus ὀστρακόδερμα (Gal. XII 343: πάντα τὰ ὀστρακόδερμα πρὸς ᾿Αριστοτέλους ὀνομασθέντα; z.B. *HA* 523b9; Thphr. *HP* IV 6,8; Ath. III 89f); das Adjektiv ὀστράκινος ist sonst nur in der eigentlichen Bedeutung 'aus Ton bestehend' belegt. Die v.l. ὀστρακόρινα (als Bezeichnung für Schalentiere erstmals belegt bei Opp. *H.* I 313. V 589) würde als pretiöse Alternativbildung (ῥινός statt des gängigen δέρμα) nicht weniger gut in

Lexiph.' Diktion passen als die ungewöhnliche Junktur, die MacLeod in den Text gesetzt hat.


<u>τεμάχη Ποντικὰ τῶν ἐκ σαργάνης</u>

τεμάχη kann laut Sch.Ar. *Nu.* 339 für Stücke von Kuchen oder Fisch, nicht aber Fleisch gesagt werden, der pedantische Phryn. (72R 21L) schränkt die Anwendung auf Fisch ein, während man bei Fleisch oder Kuchen τόμος sagen müsse (daß diese Vorschrift weit entfernt war von allgemeiner Durchsetzung zeigt z.B. Philostr. *VA* II 6). Daß hier tatsächlich Fischstücke gemeint sind, bestätigt die Herkunftsangabe Ποντικά (vgl. z.B. Cratin. 40), denn eingepökelter Thunfisch oder Stör gehörten zu den wichtigsten Importgütern aus dem Schwarzmeergebiet (RE Suppl. IX 1962,972ff. [Danoff]). σαργάνη (auch σαργανίς, vgl. Cratin. 40) ist ein πλέγμα τι ἀπὸ σχοινίου γινόμενον εἰς ὑποδοχὴν ἰχθύων (Be.An. I 301). Unter dem Fachvokabular des Fischfangs und -handels erwähnt Poll. VII 27 sowohl ταρίχους ὡραῖα τεμάχη als auch ὡραῖαι ταρίχους σαργάναι bzw. σαργάναι ὡραῖαι καὶ σαπραί: Die Verbindung zwischen 'Salzfisch' und σαργάνη scheint also eine so enge gewesen zu sein, daß das Behältnis mitunter auch für den Inhalt stehen konnte. Lexiph.' antiquarische Formulierung erweist sich damit insofern als überladen, als τεμάχη Ποντικά bereits eindeutig das Gemeinte bezeichnen, und mit τῶν ἐκ σαργάνης kein weiteres Spezifikum hinzugefügt wird.


<u>κωπαίδες</u>

sc. ἐγχέλεις: Aale aus dem Kopais-See galten als Delikatesse, die Ellipse des Subst. findet sich auch bei Ar. *Pax* 1005 und Stratt. 45. Freilich handelt es sich um eine antiquarische, mit den Verhältnissen des 2. Jhs. wohl kaum übereinstimmende Notiz, wie sich aus der Fomulierung bei Poll. VI 63 schließen läßt: ἰστέον δ' ὅτι παρὰ τοῖς παλαιοῖς εὐδοκίμουν ... ἐγχέλυες ἐκ Βοιωτίας αἱ Κωπᾶιδες.

Mit den beiden folgenden Gerichten, die nicht zu den ὑποβρύχιοι gehören, wird die Gliederung durchbrochen, ohne daß ein besonderer Grund erkennbar wäre. Vielleicht wollte Lukian zeigen, daß Lexiph. selbst innerhalb einer relativ kurzen Aufzählung nicht in der Lage ist, ein

einfaches Ordnungsprinzip einzuhalten, weil seine ganze Aufmerksamkeit
dem Vokabular gilt.


<u>ὄρνις σύντροφος</u>

ὄρνις bedeutet im Att. häufig 'Hahn' (ὁ ὄ.) bzw. 'Henne' (ἡ ὄ.; vgl. LSJ
s.v. III), was hier durch das Attribut zusätzlich klargemacht wird, denn
σύντροφος kann von Haustieren gesagt werden (z.B. Hdt. II 65,2; Plu.
*Aem.* 10,7; die übrigen bei LSJ in diesem Sinne zitierten Stellen [Arist. *HA*
629b11;  X. *Mem.* II 3,4] passen nicht, da vom Zusammenleben unter
Tieren und nicht zwischen Mensch und Tier die Rede ist); dennoch hat
Doehring (40) recht mit dem Gefühl, daß "in adiectivo addito inest aliquid
miri". Dieses Seltsame besteht wohl darin, daß man ein Adj., das die enge
Beziehung zwischen Mensch und Tier hervorhebt (besonders deutlich bei
Plu. l.cit.: die Tochter des Aemilius Paullus ist zutiefst betrübt über den
Tod ihres κυνίδιον σύντροφον), nicht gerade dann setzt, wenn man im
Begriff ist, eben dieses Tier zu verspeisen; σύντροφος kann ein Huhn
angemessen genannt werden, wenn von seiner Nützlichkeit usw. als
'Mitwohner' des Menschen gesprochen wird, nicht wenn es als Brathuhn
auf dem Tisch steht.


<u>ἀπῳδός</u>

bedeutet normalerweise 'aus der Melodie fallend' oder 'nicht harmonierend
mit' (vgl. LSJ s.v.), was beides hier keinen Sinn gibt. Nur bei Him. *Or.*
XXII (LXIX)5 findet sich das Adj. auf eine Person bezogen, die 'ihre
Tätigkeit als Sänger einstellt bzw. unterbricht', also in dem Sinne, den
offenbar auch Lexiph. dem Wort gibt (so auch Doehring 63, LSJ s.v. II).
Also hätte man einen Hahn, der wegen seines hohen Alters nicht mehr
'singt', aufgetischt. Wenn man unterstellt, daß die Beschreibung der
Speisen deren Auf-, nicht Abwertung intendiert, dann kann dies nicht das
wirklich Gemeinte sein (ein greiser Hahn wäre allenfalls unter den
angekündigten συμφοραί zu subsumieren); wahrscheinlich will Lexiph.
das Gegenteil sagen, nämlich 'ein Hahn, der bis zu diesem Zeitpunkt nicht
gekräht hat', sc. weil er zu jung ist; doch läßt sich eine solche Bedeutung
nirgends belegen (ThLGr s.v.: "Annotant praeterea quidam ἀπῳδόν
dictum cantum gallorum immaturum" dürfte ausschließlich aus *Lex.* 6

herausgesponnen sein) und ἤδη erschwert zusätzlich ein solches
Verständnis (vgl. immerhin LSJ s.v. ἤδη 5: 'bis zu diesem Zeitpunkt').
Wie beim folgenden βοῦς λειπογνώμων führt die verworrene Diktion zur
Umkehrung des Sinnes.

<u>ἰχθὺς ἦν παράσιτος</u>
Auch hier liegt der Sprachwitz im Gebrauch des Adj., das nicht heißt, was
Lexiph. darunter verstanden wissen will, nämlich 'Schmarotzer', und nicht
'das, was neben dem σῖτος aufgetragen wird', also das ὄψον. Die Stelle
wird falsch verstanden von Harmon ("and an odd fish- the parasite") und
Anderson (theme 30: "a pun on the parasite fish"; zum komischen Auftreten
von Fischen als Personen bei Matron u.a. vgl. Ullrich 1908/9, II 23),
zutreffend dagegen Nesselrath 1985, 76. Daß παράσιτος früher einen
anderen Sinn (aber nicht den von Lexiph. intendierten) gehabt habe und
erst durch Epicharm zu seiner später gängigen Bedeutung gekommen sei,
notiert Poll. VI 34f.

e) größere Bratenstücke

<u>ὄιν ἰπνοκαῆ</u>
Der Sinn des Adj. ist trotz der Mehrdeutigkeit des ersten Bestandteiles
(neben der hier intendierten Bedeutung 'Backofen' kann es auch 'Laterne'
[Ar. *Pax* 841. *Pl.*815] oder 'Misthaufen' [Ar. *Fr.* 369; vgl. Poll. V 91]
bedeuten) klar; wie bei ἡλιοκαής (§ 2) hat Lexiphanes eine prätentiöse
Neubildung für einen alltäglichen Gegenstand gewählt (ebenso Casewitz
1994, 80).

<u>βοὸς λειπογνώμονος</u>
Die Erklärung des Sch. (βοῦν τὸν τὸ γνῶμα ἀποβαλόντα, ὅ ἐστιν ὀδοὺς
ἀπὸ γενετῆς) und eine Notiz bei Poll. (I 182: οἱ δὲ γεγηρακότες [sc.
ἵπποι] ἀπογνώμονες καὶ λειπογνώμονες; vgl. auch Eust. I 1627) lassen
keinen Zweifel, daß das Adj. Tiere bezeichnet, die so alt sind, daß ihnen
der zur Bestimmung des Alters benutzte Prüfzahn bereits ausgefallen ist.
Lexiph. will natürlich das Gegenteil sagen, nämlich ein Rind, das so jung
ist, daß es diesen Zahn noch gar nicht hat - was normalerweise ἄβολος

heißt (vgl. Sch.Pl. *Lg.* 834c: ἄβολος, νέος οὐδέπω γνώμονα ἔχων. γνώμονα δ' ἔλεγον τὸν βαλλόμενον ὀδόντα, δι' οὗ τὰς ἡλικίας ἐξήταζον ... καὶ λειπογνώμονας τοὺς ἀπογεγηρακότας, ἐν οἷς ἐλελοίπει τὸ γνώρισμα). Die Formulierung hat denselben Effekt wie der kurz zuvor genannte ἀλεκτρυὼν ἀπῳδός.

## f) Brote

<u>σιφαῖοι</u>

Das sonst nicht belegte Adj. könnte entweder bedeuten 'aus Siphai' (einer Stadt in Böotien, vgl. Thuc. IV 76,3; Sch.Ap.R. I 105: was speziell man sich unter solchen Broten vorzustellen oder wodurch sie sich ausgezeichnet hätten, wissen wir jedoch nicht), oder wäre in Zusammenhang zu bringen mit σίφων ('Halm'), wobei allerdings unverständlich bliebe, weshalb man ein Brot ausgerechnet nach dem Teil der Getreidepflanze benannt haben soll, aus der gewiß kein Brot gewonnen werden konnte. Durch die Annahme zweier geringfügiger Schreibfehler entstünde jeweils ein besserer Sinn:

a) Ath. III 115f rühmt den Nährwert und die Bekömmlichkeit von Broten ἐκ τῆς τίφης (vgl. auch III 109c), einer z.B. bei Arist. *HA* 603b26 erwähnten Getreidesorte; solche Brote könnte Lexiph. ohne weiteres als ἄρτοι τιφαῖοι bezeichnet haben.

b) Suid. hat ein Lemma σιλφαῖοι ἄρτοι; daß man σίλφιον - eine nicht genau identifizierte, als Heilmittel und Gewürz verwendete Wurzel - auch Mehlprodukten zum Würzen zusetzte, geht auch aus Sch.Ar. *Av.* 533 hervor (ῥίζα ἡδύοσμος πρὸς ἄλφιτα); ἄρτοι σιλφαῖοι wäre also ein sinnvoller (und auch für Lexiph. ausreichend entlegener) Ausdruck. Zu erwägen ist ferner eine Beziehung des Adj. zu σίλφη, welches nach Sch.Ar. *Pax* 143 ein Wort des späteren Griechisch für 'Boot' ist (ὡς νῦν σίλφας τινὰ λέγουσιν ἀκαντίων εἴδη); der Name wäre dann wohl von der Form der Brote abzuleiten.

Schließlich hat σίλφη auch die Bedeutung '(Bücher-) Wurm' (Arist. *HA* 601a3; Luc. *Ind.* 17 in der Form τίλφη; Phryn. 359R 300L fordert die Form τίφη, wozu Lexiph. ein Adj. τιφαῖος gebildet haben könnte). Wenn man also σιλφαῖοι liest, ergäbe sich eine ähnlich unglückliche, weil doppeldeutige, Bezeichnung der gemeinten Brote wie zuvor bei Rind und Brathähnchen: Lexiph. will irgendetwas von dem Dargelegten, jedenfalls etwas Positives, über die Brote sagen, gibt ihnen aber ein Epitheton, das an Wurmfraß denken läßt. Dies und die ἀσάφεια von σιλφαῖος überhaupt sprechen m.E. sehr für diese Konjektur.

## νουμήνιοι

Lexiph. meint wohl Brote, die eigens für das Neumondfest gebacken wurden, etwas Ähnliches nennt Hdt. VIII 41,3 ἐπιμήνια μελιτόεσσα; wahrscheinlich waren diese jedoch vornehmlich für Opferzeremonien bestimmt (vgl. ThLGr s.v.). νουμήνιος jedenfalls ist sonst nur als Subst. belegt und bezeichnet einen Vogel (D.L. IX 114; Hsch.), der diesen Namen wegen der Form seines Schwanzes trug (vgl. Huebner, Komm. zu D.L. IV 495).

## ὑπερήμεροι τῆς ἑορτῆς

Das Adj. ist ein juristischer Terminus, der das Überschreiten einer durch Natur oder Gesetz bestimmten Frist bezeichnet, die häufig im Gen. dabeisteht (z.B. Lys. XXIII 14; Luc. *Pisc.* 52. *Philops.* 25; metaphorisch bei Anaxandr. 67). Die Anwendung auf Brote ist kühn, und die Vorstellung, diese hätten die ihnen innerhalb einer bestimmten Frist (des Festtages) gestellte Aufgabe (das Aufgegessenwerden) nicht erfüllt, grenzt ans Lächerliche.

g) Gemüse

## ὑπερφυῆ

Für die dem Sprachgebrauch zuwiderlaufende, reetymologisierende Verwendung des Adj. gibt es zwei Parallelen aus der späten Gräzität: Dsc. IV 73 bemerkt über die Tollkirsche καυλοὺς δὲ ἀνίησιν ἐκ τῆς ῥίζης ὑπερφυεῖς, D.L. I 100 spricht von τοὺς ὑπερφυέας τῶν ἀσταχέων (was allerdings 'höher als die übrigen gewachsen' bedeutet). Man versteht also, was Lexiph. meint, aber die Häufung der seltenen oder in ungewohntem Sinn verwendeten Adj. wirkt lächerlich.

**h) Wein**

Mit vier Attributen umschreibt Lexiph. den einfachen Sachverhalt, daß es
sich bei dem Tischwein um einen jungen, noch nicht vollständig
vergorenen Traubenmost gehandelt habe ( was nebenbei auf eine Jahreszeit
schließen läßt, in der strenge Kälte schwerlich geherrscht haben kann):

<u>οὐ γέρων</u>

Die adjektiv. Verwendung mit Beziehung auf Wein auch bei Eub. 121
(Θάσιον ἢ Χῖον λαβὼν ἢ Λέσβιον γέροντα νεκταροσταγῆ); natürlich
wurden alte Weine im allgemeinen höher geschätzt, und die Frugalität des
Trankes steht in seltsamem Kontrast zur Üppigkeit der Speisen.

<u>τῶν ἀπὸ βύρσης</u>

In ledernen Schläuchen wurde der noch unvergorene Most transportiert und
verkauft (Poll. VII 192); was nicht zum sofortigen Gebrauch, sondern zur
Gärung bestimmt war, wurde dagegen in große Fässer gefüllt (Oxf. Class.
Dict. s.v. wine).

<u>ἀγλευκής</u>

Wieder gibt es eine Diskrepanz zwischen dem, was Lexiph. sagen will und
was er wirklich sagt: Gemeint ist offenbar, daß es sich bei dem Getränk
nicht mehr um frisch gekelterten und ganz unvergorenen, also
unalkoholischen Traubensaft handelte (den die Attizisten γλεῦκος, die
lingua communis des 2. Jhs. οἶνος γλεύκινος oder πρότροπος oder auch
μοῦστον nannte, vgl. Herbst 1911, 65). ἀγλευκής jedoch, ein im
Attischen nicht geläufiges Wort vielleicht sizilischer Herkunft (Suid.s.v.),
bedeutet 'sauer, unangenehm' (z.B. X. *Hier* 1,21. *Oec.* 8,3 [coni. Quelle
ex Suda: ἀτερπές codd.]; Nic. *Al.* 171).

<u>ἄπεπτος</u>

Lexiph. meint, daß der aufgetischte Wein noch nicht völlig durchgegoren
war, und verwendet dafür ein Adj., das normalerweise 'ungekocht,
unverdaut' bedeutet (zahlreiche Stellen bei LSJ, noch mehr im Ind. Hp.).
Wie eigenwillig Lexiph.' Wortgebrauch ist, zeigt ein Vergleich mit zwei
Stellen bei Arist., an denen ebenfalls vom Zusammenhang zwischen

πέττεσθαι und γλυκύς bzw. dessen Gegenteil die Rede ist - allerdings mit
entgegengesetztem Ergebnis: Während nach Arist. der Vorgang des
πέττεσθαι zu einem Mehr an γλυκύ oder doch Weniger an ἀγλευκές führt
(*Pr.* 877b25ff.: ὅτι τὰ ἄπεπτα τούς τε χυμοὺς ἀεὶ χείρους ἔχει ... καὶ τὰς
ὀσμὰς δυσωδεστέρας, τὰ δὲ πεπεμμένα ἢ γλυκεῖς ἢ ἧττον ἀγλευκεῖς;
*GA* 750b25f.: ἐν πᾶσι γὰρ τὸ πεπεμμένον γλυκύτερον), suggeriert
Lexiph.' Ausdrucksweise ('zwar schon ἀγλευκῆ, aber noch ἄπεπτος), daß
der Vorgang der πέψις die Eigenschaft ἀγλευκές noch verstärken würde,
was für die von ihm unterstellten Bedeutungen ('nicht mehr Süßmost -
gären') zwar zutrifft, den normalen Zusammenhang ('sauer - garen') aber
auf den Kopf stellt.


**Die Trinkgefäße (§ 7)**

<u>ποτήρια ... παντοῖα</u>
Eine Aufzählung von verschiedenen Trinkgefäßen findet sich auch bei Poll.
VI 95-100. X 66-68 sowie, in großer Ausführlichkeit und mit teilweise
sehr detaillierter Beschreibung samt zahlreichen Belegen meist aus den
Komikern, bei Ath. XI 461e-503f; ποτήρια - Kataloge gab es in der älteren
Literatur z.B. in der Σώζουσα des Dionysios von Sinope (Ath. XI 497c)
und im Τιθραύστης des Diphilos (Ath. XI 484e). Weder Poll. noch Ath.
noch eine der erwähnten Komikerstellen weist aber in Auswahl und
Zusammenstellung der Gefäße so starke Ähnlichkeit mit Lexiph.'
Aufzählung auf, daß direkte Abhängigkeit wahrscheinlich wäre. Die
Besonderheit des von Lexiph. gebotenen Katalogs liegt denn auch weniger
in der Entlegenheit der genannten Gefäßtypen (hier hätte sich, wie
besonders Ath. zeigt, eine noch exklusivere Auswahl treffen lassen) als in
der Neubildung von Vokabeln und im Gebrauch vorhandener in neuem
Sinn.


<u>δελφίδος</u>
Welche Lesart man auch akzeptiert (δελφῖδος, δελφινίδος), in jedem Fall
handelt es sich um ein Hap. Leg., dessen Bedeutung nur aus seiner
Funktion als Attribut zu τράπεζα und dem zugrundeliegenden δελφίς

erschlossen werden kann. Das Sch. vermutet einen Tisch, dessen Füsse die Gestalt von Delphinen haben; etwas derartiges ist zwar - soweit ich sehe - weder literarisch noch archäologisch zu belegen, jedoch wurde die Delphinengestalt für verschiedenartige, oft aus kostbarem Material gefertigte Gegenstände benutzt, wie etwa bei Kriegsschiffen für eine über dem Rammsporn angebrachte Vorrichtung (Poll. I 85) oder für Bleigewichte, die man toten Köderfischen zum Beschweren ins Maul legte (Opp. *Hal.* III 290. IV 80). Von aus massivem Silber gefertigten Delphinen unbekannter Zweckbestimmung, die C. Gracchus für 5000 Sesterzen (bzw. 1250 Drachmen) pro Pfund Gewicht gekauft habe, berichten übereinstimmend Plu. *TG* 2,4 und Plin. *NH* XXXIII 53 (delphinos quinis milibus sestertium in libras emptos C. Gracchus habuit, L. vero Crassus orator duos scyphos Mentoris artificis manu caelatos - die letzterer jedoch wegen ihrer Kostbarkeit nie zu benutzen wagte).Wenn irgendwelche kunsthandwerklichen Erzeugnisse in Delphinengestalt in Verbindung mit von der Hand Mentors verzierten Gefäßen (s.u.) bei Plin. und an unserer Stelle genannt werden, ist das wohl einfach darauf zurückzuführen, daß derartige Gegenstände als Ingebriff von aufwendigem Hausrat und Tafelluxus galten; oder aber Plin. schöpft hier aus einer Quelle, die auch Lukian vorschwebt; die theoretisch dritte Möglichkeit (daß Lukian Plin. gelesen habe) kann man wohl ausschließen.


<u>κρυψιμέτωπος</u>

Das neugebildete Adj. wird substantiviert verwendet (sc. z.B. σκύφος), weshalb es als einziges in dieser Aufzählung den Artikel bei sich hat; man versteht die Bedeutung ohne weiteres (vgl. Sch.: ὁ διὰ μέγεθος ἐν τῶι ἀνακλᾶσθαι τὸ μέτωπον κρύβων), trotzdem hat die Wortschöpfung etwas Lächerliches und läßt sich nicht mit ähnlichen Bildungen vergleichen (z.B. X. *Cyr.* I 6,27: κρυψίνους - hier ist es nichts äußerlich Sichtbares, was verborgen wird).


<u>τρυηλίς</u>

Hsch. erklärt ἡ τρυηλίς als ζωμήρυσις, also eine Kelle zum Umrühren und Schöpfen von Flüssigkeiten - jedenfalls kein Trinkgefäß; zudem ist merkwürdig, daß Lexiph. das Wort als Mask. behandelt: Entweder Hsch.

ist im Irrtum, oder beide Genera sind möglich, oder man muß (mit Fritzsche) ἔχουσα lesen.

### Μεντορουργής

Mentor war der berühmteste Hersteller von toreumata, die Vollendung und Kostbarkeit seiner Kunstwerke galt in römischer Zeit geradezu als sprichwörtlich (vgl. z.B. Cic.*Verr.* II 4,38; weitere Stellen bei Lippold, RE XV 1,965ff. Mentor 10). Die Vermutung des Sch., es handle sich um ein gläsernes Gefäß, hat keine Grundlage, Mentors Ruhm gründete sich vor allem auf seine Silberarbeiten. Die Wortbildung Μεντορουργής findet eine Parallele in Λυκιουργής (Poll. VI 97; Ath. XI 486c (φιάλαι τινὲς οὕτως καλοῦνται ἀπὸ Λύκωνος τοῦ κατεσκευασμένου), ein Adj., das allerdings im unmittelbaren Anschluß kritisiert wird: Zwar sei die Wortbildung durch die Autorität des Grammatikers Didymos gedeckt, doch scheine dieser nicht zu wissen, ὅτι τὸν τοιοῦτον σχηματισμὸν ἀπὸ κυρίων ὀνομάτων οὐκ ἄν τις εὕροι γινόμενον, ἀλλ' ἀπὸ πόλεων ἢ ἐθνῶν; sodann werden Ar. *Pax* 143 (Ναξιουργὴς κάνθαρος) und weitere Belege zitiert (vgl. auch XII 525d: καλασίρεις Κορινθιουργεῖς) und abschließend die Vermutung geäußert, Λυκιοεργής sei zu deuten als τὰ ἐν Λυκίαι εἰργασμένα. Die von Lexiph. angewandte Wortbildung war also nicht unumstritten, ihre Anwendung auf einen neuen Namen dürfte umso mehr aufgefallen sein.

### εὐλαβῆ

In attischer Prosa ist das Adj. nur in übertragener Bedeutung geläufig, doch steht Lexiph. mit der reetymoligisierenden Auffassung nicht ganz allein: Lukian selbst (*Tim.* 29) bezeichnet die Armut als εὐλαβής ('leicht zu erhaschen'), der Rhetor Tryphon (Rhet.Gr. VIII 741 Walz) bringt als Beispiel für ὀνοματοποιία κατὰ ἐτυμολογίαν, wenn man τὸν εὔληπτον λίθον als εὐλαβῆ bezeichne, und auch Suid. kennt diese Bedeutung (s.v.: οἷον εὐλαβὴς μάχαιρα).

### κέρκον

Von den bei Hsch. angeführten Bedeutungen (θηρίδιον τὰς ἀμπέλους βλάπτον. καὶ οὐρά. καὶ ἀνδρεῖον αἰδοῖον. ἢ ἀλεκτρυών. ἢ ἀρουραῖος μῦς; es kann außerdem die 'züngelnde Flamme' bezeichnen [Sch.E. *Ph.*

1257: τὸ ἄκρον τοῦ πυρός]) ist im Attischen die Bedeutung 'Schwanz' -
mit ihrer, auch im Deutschen geläufigen vulgärsprachlichen Konnotation -
allein belegt (vgl. LSJ s.v.); Lexiph. drückt sich also recht mißverständlich
aus.

### βομβύλιος

Ein Gefäß mit engem Hals, das beim Ausschenken oder Trinken ein an das
Brummen einer Hummel erinnerndes Geräusch erzeugte (LSJ s.v.II);
wegen etwaiger Zweideutigkeit (der Zusammenhang schließt ein
Mißverständnis aus) ist dieser Gegenstand kaum genannt (so Doehring 14:
"quia et apem et vas significat"), sondern einfach, um antiquarische
Gelehrsamkeit zu demonstrieren, die im Kontext freilich wieder deplaziert
ist: Daß bei einem wirklichen Symposion ein β. unter den Trinkgefäßen
gewesen wäre, ist wenig wahrscheinlich (die bei Ath. XI 784d zitierte
Bemerkung des Sokrates οἱ μὲν ἐκ φιάλης πίνοντες ὅσον θέλουσι
τάχιστ' ἀπαλλαγήσονται, οἱ δ' ἐκ βομβυλιοῦ [zum Akzent vgl. Hdn.Gr.
I 116] κατὰ μικρὸν στάζοντος... ist wohl ein Scherz), diente er doch
dazu, jemandem (besonders einem Kranken) in sparsamer Dosierung von
einer Flüssigkeit zu trinken zu geben (Hp. VII 148,11).

### καὶ* δειροκύπελλον

Da das poetische (vgl.Poll. VI 95) und bei Homer häufige κύπελλον ein
bauchiges Trinkgefäß bezeichnet (genaue Beschreibung bei Ath. XI 482e-
483a), kann mit δείρη hier kaum der Hals (so Casewitz 1994, 81: "un vas
à long col"; aber ein Gefäß mit bauchiger Höhlung und langem, sich
verjüngendem Hals würde sich schlecht zum Trinken eignen), sondern
muß wohl der Stiel gemeint sein; die Wortneuschöpfung bezeichnet also
eine Art 'Pokal'.

### γηγενῆ

Das normalerweise auf Personen (die Erdgeborenen = die Titanen)
bezogene Adj. findet sich bei Ar. *Ra.* 825 in übertragener Bedeutung
(γηγενεῖ φυσήματι); als Materialbezeichnung für aus Tonerde bestehende

---

*   Bei MacLeod ausgefallen, korrigiert von Nesselrath 1984; ebenso § 17 (65,5):
ἐντετυχηκέναι; § 24 (68,19): προπαρεσκευασμένος.

Gegenstände hat es außer Lexiph. nur noch der Komiker Antiph. (180), der scherzhaft einen alltäglichen Gegenstand (κάκκαβος) mit den hochtrabendsten Attributen versieht: μέγας, ἰσοτράπεζος, εὐγενής, Καρύστου θρέμμα, γηγενής: Die Stelle macht ganz klar, daß man Keramikgeschirr gewöhnlich eben nicht als γηγενῆ bezeichnen konnte (man beachte die Paronomasie εὐγενῆ - γηγενῆ). Vielleicht wurde ein ähnlicher Witz häufiger gemacht, wenn nicht, so dürfte hier eine Antiph.-Reminiszenz vorliegen: Natürlich hat Lexiph. nicht verstanden, daß es sich um einen Scherz handelt.


<u>οἷα Θηρικλῆς ὤπτα</u>
Nach dem Töpfer Therikles, einem Zeitgenossen des Aristophanes, wurde noch viele Jahrhunderte lang eine bestimmte Sorte von tönernen Trinkgefäßen bezeichnet (Θηρίκλεια, vgl. Ath. XI 470e-472e), die sich vielleicht durch ihre Form auszeichneten (Ath. definiert: ἡ κύλιξ αὕτη ἐγκάθηται περὶ τὰς λαγόνας ἱκανῶς βαθυνομένη ὦτά τε ἔχει βραχέα ὡς ἂν κύλιξ οὖσα, dagegen meint Nachod [RE VA 2,2367f. Thericles 2], man müsse mit erheblichen Formänderungen der Thericlia im Laufe der Jahrhunderte rechnen). Ebenso wie 'Mentor-Arbeit' scheinen 'Therikles-Vasen' Inbegriff erlesener Kostbarkeit gewesen zu sein, weshalb solche Stücke etwa die Habgier des Verres während seiner sizilianischen Statthalterschaft erregten; aus Ciceros Formulierung: pocula quaedam, quae Thericlia nominantur, Mentoris manu summo artificio facta (*Verr.* II 4,38) geht eindeutig hervor, daß Thericlia ein Gefäßtypus ist, 'Mentor-Stücke' dagegen Erzeugnisse eines bestimmten Künstlers.


<u>εὐρυχαδῆ</u>
Ein Trinkgefäß, welches das χανδὸν πίνειν (Poll. VI 25; Luc. *Merc.Cond.* 7) ermöglicht; daß dergleichen nicht zu den erwünschten Tischsitten gezählt wurde, zeigt das scherzhafte Weihepigramm *AP* VI 305, wo den Gottheiten Λαβροσύνα und Λαφυγμός neben anderen Utensilien der Völlerei auch eine εὐρυχαδὴς κύλιξ zugeeignet wird.

εὔστομα

Das Adj. wird verschieden aufgefaßt (Sch: τὰ λεπτοχειλῆ; Doehring 69:
"amplo ... vel commodo ore, sed ornato fortasse"; LSJ: "with large
mouth"); wenn man unterstellt, daß Lexiph. nicht dasselbe meint wie mit
dem unmittelbar vorangehenden εὐρυχαδής, so bietet sich am ehesten ein
ähnlicher Sinn an wie bei εὐλαβής: Das Gefäß ist 'gut für den Mund', d.h.
man kann bequem daraus trinken. Allerdings bedeutet εὔστομος als
Attribut zu Gegenständen mit einer Öffnung normalerweise 'mit großer
Öffnung' (z.B. Poll. II 100: λιμὴν εὔστομος), so daß die Formulierung
doch den Eindruck einer Tautologie macht.


Φωκαῆθεν ... Κνιδόθεν

Zu den in Prosa seltenen Ortsadverbien auf -θεν (die Lexiph. natürlich
gerade ihrer Seltenheit wegen bevorzugt) vgl. Schmid 1887 IV 585.
Phokaias Blütezeit als Handelsmetropole fällt ins 7. und die 1.Hälfte des 6.
Jhs., danach trat mit der persischen Oberhoheit über Ionien ein deutlicher
Rückgang ein; daß auch Keramikwaren zu den Exportartikeln Phokaias
gehörten, bezeugen z.B. Funde aus Naukratis (RE XX 1, 445 Keil). Über
Knidos ist nichts dergleichen bekannt (vgl. aber Luc. *Am.* 11).


ἀνεμοφόρητα

Das ungebräuchliche, aber nicht von Lexiph. gebildete Adj. (Cic. *Att.* XIII
37,4: De gladiatoribus, de ceteris quae scribis ἀνεμοφόρητα, facies me
cotidie certiorem." Die Formulierung ['was du in deinem Brief ἀ. nennst']
zeigt, daß Cic. das Wort als Spielerei oder zumindest ungewöhnlich
empfunden hat) wurde auf zweierlei Weise verstanden: "de vasis, quae tam
tenuia sunt, ut quasi flatu oris moveri possint." (Doehring 61; so auch
Sch.: τὰ ἐλαφρότατα διὰ λεπτότητα; Harmon, Longo) oder: "carried by
the wind" (LSJ), was wohl 'zu Schiff gebracht', also 'aus Übersee
importiert' bedeuten soll. Im Zusammenhang mit den Ortsangaben und
angesichts des folgenden, die erste Bedeutung abdeckenden Attributs
scheint letztere Interpretation passender; Lexiph. zeigt wieder, wie wenig
Wert er auf ein klares Aussprechen des Gemeinten legt.

ὑμενόστρακα

Hap. Leg., das bezeichnen soll, wie außerordentlich dünnwandig (eigentl.: 'dünn-scherbig': vielleicht eine witzige Anspielung, denn natürlich zerbricht derartige Ware besonders leicht) und damit kostbar die Gefäße gewesen seien. Eine vergleichbar pretiöse Wortbildung (ὑμενόπτερος), die sich bei Str. (XV 1,37) und Lukian selbst (*Musc.Enc.* 1. *Dips.* 3) findet, könnte Vorbild gewesen sein.


κυμβία

Diminutiv von κύμβη (Ath. XI 483a), was sowohl 'Kahn' (S. *Fr.* 127 R.) als auch 'Trinkbecher' (Poll. VI 95: κυμβίον; Ath. XI 481d-482e) bedeuten kann. Bei Nic. *Th.* 526 findet man die Form κύμβος in letztgenannter Bedeutung, allerdings präzisiert durch das Attribut τραπεζήεις (Sch.a.l.: σκυφοειδὲς ποτήριον). Es handelt sich also um ein bauchiges Trinkgefäß, dessen Form wohl an einen plumpen Nachen erinnerte, wie es auch die Bezeichnung ἄκατος für einen Trinkbecher gab (Antiph. 3).


φιαλίδες καὶ ποτήρια γραμματικά

Im Gegensatz zum κύμβιον ist eine φιάλη eine flache Trinkschale; das Diminutiv kommt nur hier vor, belegt ist sonst φιάλιον, und zwar an einer der beiden Stellen, an denen auch von 'mit Buchstaben verzierten' Trinkgefäßen die Rede ist, nämlich Eub. 69 (die andere ist Ar. *Fr.* 634). Ob Lukian an die Komikerstelle gedacht hat, können wir nicht wissen, beabsichtigt ist sicher der Witz, daß selbstverständlich bei einem Symposion zünftiger Sprachpedanten selbst die Trinkgefäße 'in Grammatik ausgebildet' sein müssen.


κυλικεῖον

Bedeutet normalerweise und auch hier 'Regal für Trinkgefäße' (Sch: τὸ δοχεῖον, ὃ ποτηροπλύτην νῦν καλοῦσιν; vgl. Eub. 62. 95. 116; Ar. *Fr.* 106 u.a.), ist aber auch in übertragenem Sinn belegt (Cratin. Jun. 9: εἰς τὸ κυλικεῖον ἐνεγράφην). Im hier gegebenen Zusammenhang stellt sich allerdings die Frage, weshalb eigentlich das 'Becherregal' gefüllt gewesen sein soll (eine ähnliche Formulierung leitet den ποτήρια-Katalog bei Ath. XI 459d ein), nachdem einleitend gesagt worden war, Trinkgefäße verschiedener Art seien auf dem Delphinen-Tisch gestanden. Ebensowenig ist einzusehen, was eigentlich (soweit man bislang weiß) fünf, später acht Symposiasten mit so vielen Trinkgefäßen anfangen sollen; auch als Demonstration von Reichtum und sozialem Status des Gastgebers (wie bei Ath. XI 465c ff.) hätte die Aufzählung keinen rechten Sinn, da man dank Lexiph.' wirrer Rahmenschilderung gar nicht weiß, wo das Symposion stattfindet, und wessen Status hier also demonstriert werden sollte.


**Nach dem Mahl (§ 8)**

<u>ἰπνολέβης</u>

Die Vokabel wird bei Ath. (III 98c) als eine der zahlreichen Wortneuschöpfungen der sogenannten 'ulpianischen Sophisten' bezeichnet, der gebräuchliche, aus dem Lateinischen übernommene Name μιλιάριον ist auf die äußerliche Ähnlichkeit des Geräts mit einem römischen Meilenstein zurückzuführen. Was man sich darunter genau vorzustellen hat, beschreibt ausführlich Hero *Spir.* II 34: Gewöhnlich diente das μ. zur Erhitzung größerer Wassermengen für das Bad, den entstehenden Dampfdruck wußte man auch für den Betrieb von Automaten zu nutzen (wie bei Hero beschrieben). Zu welchem Zweck es bei einem Symposion verwendet wurde, ist unklar, immerhin scheint Poll. X 66, wo unter anderen Bezeichnungen für Warmwasserbereiter auch ἰπνολεβήτια genannt werden, darauf hinzudeuten, daß man beim Trinkgelage warmes Wasser benötigte (τραπομένωι δ' ἐπὶ τὸ πίνειν, ἵνα μὲν τὸ ὕδωρ θερμαίνεται...(sic); vgl. Mart. VIII 67,7: caldam aquam poscis), entweder zum Händewaschen oder weil man (zur kalten Jahreszeit) angewärmtes Wasser bevorzugte, um es mit dem Wein zu mischen. Auffällig ist jedenfalls die Gräzisierung des Namens eines Gerätes, das offenbar erst in römischer Zeit in allgemeinerem Gebrauch war und auch im griechischen Sprachraum mit dem lateinischen Wort bezeichnet zu werden pflegte (vgl. *AP* XI 244); ähnlich und teilweise recht eigenwillig gräzisiert Lukian selbst lateinische Wörter, etwa ἁρμοστής für praefectus oder βασιλεύς für imperator (vgl. dazu Dubuisson 1984-86, 197).

ὑπερπαφλάζων

Das Kompositum kommt nur hier vor (Casewitz 1994, 81: "est ridicule parce que le préverbe est superfétatoire, le verbe simple étant par lui-même expressif."), aber auch Lukian selbst hat eine Vorliebe für solche neugebildete ὑπερ-Komposita (Beispiele bei Doehring 128). - Zum topischen Motiv der Unterbrechung des Symposions durch Streit, Hereinplatzen Uneingeladener oder (wie hier) sonstige Vorkommnisse vgl. Martin 1931, 127-48.


ἐπέτρεπε

Die Verwendung des Verbums in gewissermaßen wortwörtlichem Sinne ist ohne Parallele (vgl. LSJ s.v.2), am ehesten vergleichen ließe sich X. *An.* VI 5,11 (ὁ δὲ τρεῖς ἀφελὼν τὰς τελευταίας τάξεις ... τὴν μὲν ἐπὶ τὸ δεξιὸν ἐπέτρεψεν ἐφέπεσθαι), wo aber das Fehlen eines Dat.-Obj. signalisiert, daß ἐ. nicht im üblichen Sinn zu verstehen ist.


ἀκροθώρακες

Das Zwischenstadium zwischen Nüchternheit und vollständiger Trunkenheit (Sch.: ὁ μέσως πως μεθύων) wird bei Ps.Ar. *Pr.* 871a11-15 folgendermaßen definiert: ἔτι οἱ μὲν νήφοντες μᾶλλον ὀρθῶς κρίνουσιν, οἱ δὲ σφόδρα μεθύοντες οὐδ' ἐγχειροῦσι κρίνειν· οἱ δὲ ἀκροθώρακες κρίνουσι μὲν διὰ τὸ μὴ σφόδρα μεθύειν, κακῶς δὲ διὰ τὸ μὴ νήφειν; dies sei der Grund, weshalb sich die Menschen besonders in diesem Zustand zu unüberlegten und unverantwortlichen Handlungen hinreißen ließen (vgl. außerdem Plu. *Mor.* 656c-657a; K.-A. V 77 zu Diph. 45). Lexiph. ging es offenkundig nur um die Vokabel, nähme man ihn beim Wort, so ließe dies für den Fortgang des Symposions wenig Gutes erwarten.


βακχάριδι

Das aus den Wurzeln einer Pflanze (asarum europaeum, vgl. Plin. *NH* XXI 29) hergestellte, stark duftende Salböl (bei Ath. XV 690a-d herrscht allerdings Unsicherheit darüber, was β. genau ist) wird bei Cephisod. 3 als Attribut verweichtlichten und üppigen Lebens gewertet (jedenfalls bei Gebrauch für die Füße). In den Hss. steht häufiger die Form βάκκαρι, doch scheint βάκχαρι die ursprünglich attische zu sein (vgl. K.-A. III 2,190 zu Ar. *Fr.* 336). Das Salben nach Beendigung des Mahles und der Auftritt einer Musikerin haben eine Parallele bei Pl.Com. 71 (vgl. Poll. X 119f.).

## εἰσεκύκλησε

Das zum bühnentechnischen Fachvokabular gehörende Verbum bedeutet eigentlich 'mittels einer auf Rollen laufenden Plattform hineinrollen', nämlich in das Bühnenhaus und damit den Blicken der Zuschauer entziehen (z.B. Ar. *Th*.265); die dafür verwendete Maschine wird nach ihrer für das Publikum wichtigeren Funktion des Sichtbarmachens (=Herausrollens) ἐκκύκλημα genannt. Hier liegt jedoch die übertragene und gewissermaßen entgegengesetzte Bedeutung 'hereinführen' vor, die auch schon bei Ar. vorkommt (*V*. 1475, allerdings scherzhaft: πράγματα δαίμων τις εἰσκεκύκληκεν ἐς τὴν οἰκίαν). Ungewöhnlich bei Lexiph. ist insbesondere, daß das Verbum in dieser Bedeutung nicht Sachen (vgl. Ath. VI 270e) sondern Personen als Objekt hat; Poll. IX 158f. empfiehlt für diesen Fall das Passiv (wie es etwa Lukian *Deor.Conc.* 9 hat).

## τὴν ποδοκτύπην καὶ τριγωνίστριαν

Das Sch. mißversteht die beiden Hap. Leg. als Bezeichnungen für Musikinstrumente (vielleicht deshalb, weil man (s.o.) nach εἰσκυκλεῖν Gegenstände als Obj. erwartet), nach allgemeiner Ansicht sind aber eine Tänzerin und eine Musikantin gemeint, wobei durch das Fehlen des Artikels vor dem zweiten Subst. unklar ist, ob es sich um eine oder zwei Personen handelt. Zu ποδοκτυπεῖν vgl. Phot. *Lex.* s.v. ῥαβάττειν, zu τρίγωνον, einem Saiteninstrument mit dreieckiger Form Eup. 88; Pl.Com. 71; Pl. *R.* 399c etc.; das Auftreten von Tänzerinnen und Musikantinnen gehört zu den Dingen, die üblicherweise bei einem Symposion nach Beendigung des δεῖπνον zu erwarten sind (z.B. X. *Symp.* 2,1).

## τὴν κατήλιφα

Wird abwechselnd als 'Dachboden', 'Leiter' oder 'Obergeschoß' erklärt, dabei ist die Auskunft des Sch.Ar. *Ra.* 566 eindeutig (τὴν μεσόδομον, (ἢ τὴν κλίμακα) - κλίμακα· σανίδα, ἐν ἧι πάντα τὰ πωλούμενα τιθέασιν, εἰς ἣν ἀναβαίνοντες οἱ κατοικίδιοι ὄρνις ἐκεῖ κοιμῶνται) und läßt sich sowohl mit Poll. VII 123 (κατήλιψ ἢ μεσόδμη) als auch unserer Stelle vereinbaren: κ. ist eine von Wand zu Wand durchgehende, nicht weit unterhalb der Decke angebrachte Holzplattform, die als Lagerraum usw. benutzt wurde (vgl. Stanford 1958, 121) und nur über eine Leiter erreicht werden konnte. Anders als Doehring 30 (dessen Erklärung ich nicht verstehe: "Hoc loco sententiarum tenor nescio an demonstret ἐπὶ τὴν κατήλιφα ἀναρριχησάμενος obscoene intellegendum esse aut putare necesse est iocum in eo inesse, quod res iuxta componuntur, quae toto caelo inter se distant.") scheint mir kein besonderer Witz vorzuliegen: Lexiph. gebraucht einfach eine obsolete Vokabel für ein wahrscheinlich ebenso obsoletes architektonisches Detail.

ἀναρριχησάμενος

Das Verbum läßt den Gebrauch einer Leiter vermuten (wie bei Ar. *Pax* 69f.), Poll. V 82 verwendet es für einen Bären, der einen Obstbaum zu erklimmen versucht; auch späte Prosa kennt das Wort noch (z.B. Aristaenet. I 3,20; Ael. *NA* VII 24; Lib. *Or.* XVIII 238).

ἐπιφόρημα

Wie das Wort zu der Bedeutung 'Gang' bzw. 'Dessert' kommt, erklärt Ath. XIV 641a: τὸ μὲν παλαιὸν πρὶν εἰσελθεῖν τοὺς δαιτυμόνας ἐπὶ τῶν τραπεζῶν κεῖσθαι τὴν ἑκάστου μοῖραν, ὕστερον δὲ πολλὰ καὶ ποικίλα ἐπιφέρεσθαι· διὸ καὶ ἐπιφορήματα κληθῆναι. Gebräuchlich ist es sonst nur im Plur. (z.B. Hdt. I 133; Ar. *Fr.* 819), außer bei Eudox.Com. 2, wo der für unerfreuliche Ereignisse sprichwörtliche Ausdruck 'Αβυδηνὸν ἐ. erklärt wird. Doehring (24) will wieder obszöne Anspielungen erkennen - m.E. liegt der Witz eher darin, daß von einem ἐπι - φόρημα eigentlich nicht mehr die Rede sein kann, wenn man sich dieses auf recht mühsame Weise selbst besorgen muß, ein Widerspruch, der dem durch Lexiph.' Reetymologisierungen aufmerksam gewordenen Leser besonders auffallen wird.

λακίνδα ἔπαιζε

A.D. *Adv.* (Schneider II 1,152,11f.) nennt λακίνδα unter anderen Adverbien auf -δα als ὀνόματα παιδιῶν. Doehring (89) vermutet einen Zusammenhang mit λακᾶν bzw. λακώ und ahnt einen "ludus obscoenus"; λακᾶν kann aber neben dem obszönen Sinn (in dem es aber im Medium steht und auf Frauen angewandt wird, vgl. Pherecr. 253; Ar. *Th.* 493f., wo aber κινώμεθα überliefert ist) auch 'tanzen' bedeuten (Hsch. s.v.). Es bleibt also unklar, was Lexiph. eigentlich sagen will, man hat die Wahl zwischen 'harmlosen' (etwa:'den Takt zur Musik schlagen', so LSJ u.a.) und weniger harmlosen Interpretationen; letzteres legt allerdings das folgende Verbum nahe.

ἐρρικνοῦτο

Poll. IV 99 definiert ῥικνοῦσθαι als τὸ τὴν ὀσφῦν φορτικῶς περιάγειν, Phot. (*Lex.* s.v.) erklärt das angeblich von S. (*Fr.* 316R.) gebrauchte Wort als τὸ καμπύλον γίγνεσθαι ἀσχημόνως καὶ κατὰ συνουσίαν καὶ ὄρχησιν κάμπτοντα τὴν ὀσφῦν (ähnlich Hsch. s.v. ῥιχνοῦσθαι; Moeris 305). Im Bestreben, ein möglichst entlegenes Wort für die Bewegungen der Hüfte beim Tanz zu gebrauchen, ist Lexiph. also auf eines verfallen, das (insbesondere im Aktiv und im späteren Griechisch, vgl. LSJ s.v. III) auch die entsprechenden Bewegungen beim Geschlechtsakt bezeichnet.

**Die späten Gäste (§ 9a)**

εἰσεκώμασαν ἡμῖν

Die Konstruktion mit dem Dat. ist singulär, sonst steht Präposition (vgl. LSJ s.v.). Das Verbum kommt erst im späteren Griechisch vor (auch metaph.: Ath. VI 231e) und wird von Poll. IX 158 unter Ausdrücken für 'Hereinkommen' angeführt. Xenophon (*Symp.* 2,1) drückt denselben Sachverhalt aus: ἔρχεται αὐτοῖς ἐπὶ κῶμον. Daß Lexiph. auch hier nicht auf das unvermeidliche λελουμένοι verzichtet, zeigt deutlich, wie verständnislos und mechanisch er Topoi zusammenfügt.

αὐτεπάγγελτοι

Die geläufige Bedeutung des Verbaladjektiv-Kompositums gehört zu
ἐπαγγέλλεσθαι im Sinne 'von sich aus anbieten' (LSJ s.v. 4; vgl. z.B.
Hdt. VII 29; E. *HF* 706; Isoc. I 25). Die hier gemeinte Bedeutung
'uneingeladen' (zur Figur des ἄκλητος in der Symposienliteratur und deren
Ahnherrn, dem αὐτόματος Μενέλαος in Il. II 408, vgl. Ullrich 1908/9 I 5
mit Anm. 4 und 31 mit Anm. 5) ist sonst nicht belegt (vgl. Schmid 1887,
257 und II 89), in Luc. *JTr.* 37 ist mit MacLeod ἀνεπάγγελτος zu lesen. -
Peinlicherweise ist Lexiph. beim Einbau des unvermeidlichen ἄκλητος-
Topos ein logischer Fehler unterlaufen: Gäste, mit deren Erscheinen, da sie
nicht eingeladen waren, niemand rechnen konnte, kann man nicht gut nach
dem Grund für ihr Zuspätkommen fragen, was Lexiph. sich selbst im
nächsten Satz tun läßt. Wie der Fortgang des Symposions zeigt, konnte
aber auf diese Frage als Aufhänger für die Erzählungen der drei
Neuankömmlinge nicht verzichtet werden. Lexiph. demonstriert hier seine
Unfähigkeit, ein tradiertes Gattungsmotiv sinnvoll in ein eigenes
literarisches Konzept zu integrieren.


δικοδίφης

Lexiph. meint mit dem Hap. Leg. wohl einfach 'Rechtsanwalt' (Sch.:
συνήγορος ἀπὸ τοῦ τὰς δίκας διφᾶν), denn für eine pejorative
Bezeichnung des Megalonymos ist keine Veranlassung zu erkennen. Diese
Konnotation liegt aber in der Wortneubildung, einmal wegen διφᾶν (einer,
der Prozessen 'nachspürt'), sodann wegen der Analogie zu anderen δικο-
Bildungen, die alle pejorativ sind, wie z.B. δικοτέχνης (D.Chr. VII 124)
und δικορράφος (D.Chr. VII 123).


χρυσοτέκτων

Seltenes Wort (*AP* VI 92; Sch.Il. IV 110) für das gebräuchliche
χρυσοχόος (Sch.) bzw. χρυσοποιός.


ὁ κατὰ νώτου ποικίλος

Das Sch. schweigt zu dieser schwer verständlichen Formulierung, Harmon
erklärt: "Chaereas' back bore the stripes of the lash" (ähnlich bereits Guyet,
zit. bei Doehring 78), Doehring bezeichnet die Stelle als "satis obscure"

und vermutet, Chaireas werde charakterisiert als "versutus et dolosus, qui homines a tergo aggreditur vel decipit". Näher liegt wohl, ποικίλος mit 'tätowiert' zu übersetzen, wie es einmal von Xenophon (*An.* V 4,32) gebraucht wird: ... παῖδας τῶν εὐδαιμόνων ... ποικίλους δὲ τὰ νῶτα καὶ τὰ ἔμπροσθεν πάντα, ἐστιγμένους ἀνθέμια; vielleicht liegt eine Reminiszenz an diese Stelle vor, wobei Lexiph. den simplen Acc.lim. durch das in diesem Sinne seltene (vgl. LSJ s.v. A II 7) κατά mit Gen. ersetzt hat.

### ὠτοκάταξις

Die Bezeichnung für einen Pankration-Kämpfer, dessen Ohren von den Schlägen zerschunden und geschwollen sind, ist belegt für Ar. *Fr.* 100 (vgl. auch Poll. II 83; weitere Stellen bei LSJ und K.-A. III 2, 77). Dafür, daß Eudemos ein Athlet ist, spricht auch seine anscheinend enge Bekanntschaft mit dem ehemaligen Athleten Damasias (§ 11). - Die v.l. ὠιοκάταξις wäre ein Hap. Leg. für 'Koch' ('Eierzerschläger'); Befürworter dieser Lesart (z.B. Gesner, zit. bei Doehring 56) verweisen auf § 11 (62, 9) (τὰ δὲ εὔων διετέλεσα), wobei aber m.E. der Sinn dieser Stelle falsch verstanden wird (s.dort).

### Chaireas (§ 9b)

### λῆρον

Das Sch. geht zunächst von der v.l. λεῖρον aus (τὸν γυναικεῖον κόσμον λέγει παρὰ τὸ ἡδὺν εἶναι, παρ' ὅσον καὶ τὰ ἄνθη λείριά φαμεν), erwägt dann aber auch λῆρον mit demselben Sinn (ὥσπερ λῆρόν φαμεν τὴν ἀδολεσχίαν διὰ πέρα τοῦ δέοντος περιττόν, εἴρηκε καὶ νῦν οὗτος λῆρον τὸν τοῦ θήλεος κόσμον, ὡς περιττὸν τῆς χρείας καὶ παρέλκοντα). In dieser Bedeutung ist λῆρος außerdem belegt bei Poll. V 101 und (allerdings als Oxytonon) in der *AP* VI 292 sowie bei Hsch. s.v. ληροί; es handelt sich um Goldschmuck, der am Gewand angebracht wurde (vgl. Festus 102,23 Lindsay: leria: ornamenta tunicarum aurea). Diese Belege und die beabsichtige Doppeldeutigkeit veranlassen dazu, λῆρον den Vorzug vor dem sonst nur auf einer boiotischen Inschrift (IG VII 2421) belegten λεῖρον zu geben.


### ἐκρότουν

In diesem Sinne ('schmieden') ist das Verbum nur poetisch und nur im Pass. belegt (Pi. *Fr.* 194 [206]; Theoc. XV 49; Lycophr. 888; *AP* X 20); die ungebräuchliche Verwendung im Aktiv mit effiziertem Obj. dürfte Lexiph.' Schöpfung sein.


### ἐλλόβια

Ausdruck des späteren Griechisch (z.B.: Luc. *Gall.* 29; S.E. *P.* III 203; Them. *Or.* XIII 167d) für das attische ἑλικτῆρες (z.B.: Ar. *Fr.* 332,14; Lys. XII 19); Poll. II 83 läßt beide Vokabeln gelten, zu Lexiph.' attizistischem Anspruch paßt ἐλλόβια allerdings nicht gut.


### πέδας

Bezeichnet fast immer die 'Fußfessel', der hier vom Kontext geforderte Sinn (Sch.: ψέλια) findet sich nur bei Ar. *Fr.* 332,11 und Philem. 84; Lexiph. könnte sich also immerhin auf die Autorität der alten Komiker berufen, grotesk wird sein Wortgebrauch aber dadurch, daß er wenig später ein in demselben Ar.-Fragment stehendes Wort für ein Schmuckstück (περιδέραιον) in ganz anderem Sinne gebraucht.


### ἐπιδείπνιος

Das Adj. ist erst sehr spät belegt und zwar in dem Sinne 'zum Essen gehörend', 'das Mahl begleitend': Theophyl.Simoc. *hist.* V 5,9 ἐπιδείπνιον ... θέαν (De Boor übersetzt zwar 'post coenam oblatus', aber der Kontext beweist, daß das gemeinte Schauspiel während des Essens stattfindet); ders. *ep.* 14 ἐπιδείπνιον ᾠδήν; Them. *Or.* II 36a: ἐπιδείπνιον βασιλέα. Der hier zu postulierende Sinn ('nach dem Essen') ist also nur aus dem Kontext (das Mahl ist beim Eintreffen des Chaireas und seiner Begleiter vorläufig beendet) bzw. dem Zusammenhang mit ἐπιδειπνεῖν ('das Dessert einnehmen', Ar. *Eq.* 1140. *Eccl.* 1178) oder ἐπιδειπνίς (laut Ath. XIV 664e-f die bei den meisten Griechen gebräuchliche Bezeichnung für das attische ἐπιδόρπισμα) zu verstehen.

## Megalonymos (§§ 9b-10)

<u>ἄδικος</u>

Im selben Sinne wie von Lexiph. (Sch.: τὴν δίκας μὴ ἔχουσαν ἢ δικανικοὺς λόγους[sc. ἡμέραν]) wird das Adj. bei Ath. III 98b von Pompeianos, dem ulpianischen Sophisten, verwendet; Poll. VIII 25 mißbilligt diesen Gebrauch als 'allzu gewaltsam' (βιαιότερον). Als einzige Parallele läßt sich Archipp. 51 anführen , wo aber innerhalb eines Oxymorons mit Absicht und deutlich die beiden Komposita in nicht geläufigem Sinn verwendet sind: ἄδικος· ὁ μὴ ἔχων δίκην διὰ τὸ μὴ δικάζεσθαί τινι. Ἄρχιππος· ἀμαθὴς σοφός, δίκαιος ἄδικος. καὶ τὸ ἀμαθὴς δὲ ἐνταῦθα ἀντὶ τοῦ μηδὲν φύσει εἰδώς. σημαίνει δὲ τὸ ἄδικος, ὡς καὶ ἡ συνήθεια, τὸν καταφρονοῦντα καὶ διαφθείροντα τὸ δίκαιον. καὶ τὸ ἀμαθὴς τὸν μὴ ἐπιστάμενόν τι. (Bachm. Anecd. I 29f.)

<u>ἄλογος</u>

Die Bedeutung 'ohne Worte bzw. Reden' findet sich nur noch bei Pl. *Lg.* 696e, wo aber der Sinn durch das Subst. σιγή nicht mißzuverstehen ist. An den beiden anderen von LSJ (s.v. Ia) angeführten Stellen steht das Adverb; bei Isoc. III 9 (οὐδὲν τῶν φρονίμως πραττομένων εὑρήσομεν ἀλόγως γιγνόμενον) ist der übliche umfassende Sinn 'ohne λόγος', d.h. vernünftige Überlegung und deren Darlegung durch Worte, zumindest mitgemeint, bei S. *OC* 130ff. (καὶ παραμειβόμεσθ' ἀδέρκτως, ἀφώνως, ἀλόγως τὸ τᾶς εὐφήμου στόμα φροντίδος ἱέντες) liegt eine ganz singuläre Wendung vor, wie auch das Sch. z.St. bemerkt. Man versteht also zwar, was Megalonymos mit den beiden Adjektiven sagen will, aber die Ausdrucksweise befremdet.

<u>ἐχεγλωττίας</u>

Neubildung in Analogie zu ἐκεχειρία, ἐχεδερμία, ἐχεμυθία usw.

<u>ῥησιμετρεῖν</u>

Eine der Vokabeln, deren Gebrauch dem im *Pseudol.* Attackierten vorgehalten wird (§ 24, s.o. S. 90); eine ähnliche Bildung (ῥησικοπεῖν) findet sich bei Plb. XII 25,9 und Poll. VI 119, der auch σιτομετρεῖν bietet

(VII 18), während Phryn. solche Komposita ausdrücklich ablehnt (477R 383L): σιτομετρεῖσθαι μὴ λέγε· λύων δ' ἐρεῖς σῖτον μετρεῖσθαι.

### ἡμερολεγδόν

Bedeutet entweder 'auf den Tag genau' (Arist. *HA* 575a27) oder 'Tag für Tag' bzw. 'tagweise' (A. *Pers.* 63; Cic. *Att.* IV 15,3). Megalonymos meint 'wie ich es Tag für Tag tue', was sich leichter aus der v.l. ἡμερολεγδὸν ὡς ὑδρονομεῖσθαι ergäbe, wenn man ὡς zu dem Adverb zieht und als elliptischen Komparativsatz versteht; allerdings ist die Nachstellung von ὡς sonst nur bei Adverbien belegt, die eine Außergewöhnlichkeit in Art oder Ausmaß bezeichnen (z.B. θαυμασίως ὡς, vgl. LSJ, s.v. IIIb). Vielleicht ist eine Umstellung zu erwägen.

### προσυδρονομεῖσθαι

Hap. Leg., das denselben Sachverhalt ausdrückt, der von Plu. *Alc.* 19 als ὕδωρ διαμετρεῖν bezeichnet wird. In νομεῖσθαι ist nicht νόμος enthalten (wie etwa bei φοβονομεῖσθαι, μαστιγονομεῖσθαι: 'beherrscht werden von ...'), sondern νέμεσθαι (vgl. στεγανομεῖσθαι, PHal I 172). Das von Harmon konjizierte Kompositum προσυδρονομεῖσθαι paßt, wenn man der Vorsilbe ihre übliche Bedeutung zugesteht, weniger gut in den Kontext als das Simplex.

### ὁ στρατηγός

Die Nachricht, daß der στρ. sich 'für alle sichtbar' in der Öffentlichkeit aufhalte, ist für Megalonymos Grund genug, das Haus zu verlassen, sc. um sich dorthin zu begeben. Also handelt es sich bei jenem um eine wichtige und hochgestellte Persönlichkeit, wenn die Verknüpfung der Gedanken einen Sinn ergeben soll, das Wort wäre in seinem alten Sinne gebraucht, in dem es einen der höchsten Amtsträger Athens bezeichnet. Wenig später (§ 10 [62, 1]; s. auch dort) nennt Megalonymos aber eine offenbar ganz andere Person στρ., nämlich einen untergeordneten Polizeigehilfen: Lexiph. hat anscheinend aus Unachtsamkeit die aktuelle und die antiquarische Bedeutung einer Vokabel durcheinandergeworfen und stiftet damit Unklarheit.

ὀπτός ... ἄχρηστα ... ἀφόρητα

Die drei Verbaladjektive werden in nicht nur ungebräuchlicher Weise verwendet (zur Umdeutung der Verbaladj. in attizistischer Sprache allgemein vgl. Schmid 1887 IV 722), sondern auch so, daß bei Annahme des normalen Sinnes jeweils ein komisches Mißverständnis entsteht (wie bei Ath. III 97e-98a. VIII 338c): Statt ὀπτός sagt man, um die Verwechslung mit dem gängigen Adj. für 'gebraten' zu vermeiden, gewöhnlich ὁρατός, κάτοπτος, θεατός (vgl. Thom.Mag. p.217,13 Ritschl), immerhin gibt es späte Belege für ὀπτέον (Hld. VII 17; Plot. VI 7,28). Die beiden anderen Adj. werden bei Ath. l.cit. auf ähnliche Gegenstände bezogen wie hier (τὸν ἄχρηστον φαινόλην; τὰς βλαύτας τὰς ἀφορήτους καὶ τὴν ἐφεστρίδα τὴν ἄχρηστον), und da es sonst keinerlei Beleg für die unterstellten Bedeutungen 'ungebraucht' und 'ungetragen' (statt 'unbrauch- bzw. untragbar') gibt, ist wohl eine gemeinsame Quelle anzunehmen.

ἱμάτια εὐήτρια

Seltene Zusammensetzung mit τὸ ἤτριον, deren Bedeutung z.B. von Poll. VII 35 (=A. *Fr.* 47) dahingehend erklärt wird, daß das Adj. einen dicht gewebten aber doch leichten, also kostbaren Stoff bezeichne, wodurch ein hübscher Kontrast zu ἄχρηστα (im gängigen Sinne) entsteht. Falls, wie zu vermuten ist, die Bedeutung des alten Wortes nicht ohne weiteres verständlich war, könnte auch die Doppeldeutigkeit beabsichtigt sein, die durch die mögliche Ableitung von τὸ ἦτρον entsteht, wodurch εὐήτριος gleichbedeutend mit εὐκοίλιος ('leicht verdaulich') wäre; diese Bedeutung ist allerdings nur bei Hsch. s.v. belegt.

ἐξέφρησα

Die zu προίημι gehörende Form (vgl. Starkie 1968, 137f.) ist transitiv und im Passiv, nicht aber mit dem Reflexivpronomen belegt.

τοῖς ἄλλοις ἀρρητοποιοῖς

Aus dem Zusammenhang (Hierophant, Daduchen) wird klar, daß nicht lediglich 'Mysten' (also in die eleusinischen Mysterien Eingeweihte) gemeint sind (so Doehring 8), sondern die obersten Priester dieser

Mysterien. Megalonymos nennt sie ἀρρητοποιοί, weil sie ἄρρητα tun, Dinge also, über die in der Öffentlichkeit nicht gesprochen werden darf. Normalerweise bedeutet das Wort aber (entsprechend dem zugehörigen Verbum) 'jemand, der unsäglichen, d.h. obszönen, Lastern frönt' (vgl. Ar. *Eq.* 1284ff.; Sch.Ar. *Eq.* 1287); gleichbedeutend sind ἀρρητουργία (Jul. *Or.* VII 210 d) und ἀρρητουργεῖν (*An.Ox.* III 188).


ἄγδην
Von Lexiph. neugebildetes Adverb (zu diesen Adverbbildungen vgl. K.-Bl. II 306f.), dessen Sinn nicht recht zu dem zugehörigen Partizip συρόμενοι paßt: Denn dieses bedeutet normalerweise 'hinter sich her zerren', jenes 'vor sich her treiben'.


ἐπὶ τὴν ἀρχήν
Aus dem Folgenden geht hervor, daß Deinias zum στρατηγός, dem Chef der städtischen Polizeibehörde (s. dort) gebracht wird; ἀρχή als allgemeine Bezeichnung für die 'zuständige Behörde' findet sich auch bei Antiph. 5,48 und Plb. XII 16,3.


ἔγκλημα ἐπάγοντας
Doehring (106) weist darauf hin, daß die Junktur ungewöhnlich sei für das gebräuchliche ἔγκλημα ποιεῖν, ἔχειν, γράφειν (vgl. auch LSJ s.v. ἔγκ.), während ἐπάγειν in der Regel mit δίκην, γραφήν, γραφάς, αἰτίαν, πληγάς verbunden werde. Auffälliger als diese Abweichung von klassischen Ausdrucksgewohnheiten (die beanstandete Junktur hat immerhin auch C.D. LIX 8,1) ist der Akk. des Partizips, das normalerweise im Dat. stehen müßte. Es trifft zwar zu, daß man bei Lukian öfter den Akk. des Pt. anstelle eines anderen Casus findet (vgl. Nesselrath 1984, 601), aber in diesen Fällen ist stets ein Inf. in der Nähe, zu dem der Akk. als Subj. gezogen werden kann (etwa *Pisc.* 46; *Sat.* 33). Der hier vorliegende Wechsel des Kasus ohne einen Inf. ist singulär, und auch Lexiph. macht sonst solche Fehler nicht; entweder Lukian läßt ihn in dem relativ langen Satz absichtlich aus der Konstruktion fallen, oder es ist ἐπάγουσιν zu lesen.

ἀνώνυμοι ... οὐκέτι ὀνομαστοὶ ... ἱερώνυμοι

Das Verbot, den Hierophanten mit seinem (bürgerlichen) Namen (und nicht mit seinem Titel) anzusprechen bzw. diesen Namen überhaupt zu nennen, ist erst durch eine Bemerkung des Eunapios bezeugt (*VS* 475: τοῦ δὲ ἱεροφάντου κατ' ἐκεῖνον τὸν χρόνον ὅστις ἦν τοὔνομα οὔ μοι θέμις λέγειν), doch dürfte früher Entsprechendes gegolten haben; auch die Hierophantis der Demeter verschweigt unter ausdrücklichem Hinweis auf die Priesterwürde ihren Namen (*IG* III 1,900). Megalonymos braucht drei Adjektive, um diesen einfachen Sachverhalt auszudrücken.

ἀνώνυμοι: Hier nicht im eigentlichen Sinne ('ohne Namen') zu verstehen, sondern wie z.B. bei E. *IT.* 944 (ταῖς ἀνωνύμοις θεαῖς, gemeint sind die Erinnyen); das Adj. kann auch 'ruhmlos' bedeuten (E. *Hel.* 16) bzw. 'schwer zu benennen' (Arist. *EE* 1221a40).

οὐκέτι ὀνομαστοί: Hier in ähnlichem Sinne gebraucht wie ἀνώνυμος ('die nicht mehr mit Namen angeredet werden dürfen'), bedeutet normalerweise aber 'unsäglich' im Sinne von 'verrucht', 'furchtbar', vgl. z.B. Od. XIX 260 (Κακοίλιον οὐκ ὀνμαστήν); Hes. *Th.* 148 (τρεῖς παῖδες μεγάλοι τε καὶ ὄβριμοι οὐκ ὀνομαστοί); Ap.Rh. III 801 (πρὶν τάδε λωβήεντα καὶ οὐκ ὀνομαστὰ τελέσσαι).

ἱερώνυμοι: Megalonymos will sagen, es sei verboten, die Priester mit ihrem Namen anzusprechen, da mit der Weihung dieser Name gewissermaßen in die Sphäre des Heiligen entrückt sei. Dazu benutzt er ein Adj., das diesen Sinn zwar haben könnte, in Wirklichkeit aber nur als Eigenname belegt ist: "Unintentionally, Lexiphanes suggests that they have changed their names." (Harmon, z.St.). Die Ausdrucksweise ist also ein Scherz und kann nicht als Beleg dafür dienen, daß die Hierophanten seit römischer Zeit 'hieronym' gewesen seien (so Stengel, RE VIII 2,1913,1582; die zusätzlich angeführten Inschr. *IG* III 1,901 und 904 sind hierfür ebenfalls ohne Aussagewert).


ἐκάλει δ' οὖν με τοὔνομα

In der überlieferten Form gibt der Satz an der Stelle, an der er in den codd. steht (nach τὸν Δεινίαν), keinen Sinn, Bekkers Verbesserungsvorschlag (αἰκάλλει, vgl. z.B. Ar. *Eq.* 48 und 211. *Th* .869; Ath. III 99e; etwa: 'Der Name klingt mir immerhin schön in den Ohren') würde diesen Anstoß beseitigen, wenn auch zuzugeben ist, daß ein Fehlen des Satzes nach Δεινίαν keine Lücke hinterließe. Das gilt aber auch für die Stelle, an die MacLeod im Anschluß an Seiler die fraglichen Worte umgestellt hat: Das unmittelbare Anschließen der Frage nach der Identität des Deinias an das Ende des Satzes, in dem er zum erstenmal genannt wurde, wäre sogar das Natürliche. Und warum soll Deinias den Megalonymos  beim Namen nennen? Etwa als Rechtsbeistand? Das müßte doch selbst Lexiph. irgendwie klarer ausdrücken. Mit der Umstellung gewinnt man also keinen besseren Text als mit Bekkers nur die Orthographie betreffender Änderung.

<u>ἐν τοῖς σκιραφείοις</u>
Die Herkunft dieser Bezeichnung für (Würfel-)Spielhallen erklärt Poll. III 96: σκιραφεῖα δὲ τὰ κυβευτήρια ὠνομάσθη, διότι μάλιστα ᾿Αθήνησιν ἐκύβευον ἐπὶ σκίρωι ἐν τῶι τῆς σκιράδος ᾿Αθηνᾶς νεῶι. Es scheint sich bei diesen Treffpunkten um ziemlich übel beleumundete Etablissements gehandelt zu haben (Isoc. VII 48 und XV 287 nennt sie in einem Atemzug mit ἐν τοῖς τῶν αὐλητρίδων διδασκαλείοις), und die Grenze zum Bordell war wohl fließend. Auch wegen dieses Umfeldes (und nicht nur wegen der etwaigen Verschwendung des väterlichen Vermögens) galt der Besuch solcher Häuser als anrüchig (vgl. z.B. Lys. XVI 11: τῶν νεωτέρων ὅσοι περὶ κύβους ἢ πότους ἢ τάς τοιαύτας ἀκολασίας τὰς διατριβὰς ποιούμενοι...). Freilich ist von Verhältnissen die Rede, die zu Lukians Zeit wohl seit Jahrhunderten der Vergangenheit angehörten (vgl. die Präterita bei Poll.).

<u>ἐγκαμψικήδαλος</u>
Die von MacLeod in den Text gesetzte Lesart gibt den bei weitem besten Sinn (app.cr.: 'pene flexibili praeditus'; Casewitz 1994, 81f.: "qui se penche sur ou courbe, fait plier son pénis"), Deinias würde damit sexueller Auschweifungen bezichtigt. Das Adj. ist sonst zwar nicht belegt, die Bildung ist aber möglich (ἐγκάμπτειν in Bez. auf Körperteile bei X. *Eq.* 1,8; Gal. XVIII (2) 353,4. τὸ κήδαλον ist lt. Hsch.s.v. gleichbedeutend mit αἰδοῖον und dem Lexiph. durchaus zuzutrauen). Von den beiden anderen überlieferten Lesarten ist ἐγκαμψικίδαλος sinnlos, ἐγκαψικίδαλος (zu ἐγκάπτειν vgl. Ar. *Pax* 7) eine immerhin mögliche

Bildung, deren Sinn ('einer, der Zwiebeln verschlingt', also ein 'armer Schlucker', vgl. Doehring 21) aber weniger gut in die Gesamtcharakterisierung des Deinias paßt.

τῶν αὐτοληκύθων

Der ursprüngliche Sinn des Wortes ('einer, der sein Salbölfläschchen selber trägt') eignete sich offenbar zur Bezeichnung verschiedener Menschentypen; drei Bedeutungen lassen sich nachweisen:

a) Einer, der dies tut, weil er für diesen Dienst nicht (wie die jungen Leute aus der 'guten Gesellschaft') einen Sklaven besitzt, also einer, der in ärmlichen Verhältnissen lebt (vgl. Hsch. s.v.; Antiph. 17 = Poll. X 62, wo wohl richtig ἀξυνακόλουθος gelesen wird), aber dennoch Lebensgewohnheiten frönt (Besuch der Palaistra), die nicht seines Standes sind.

b) Vielleicht von dieser Bedeutung ausgehend wird mit ἀ. auch einer bezeichnet, der in reichen Häusern als Schmeichler und Parasit verkehrt und aus diesem 'Beruf' auch kein Hehl macht (im Gegensatz zu den sich verstellenden und darum gefährlicheren Schmeichlern, vgl. Plu. *Mor.* 50c).

c) Aus D. LIV 14 wissen wir, daß ἀ. auch die selbstgewählte Bezeichnung für eine Art von Bande von Jugendlichem aus gutem Hause war (καλῶν κἀγαθῶν ἀνδρῶν υἱεῖς), die sich besonders durch sexuelle Ausschweifungen (vgl. Kerr Barthwick 1993), die regelmäßige Beteiligung an Schlägereien und dergleichen hervortaten; der soziale Normen mißachtende Name scheint bewußt gewählt, um die 'anständige Gesellschaft' zu schockieren, moderne Parallelen drängen sich auf (Carey / Reid 1985, 87 führen 'down-and-outs', 'tramps', 'bums' an; man könnte auch an 'punk' oder 'trash' denken).

Zur sonstigen Beschreibung des Deinias paßt am besten Bedeutung (c); zudem liegt es ganz auf der Linie des Lexiph., eine obsolete Realie aus dem Athen des 4. Jhs. zu präsentieren. Vielleicht liegt sogar eine direkte Reminiszenz an die genannte D.-Stelle vor (s.u. zu αὐτοκαβδάλων).

τῶν αὐτοκαβδάλων

Lykophron (745) verwendet das Adj. in dem auch bei Aristoteles (*Rh.* 1408a12 und 1415b38f.) belegten Sinn 'improvisiert' (Sch.: τὸ εἰκῆι καὶ ὡσαύτως καὶ αὐτουργὸν γεγονός); das Sch. z.St. gibt als ursprüngliche

Bedeutung: κυρίως δὲ ἡ λέξις ἐπὶ τῶν ἀλφίτων εἴρηται. τὰ γὰρ ὡς ἔτυχε φυραθέντα ἄλευρα αὐτοκάβδαλα. In diesem Sinne scheint das Wort in einem umfangreichen Fragment aus der Komödie Μαρικᾶς des Eupolis (192,195ff.) vorzukommen, in dem Textlücken allerdings eine genaue Erkenntnis des Zusammenhanges unmöglich machen. Das Adj., dessen zweiter Bestandteil vielleicht mit καρδαμάλη, dem Namen eines persischen Kardamon-Gebäckes, zusammenhängt (Ath III 114f.), ist also auf jeden Fall pejorativ und bezeichnet nicht kunstgerecht oder überhaupt ohne Fachkenntnisse hergestellte Produkte, die folglich nichts taugen. Die Anwendung auf Personen ist bezeugt durch Semos (Ath. XIV 622): αὐτοκάβδαλοι habe man Komödiantentruppen genannt, die efeubekränzt improvisierte Sketche vortrugen (σχέδην ἐπέραινον ῥήσεις); von diesen zu unterscheiden seien die φαλλοφόροι und die ἰθυφάλλοι, welch letztere ebenfalls bekränzt auftraten, aber lange weiße Gewänder mit verzierten Ärmeln und die Physiognomie Betrunkener darstellende Masken trugen. Die Notiz ist in unserem Zusammenhang interessant, weil ἰθυφάλλοι durch die oben zitierte D.-Stelle als weiterer Name einer 'Jugendbande' im Athen des 4. Jhs. belegt ist. Man kann also annehmen, daß es unter der Jeunesse dorée dieser Epoche auch αὐτοκάβδαλοι gegeben hat (alles bewußt schockierende Bezeichnungen, die auf derselben Ebene liegen) und das Wort hier in diesem Sinn verwendet ist. Die direkte Quelle Lukians läßt sich zwar nicht feststellen, aber Spuren derselben sind wohl bei Semos (vgl. auch 'verzierte Ärmel' mit ἀμφιμάσχαλον) zu fassen und der kulturhistorische Hintergrund bei Demosthenes.

κουριῶν

Desiderativum zu κουρά, also 'einen Haarschnitt nötig haben', was sowohl von den Haaren selbst (Luc. *Gall.* 10) als auch von Menschen (Plu. *Alc.* 23; Ael. *NA* VII 48 u.a.) und auch vom Bartwuchs (Hp. IX 350,11) gesagt werden kann; im hier vorliegenden Kontext ist wohl am ehesten die bei Poll. II 33 angegebene Konnotation gemeint: κουριῶν ὁ αὐχμῶν καὶ κομῶν.

ἐνδρομίδας

Der Kontext macht klar, daß hier eine Art Schuh gemeint ist, nicht ein dicker Überzieher, den man nach dem Sport oder Bad trug (z.B. Orib. X 37,5 und 38.1; Mart. IV 19); dann handelt es sich um einen hohen Schaftstiefel, wie ihn Artemis bei der Jagd trägt (Call. *Dian.* 16. *Del.* 238; Poll. VII 93), einmal werden auch Soldatenstiefel so genannt (Ph. *Bel.* 100,8); der bezeichnete Gegenstand dürfte ebenso auffällig gewesen sein wie die Vokabel.

βαυκίδας

Ein normalerweise von Frauen getragener Schuh mit folgenden Eigenschaften: kostspielig und safranfarben (Poll. VII 94), gehört zu den überflüssigen Luxusgegenständen (Herod. VII 58), gilt als Zubehör der παρασκευὴ ἑταιρική (Alex. 103, vgl. Ath. XIII 568a) - als Alternative zu ἐνδρομίδες und Schuhwerk für Deinias also durchaus geeignet.

ἀμφιμάσχαλον

Sc. χιτῶνα, Deinias trägt also stets einen Chiton mit Ärmeln an beiden Seiten. Gegensatz dazu ist der χιτὼν ἑτερομάσχαλος, der nur an einer Seite einen Ärmel hatte. Letzterer war die Tracht der Unfreien (Poll. VII 47), während der beidärmelige den Freien vorbehalten war (Poll. *l.cit.*; Hsch. s.v.). Man versteht also nicht, was dieses Kleidungsstück zu der herabsetzenden Beschreibung der äußeren Erscheinung des Deinias beitragen soll; vielleicht ist sich Lexiph. über die tatsächliche Bedeutung der antiquarischen Realie nicht im Klaren (von solcher Unsicherheit zeugt die Erklärung des Sch.Ar. *Eq.* 882: ἀμφιμασχάλου· χειριδωτοῦ ἱματίου· οἱ δὲ δουλικοῦ [ἄλλως· μικροῦ χιτωνίσκου. ἦν δὲ καὶ ἑτερομάσχαλος ὁ τῶν ἐργατῶν, οὗ τὴν μίαν μασχάλην ἔρραπτον.] ἄλλως· ἑκατέρωθεν ἔχοντος χειρῖδας οὐ μακράς, ἀλλ' ἕως τῶν μασχαλῶν.), oder das ständige Tragen eines Ärmelchitons (statt eines ärmellosen) soll wie die übrigen Accessoires auf üppige und effeminierte Lebensweise hindeuten.

ἀμηγέπηι

Eines der im *Rh.Pr.* 16 als besonders attisch wirkend empfohlenen Wörter, die möglichst oft gebraucht werden sollen; seiner entledigt sich Lexiph.

nach Einnahme des Brechmittels (§ 25). Zum Vorkommen bei den Attikern vgl. LSJ s.v. ἀμῆ.


### λὰξ πατήσας ᾤχετο

Bedeutet nicht 'Fersengeld geben' (Doehring 121), sondern wird gesagt von 'denen, die in mißlichen Situationen stecken, sich diesen aber auf verwegene Art entziehen' (Sch.). Der Ausdruck wird noch auffälliger durch den Rhythmus, es handelt sich um den zweiten Teil eines iambischen Trimeters nach der Zäsur. Ob die metrische Gleichwertigkeit mit A. *Eu.* 110 (καὶ πάντα ταῦτα / λὰξ ὁρῶ πατούμενα) Zufall ist, läßt sich nicht entscheiden (ähnliche Wendungen: A. *Ch.* 644; S. *Fr.* 683); jedenfalls versteigt sich Lexiph. an dieser Stelle in Diktion und Rhythmisierung ins Poetische - einer der nicht nur von Lukian getadelten Verstöße gegen die Gesetze guten Prosastils.


### αὐλούμενος

Der überlieferte Text gibt einen sehr schwachen Sinn (was allerdings im Symposion des Lexiph. noch kein ausreichender Beweis gegen seine Richtigkeit ist): Daß Deinias sich gewöhnlich 'Flötenmusik vorspielen lasse' (vgl. z.B. Pl. *Lg.* 791a; Thphr. *Char.* 19,10 und 20,10) findet kaum eine Stütze in der übrigen Beschreibung, und dafür, daß Lexiph. die Vokabel ohne Rücksicht auf den Sinn nur um ihrer selbst willen gesetzt hätte, ist sie nicht genügend entlegen. Sehr erwägenswert wäre Seilers paläographisch unproblematisches σαυλούμενος: Das Verbum ist sehr selten (E. *Cyc.* 40 von den Tanzbewegungen der Satyrn gesagt) und paßt gut in die bisherige Beschreibung des Deinias ('exaltiert tänzeln', vgl. auch Sch.Ar. *V.* 1173: σαυλοπρωκτιᾶν· σαλεύειν τὸν πρωκτόν· σαῦλον δὲ τὸ κοῦφον), zudem ergäbe sich eine Antithese zu dem folgenden ἔμπεδος. Die Konjektur sollte in den Text gesetzt werden.


### ἔμπεδος

Das gebräuchliche Adj. wird in singulärer Bedeutung verwendet (ἐν πέδηι bzw. πέδαις), während es normalerweise natürlich von πέδον abzuleiten ist (vgl. Doehring 66; Longo z.St.). Lexiph. gibt hier eines der krassesten Beispiele für seine den Sprachgebrauch mißachtende Reetymologisierung, umso auffälliger, als er vor kurzem selbst πέδας in ganz ungewöhnlicher Bedeutung verwendet hat.

ὁ...στρατηγός

Der Zusammenhang macht klar, daß ein Polizei- oder Gefängnisdiener gemeint ist; diese kaiserzeitliche Bedeutung des Wortes ist auch sonst belegt (z.B. Luc. *Nav.* 14; *IG ed.min.* II2, 1759 [90-100n.C.]; s. auch Delz 1950, 73f. und Keil 1919, 46 Anm. 50), auch Lukian erwähnt στρατηγοί (*Tox.*17), die einen Mordverdächtigen verhaften (der seltsamerweise auch Deinias heißt). Kurz zuvor hingegen hat Lexiph. das Wort in anderem Sinne gebraucht: Da § 9 (61,9) das öffentlicheAuftreten eines σ. offenbar Aufsehen erregt, kann es sich dort nur um eine hochgestellte Persönlichkeit handeln, entweder den στρατηγὸς ἐπὶ τὰ ὅπλα, eine Art Chef der kommunalen Selbstverwaltung des kaiserzeitlichen Athen (vgl. Philostr. *VS* I 23,1 = 526; Schwahn, Strategos, RE Suppl. VI, 1093f.; Delz 1950, 67), oder, wohl wahrscheinlicher, Lexiph. meint einen der zehn altattischen Strategen. An den beiden Stellen werden mit demselben Wort also Amtsträger verschiedener Epochen bezeichnet (dies vermutet auch Delz 73f., während Doehring 50 beide Male mit magistratus iuridicus übersetzt); Lexiph., um den Zusammenhang der berichteten Geschehnisse unbekümmert, hat offenbar antiquarische und aktuelle Bedeutung des Wortes durcheinandergeworfen.

ἀτιμαγελοῦντι

Das Verbum hat sonst stets seinen wörtlichen Sinn, also 'der Herde nicht achten', d.h. nicht bei der Herde bleiben, sondern eigene Wege gehen (Arist. *HA* 572b19. 611a2; Theoc. IX 5; vgl. Sch.); es wird nur auf Stiere angewendet, ein solches Tier heißt ἀτιμαγέλας (Theoc. XXV 132; Hsch.s.v.). Die ohnehin kühne metaphorische Verwendung könnte bei einem 'Mann' wie Deinias besonders lächerlich wirken.

καρπόδεσμα

Lexiph. meint mit diesem Hap. Leg. (vgl. aber unten) 'Fesseln um die Handgelenke (Sch.: ἀλύσεις...χειρῶν; zu καρπός vgl. Poll. II 142). Als medizinischer Fachausdruck bedeutet ὁ καρπόδεσμος 'Verband für das

Handgelenk' (Sor. *Fasc.* 50; Cass.Fel. 24; Gal. XVIII 1,775,1 hat τοῖς
καρποδέσμοις καλουμένοις in derselben Bedeutung, auch hier liegt also
wohl das Mask. vor); entsprechend auch τὸ καρποδέσμιον (*POxy.*
1153,13) und καρποδέσμιος (Horap. II 78). Lexiph. setzt sein
Verwirrspiel mit Bezeichnungen für Schmuckstücke bzw. anderen
Zwecken dienende Gegenstände und Fesseln fort (vgl. zu § 9 [61.3-4]).


<u>περιδέραιον</u>
"Luc. hic autem ridicule significat vinculum ..., quae vis alibi non
invenitur" (Doehring 42). Sonst wird mit π. ein Halsschmuck für Frauen
bezeichnet (vgl. z.B. Ar. *Fr.* 332,5; Arist. *Po.* 1454b24; Plu. *Sert.* 14;
Luc. *Pisc.* 12), nach Pollux konnte das Wort aber in weiterem Sinne
gebraucht werden (V 55 und 56 unter κόσμος κυνῶν, X 142 unter
κυνηγέτου σκεύη aufgeführt; von letzterem könnte die Umdeutung zur
'Halsfessel' ausgehen). Auffällig ist Lexiph.' Ausdrucksweise
insbesondere, wenn man das vor kurzem verwendete πέδας (§ 9 [61,4])
noch im Ohr hat: Wo ein Schmuckkettchen gemeint ist, setzt er eine
Vokabel, die jedermann als 'Fessel' versteht, wo von dieser die Rede ist,
dagegen die gängige Bezeichnung eines Halsschmuckes. Übrigens gibt
Moeris (298) als korrekte attische Form περιδέρρεα an; vielleicht verbirgt
sich hinter περιδέρεον also echte Überlieferung und die von dem Attizisten
empfohlene Form ist in den Text zu setzen.


<u>ἐν ποδοκάκκαις</u>
Veraltete Bezeichnung für eine hölzerne Fußfessel, die Häftlingen zur
Strafverschärfung angelegt wurde; daß die Vokabel bereits um die Wende
des 5. zum 4. Jh.v.Chr. nicht mehr allgemein verständlich war, beweist
Lys. X 16, wo das Zitat aus einem solonischen Gesetz mit der Erklärung
versehen wird: ἡ ποδοκάκκη αὕτη ἐστίν, ὦ Θεόμνηστε, ὃ νῦν καλεῖται
ἐν τῶι ξύλωι δεδέσθαι (der fingierte Text des Gesetzes bei D. XXIV
105). Die in den codd. allgemein besser belegte Schreibweise mit κκ wird
von Harp. (p. 251 Dind.) gestützt: Das Wort sei entweder abzuleiten von
ποδῶν κάκωσις, in welchem Falle man annehmen müsse, daß das zweite κ
eingedrungen sei, oder von ποδοκατοχή, dann liege Synkope vor.

## ποδοστράβαις

Das spätestens seit dem letzten Viertel des 5. Jhs. normalerweise ξύλον genannte Instrument (s.o.; vgl. auch Ar. *Eq.* 367) konnte auch mit den archaischen Termini ποδοκάκκη und ποδοστράβη bezeichnet werden; die Bedeutung der obsoleten Vokabeln ist somit vollkommen identisch (vgl. Sch.Ar. *Eq.* 367; Sch.D. XXIV 105). Um Gelehrsamkeit zu demonstrieren häuft Lexiph. Synonyma, ohne darauf zu achten, daß durch die Verbindung mit καὶ eine Verschiedenheit der Bedeutung suggeriert wird. Der Leser wird so auf die Alternativbedeutungen von ποδοστράβη geführt ('Schlinge zum Fangen von Wild', X. *Cyn.* 9,11f.; Poll. V 32f. - 'chirurgisches Instrument zum Verdrehen des Fußes', Poll. IV 182), die im Sprachgebrauch möglicherweise länger lebendig geblieben waren.

## ἔνδεσμος

Was Lexiph. meint, ist unmittelbar klar (vgl. die v.l. ἐν δεσμοῖς), aber seine Ausdrucksweise ist lächerlich: der Sprachgebrauch kennt ἔνδεσμος nur als Substantiv in der Bedeutung 'Bündel' (erst in der späteren Gräzität, z.B. Dsc. III 83; LXX 3 *Ki* 6,10 und *Pr.* 7,20 [ἔνδεσμος ἀργυρίου: 'Geldbörse']); die Belegstellen spechen dafür, daß das Wort der Umgangssprache angehörte.

## ὑπέβδυλλεν

Das Simplex ist bei Ar. belegt (*Eq.* 224; *Lys.* 354), das Sch. erklärt an beiden Stellen 'sich fürchten, zittern vor, verabscheuen'; Hsch. s.v. gibt als weitere Bedeutung βδεῖν an, wovon das Verbum mit dem Suffix -ύλλω gebildet sei (abgeleitet von den Adj. auf -υλος, vgl. Chantraine s.v. βδελυρός). Es handelt sich also um ein derbes Komödienwort (etwa: 'sich vor Angst in die Hosen machen'), dem Lexiph. durch das Praefix ὑπο- die Konnotation der Heimlichkeit (so Passow, LSJ s.v.; Doehring 128) oder der nur annäherungsweisen Realisierung gibt (vgl. Luc. *Gall.* 10: ὑποβήσσειν; zu dieser Bedeutung von ὑπο- in Verbindung mit Adj. vgl. Ath. XIV 625a). Der Zusatz ὑπο δέους ist pleonastisch, da diese Motivation bereits in dem Verbum enthalten ist.

πορδαλέος*

Eine Neubildung des Lexiph. mit durchsichtiger Etymologie und Bedeutung (zu πορδή, vgl. Ar. *Nu.* 394); jedoch kennt der Sprachgebrauch das völlig identische πορδαλέος ('zum Panther gehörig'), abgeleitet von πόρδαλις (Opp. *C.* III 463); im späteren Griechisch tritt πορδαλέος öfter an die Stelle von παρδαλέος (Opp. *C.* III 467).

χρήματα ἀντίψυχα

In der Bedeutung 'als Gegengabe für das Leben, d.h. Lösegeld', findet man das Adj. an wenigen Stellen in der späten Gräzität (D.C. LIX 8; Sch.Ar. *Ra.* 330; vgl. auch Doehring 62). Allerdings geht es im Kontext gar nicht um Deinias' Leben, sondern um seine Freiheit; Lexiph. setzt das offenbar seinem Geschmack zusagende Wort ohne Rücksicht auf den Sinn.

**Eudemos (§ 11)**

ὑπὸ τὸ ἀκροκνεφές

Der Ausdruck wird in *Rh.Pr.* 17 als pretiöse Umschreibung für ὄρθρος empfohlen; ungewöhnlich ist sowohl das Wort selbst (einzige Parallele ist Hes. *op.* 567 ἀκροκνέφαιος, wo das Adj. allerdings 'in der Abenddämmerung' bedeutet, vgl. Sch. ad.l.) als auch die Substantivierung des Neutrums eines Adj. anstelle eines Substantivs, eine Ausdrucksweise, die für den Stil des Thukydides typisch ist; möglicherweise wird dieser hier absichtlich imitiert (so Doehring 60).

πολυνίκης

Ohne weiteres verständliche Zusammensetzung, die aber aufgrund ihrer Einzigartigkeit an den phonetisch identischen Namen des Oidipous-Sohnes Πολυνείκης erinnert (vgl. Doehring 78), also wie bei Hieronymos ein Spiel mit Eigennamen und selbstgeprägtem Adj.

---

*    Casewitz korrigiert die Betonung (vgl. Schwyzer I 484,5).

ἔξαθλος

Das seltene Adj. bedeutet sonst entweder als sportlicher t.t. 'disqualifiziert'
(Sch.Od. XXI 76; Sch.Pi. *Nem.* VII 103) oder wird metaphorisch - aber
eindeutig von diesem Sinne ausgehend - verwendet (Cl.Alex. *quis
div.salv.* 40.3 [Staehlin III p.186]); Lexiph. gebraucht es in willkürlichem,
wenn auch durch den Kontext verstehbarem Sinn. Für die Beliebtheit
solcher Zusammensetzungen mit ἐξ- im späten Griechisch (auch bei
Lukian, vgl. MacLeod 1980) sowie die Forderung von Sprachpuristen,
diese im Einzelfall durch Klassikerstellen zu belegen, vgl. die Diskussion
um ἔξοινος bei Ath. XIV 613c (auch XV 685f).


τὸν χαλκοῦν τὸν ἑστῶτα

Diese "sehr plastische Ausdrucksweise" (Nesselrath 1985, 447) hat zwar
gerade bei Lukian drei Parallelen (*Paras.* 48. *Anach.* 17. *deaSyr.* 26),
einzigartig aber ist die Setzung des bestimmten Artikels bei χαλκοῦς:
Dadurch wird das an den genannten Stellen prädikativ stehende Adj.
substantiviert und Obj. zu οἶσθα (mit ἑστῶτα als Apposition, oder
umgekehrt, was aber am Sinn nichts ändert); wenn man Eudemos also
beim Wort nimmt, so spricht er tatsächlich von jenem auf der Agora
stehenden Damasias aus Bronze und nicht von dem lebenden Menschen.


καὶ τὰ μὲν πιττῶν ... ἐκάλλυνεν αὐτήν

Dieser Satz, dessen derb-komischer Hintersinn durch die Verwendung
mehrdeutiger, im Kontext aber doch wieder ziemlich eindeutiger Verben
und die Unterdrückung des zu ergänzenden Obj. entsteht, scheint bisher
nicht vollkommen verstanden worden zu sein, wie sowohl die
Bemerkungen in den kommentierten Ausgaben (Longo, Harmon) als auch
die Versuche zeigen, durch Änderung des Überlieferten an zwei Stellen
einen vermeintlich besseren Sinn zu gewinnen.
πιττῶν: Die Grundbedeutung des Verbums ist 'pichen', also 'mit Pech
bestreichen' zu unterschiedlichen Zwecken, z.B. Schiffsplanken (zur
Abdichtung, Sch.Ar. *Pl.* 1093, davon ausgehend auch eine übertragene
Bedeutung), Fässer (Dsc. V 12,31), Bronzestatuen (um Kopien
anzufertigen, Luc. *JTr.* 33); in der letztgenannten Bedeutung wurde es auch
hier verstanden (um die Bronzestatue zu reinigen, LSJ s.v.). Daß aber

Eudemos nicht die auf der Agora stehende Bronzestatue des Damasias reinigt, sondern irgendwie in dessen Haus tätig ist - soviel geht aus dem Kontext zweifelsfrei hervor. An drei Stellen bei Lukian (*Rh.Pr.* 23. *Demon.* 50. *Merc.Cond.* 33) bedeutet πιττοῦν 'durch Auftragen von mit Pech bestrichenen Pflästerchen enthaaren', also eine kosmetische Maßnahme, durch die Frauen ebenso wie effeminierte Männer einer offenbar verbreiteten Vorstellung von Schönheit gerecht zu werden versuchten (der t.t. ist πιττοκοπεῖσθαι, vgl. Henderson 1975, 220); gleich drei Belege bei Lukian zeigen, daß diese Interpretation des Verbums seinen Zeitgenossen jedenfalls nicht fern lag.

εὕειν heißt 'absengen', nämlich die Borsten eines geschlachteten Schweines (Od. II 300. XIV 75; Il. IX 468; vgl. auch Sch.Il. XXIII 33; Casewitz 1994, 85 meint, das Verbum bedeute hier "se dessécher au soleil", gibt aber keine Begründung für diese willkürliche Interpretation), kann aber auch eine an Menschen vorgenommene Prozedur bezeichnen, wie sie bei Ar. *Th.* 216. 236 geschieht: Mnesilochos muß sich die Haare im Bereich der τράμις absengen lassen, um unerkannt an der Frauenversammlung des Thesmophorenfestes teilnehmen zu können.

Die beiden Partizipien haben kein Obj. (es sei denn, man versteht τὰ μὲν - τὰ δὲ nicht adverbiell; aber was ist dann inhaltlich damit gemeint? Gesners Konjektur πέττων, zu der dann Seiler διετέλεσεν hinzufügte, würde bedeuten, daß von Damasias' Vorbereitungen für das Hochzeitsmahl die Rede wäre; es wird sich zeigen, daß das Überlieferte weitaus witziger ist); da aus dem Voraufgehenden eine sinnvolle Ergänzung höchstens für πιττῶν, nicht aber für εὕων möglich ist, muß der Leser im Folgenden ein Obj. suchen: Es bieten sich zwei Akkusative an, τὴν θυγατέρα (zu ἐξοικιεῖν) und αὐτὴν (zu ἐκάλλυνε); grammatisch gibt es keine andere Möglichkeit, als das Pronomen auf die Tochter zu beziehen. Möglicherweise wollte Lexiph. hier ein aus ἐξοικιεῖν und εἰς ἀνδρός zu gewinnendes οἰκίαν als Obj. verstanden wissen, aber das ist aus der Formulierung nicht klar ersichtlich (Longo z.St.: "...si direbbe che l'A. abbia voluto farci pensare nello stesso tempo all' adornamento della figlia e all' abbellimento della casa"). Die Suche nach einem für die transitiven Partizipien erforderlichen Obj. endet also bei τὴν θυγατέρα bzw. αὐτήν: Damasias war damit beschäftigt, seine Tochter für deren  bevorstehende

Hochzeit zu 'verschönern', und Eudemos ging ihm dabei zur Hand (die Änderung zu διετέλεσεν macht den Text schlechter: Der Satz gäbe dann noch weniger als ohnehin schon eine Begründung für die Anwesenheit des Eudemos bei Damasias und seine Verspätung beim Symposion), indem er diese - die das offenbar sehr nötig hatte - 'unentwegt' mittels Pechpflastern und durch Absengen enthaarte.

Gewiß ist dies nicht, was Lexiph. eigentlich sagen will. Wahrscheinlich sollen mit πιττῶν und εὕων tatsächlich verschiedene Reinigungsmaßnahmen bezeichnet werden (Longo übersetzt: "E non interrupe [διετέλεσεν] di far pulizia in parte con la pece, in parte col fuoco") oder εὕων soll sich auf Tätigkeit in der Küche beziehen ("pro ὀπτῶν", vgl. Seiler 280f.). Es kennzeichnet des Lexiph.' Ausdrucksweise, daß nur der unbeabsichtigte Hintersinn eindeutig wird, was er eigentlich sagen will, sich dagegen nicht sicher ermitteln läßt.


### ἐξοικιεῖν

Heißt sonst entweder mit persönlichem Obj. 'vertreiben' (z.B. Th. I 114,3; Plu. *Rom.* 24) oder mit unpersönlichem Obj. 'entvölkern' (E. *Hec.* 887; D.H. V 77). Im Zusammenhang mit γάμος begegnet das Verbum bei E. *Hec.* 946ff.: ἐπεί με γᾶς ἐκ πατρώιας ἀπώλεσεν ἐξώικισεν τ' οἴκων γάμος; allerdings spricht der Chor der troischen Frauen nicht von der eigenen Heirat, sondern derjenigen des Paris und der Helena. Vielleicht wird auf diese Stelle angespielt, Lexiph. gäbe dann zu erkennen, daß er sie falsch verstanden hat.


### Τερμέριον

Nicht ganz übereinstimmende Erklärungen der Herkunft des Wortes geben Plu. *Thes.* 11 (...τὸν Τέρμερον συρρήξας [sc. Ἡρακλῆς] τὴν κεφαλὴν ἀπέκτεινεν. ἀφ' οὗ δὴ καὶ τὸ Τερμέρειον κακὸν ὀνομασθῆναι λέγουσιν· παίων γὰρ ὡς ἔοικε τῆι κεφαλῆι τοὺς ἐντυγχάνοντας ὁ Τέρμερος ἀπώλλυεν) und Sch.E. *Rh.* 509 (κακῶι δὲ μερμέρωι· μήποτε πρὸς τὸ χεῖρον μετέστραπται ἀπὸ τοῦ τερμέρου, ἵν' ἦι παρὰ τὴν παροιμίαν Τερμέρια κακά, ὑπὲρ ὧν Φίλιππος ἐν τῶι περὶ Καρῶν συγγράμματί φησιν οὕτως· Τέρμερον καὶ Λύκον Λέλεγας γενέσθαι θηριώδεις τὴν φύσιν· τούτων δὲ τὸν Τέρμερον πόλιν οἰκίσαι, ἣν δὴ ἀπ' αὐτοῦ

Τέρμερον ὠνομάσθαι· τούτους δέ φασι πρώτους λῃστεῦσαι...). Der Ursprung und eigentliche Sinn der seltenen Redensart (belegt noch *Epic.Alex.Adesp.* II 15; *AP* XI 30; Jul. *Or.* VII 210d) waren offenbar vergessen.


<u>θεοισεχθρίαι</u>
Die Überlieferung des zusammengesetzten Subst. variiert hier und teilweise auch an den übrigen Belegstellen (Ar. *V.* 418; Archipp. 35; D. XXII 59; Et.M. p.486,3), am ehesten gesichert scheint aber die Form θεοσεχθρία. Lexiph. benutzt die Vokabel nur um ihrer Auffälligkeit willen, vielleicht auch wegen der - nicht sonderlich geglückten (3 s-Laute) - Parechese θεοσεχθρία σχεθείς.


<u>ἀπῆγξεν ἑαυτόν</u>
Die Konstruktion mit dem Refl.pron. ist singulär, 'sich aufhängen' heißt sonst ἀπάγχεσθαι (z.B. Archil. 67; Hdt. II 231: A. *Supp.* 465; Th. III 81).


<u>ἀπηγχόνησα</u>
Das Verbum wird, wie der Sch. sagt, 'spaßhalber gegenteilig' (zu seiner gewöhnlichen Bedeutung') verwendet, denn normalerweise heißt es 'strangulieren' (z.B. *AP* XI 111; Ant.Lib. 13,7; D.L. VI 52; E. *Hipp.* Argum.). Der Fehler liegt in einer etymologisch zwar berechtigten, angesichts der Vielfalt des Sprachgebrauchs aber zu beschränkten Auffassung der Bedeutung von ἀπο- als Praefix, nämlich "ut separationem significaret" (Doehring 95); lediglich auf dieses eine Verbum trifft Andersons (fiction 58) Behauptung zu, Eudemos beschreibe "how he revived a dying man in terms which suggest that he was actually killing him".


<u>παρέλυσα τῆς ἐμβροχῆς</u>
Zur Konstr. mit Akk. der Person und Gen. der Sache vgl. z.B. Hdt. VII 38; Th. II 65,1; was Lexiph. mit ἐμβροχή bezeichnet, heißt normalerweise βρόχος oder ἐμβρόχημα, während ἐμβροχή (zu βρέχω) medizinischer

Terminus für einen 'Aufguß' bzw. eine 'Einreibung' ist (Dsc. I 43; Orib. IX 22,1; Plu. *Mor.* 42c).

ὀκλὰξ παρακαθήμενος

Gesuchte Ausdrucksweise (Sch.: ἀντὶ τοῦ ἐπὶ γόνυ καμφθείς), die in attischer Prosa nicht vorkommt (vgl. Pherecr. 80; Ap.Rh. III 1308; Arat 517; Hp. VI 440,6).

ἐπένυσσον

ἐπι-νύσσειν ist ein medizinisches Fachwort für 'stechen', etwa zur Bezeichnung einer bestimmten Art von Schmerzen (wie sie von den Nieren verursacht werden können, Gal. VIII 110). Der sehr spezielle Terminus steht dem Lexiph. wohl an und gibt einen besseren Sinn ('ich versuchte ihn durch Pieksen aus seiner Bewußtlosigkeit zu erwecken') als das blasse, wohl aufgrund der v.l. ἐπινύσσων (Ω) konjizierte ἐπίνυσσον ('ich brachte ihn zu Verstand'): Dion schwebte ja angeblich in Lebensgefahr, mußte also zuerst ins Leben zurückgeholt werden, bevor man ihn etwa wieder zur Vernunft hätte bringen können.

βαυκαλῶν

Möglicherweise geht Lexiph. von einer falschen Ableitung des Verbums aus, wie sie vom Sch. erwogen wird (βοῆι καλῶν), will also sagen, Eudemos habe versucht, den Jungen durch Zuruf zum Leben zu erwecken; der Witz läge dann im falschen Wortgebrauch, denn βαυκαλᾶν heißt in Wirklichkeit 'einschläfern' (Celsus ap.Orig. VI 34; Ath. XIV 618e: αἱ δὲ τῶν τιθευουσῶν ὠιδαὶ καταβαυκαλήσεις ὀνομάζονται; auch 'in den Schlaf wiegen', Crates *Ep.* 33 [Hercher, ep.Gr. 215], oder 'nähren, versorgen', Aret. *SD* II 11), wie Doehring (99) meint. Vielleicht meint Lexiph. aber doch, was er sagt, und Eudemos gäbe dem (wieder zu Bewußtsein gekommenen) Dion beruhigenden Zuspruch. Die Vokabel verwendet er jedenfalls um ihrer Seltenheit und des vermeintlich attischen Kolorits willen (Moeris 94: βαυκαλᾶν Ἀττικῶς, κατακοιμίζειν Ἑλληνικῶς; einen Beleg bei den Attikern gibt es aber nicht).

διακωδωνίζων
Von κώδων abgeleitetes Verbum, das hier in ähnlicher Bedeutung steht wie
bei D. XIX 167, wozu Harp. (p. 96 Dind.) ausführt: Δημοσθένης ἐν τῶι
περὶ τῆς πρεσβείας ἀντὶ τοῦ διεπείρασε καὶ ἐξήτασεν. ἡ δὲ μεταφορὰ
ἤτοι ἀπὸ τῶν περιπολούντων σὺν κώδωσι νυκτὸς τὰς φυλακάς, ὡς
Εὐριπίδης Παλαμήδει (vgl. auch Sch.D. XIX 167), ἢ ἀπὸ τῶν
δοκιμαζόντων τοὺς μαχίμους ὄρτυγας τῶι ἠχῶι τοῦ κώδωνος, ὡς
'Αρίσταρχος...; das Simplex findet sich bei Ar. *Ra.* 723 ('Geld am Klang
prüfen') und 79 (metaphorisch). Eudemos prüft also mit aller Sorgfalt (mit
welcher auch Lexiph. die entlegene Vokabel hervorgesucht hat), ob Dion
nicht etwa usw. Andere Bedeutungen (Str. II 3,4: 'ausschellen'; Philostr.
*VS* II 27,5 = 619: 'durch ein Glockengeräusch entlassen') geben keinen
Sinn und auch Doehrings Umschreibung (102: "appellando et personando
virum in vitam revocabam") ist nicht korrekt.


<u>συνεχὴς τὴν φάρυγγα</u>
Auffällig ist nicht nur die hier vorausgesetzte passive Bedeutung des Adj.
(Sch: ἀντὶ τοῦ πεπιεσμένος, συντεθλιμμένος) statt der üblichen aktiven,
sondern auch die wohl singuläre (kein Beleg bei Passow, LSJ) Verbindung
mit einem Acc. Graecus. Im grammatischen Geschlecht von φάρυγξ folgt
Lexiph. attischem Sprachgebrauch (Phryn. 139R 65L: ὁ φάρυγξ
ἀρσενικῶς μὲν 'Επίχαρμος λέγει, ὁ δὲ 'Αττικὸς ἡ φάρυγξ).


<u>ὅτι ... διεπίεσα</u>
Die Formulierung ist durch Wortwahl und syntaktische Struktur so unklar,
daß sich nicht genau sagen läßt, was Eudemos eigentlich meint.
Für das Hap. Leg. διαπιέζειν geben Passow und LSJ die sicher
unzutreffende Bedeutung 'zusammendrücken' (das heißt natürlich
συμπιέζειν); für das δια-Kompositum (zu den möglichen Bedeutungen
von δια- vgl. Passow s.v. C) kommt hier entweder der Aspekt der
Trennung in Frage ('auseinanderdrücken') oder, wohl wahrscheinlicher,
derjenige des etwas gründlich und bis zur Vollendung Tuns ('stetigen und
kräftigen Druck ausüben').
τὰ ἄκρα kann hier nur in dem Sinne 'Extremitäten' (des menschlichen
Körpers) verstanden werden, wie an sieben Stellen bei Hp., davon vier (II

290,1. 366,10; 432,6; V 458,11), an denen das Wort ohne erklärenden
Zusatz (z.B. τοῦ σώματος, V 510,18; χειρῶν, Luc. *Im.* 6) steht wie hier.
An diesen vier Stellen ist vom Auskühlen der ἄκρεα als Symptom von
Krankheiten oder des nahen Todes die Rede bzw. wird davor gewarnt.
Möglicherweise meint Eudemos mit διαπιέζειν also eine Art kräftige
Massage, durch die er die schon auskühlenden Glieder des Strangulierten
wieder erwärmt und so gewissermaßen zum Leben erweckt habe.
Nicht klar ist auch der Bezug von αὐτοῦ, das entweder Gen. poss. zu τὰ
ἄκρα oder Obj. zu κατασχών sein könnte; gegen letzteres spräche
normalerweise (nicht unbedingt bei Lexiph.) die Tatsache, daß κατέχειν
mit Gen. in der Regel nur in Bedeutungen belegt ist, die hier nicht passen
('Macht haben bzw. bekommen über', LSJ s.v. 2); an einer einzigen,
textkritisch allerdings unsicheren Stelle (LXX 3*Ki* I 51;) findet sich
κατέχειν mit Gen. in der auch hier passenden Bedeutung 'umklammern'.
Dergleichen ist Lexiph. wohl zuzutrauen, umso mehr, als sich gegen die
erstgenannte (soweit ich sehe, allgemein akzeptierte) Auffassung eine
gewisse Redundanz des Possessivums ins Feld führen ließe (ein Einwand,
auf den bei Lexiph. allerdings auch kein Verlaß ist). Man könnte also etwa
übersetzen: '*...daß ich, mit beiden Händen ihn umklammernd, festen
Druck auf seine Gliedmaßen ausübte.*'


## Lexiphanes - Eudemos (§ 12)

Lexiph. gibt im folgenden eine als Frage formulierte Beschreibung des
besagten Dion, die aus ebenso derbem wie entlegenem Komödienvokabular zusammengesetzt ist; vergleichbar sind die kurz zuvor (§ 10)
gefallenen pejorativen Äußerungen des Megalonymos über Deinias.


### τὸν καταπύγονα

Nur in der Alten Komödie (z.B. Ar. *Ach.* 79. *Thes.* 200) und bei deren
Vokabular benutzenden späteren Autoren (Luc. *Tim.* 22; Alciphr. 3,45)
vorkommendes Schimpfwort; welche Assoziationen sich über die
durchsichtige Etymologie hinaus einstellten, zeigt etwa Ar. *V.* 687f. (...
μειράκιον ... κατάπυγον ... ὡδὶ διαβάς, διακινηθεὶς τῶι σώματι καὶ

τρυφερανθείς) sowie Erklärungen der Ar.-Scholien (*Eq.* 639: εὐρύπρωκτος; *V.* 684: πεπορνευμένον).

λακκοσχέαν

Poll. II 172 erklärt das sonst nur bei Lexikographen (Hsch. s.v. λακκόπεδα und Ruf. *Onom.* 107) belegte Wort so: τὸ δὲ τῶν ὄρχεων ἢ διδύμων ἀγγεῖον ὄσχεον, οὗ τὸ χαλώμενον λακόπεδον. τὸν δὲ ἀεὶ χαλαρῶι τούτωι κεχρημένον λακοσχέαν Ἀθηναῖοι καλοῦσι. Die Schreibweise mit κκ dürfte vorzuziehen sein (vgl. λακκόπρωκτος, Ar. *Nu.* 1330; Cephisod. 3).

τὸν μύρτωνα

Der Spottname, der allerdings auch als wirklicher Eigenname literarisch (Plb. XXXII 5,9. 6,3) und inschriftlich belegt ist, bezieht sich wahrscheinlich auf das regelmäßige Kauen von Myrtensamen und -blättern, wodurch man üblen Mundgeruch zu überdecken suchte (Plin. *NH* XXIII 159: odorem oris commendat vel pridie commanducatum; ita apud Menandrum Synaristosae hoc edunt. Vgl. auch Myrtos, RE XVI 1, 1923, 1179, Steier); dies wiederum hatten, so glaubte man, Menschen mit anstößigem Lebenswandel besonders nötig (Sch.: τοὺς μαλακοὺς καὶ αἰσχροὺς οὕτως ἐκωμώιδουν· οὗτοι γὰρ σχῖνον καὶ μύρτα ἐλάμβανον τοῦ μὴ προχείρως ἐνασχημονεῖν). Daneben erweckt der Spottname auch Assoziationen an die zweite Bedeutung von μύρτος, nämlich Klitoris (Ar. *Lys.* 1004f.; Poll. II 174; vgl. auch Ar. *Eq.* 964); ein μύρτων wäre dann einer, dessen Spezialgebiet gewissermaßen diese Gegend des weiblichen Körpers ist.

σχινοτρώκταν

Schimpfwort, das wie das vorige auf Schlußfolgerungen aus einer Tätigkeit auf den Lebenswandel beruht; Zen. V 96 (Leutsch/Schneidewin I 159) schreibt: εἰώθασι τὸν σχῖνον (sic) τρώγειν οἱ καλλωπιζόμενοι, ἕνεκα τοῦ λευκοῦν τοὺς ὀδόντας. παρ' ὃ καὶ τοὺς τοιούτους σχινοτρώκτας λέγουσιν. Zu dieser Verwendung des Mastix vgl. Mastix, RE XIV 2, 1930, 2173, Steier.

ἀναφλῶντα

Zur Bedeutung vgl. Poll. II 176 (τὸ δὲ ἐπεγείρειν αὐτὸ (sc.: τὸ αἰδοῖον) τοῖν χεροῖν ἀναφλᾶν) und Sch.Ar. *Ra.* 427; das Kompositum findet sich noch bei Ar. *Lys.* 1099 und Luc. *Per.* 17, das Simplex *Nu.* 1376, *Fr.* 9; bezeugt auch durch Photius für Eup. 69.


βλιμάζοντα

Die obszöne Bedeutung des Wortes belegt das Et.gen. AB (Et.Magn. p. 200,37; Et.Sym. β131 Berg.) unter anderem durch ein Kratinos-Zitat (335): ... ἅπτεσθαι δὲ τῶν ἀπορρήτων μελῶν τῶν γυναικείων καὶ διεγείρειν τὰς ἐπιθυμίας, ὥς φησι καὶ Κρατῖνος· ὡς δὲ μαλακὸν καὶ τέρεν τὸ χρωτίδιον ἦν ὦ θεοί· καὶ γὰρ ἐβλίμαζον αὐτήν, ἡ δ' ἐφρόντιζ' οὐδὲ ἕν. Den bei LSJ aufgrund von Sch. Ar. *Av.* 530 angeführten Sinn ('Hennen beim Verkauf betasten, um zu prüfen, ob sie fett genug sind') hat das Verbum nie gehabt; Ar. verwendet es an der genannten Stelle metaphorisch, um die Gewalttätigkeit von Menschen gegenüber Vögeln zu unterstreichen (vgl. Henderson 1975, 173f.) - Es ist wohl kein Zufall, daß die auffälligen Vokabeln dieses Satzes μύρτον, ἀναφλᾶν, βλιμάζειν in Aristophanes' Lysistrate vorkommen, und zwar alle in den von Spartanern gehaltenen Reden und in derselben Reihenfolge wie hier : 1004f. : ταὶ γὰρ γυναῖκες οὐδὲ τῶ μύρτω σιγεῖν ἐῶντι; 1099: αἱ εἶδον ἀμὲ τῶνδρες ἀναπεφλασμένως; 1163f.: ...Πύλον, ἅσπερ πάλαι δεόμεθα καὶ βλιμάττομες;


πεώδη

Hap. Leg., dessen Bildung aus πέος und -ώδης sicher im Bereich des für Lexiph. Gewöhnlichen liegt; zu erwägen ist aber auch eine Verschreibung aus dem Com.Adesp. 1111 belegten πεοίδης, dessen Bedeutung (zu οἰδᾶν) im Kontext noch besser zu passen scheint.


πόσθωνα

Gebildet zu πόσθη (vgl. z.B. Ar. *Nu.* 1014; Dsc. IV 153; πόσθων als spöttische Anrede bei Ar. *Pax* 1300) wie μύρτων zu μύρτος und das folgende (von Bekker aus der sinnlosen Überlieferung hergestellte) μίνθων zu μίνθος; Lexiph. häuft die an sich seltenen und komödienspezifischen Verbalinjurien.


## μίνθων

Seiler (281f.) läßt an dieser Stelle bereits die Antwort des Eudemos beginnen und stellt aus der sinnlosen Überlieferung μιν ἐὼν / μιν ἐῶν die Form βινητιῶν her. Sehr störend wäre dann aber, daß Lexiph.' stereotype Formel ἦ δ' ὅς ὁ... erst im zweiten Satz der wörtlichen Rede stünde, wozu es im ganzen Symposion keine Parallele gibt; gewiß ist Lexiph. einiges zuzutrauen (Seiler: '...id in Lexiphanis certe oratione neminem offendet"), aber es ist nicht einzusehen, warum er gerade und nur an dieser Stelle das unvermeidliche ἦ δ' ὅς so lange hinausgeschoben haben sollte. βινητιῶν selbst bleibt trotzdem erwägenswert, fügt sich aber besser in den Kontext, wenn es nicht als Bezeichnung eines 'aktiven Wüstlings' (wie in Ar. *Lys.* 715; Ath. XIII 583c) aufgefaßt wird, sondern eines 'pathicus' (wie Luc.*Pseudol.* 27). Bekkers μίνθων, ein Hap. Leg., hätte eine ähnliche pejorative Bedeutung (μίνθος: Mnesim. 4,63; μινθοῦν: z.B. Ar. *Ra.* 1075. *Pl* .313; Damox. 2,15; vgl. Henderson 1975, 185).


## λαικαλέος

Neubildung zu λαικάζειν (Ar. *Eq.* 167. *Th.* 57); vgl. auch die nomina actoris λαικάστης (*Ach.* 79) und λαικάστρια (*Ach.* 529. 537 etc.); ληκάζειν ist eine zu ληκᾶν (*Th.* 493; Hsch.) gehörende Alternativform.


Der folgende Abschnitt, das Ende von Eudemos' Bericht über die Ereignisse im Haus des Damasias, hebt sich durch das vergleichsweise spärliche Vorkommen entlegener Vokabeln vom übrigen Text ab; Schwierigkeiten werden dem Verständnis eher durch den nachlässigen Satzbau bereitet, und unfreiwillige Komik bewirkt der falsche Gebrauch einiger Eigennamen.


## ’Αλλά τοί γε...

Der erste Satz enthält gleich mehrere Probleme, die von manchen als so gravierend empfunden wurden (z.B. Doehring 109f.), daß man eine schwere Korruptel für wahrscheinlich hielt; auch wenn dies nicht mit

Sicherheit ausgeschlossen werden kann, so läßt sich doch zeigen, daß der überlieferte Text in der von McLeod gesetzten Interpunktion einen akzeptablen Sinn ergibt: Lexiph. hatte eine Frage nach der Identität des Dion gestellt; wenn dies auch eher - wie gewöhnlich - um der Unterbringung eines bestimmten Vokabulars willen geschehen war als aus echtem Informationsbedürfnis (Lexiph. weiß über Dion offenbar recht gut Bescheid), so wäre doch von seiten des Eudemos eine (bestätigende) Antwort zu erwarten (wie etwa in § 10 [61, 22]). Longo (z.St.) möchte einen solchen Sinn in den einleitenden Partikeln sehen; die Kombination ἀλλά τοί γε ist in dieser Reihenfolge nicht belegt (bei Denniston 1949 kein Beispiel); γε schließt sich überhaupt nur selten an eine andere Partikel an, mit Ausnahme nur von μέν, δέ und τέ, Raritäten sind die Verbindungen ἀλλά γε, δή γε, καίτοι γε und μέντοι γε (Denniston 1949, 152). Was Lexiph. mit der selbsterfundenen Partikeltrias meint, kann also nur dem Zusammenhang entnommen werden.

Zwar ist ἀλλά als Ausdruck lebhafter Zustimmung ('aber ja') recht geläufig (vgl. Denniston 1949, 16f.; im Partikelgebrauch am nächsten kommen unserer Stelle allerdings zwei Stellen mit dem Sinn betonter Verneinung, nämlich Pl. *Gor.* 450d: ἀλλ' οὗτοι τούτων γε, und Arist. *Pol.* 1282a11: ἀλλ' οὗτοι τῶν εἰδότων γε); wenn man jedoch diesen Sinn dem ἀλλά τοί γε unterstellt, dann würde auf eine bejahende Antwort auf Lexiph.' Frage ohne jeden Übergang die Fortsetzung des Berichtes über die Vorgänge im Haus des Damasias folgen: Das ist unmöglich. Eudemos gibt also keine explizite Antwort auf eine Frage, die in Wahrheit Personenbeschreibung durch einen Wissenden ist. ἀλλά τοί γε gehört vielmehr zum Gesamtinhalt des beginnenden Satzes und ist adversativ zu verstehen (etwa wie καίτοι): 'Und doch (sc.: trotz des Zutreffens deiner wenig schmeichelhaften Beschreibung) flehten sie Artemis um Dions Leben an usw.'.

Die nächste Schwierigkeit besteht in der Beziehung von θαυμάσας: denkbar wäre sowohl Εὔδημος als Subjekt wie auch Δαμασίας. Syntaktisch einfacher scheint zunächst ἦ δ' ὅς ὁ Εὔδημος (so Bekker), was auch einen befriedigenden Sinn ergäbe: 'von Verwunderung ergriffen (sc.: über die Verruchtheit des Dion oder darüber, wie gut Lexiph. informiert ist)'. Jedoch läßt sich dann τὴν θεόν nicht mehr unterbringen, und die

Parenthese schließt sich nicht sinnvoll an. Versteht man θαυμάσας dagegen transitiv ('seine Ehrerbietung erweisen', vgl. z.B. Hdt. III 80,5; E. *El.* 519; LSJ s.v. 2b), sprechen ebenfalls zwei Gründe gegen einen Bezug auf Eudemos, nämlich die Trennung des Partizips vom Akk.-Obj. durch das Subj. samt regierendem Verb sowie die Stellung des δέ; außerdem könnte Eudemos während des Symposions der Artemis nicht seine Reverenz erweisen, denn deren Statue steht ja im Haus des Damasias, und dort findet das Gelage bestimmt nicht statt (wenn man auch nicht genau weiß, wo es stattfindet).

Es bleibt also nur die Beziehung auf Damasias, und der Anakoluth (Fortsetzung mit pluralischem Subj.: προσπεσόντες ... ἱκέτευον), der durch die Parenthese etwas gemildert wird, muß hingenommen werden. Daß Eudemos zunächst eine andere Fortsetzung des Satzes im Sinn hatte (etwa: ...ὁ Δαμασίας ἔσωσε τὸν υἱόν), durch die erklärende Parenthese aber aus der Bahn gerät, zeigt auch die pronominale Wiederaufnahme von τὴν θεόν in anderem Kasus (zu προσπίπτειν mit Dat. vgl. Pl. *Ep.* 349a; LSJ s.v. III). Der Sinn dieses nicht leicht zu überblickenden Satzes ist also: *Und trotz alledem, sagte Eudemos, durch Erweisen seiner Ehrerbietung vor der Göttin - denn Artemis steht ihnen in der Mitte des Hofes, ein Werk des Skopas - indem sie vor dieser also zu Boden fielen, Damasias und seine Frau,..., flehten sie darum, daß sie Mitleid mit ihnen habe.*


<u>πολιὰς ἀκριβῶς</u>

Die Bildung solcher Feminina auf -άς zu Adj. ist grundsätzlich möglich (vgl. Schwyzer I 508), aber nicht beliebig, insbesondere dann nicht, wenn die entstehende Form bereits durch eine Sonderbedeutung eindeutig besetzt ist (wie etwa bei μέλας: μελαινάς ist eine Fischart, μελαινίς ein Beiname der Aphrodite). Bei πολιάς denkt man natürlich an den von πόλις abgeleiteten Beinamen der Athene. Zur Bedeutung von ἀκριβῶς in Verbindung mit Adj. vgl. LSJ s.v. II2 ('im wahrsten Sinne des Wortes').


<u>καὶ σῶς ἦν</u>

Sc.: ὁ Δίων; von diesem hat Eudemos aber in seiner Äußerung noch gar nicht gesprochen; die Ellipse des Subj. ist also ziemlich hart.

<u>Θεόδωρον ... ’Αρτεμίδωρον</u>

Der Reetymologisierungswut des Lexiph. ist es ohne weiteres zuzutrauen, daß er die nur als sehr verbreitete Eigennamen geläufigen Adj. in einer vermeintlich ursprünglichen Bedeutung verwendet; Kleinschreibung würde der Intention des Autors also besser gerecht (wie bei ἱερώνυμοι in § 10 und τηλέμαχος in § 12).

<u>ὅτι χαίρει τούτοις</u>

Anspielung auf Artemis’ Beinamen ἰοχέαιρα, der manchmal fälschlich mit χαίρειν in Verbindung gebracht wurde (vgl. Apollon. *Lex.* s.v. ἰοχέαιρα, Bekker p. 92: ἰοῖς χαίρουσα καὶ φέρουσα); ziemlich sicher ist das zweite Kompositionsglied aber von χεῖν abzuleiten (vgl. Chantraine s.v.), und das ist auch in der Antike so empfunden worden, wie die Junktur ἰοχέαιρα φαρέτρα (*AP* VI 9) zeigt.

<u>τοξότις</u>

Findet sich in der Bedeutung ‘Bogenschützin’ nur bei Dichtern, z.B. Call. *Dian.* 223 (bezogen auf Atalante) und Orph. *H.* 36,2; in Prosa heißt es ‘Schießscharte’ (Plb. VIII 7,3) oder ist Name einer Pflanze (= ἀρτεμισία, vgl. Apul. *Herb.* 10; Poet. *de herb.* 26).

<u>τηλέμαχος</u>

Nur als Eigenname belegtes Kompositum, das im hier gemeinten, aktivischen Sinne (‘die aus der Ferne in den Kampf eingreift’) als Paroxytonon zu betonen wäre (vgl. etwa ὄμμα τηλεσκόπον, Ar. *Nu.* 290; das von Doehring [81] angeführte τηλέβολος ist nicht zu vergleichen, da es an beiden zitierten Stellen [Pi. *Pyth.* III 49; *AP* VI 125,3] passivisch verstanden werden kann). Weitere Zusammensetzungen mit τηλε- bei Schwyzer II 545; zur Akzentsetzung vgl. K.-Bl. I 526; der Name des Odysseus-Sohnes wird dagegen erklärt: ἐπειδὴ τῆλε μαχομένου τοῦ πατρὸς ἐτράφη (Eust. 1479,55; vgl. auch Et.M. 756,42). - Eine (von Lukian vielleicht beabsichtigte) Ironie liegt darin, daß ausgerechnet Artemis, die traditionell keusche und alles Erotische feindselig ablehnende Göttin der Bergwälder und der Jagd, als Retterin eines großstädtisch-dekadenten Wüstlings bemüht wird; die Göttin einer Atalante und eines

Hippolytos hätte Dion wohl kaum gerettet, und Lexiph. beweist einmal
mehr, wie geringe Sorgfalt er auf die inhaltliche Stimmigkeit seiner Motive
verwendet hat.

**Megalonymos - Lexiphanes - Eudemos - Kallikles (§§ 13-15)**

λάγυνον

Ein bauchiges Gefäß mit langem Hals (vgl. Chantraine s.v.), das offenbar
ausschließlich zum Transport von Wein benutzt wurde (Poll. X 72 = Diph.
28; Plu. *Mor.* 509d etc.); λάγυνος war auch ein Hohlmaß wie χοός und
κοτύλης (Ath. XI 499b = Nicostr. 10). In Alexandria gab es ein Fest mit
Namen Λαγυνοφόρια, das danach benannt war, daß jedermann seinen
eigenen λάγυνος, gefüllt mit Wein, mitbrachte (Ath. VII 276a-b); zum
Genus vgl. Ath. XI 499bff.

παρηβηκότος

Sc. οἴνου, was aber nach λάγυνος nicht mehr eigens gesagt zu werden
braucht; in dieser Ellipse liegt also nicht, wie Doehring (120) meint, das
Auffällige der Ausdrucksweise. Eher wäre zu fragen, um was für einen
Wein es sich handelt: Sicher will Megalonymos durch das Attribut dessen
Qualität anpreisen, er meint also vermutlich 'alter Wein'; tatsächlich kann
παρηβηκώς bei Menschen das fortgeschrittene Alter bezeichnen (z.B. Hdt.
III 53; Th. II 44,4), aber die singuläre Junktur mit einem Gegenstand wie
Wein dürfte dazu führen, daß die wörtliche Bedeutung unüberhörbar wird,
nämlich 'seinen Höhepunkt hinter sich habend'. Megalonymos sagt also,
ohne es zu wollen, er bringe Wein mit, der 'seine Kraft verloren habe'
(LSJ s.v. παρηβάω) oder 'abgestanden ist' (Passow s.v.), und drückt sich
damit ähnlich unglücklich aus wie Lexiph. mehrere Male in § 6; zur
pejorativen Konnotation von παρηβηκώς vgl. auch Philostr. *Gymn.* 29,
wo παρηβηκυῖα σπορά Antithese zu γενναία σπορά ist.

τροφαλίδας

Das attische Wort für das gemeingriechische τρυπάλη (Moeris 336)
bezeichnet einen Käselaib, nach Auskunft des Sch. von beträchtlicher
Größe (so auch Sch.Ar. *V.* 838); daß es auch τροφαλίδες in handlicherem

Format gab, zeigt Arist. *HA* 522a31 (τροφαλίδας ὀβολιαίους); zur Sache vgl. K.-A. V 473 (zu Eup. 299).

<u>ἐλαίας χαμαιπετεῖς</u>
Sch.: ᾶς καλοῦμεν δρυπεπεῖς (δρυπετεῖς Δ)· αὗται γὰρ εἰ μὴ ἀφ' ἑαυτῶν ἀπορρυῶσι τοῦ δένδρου, οὐ σκευάζονται οὕτως. Gemeint sind also Oliven, die bis zur vollen Reife am Baum gelassen werden (δρυ-πεπής 'holzgereift', zu πέσσω, vgl. Chantraine s.v.) und dann von selbst herabfallen, worauf das wohl sekundäre δρυπετής (zu πίπτω) Bezug nimmt. Megalonymos gebraucht stattdessen das überwiegend poetische χαμαιπετής (z.B. A. *Cho.* 964; E. *Tro.* 507. *Cyc.* 385. *Ba.* 1109 [dub.]), das inbesondere im späteren Griechisch aber eindeutig pejorative Konnotation hat (z.B. Luc. *Hist.Conscr.* 16. *Somn.* 13; Ath. IV 153a).

<u>ὑπὸ σφραγῖσιν θριπηδέστοις</u>
Hölzerne Siegel, deren Unverwechselbarkeit durch die nie einander gleichenden Muster des Holzwurmfraßes gewährleistet war, verwendete man zur Beglaubigung von Schriftstücken; Hsch. (s.v. θριπόβρωτος) schreibt deren Gebrauch besonders den Lakedaimoniern zu. Vermutlich waren solche Siegel im 2. Jh. längst veraltet (Harmon z.St.: "in the days of Lucian only an antiquarian is likely to have possessed one"), aber der eigentliche Witz liegt doch wohl eher darin, daß Lexiph. ein offenkundig scherzhaftes Motiv aus Aristophanes (*Th.* 427: Eine Frau beklagt sich darüber, daß die Männer, durch Euripides gegen die Frauen aufgehetzt, nunmehr bereits vor die Vorratskammern θριπήδεστ' σφραγίδια legten) für bare Münze nimmt; in Wirklichkeit wird eine derart aufwendige Sicherung von Oliven oder sonstigen Lebensmitteln auch zur Zeit des Aristophanes nicht üblich gewesen sein.

<u>ἐλαίας νευστάς</u>
Das sonst nicht belegte Verbaladj. zu νεῖν (vgl. nur Pl. *R.* 453d: νευστέον) dient Megalonymos als eigenwillige Bezeichnung für die sonst κολυμβάδες (Ath. II 56b und IV 133a; Diosc. I 105,4; Phryn. 199R 118L; Moeris 94 [der κολυμβάδες für unattisch erklärt und stattdessen ἁλμάδες ἐλᾶαι empfiehlt]) oder κολυμβηταί (Sch.) genannten marinierten Oliven;

zu deren Zubereitung und Genuß (insbesondere als appetitanregende Vorspeise, weniger - wie hier - als Dessert) vgl. Gal. VI 609.

ὀξυόστρακα

Welche besondere Eigenschaft seiner ποτήρια Megalonymos mit diesem Hap. Leg. hervorheben will, wird nicht ganz klar (Sch.: τὰ ἐξεσμένα στίλψεως ἕνεκα; Passow: 'von oder mit spitzer, scharfer Scheibe od. Schale'; LSJ: 'with a sharp shell'; Harmon: 'cups of cockle-shell'; vielleicht soll etwa dasselbe ausgedrückt werden wie mit ὑμενόστρακα in § 7, also die Dünnwandigkeit der Gefäße). Deutlich ist aber die Bildung des Adj. nach dem Muster zoologischer Fachtermini (μαλακόστρακος Ar. *HA* 490b11etc.; τραχυόστρακος *HA* 568a23; σκληρόστρακος *HA* 568b2 und λειόστρακος *HA* 528a1) für Krusten- und Schalentiere, deren Übertragung auf irdene Gefäße - möglich durch die Doppelbedeutung von ὄστρακον: (Ton-) scherbe und (Muschel-) schale - wohl lächerlich wirkte.

εὐπυνδάκωτα

In seiner Bedeutung leicht durchschaubares Hap. Leg. (zu πύνδαξ vgl. Poll. X 79 = Pher. 110 und Ar. *Fr.* 281; Thphr. *Char.* 30,11); was mit 'Güte des Gefäßbodens' allerdings konkret gemeint ist (Dichte oder Gleichmäßigkeit, die ein Umkippen verhindert) und inwiefern dies besonders hervorzuhebende (und nicht selbstverständliche) Qualitäten sein sollen, darf man wohl nicht fragen.

ὡς ... πίνοιμεν

Es fällt auf, daß Megalonymos innerhalb seiner kurzen Äußerung gleich zweimal einen mit ὡς eingeleiteten Finalsatz im Optativ formuliert (63, 16f.: ὡς μὴ ἀρξαίμην), obwohl ein Haupttempus übergeordnet ist (so auch bereits Lykinos in § 1 [56,5] und Lexiph. in § 3 [58,10]); 'regelwidriger' (vgl. dazu K.-G. II 382ff.) Optativ statt Konjunktiv in Finalsätzen findet sich bei Lukian häufiger (z.B.: *Musc.Enc.* 5. *Prom.* 1.21; vgl. dazu: Peretti 1948, bes. 91; Anlauf 1960, 130; MacLeod 1977, 216f.), so daß nicht an einen bewußt dem Lexiph. unterschobenen Syntaxverstoß zu denken ist.

κρωβυλώδη ... τὸν παιδοβοσκόν

Hap. Leg. zu κρωβύλη ('Haarknoten', vgl. Th. I 6,3; Antiph. 189); zur Beschreibung der äußeren Form eines πλακοῦς ἐξ ἐντέρων wird das Adj. wohl nicht nur um seiner Preziosität und Anschaulichkeit willen verwendet, sondern um in Verbindung mit dem kurz darauf folgenden Neologismus παιδοβοσκός eine bestimmte Assoziation zu erwecken: Hsch. notiert s.v. κρωβύλου ζεῦγος: παροιμία ταττομένη ἐπὶ τοῖς ὑπερβαλλούσηι κεχρημένοις πονηρίαι. μετενήνεκται δὲ ἀπὸ πορνοβοσκοῦ τινος. Damit ist für denjenigen, der diese sprichwörtliche Redensart kennt, die bisher nur vermutete (von Doehring 41) Assoziation παιδοβοσκός - πορνοβοσκός vorbereitet, und man kann wohl sicher sein, daß Lukian sie beabsichtigt hat. Zudem stellen sich die beiden Wortneuschöpfungen als Reminiszenzen an Aischines' Rede gegen Ktesiphon heraus: Dort wird der Redner Hegesippos mit seinem Spitznamen κρώβυλος genannt (§ 118) und etwas später der Prozeßgegner Ktesiphon als πονηρὸς καὶ πορνοβοσκός (§ 246) bezeichnet. Dieser für den Kenner nicht überhörbare Anklang an einen der attischen Redner wird von Lukian nicht zufällig gerade dem δικοδίφης Megalonymos in den Mund gelegt: Unwillkürlich (oder vielleicht auch absichtlich) läßt dieser aus einem der Klassiker entlegene und deshalb von ihm geschätzte Vokabeln bzw. von diesen ausgehende Neubildungen in seine alltägliche Konversation einfließen.

Was sachlich mit einem παιδοβοσκός gemeint ist, kann man nur aufgrund der Analogie zu πορνοβοσκός vermuten: "Esistevano, parallelamente ai πορνοβοσκοί, ... dei mantenitori di schiavi adolescenti da 'noleggiare' a chi non ne possedesse, come nel caso di questo Megalonimo, che molti altri particolari denunciano chiaramente come persona pretenziosa, ma povera." (Longo) - Damit wird allerdings vorausgesetzt, daß M. zu einem von ihm selbst mitgebrachten Mietsklaven spricht und nicht zu dem des (unbekannten) Gastgebers, was aus dem Text nicht hervorgeht; ebenso wenig ist eine Schlußfolgerung auf Armut des M. möglich.


πλέον ... τοῦ ὕδατος

Chabert (1897, 174) hält den Ausdruck für singulär und meint deshalb: "il convient de la (sc.: la locution) considérer comme vicieuse." Indes ist die Verbindung eines Gen.Part. mit einem die Menge bezeichnenden Adj. ganz gewöhnlich und auch der bestimmte Artikel ('von <u>dem</u> Wasser', sc. das ich hier sehe o.ä.) ist unanstößig.


διέμπιλον
Neubildung zu πῖλος, ἐμπιλοῦν (vgl. Pl. *Tim.* 74e; D.S. II 52); Megalonymos hat also seinen Kopf fest mit reichlich (vgl. Sch.; angesichts der Analogie zu anderen Bildungen mit δι-εν- kann nur der Aspekt der Verstärkung gemeint sein) Filz verbunden, was so verstanden wurde, daß er eine Kopfbedeckung aus diesem Material trage (LSJ s.v.: 'well-chapped, well-hatted'; Chantraine s.v.: 'avec un beau chapeau'). In der Tat empfiehlt Hes. (*op.* 546) das Tragen einer Filzkappe als Schutz vor Regen und Kälte (und während des Symposions ist es offenbar kalt, vgl. § 14 [63,25]), aber Megalonymos stellt einen Zusammenhang zwischen seinem Kopfverband und Kopfschmerzen bzw. deren Vermeidung her. Damit wird auf eine bei Ath. (XV 674b-c und 675c-f) referierte Aetiologie der Sitte des Bekränzens beim Symposion angespielt: Der Arzt Andreas berichtet (als weitere Belege werden Aristoteles sowie der Peripatetiker Ariston zitiert), daß die Alten einst zufällig die Wirksamkeit von Druck auf den Schläfen gegen Kopfschmerz entdeckt und deshalb sich beim Trinkgelage fortan die Schläfen umwunden hätten; anfangs habe man für diese Bandagen verwendet, was gerade zur Hand war, später um des erfreulichen Anblicks und weiterer Vorteile willen zu Kränzen aus Efeu, Myrrhe, Rosen usw. gegriffen. - Der Witz dieser Stelle liegt also nicht in unverständlicher Ausdrucksweise (wie Doehring 66 meint) und auch nicht nur darin, daß "le mot est bien recherché pour une banale migraine" (Casewitz 1994, 82), sondern in der Übertragung einer hypothetischen Aetiologie für eine allgemein verbreitete Sitte in die Realität - sowie natürlich in der bildlichen Vorstellung des statt durch einen Blüten- oder Efeukranz mit Filzlappen 'geschmückten' Symposiasten.


συνυθλήσομεν
Neubildung zum Simplex ὑθλεῖν (Ar. *Nu.* 783; Ephipp. 19), das immer 'dummes Zeug reden' bedeutet (vgl. z.B. Sch.Ar. *l.cit.*; Hsch. s.v.); Megalonymos meint selbstverständlich etwa 'ein angeregtes, scherzhaft-

unernstes Gespräch führen', sagt aber unbewußt treffend genau das, was die Symposiasten bereits die ganze Zeit tun.

### εἰώθαμεν

Statt des attischen εἰώθαμεν: "forme ionienne probablement en usage dans l'ancien attique, fait partie du jargon de Lexiphane" (Chabert 1897, 114).

### δήπουθεν

Eine der Lieblingsvokabeln der Attizisten, die in § 21 unter anderen von Lexiph. 'erbrochen' wird.

### ἐνοινοφλύειν

Das sonst nicht belegte Kompositum wäre dem mit Neologismen großzügigen Megalonymos zuzutrauen (zu φλύειν, vgl. z.B. A. *Pr.* 504; *AP* VII 351,6; vgl. auch οἰνοφλυγεῖν, οἰνοφλυγία, οἰνόφλυξ), doch läßt sich auch die v.l. ἐν οἴνωι φλύειν verstehen; gemeint wäre in beiden Fällen eine weinselig-angeheiterte Plauderei (Doehring 106 versteht hingegen ἐρίζειν ἐν τῆι οἰνοφλυγία, was sich mit der normalen Bedeutung von φλύειν nicht vereinbaren läßt).

### καὶ γὰρ ὅτιπερ ὄφελός ἐσμεν τῆς ἀττικίσεως ἄκρον

Zu vergleichen sind Formulierungen wie X. *HG* V 3,6 (ὅ τι περ ὄφελος ἦν τοῦ στρατεύματος), Luc. *Her.* 8 (συνεληλύθατε, ὅ τι περ ὄφελος ἐξ ἑκάστης πόλεως) und *Tim.* 55 (ὅ τι περ λιχνείας καὶ ἀπληστίας ὄφελος); Lexiph. will also sagen: *'Dem kann ich nur zustimmen und zwar deswegen, weil wir ja doch die beste Stütze (oder höchste Vollendung) des Attizismus sind'* - doch ist seine Ausdrucksweise in mehrerer Hinsicht auffällig: Der mit καὶ γὰρ eingeleitete Teil des Satzes soll ἐπαινῶ begründen, doch ist für einen solchen Gebrauch von καὶ γὰρ keine Parallele zu finden (vgl. Denniston 1949, 108-111); auch muß ὅτιπερ hier im Gegensatz zu den oben zitierten Beispielen als kausale Konjunktion verstanden werden (LSJ s.v. ὅτι, B Ia), andernfalls würde Lexiph. ja einige der Symposiasten nicht zum ὄφελος ἄκρον des Attizismus rechnen, was gewiß nicht seine Absicht ist. Zudem erhält ὄφελος hier ein steigerndes Attribut, was andernorts offenkundige Übertreibung (Luc.*Tim.*

50, wo ein Schmeichler den plötzlich reich gewordenen Timon mit τὸ μέγα ὄφελος τοῦ γένους begrüßt) oder Ironie (Aesch. II 24 über Demosthenes: τὸ μέγα ὄφελος τῆς πόλεως) signalisiert. Vollends in sein lächerliches Gegenteil verkehrt sich der Sinn von Lexiph.' Aussage, wenn ein Leser die zweite Bedeutung von ὄφελος mit Gen. assoziiert, nämlich 'Abhilfe gegen' (Nic. *Th.* 517f.); das wohl von Lukian intendierte Mißverständnis liegt auch deshalb nahe, weil der von ὄφελος abhängige Genitiv ein Abstraktum ist und so leicht als objectivus statt partitivus aufgefaßt werden kann - und weil Lexiph. wieder einmal unbewußt die Wahrheit sagt: Er und Konsorten sind in der Tat das beste 'Gegenmittel' für einen recht verstandenen und kultivierten Attizismus.


<u>ἐρεσχηλεῖν</u>

Das typisch attische Verbum (für gemeingriechisches διαπαίζειν, vgl. Moeris 146) wird sowohl intrans. (z.B. Pl. *R.* 545e. *Lg.* 885c; Luc. *DMort.* 11,3) als auch, wie hier, trans. verwendet (z.B. Pl. *Phdr.* 236b; Luc. *Musc.Enc.* 10). Ob die beiden Belege bei Appian (*Pun.* 74. *Mith.* 64) auf eine konkurrierende oder vielleicht gar auf die einzige im 2. Jh. außerhalb des antiquarischen Attizismus noch lebendige Bedeutung weisen (mit acc. rei: 'Vorwände suchen für etw.'), ist ebenso wenig klar wie die Etymologie (vielleicht ἔρις und χηλεύειν, vgl. Chantraine s.v.).
Einen sehr seltsamen Kontrast zu ἐρεσχηλεῖν bildet das unmittelbar folgende συχνάκις: Auf der einen Seite das altertümliche Verbum mit dem unverkennbar attischen Flair, auf der anderen die sicher umgangssprachliche, nicht vor dem 2. Jh. belegte Neubildung (Luc. *Scyth.* 2. *Fugit.* 24; Sch.Theocr. VII 78; ähnlich σπανιάκις, das auch bei Luc. vorkommt) für das klassische συχνά bzw. συχνόν (wahrscheinlich Analogie zu πολλάκις).


<u>λάλης θηγάνη</u>

Auch hier liegt der Witz in der Zusammenstellung zweier ganz und gar nicht zusammenpassender Vokabeln: λάλη (für das normale λαλιά) ist sonst nur noch belegt in einem anonymen Komikerfragment (CGFP p.322: ...πρὸς τοῖσι δ' ἐμβαλεῖν ἅλας, μεμνημένος δ' ὅπως ἅλας καὶ μὴ λάλας), wo es als eine um des Wortspieles willen entstandene, lächerliche Neuschöpfung des Komödiendichters erscheint.

θηγάνη dagegen ist ein Wort der Tragödie, wo es sowohl im eigentlichen Sinn vorkommt (S. *Aj.* 820; A. *Ag.* 1536f.) als auch in übertragener Bedeutung ('Anlaß für', A. *Eum.* 859); der Kontext ist an allen Stellen nicht nur ernsthaft, sondern ausgesprochen bedrohlich; daß Lukian eine Aischylos-Reminiszenz beabsichtigt, wird durch das in Kürze folgende χειμοθνής nahegelegt.


κρύος γάρ ἐστιν

Eine weitere Äußerung zu diesem Thema, die für sich genommen zwar eindeutig ist, aber zu anderen im Widerspruch steht (s.o. zu πρὸς τὴν εἴλην θέρεσθαι, S. 171).


εὐζωροτέρωι

sc. οἴνωι: Ein besonders in der attischen Komödie vorkommendes Adj. (Ar. *Ec.* 137. 227; Antiph. 137; Cratin. 453; Diph. 57; Eup. 452; aber auch E. *Alc.* 757), das offenbar als 'Antiquität' geschätzt wurde (Ath. X 423d-424a; Phryn. 223R 146L), über dessen Bedeutung man sich aber nicht mehr ganz im klaren war (vgl. die Diskussion bei Plu. *Mor.* 677c-678b, die zu der auch hier gemeinten Bedeutung ἄκρατος gelangt); die Etymologie ist unbekannt (Chantraine s.v.).


ὑποπυκνάζοιμι

Hap. Leg., dessen Sinn sich angesichts der "etwas bunten Bedeutungsgruppen" (Schwyzer I 735), in welche die Verben auf -άζω zerfallen, nur aus dem Kontext erschließen läßt. Soweit diese Bildungen, wie hier der Fall, auf Adj. zurückgehen, kann man ihre Bedeutungen in zwei Gruppen fassen, nämlich (a) intrans.: 'eine bestimmte Qualität besitzen bzw. sich entsprechend verhalten' und (b) trans.: 'eine bestimmte Qualität an einem Obj. herbeiführen'; Eudemos sagt also entweder, er möge gern 'ein wenig vollgestopft sein mit ungemischterem Wein' oder, er möge damit gern '(sc. seinen Magen) ein wenig vollstopfen'. Vergleichbar mit letzterer Interpretation ist eine Stelle bei Plutarch (*Mor.* 687d: πυκνοῦσαι τὸν στόμαχον; zur möglichen Bedeutungsgleichheit der Verben auf -όω und -άζω vgl. z.B. ὀρθιάζω; ὑποπυκνόω findet sich bei Gal. I 169,6 zur Beschreibung der Wirkung von Hitze oder Frost auf die Hautoberfläche); jedenfalls besteht kein Anlaß, den Text zu ändern (wie z.B. Sommerbrodt: πυκνὰ ἐπιψεκάζοιμι).

### χειμοθνής

Außer dem ein einziges Mal bei Aischylos (*Ag.* 1274) belegten λιμοθνής, das wohl Vorbild ist (so Doehring 84), gibt es, soweit ich sehe, keine vergleichbare Bildung (bei dem gängigen ἡμιθνής bezeichnet das erste Glied eine Einschränkung und nicht eine Ursache); falls es nicht am Zufall der Überlieferung liegt, mußte sich der Kenner an Aischylos erinnert fühlen, erst recht nach θηγάνη.

### τῶν χειροσόφων

Wie in Anm. 224 dargelegt, sollte hier χειρισόφων in den Text gesetzt werden. Es ist also nicht angebracht, Lukian angesichts von *Rh.Pr.* 17 und *Salt.* 69 der Inkonsequenz zu zeihen (wie Anderson 1977, 276: "Lucian is an opportunist..."); vielmehr läßt er Lexiph. hier ein weiteres Mal sein Spiel mit einem als Personennamen fixierten Adj. treiben.

### τῆς βαρβιτωιδοῦ

Ein in Analogie zu αὐλωιδός gebildetes Hap. Leg.; zum Barbiton vgl. Ath. V 175e und XIV 635d. Es handelt sich um eine Sonderform der Lyra und gehört zum "dionysischen Zug und zu den Dichtern" (Neubecker 1977, 72).

### ἀλογίαν

Vgl. zu ἄλογος (§ 9 [61,7]); normalerweise bedeutet das Subst. ‘Mangel an Logik’ (z.B. Pl. *Tht.* 207c. *Phd.* 267e), ‘Unordnung’ (z.B. Plb. XV 4,2; Plot. VI 8,7) oder ‘Mißachtung’ (Hdt. IV 150,4; Procop. *Pers.* 1,2); immerhin kommt die bei Plb. XXXVI 7,4 belegte Bedeutung ‘sprachloses Entsetzen’ der hier gemeinten nahe, und auch Poll. (VI 145) nennt ἀλογία unter zahlreichen Ausdrücken für ‘Maulfaulheit’.

ἀστόμοις

Die hier von Lexiph. vermutlich gemeinte Bedeutung ist nur bei Arr. *Epict.* II 24,26 und Hsch. (s.v., unter Verweis aus S. *Fr.* 76) belegt (ὁ μὴ δυνάμενος λέγειν); möglich wäre auch der erst im kaiserzeitlichen Griechisch belegte, etymologisch 'richtige' Sinn 'ohne Mund' (LSJ s.v. 2). Im Attischen findet sich das Adj. nur in Anwendung auf Tiere, nämlich Pferde, die dem Zügel nicht gehorchen (so der wahrscheinliche Sinn von S. *El.* 724, vgl. dazu Kamerbeek 1974, 101; vgl. auch Plu. *Art.* 9), oder auf Hunde, die nicht fest zubeißen können (X. *Cyn.* 3,3). In der späten Gräzität bedeutet ἄστομος auch 'nicht schmackhaft' (LSJ s.v. IV).

ἀπεγλωττισμένοις

Das Hap. Leg. reiht sich in Lexiph.' übrige Neubildungen mit dem Präfix ἀπο- ein, und durch den Kontext ist klar, was gemeint sein soll. Allerdings bedeutet γλωττίζειν 'leidenschaftlich küssen' (*AP* V 129: γλωττίζει, κνίζει, περιλαμβάνει...); von diesem Sprachgebrauch ausgehend kann man Lexiph.' Kompositum eigentlich nur im Sinne einer Verstärkung des Simplex (vgl. Passow s.v. ἀπό, E4) mißverstehen - was ja auch einen hübschen Nebensinn ergibt.

λογᾶι

Desiderativum zu λόγος, gebildet wie λουτιῶ (§ 2 [57,5]; vgl. K.-Bl. II 264); da Verben auf -άω auch Krankheitszustände bezeichnen können (σπληνιᾶν, ὑδερᾶν, λιθιᾶν), läßt sich Lexiph.' Äußerung auch als unfreiwillige, aber treffende Selbstdiagnose verstehen.

ἀνηγόμην

Die metaphorische Verwendung von ἀνάγεσθαι mit dem Pt. Fut. eines Verbum dicendi dürfte eine Reminiszenz an Platon- (*Chrm.* 155d) oder Xenophonlektüre (*Cyr.* VI 3,12) sein.

ἀρχαιολογήσων

Bei kaiserzeitlichen Historikern findet man das Wort als Terminus technicus für die Erforschung und Darlegung der Urgeschichte eines Volkes (D.H. I 74,2; Diod. II 42,4; J. *BJ* Prooem. 6); an der einzigen

Stelle, an der es diesen 'technischen' Sinn noch nicht hat (Th. VII 69,2), ist die Konnotation eindeutig negativ: 'alte und der Situation unangemessene Dinge aufwärmen'. Wie es seine Art ist, gibt Lexiph. der Vokabel einen neuen Sinn ('in altertümlicher Sprache reden') und macht zugleich einen unfreiwilligen Witz auf eigene Kosten für diejenigen, die die Thukydides- Stelle kennen.


<u>κατανίψων ἀπὸ γλώττης ἅπαντας</u>

κατανίψων kann entweder von κατανίφω (ältere Form: κατανείφω, κατανίφω aber auch bei Luc. *VH II* 14) oder von κατανίζω (späte Analogiebildung des Präsens: -νίπτω, vgl. K.-Bl. I 105a) kommen. Lexiph. meint wohl ersteres und will also sagen, daß er nunmehr seine Gesprächspartner mit einem wahren 'Schneegestöber' von Worten zu überschütten beabsichtige; Vorbild ist sicher Il. III 222 (ἔπεα νιφάδεσσιν ἐοικότα χειμερίῃσι, vgl. Doehring 113). Jedoch konstruiert er so unglücklich, daß der Leser unweigerlich auf κατανίζειν geführt wird: κατανίφειν nämlich steht entweder absolut (Ar. *Nu.* 265) oder mit einem affizierten Akk.obj. und instr. Dat. (Ar. *Ach.* 138) oder nur mit ersterem (Luc. *l.cit.*). Kaum unterbringen läßt sich in Verbindung mit κατανίφειν dagegen ein Gen. mit ἀπό; so konstruiert findet sich nun aber öfter das Simplex νίζειν (z.B. Il. X 574f.; XI 845f.) in der Bedeutung 'etwas von jemandem / etwas abwaschen'. Lexiph. sagt also unabsichtlich, er werde 'alle von seiner Zunge abwaschen' oder aber, da ja ἀπό auch zur Bezeichnung des Mittels und Werkzeugs gebraucht werden kann (anstelle des instr. Dat., vgl. K.-G. I 458), er werde 'alle mittels seiner Zunge abwaschen'.


<u>ὥσπερ εἴ τις κτλ.</u>

In dem Komparativsatz wird in geradezu epischer Breite und unter Verwendung pretiöser Neologismen das durch ἀνηγόμην initiierte Bild des in voller Fahrt dahinrauschenden Schiffes ausgemalt (vgl. *Hist.Conscr.* 45). Lexiph. gerät dabei über seine eigene Diktion offenbar in solche Verzückung, daß die Konstruktion nicht durchgehalten wird: ὁλκάδα wird vorangestellt als Akk.obj. zu ἀναχαιτίζοι, nachdem aber dieses Prädikat genannt ist, wird τὸ ῥόθιον als weiteres Akk.obj. nachgeschoben und das erste gewissermaßen vergessen. Die Funktion dieses Zeugmas ist wohl, wie angedeutet, in der Ausmalung von Lexiph.' Enthusiasmus zu sehen.

ὁλκάδα τριάρμενον

Dreimastige Frachtschiffe (zu τριάρμενος vgl.: Plu. *Marc.* 14; Luc. *Nav.* 14; Philostr. *VA* IV 9) gab es erst seit hellenistischer Zeit (sprichwörtlich wurde die wegen ihrer übermäßigen Größe kaum seetüchtige Ἀντιγόνου ναῦς τριάρμενος, vgl. Poll. I 83), in allgemeinem Gebrauch waren sie erst im 2. und 3. Jh.n.Chr. (Assmann, 'Segel', RE II A.1 [1921] 1052). Lexiph. hat keine Bedenken, eine Realie zu erwähnen, die in der Epoche, deren Sprache er zu imitieren sucht, noch gar nicht existierte.

ἐν οὐρίωι

Ungewöhnlich ist die Ellipse des Subst. (wenn οὔριος alleine steht, dann im Fem.) und die Präposition; ein Beispiel für normale Ausdrucksweise bei Luc. *Nav.* 13: εὖ φερόμενον τὸ σκάφος οὐρίωι ... πνεύματι.

ἐμπεπνευματωμένου

Lexiph. meint den Sachverhalt, den man im Griechischen normalerweise mit ἐμπνεῖν bezeichnen würde, nämlich das 'Geblähtsein' des Segels durch den Fahrtwind; exakt diese Bedeutung hat ἐμπνευματοῦν (im Akt.: 'Blähungen verursachen', vgl. Dsc. II 173,3; Ath. II 54d; im Pass.: 'an Blähungen leiden', vgl. Gal. XVI 833, bzw. 'an Asthma leiden', Gal. VII 959), jedoch handelt es sich um einen medizinisch-naturwissenschaftlichen Terminus, dessen Übertragung auf den nautischen Bereich im Griechischen (im Unterschied zum Deutschen) wohl lächerlich wirkte.

τοῦ ἀκατίου

Unter ἀκάτιον versteht man im klassischen Sprachgebrauch nicht schlechthin 'Segel' (wie hier), sondern ein kleines Beisegel im Gegensatz zum großen Hauptsegel (X. *HG.* VI 2,27: τὰ μεγάλα ἱστία αὐτοῦ κατέλιπεν ... καὶ τοῖς ἀκατίοις δὲ ... ἐχρῆτο; zu dieser Bedeutung vgl. Assmann, l.cit. [S. 272] 1050). Erst im späteren Griechisch (z.B. Plu. *Mor.* 15d; Luc. *Hist.Conscr.* 45. *JTr.* 46) findet eine Gleichsetzung von ἱστίον und ἀκάτιον statt (die immerhin selbst von Phryn. (Bekker an. p.19) gebilligt wird).

### εὐφοροῦσαν

Der Witz liegt darin, daß Lexiph. das Verbum, das normalerweise καλῶς φέρειν bedeutet (Hsch. s.v.) und im späteren Griechisch Fruchtbarkeit des Bodens bezeichnet (z.B. Hp. *Ep.*10; *Ev.Luc.* 12.16; Gal. I 547), so verwendet, als könne es auch die passivische Bedeutung εὖ φέρεσθαι ausdrücken (so auch Doehring 108). Bindeglied für die Übertragung auf den Bereich der Seefahrt dürfte das Adj. εὔφορος sein, das in Verbindung mit πνεῦμα den guten Fahrtwind bezeichnen kann (Philostr. *VA* V 21). Nicht sichern läßt sich eine mögliche Reminiszenz an die oben notierte Xenophon-Stelle (*HG* VI 2,27), deren Text in den modernen Ausgaben lautet: καὶ τοῖς ἀκατίοις δὲ, καὶ εἰ φορὸν (εἰ ἔφορον C; εἰς φορὸν B) πνεῦμα εἴη, ὀλίγα ἐχρῆτο. Die v.ll. führen auf die Konjektur εὔφορον (deren Herkunft nicht festzustellen ist, von der aber Passow, s.v. εὔφορον, ausgeht), was möglicherweise eine alte Textvariante darstellt (kaum den richtigen Text, denn φορός in der hier nötigen Bedeutung ist besser belegt als εὔφορος); falls diese bereits in Lukians Zeit verbreitet war, dürfte eine Anspielung an *HG.* VI 2,27 vorliegen.

### ἀκροκυματοῦσαν

Hap. Leg. mit durchsichtiger Bedeutung, gebildet nach dem Muster der ziemlich seltenen verbalen ἀκρο-Komposita (z.B. ἀκροπλουτεῖν, ἀκροτομεῖν, ἀκροχειρίζειν). Allerdings ist κυματοῦν nur trans. belegt ('in Wellenbewegung versetzen') und kann nicht bedeuten 'auf den Wellen dahingleiten'; wie bei εὐφορεῖν unterstellt Lexiph. auch hier fälschlich eine intr. Bedeutung.

### ἕκτορας

Die Substantivierung des seltenen Adj. in der Bedeutung 'Anker' ist nach dem Vorbild des Lyc. (100) durchgeführt (zu weiteren Bedeutungen vgl. LSJ, deren Angaben im wesentlichen auf Hsch. zurückgehen). Wie öfter treibt Lexiph. sein Spiel mit dem Eigennamen (Harmon z.St.: "In view of the fact that to the Greeks hector was a 'holder', L. can cause us to imagine that hero performing new and strange feats."). Die Preziosität des Ausdrucks wird erhöht durch das poetische ἀμφίστομος (vgl. z.B. S. *OC* 473; Diod. V 33; Poll. I 93. 137), das wohl die zwei Spitzen des Ankers bezeichnen soll.

### ἰσχάδας

Die Verwendung im Sinne von 'Anker' (also zu ἔχειν) ist nur durch eine Notiz des Ath. für Sophokles belegt (Ath. III 99d = S. *Fr.* 761 Radt) und wird auch von Hsch. (s.v. ἰσχνίδες) vermerkt. Sonst bedeutet ἰσχάς (zur Etymologie vgl. Chantraine s.v. ἰσχνός) 'Trockenfeige' (Ar. *Eq.* 755; Hermipp. 63,16) oder 'Wolfsmilch' (Thphr. *HP* IX 9,6; Dsc. IV 175) oder das weibliche Geschlechtsteil (vgl. Henderson 1975, 134).

### ναυσιπέδας

Hap. Leg., gebildet aus ναῦς und πέδη nach dem Vorbild von Zusammensetzungen wie τροχοπέδη ('Radhemme'); zu πεδίον gehört dagegen der - im Kontext durch Assoziation naheliegende - nautische Fachterminus ἱστοπέδη (eine Art Büchse zur Befestigung des unteren Endes des Mastes im Schiffsrumpf), wie dies auch etwa bei οἰνοπέδη ('Rebland') der Fall ist.

### ἀναχαιτίζοι

Lexiph. merkt nicht, daß er mit dem Verbum ein Bild evoziert (im hier gemeinten Sinne 'an den Haaren bzw. der Mähne zurückhalten' erst spät belegt, Procop. *Goth.* IV 18. *Aed.* II 11; Memn. 51 [Müller III 525ff.]; Alex.Aph. *in Top.* 372,17), das zu einem unter vollen Segeln fahrenden Schiff nicht paßt; die Diktion ist im wahrsten Sinne des Wortes 'an den Haaren herbeigezogen'.

### τοῦ δρόμου τὸ ῥόθιον

ῥόθιον bezeichnet das Geräusch, das von einem schnell fahrenden Schiff erzeugt wird, und zwar entweder das Klatschen der Ruderblätter (z.B. E. *IT* 407; vgl. auch Sch.Th. IV 10,5) oder - wie hier, denn Lexiph. spricht ja von einem segelnden Schiff - das Rauschen der Wellen, die vom Kiel durchschnitten werden (z.B. A. *Pr.* 1048); wiederum eine poetische Formulierung, die Lukian aber auch selbst gebraucht (*Tox.* 19. 55).


εὐηνεμίας

Hap. Leg, gebildet wohl nach dem Adj. εὐήνεμος; für das sprachliche Niveau, auf dem sich Lexiph. trotz allem immer noch bewegt, beachte man den Unterschied zwischen dieser zwar nicht belegten, aber doch möglichen und korrekten Wortbildung und Monstrositäten wie der ἀνηνεμία des *Pseudol.* 29 (s.o. S. 91).


πλεῖ καὶ νεῖ καὶ θεῖ

Das durch die drei einsilbigen Imperative gebildete Homoioteleuton wird dadurch noch auffälliger, daß sich zusammen mit dem vorangehenden εἰ βούλει eine fünfmalige Wiederholung des gleichen Lautes (in der damaligen Aussprache ein langes i) auf engstem Raum ergibt. Solches wurde wohl - bei aller in derartigen Fragen gebotenen Vorsicht - vom griechischen Ohr nicht eben als schön empfunden (vgl. D.H. *comp.* 12: Man müsse für Wohlklang sorgen durch ständige Mischung und Abwechslung und dürfe insbesondere nicht nebeneinander stellen ὁμοιότονα παρ' ὁμοιοτόνοις μηδ' ὁμοιόχρονα παρ' ὁμοιοχρόνοις), und daß Eudemos eine besonders belangreiche und deshalb mittels der lautlichen Gestaltung zu unterstreichende Aussage träfe, wird man nicht sagen können; das aufdringliche Wortspiel steht einfach um seiner selbst willen.


ἀπόγειος

Nur in spezieller Bedeutung belegtes Adj., nämlich für die vom Land zur See wehenden Winde (Arist. *Mu.* 394b14. *Meta.* 363a1 etc.) oder im Sinne 'weit von der Erde entfernt stehend' (sc.: σελήνη, Plu. *Mor.* 933b etc.); beide Interpretationen sind hier möglich (Eudemos wird der Seefahrt des Lexiph. 'vom Lande aus' [so Doehring 63] zusehen oder 'aus großer Erdentfernung' [nämlich vom Himmel]), doch ist es wohl ungewöhnlich, ἀπόγειος auf eine Person anzuwenden (vgl. immerhin Luc. *DMar.* 14,3).

ὥσπερ ὁ τοῦ Ὁμήρου Ζεύς

Zeus beaufsichtigt das Kampfgeschehen vor Troja entweder vom Olymp (das ist konkret mit dem Hap. Leg. ἀκρουρανία gemeint) oder vom Ida aus (letzteres ab Il. VIII 41-52); zu möglichen Implikationen dieses Vergleichs vgl. unter ἀπὸ φαλάκρων.

ἀπὸ φαλάκρων

Lexiph. meint offenbar, die aus der Ilias allgemein bekannten 'Beobachtungsposten' des Zeus durch möglichst gesuchte Ausdrucksweise verschlüsseln zu müssen (vgl. die Antonomasien bei den jedermann bekannten Namen Platon und Pythagoras); für den Olymp wählt er die Neubildung ἀκρουρανία, für den Ida die nur dem Gebildeten verständliche Bezeichnung ἀπὸ φαλάκρων: Im Sch.Il. XIV 284 ist ἡ Φαλάκρα (bzw. Φαλάκρη) als Name für einen der Gipfel des Ida bezeugt, ebenso bei St.Byz. (jedoch im Pl., p. 655 Meineke); der an unserer Stelle vorauszusetzende Nom. Pl. des N. (τὰ φάλακρα) ist dagegen, soweit ich sehe, nirgends zu finden (Passow nennt τὰ φάλακρα als gleichbedeutend mit ἡ φ., aber ohne Beleg; LSJ hat die Form des N. nicht), es sei denn, man gewinnt ihn aus Hsch. (φάλακρον· ἀκρωτήριον τῆς Ἴδης) und der allgemeinen Häufigkeit von N. Pl.-Formen als geographische Namen (vgl. auch St.Byz., l.cit.: ἔστι καὶ Φάλακρον ἀκρωτήριον Κορκύρας). Wahrscheinlicher ist, daß Lukian ἀπὸ φαλακρῶν geschrieben hat, was sowohl als Gen. Pl. zu dem femininen Namen verstanden werden (und von Lexiph. natürlich so gemeint ist) als auch zu dem umgangssprachlichen Adj. φαλακρός gehören kann; der komische Nebensinn 'von Glatzköpfen aus' erschlösse sich dann auch dem nicht antiquarisch Gebildeten. Darüberhinaus birgt der Vergleich insofern unfreiwillige Komik in sich, als er die Assoziation des geraden Gegenteils des beabsichtigten tertium comp. hervorruft: Eudemos will doch wohl sagen, daß er den Darbietungen des Lexiph. gleichsam von erhöhter Warte aus aufmerksam und ohne sich etwas entgehen zu lassen folgen werde; nun endet aber des Zeus Wache auf dem Ida gerade damit, daß der Göttervater, durch Heras listige Machenschaften eingeschläfert bzw. abgelenkt, zum einzigen Mal in der Ilias den Überblick über das Kampfgeschehen verliert (Διὸς ἀπάτη). Denkt man also den Vergleich zu Ende - und ein Iliaskenner, also sozusagen jeder

Grieche, wird sich dem kaum entziehen können - so erklärt Eudemos, er werde während Lexiph.' angekündigter Suada friedlich einige Becher Wein leeren (ἅμα πίνων) und darauf sanft entschlummern.

### διαφερόμενόν σε

Von den zahlreichen Bedeutungen des Verbums führt der Kontext am ehesten auf 'huc illuc iactari' (vgl. Plu. *Galba* 26,4; *Act.Ap.* 27,27), was freilich nicht ganz zum Bild des mit gutem Fahrtwind einen sicheren Kurs steuernden Schiffes paßt, umso besser dafür Lexiph.' Irrfahrt auf dem Ozean der griechischen Sprache beschreibt.

### κατουρουμένην

Zweideutige Form (wie oben ἀπολούμενος), die zu dem (klassisch nicht belegten) κατουροῦν (Plb. I 44,3. 61,7, allerdings nur im Akt.) gehören soll ('mit gutem Wind segeln'), ebenso gut aber Pt. Pass. zu κατουρεῖν ('sein Wasser lassen auf', vgl. Ar. *Ec.* 832; Arist. *HA* 556b15f.; Luc. *Merc.cond.* 34) sein kann.

## Lexiphanes im Gespräch mit Lykinos und Sopolis (§§ 19-20)

Im Bestreben, dem Arzt Sopolis gegenüber seine Behandlungsbedürftigkeit zu bestreiten, macht Lexiph. durch seine Diktion ein weiteres Mal deutlich, wie schlimm es um ihn steht, und wie recht Lykinos hat:

### μακκοᾶι

Ein wohl von Aristophanes geprägtes Verbum, mit dem er an zwei Stellen (*Eq.* 62 und 396; vgl. auch *Com. Adesp.* 1210) das Verhalten des Demos gegenüber dem Maulhelden Kleon beschreibt; ἡ Μακκώ ist laut Sch. *Eq.* 62 Bezeichnung für den Komödientypus der tauben und begriffsstutzigen Alten (damit zusammenhängend vielleicht das oskisch-lateinische maccus, vgl. Chantraine s.v.). Poll. II 16 nennt μακκοᾶν unter κωμικὰ σκώμματα auf hinfällige Greise.

πεφρενωμένους

φρενοῦν bedeutet natürlich 'zur Vernunft bringen' und ist vielfach in
diesem Sinne belegt (z.B. A.*Pr.* 337; S.*Ant.* 754; X.*Mem.* II 6,1 und IV
1,5). Im Pass., wie hier, findet man das Verbum aber nur mit Angabe der
handelnden Person (z.B. Jul.*Or.* VII 225 b); fehlt diese, so stellt sich
offenbar die Bedeutung 'überheblich' ein, die im späteren Griechisch an
zwei Stellen belegt ist (LXX *Ma.* 11,4; Babr. 101,5). Wieder einmal macht
sich Lexiph. lächerlich, weil er eindeutige, aber für seinen Geschmack zu
gewöhnliche Formulierungen (wie etwa φρόνιμος, εὖ φρονῶν) durch eine
mißverständliche ersetzt.


ὀλισθογνωμονεῖν

Hap. Leg., das zwar in Analogie zu einem einigermaßen gängigen Typus
gebildet ist (κακογνωμονεῖν, ἰδιογνωμονεῖν, ὀρθογνωμονεῖν u.ä.), aber
durch seine starke Bildlichkeit wohl eher komische Wirkung erzielt.


κατὰ τὸν Μνησάρχου τὸν Σάμιον

Lexiph. will mit seiner Bildung prunken; allerdings gehört das Gebot
fünfjährigen Schweigens, dem angehende Pythagoreer sich angeblich
unterziehen mußten, ebenso wie Pythagoras' goldene Hüfte und das Verbot
des Bohnen-Essens zu den allerpopulärsten Assoziationen, die sich auch
bei Lukian unfehlbar und sozusagen automatisch mit dem Namen des
samischen Philosophen einzustellen scheinen, vgl.: *Demon.* 9. *gall.* 4.
*vit.auct.* 3. *pisc.* 4. *salt.* 70 (Schweigen); *VH* II 21. *gall.* 18. *vit.auct.* 6.
*Alex.* 40. *DMort.* 6,4 (goldene Hüfte); *VH* II 24. *gall.* 4 und 18. *vit.auct.*
6. *DMort.* 6,4 (Bohnen).


γλωτταργίαν

Ein weiteres mit γλῶττα zusammengesetztes Hap. Leg., um
Sprachlosigkeit oder Schweigen zu bezeichnen (vgl. ἐχεγλωττία,
ἀπεγλωττισμένος); während Lexiph. als zweites Glied -αργια (zu ἔργον)
verstanden wissen will, führt der normale Sprachgebrauch zu einem gerade
entgegengesetzten Verständnis der Neubildung (zu ἀργός, wie κύνες
ἀργοί, Il. I 50 und XVIII 283; vgl. Casewitz 1994, 85: "la vivacité de la

langue"): Das Adj. γλώτταργος in dieser Bedeutung ('flink mit der Zunge') ist belegt (z.B. J *AJ* XVIII 6,7; D.Chr. XLVII 16), ebenso das sehr ähnlich klingende Subst. γλωσσαλγία (zu ἄλγος, also 'Reden, daß einem die Zunge schmerzt bzw. daß es den Zuhörer schmerzt', d.h. unaufhörliches und beleidigendes Reden, vgl. E. *Andr.* 689. *Med.* 525; Ph. II 165; ebenso das entsprechende Adj., Poll. VI 119). Anregung für Lexiph.' mißverständliche Wortschöpfung könnte die erwähnte Medea-Stelle gegeben haben, wo Iason sagt: δεῖ μ' ... ὑπεκδραμεῖν τὴν σὴν στόμαργον, ὦ γύναι, γλωσσαλγίαν - insbesondere dann, wenn man annimmt, daß Lukian in seinem Text die v.l. γλωσσαργίαν vorgefunden, dies als 'Zungenflinkheit' verstanden und seinem Lexiph. die falsche Interpretation 'Zungenträgheit' unterstellt hat.

μὰ τὴν ἀναίσχυντον 'Αθηνᾶν

Der falsche Gebrauch der Epitheta bei den beiden angerufenen Gottheiten gehört zu den wenigen vom Sch. (ἐπίτηδες δὲ τὴν 'Αθηνᾶν ἀντὶ τοῦ αἰδεσιμωτάτην ἀναίσχυντον εἶπε διαβάλλων τὴν τῶν λέξεων πλάσιν καὶ θηριομάχον τὸν 'Ηρακλέα, ὃ ἐπὶ τῶν κατακρίτων ἡ συνήθεια οἶδεν.) und seither des öfteren von Kommentatoren bemerkten Wortwitzen im *Lex.* Wiederum handelt es sich um einen nach den Regeln der Wortbildung und Grammatik zwar möglichen (wie etwa ἀμόλυντος zu μολύνω, z.B. *IG* XIV 264: ἀμόλυντος παρθένος), durch den Sprachgebrauch aber ausgeschlossenen Sinn.

θηριομάχον

Lexiph. gebraucht das Adj. in dem etymologisch 'richtigen' Sinn 'wilde Tiere bekämpfend' (vgl. etwa die spätgriechischen Bildungen ἐλεφαντομάχος, λεοντομάχος), der Zuhörer aber kann nicht anders, als die in der Kaiserzeit umgangssprachliche Bedeutung zu verstehen, in der das Wort den zum Tod in der Arena verurteilten Delinquenten bezeichnet (M.Ant. X 84; ebenso θηριομάχης D.S. XXXVI 10, θηριομαχεῖν D.S.III 43,7, θηριομαχία Str. II 5,33; Ph. I 602).

τοῦ γρῦ καὶ τοῦ φνεῖ

Beide Ausdrücke gehören dem Komödienvokabular an und bedeuten 'ein bißchen'; für γρῦ, das ziemlich häufig belegt ist (z.B. Ar. *Pl.* 17; Men. *Sam.* 655. *Fr.* 364 und 521; D. XIX 39) werden zwei Erklärungen geboten (Sch.Ar. *Pl.* 17), nämlich entweder ein onomatopoietischer Ausdruck für das Grunzen des Schweines (so auch Chantraine s.v.) oder eine Bezeichnung für das Schwarze unter dem Fingernagel. φνεῖ findet sich außer an unserer Stelle nur noch in einem Ar.-Zitat (*Fr.* 914); es soll sich um die wiederum lautmalerische Bezeichnung für den Ruf eines Vogels handeln (so Et.M.; dies und weiteres Material bei K.-A.). Im Gegensatz zu dem noch im Neugriechischen lebendigen γρῦ scheint es eine bereits im 2. Jh. obsolete Vokabel zu sein.

ὀττεύομαι

Das etymologisch mit ὄψ bzw. ὄττα verwandte Verbum ist hier ausnahmsweise mit Inf. konstruiert (sonst mit Akk.obj. oder instr. Dat.: 'etw. als Vorbedeutung betrachten' bzw. 'sich Vorahnungen bilden aufgrund von etwas') wie sonst nur noch bei Porph. *Antr.* 33, wo es eine (auf religiösen Überzeugungen beruhende) Meinung bezüglich einer Vorbedeutung bezeichnet (die Teilnehmer von bestimmten Prozessionen trügen silbrig-leuchtende Ölzweige τὸ λευκὸν αὐτοῖς τὸ σκοτεινὸν τῶν κινδύνων μεταβάλλειν ὀττευόμενοι); etwas ähnliches meint Lexiph. hier wohl auch (etwa: 'und ich nehme es wie ein Vorzeichen, daß ich gar nicht mit ihm zusammentreffe', d.h. 'er ist Luft für mich'). Harmons Übersetzung ("I abominate meeting him at all; zu ὀττεύομαι in dieser Bedeutung vgl. D.H. II 19,5) scheitert an dem mit μηδέ verneinten Inf., die Erklärung des Sch. (ἀντὶ τοῦ ἐπείγομαι, καὶ τοῦτο τέθεικε διαβάλλων τὸν χρησάμενον. τὸ γὰρ ὀττεύεσθαι ἐπὶ τοῦ ἀπὸ θεοῦ κινουμένου ἤτοι προφητεύοντος κεῖται) scheint jedenfalls in ihrem ersten Teil eine reine Vermutung zu sein.

ῥιναυλήσειν

Die unverständliche Überlieferung wurde von Gesner mit Hilfe des Sch. (ῥιναυστήσειν δὲ ἀντὶ τοῦ ταῖς ῥισὶ καταυλῆσαι) korrigiert; das Hap. Leg. ῥιναυλεῖν (in Analogie zu einer Bildung wie ῥινηλατεῖν, A. *Ag.*

1185; S. *Ichn.* 88; Ph. I 628, Longus II 13) 'verächtlich durch die Nase schnauben' kann man Lexiph. wohl zutrauen.


παρὰ τὸν ἑταῖρον
Longo setzt ἑταίριον (Ω) in den Text mit der Begründung: "Comica, ed equivoca, questa urgenza di Lessifane di recarsi in visita dal 'compagno' (equivoca anche la parola, in greco), perché la di lui moglie non è in grado di soddisfarne le voglie." Allerdings ist ἑταίριος nirgends belegt (vgl. LSJ, ThLGr, Pape führt es als Alternative zu ἑταιρεῖος auf, aber es handelt sich wohl lediglich um eine itazistische Verschreibung), und, was viel wichtiger ist, die unfreiwillige Komik der Stelle hängt nicht davon ab, daß Kleinias mit einer zweideutigen Bezeichnung bedacht wird. Auch wenn er einfach ein ἑταῖρος ist, stellt sich die Frage, inwiefern Lexiph. seine Eile mit dem Zustand von Kleinias' Frau begründen kann. Einen Sinn gäbe das nur (da er ja kein Arzt ist, der helfen könnte), wenn er gedenkt, sich dem ἑταῖρος als Ersatz anzubieten. Natürlich meint Lexiph. das nicht, aber auch im Gespräch unterlaufen ihm dieselben Fehler wie beim Schreiben eines Buches: Über der Sorgfalt, die auf die Vokabeljagd verwendet wird, vergißt er, auf den Sinn dessen, was er sagt, zu achten.


ἀκάθαρτον
Das Adj. bedeutet normalerweise 'unrein' in medizinischem, kultischem oder moralischem Sinne (vgl. LSJ); Lexiph. verwendet es ebenso wie der bei Ath. III 99 e erwähnte Demades: ὁ δ' ὀνοματοθήρας οὗτος σοφιστὴς καὶ ἀκάθαρτον ἔφη γυναῖκα ἧς ἐπεσχημένα ἦν τὰ γυναικεῖα.


ὅτι μὴ ῥεῖ
Zur Negation vgl. Chabert 1897, 201: "Lexiphane ... ne viole aucune règle. (...) on rapporte la pensée de quelqu'un ou le motif admis par celui qu'on fait parler, sans prendre ce motif à son compte..."


ἀναβαίνει ... ἄβατος καὶ ἀνήροτος
ἀναβαίνειν wird in diesem Sinne ('bespringen') von männlichen Tieren gesagt (z.B. Hdt. I 192), findet sich immerhin einmal als derb-komische Ausdrucksweise einem Menschen in den Mund gelegt (Ar. *Fr.* 344:

ἀναβῆναι τὴν γυναῖκα βούλομαι); die Konstruktion mit bloßem Akk. ist laut Moeris 187 attisch, sonst stehe ἐπί (so bei Ph. I 651). - Ebenso unpassend, wie ἀναβαίνειν von einem Mann zu sagen, ist es, eine Frau als ἄβατος zu bezeichnen; in der hier gemeinten Bedeutung findet es sich bei weiblichen Tieren (Luc. *Philops.* 7. *Zeux.* 6 heißt das Adj. 'ungeritten'): Der Witz liegt hier also in der Niedrigkeit der Metapher, wie er umgekehrt beim folgenden ἀνήροτος in deren an die Diktion der Tragödie (vgl. S. *OR* 1256f.; 1485; 1497) anklingenden Feierlichkeit liegt, bzw. in der Zusammenstellung zweier auf gegensätzliche Weise unangebrachter Metaphern.

Kurz vor seiner Behandlung durch Sopolis scheint sich Lexiph. auf seine Rolle als Patient auch sprachlich einzustellen, indem er einige Termini der ionischen Wissenschaftsprosa in seine Rede einfließen läßt:

πιπίσκοντες

Das Verbum ist sehr häufig im corp. Hipp. als Terminus technicus für die Verabreichung einer flüssigen Medizin; mit gen. rei, wie hier, konstruiert findet es sich VII 20,16. 266,13. 296,15. I 296,22. VII 380,15. 388,17. VIII 324,19. 332,8. Außerhalb der medizinischen Fachsprache ist es dagegen selten (Eup. 128; vielleicht Arist. *EN* 1111a14; mehrfach bei Nic. *Th.*).

πῶμα ... πόμα

πῶμα kann entweder (wie hier) 'Deckel' oder 'Trank' heißen, in der zweiten Bedeutung wird es von den Attikern regelmäßig verwendet. Die v.l. πτῶμα (von Longo in den Text gesetzt) paßt weniger gut zu der Metaphorik, in der Lexiph. am Ende des Symposions seinen Redeschwall beschrieben hatte (κατανίψων, κατὰ τοῦ κλύδωνος; das erkennt offenbar auch Longo, wenn er statt des folgenden πόμα πῶμα konjiziert: "...in qualche modo chiude il torrente di parole di Lessifane"). πόμα in der hier nötigen Bedeutung 'Trank' ist attischer Prosa fremd, findet sich dagegen im Ionischen (z.B. Hdt. III 23; sehr häufig im corp. Hipp.) und in der Dichtung. Da auch Poll. (VI 15: καὶ ὁ μὲν οἶνος πόμα καὶ πῶμα καὶ ποτόν) das Wort gelten läßt, ist Lexiph. der unattische Gebrauch, zumal in diesem ionisch gefärbten Abschnitt, zuzutrauen. - Ein (bislang offenbar unbemerkt gebliebenes) Problem des Textes ist die Stellung des Dem.pron. τοῦτο, das sich auf nichts anderes als πόμα beziehen kann; τῶν λόγων jedoch kann nicht zu πόμα gehören, sondern ist als gen. obj. auf πῶμα zu beziehen. Eine Umstellung von τοῦτο und τῶν λόγων scheint deshalb geboten; das Durcheinanderkommen der Wortfolge könnte durch die Häufung der o-Laute begünstigt worden sein.


βορβορυγμός
"Lexiphani terminus technicus placuit" (Doehring 14); außerhalb medizinischer Fachliteratur kommt die onomatopoietische Vokabel nicht vor.


ἐγγαστρίμυθιον
Der Vergleich von Verdauungsgeräuschen mit Tönen, die ein Bauchredner hervorbringt, findet sich bei Hp. V 242,12 (καὶ ἐκ τοῦ στήθεος ἐψόφεεν, ὥσπερ αἱ ἐγγαστρίμυθοι λεγόμεναι; vgl. auch V 400,6); das Wort selbst ist aber kein medizinischer Fachausdruck (z.B. auch Plu. *Mor.* 414 e; Ph. I 654).

## 5. Schlußbemerkung

Es war das Ziel der vorliegenden Untersuchung, ein umfassendes und möglichst genaues Bild von Lukians theoretischen Vorstellungen im Bereich der Literaturkritik zu gewinnen. Als ein exakter Fachmann, der seine diesbezüglichen Positionen systematisch entwickelt, hat sich, wie zu erwarten, der Samosatenser nicht erwiesen. Aber alle betrachteten Äußerungen treten doch - trotz ihres so verschiedenartigen Kontextes und unterschiedlicher mit ihnen verbundener Aussageabsichten - zu einer theoretischen Konzeption von bemerkenswerter Einheitlichkeit zusammen. Im Mittelpunkt dieser Konzeption steht der absolute Vorrang des πραγματικὸς τόπος. Die durchdachte und sorgfältige Auffindung und Auswahl derjenigen Inhalte, die vorgetragen bzw. niedergeschrieben werden sollen, ist nach Lukians Überzeugung wichtigste Voraussetzung für literarische Qualität, und mangelnde Kompetenz oder mangelndes Engagement auf diesem Gebiet können auch durch die größten Anstrengungen bei den folgenden Arbeitsschritten nicht gutgemacht werden. Auch in den wenigen Bemerkungen, die Lukian über Gliederung bzw. Anordnung des gesammelten Stoffes macht, wird den πράγματα bestimmendes Gewicht beigemessen: Nach ihnen soll sich die τάξις von Fall zu Fall richten - selbstverständlich, so darf man hinzusetzen, unter möglichst sorgsamer Beachtung allgemeiner Regeln. Eine Abneigung gegen starren Dogmatismus war auch in Lukians Äußerungen über die sprachliche Formulierung zu spüren: Nicht Herkunft eines Wortes oder Belegbarkeit bei einem bestimmten Autorenkanon sind für ihn die Kriterien, sondern die übergeordneten ἀρεταὶ λέξεως der Klarheit und inneren Harmonie, also einer gewissen Homogenität des Sprachmaterials; besonders scharf kritisiert er auf diesem Gebiet Diskrepanz zwischen vollmundigen Ansprüchen und tatsächlichen Fähigkeiten selbsternannter Sprachmeister. Überhaupt scheint Bescheidenheit, was die eigenen Leistungen angeht, und sachliche, aber nicht persönlich kränkende Kritik gegenüber anderen zumindest ein theoretisches Ideal Lukians zu sein. Als vergleichsweise starr und rigide erwies sich dagegen seine Vorstellung von der für einen literarisch Tätigen notwendigen Bildung: Hier scheint er keine Alternative zu dem von ihm selbst absolvierten, traditionellen Weg zu kennen, und selbst geringfügige Abweichungen werden nicht geduldet. Bei all diesen Äußerungen gab es zwar voneinander abweichende Akzentuierungen und Gewichtungen, die durch den jeweiligen Zusammenhang erklärbar sind, aber keine Widersprüche. Auch für eine etwaige Entwicklung der Position Lukians und damit für eine Chronologie der behandelten Äußerungen haben sich keine Anhaltspunkte ergeben.

In der Schrift *Lex.* wird, wie sich gezeigt hat, sowohl durch die in ihr enthaltene Literaturparodie als auch das in ihr gezeichnete Bild des Menschen Lexiph. der exakte Gegenentwurf zu dieser Konzeption vorgestellt, und zwar in allen vier Bereichen, denen sich das gesamte Material zuordnen ließ. Lexiph. kümmert sich nicht um den Inhalt seiner Werke und eine sinnvolle Gliederung; sein einziges Anliegen besteht darin, möglichst viele ungewöhnliche und pretiöse Vokabeln, aus mehr oder weniger entlegenen Quellen zusammengesucht oder selbst erfunden, dem Publikum zu präsentieren. εὕρεσις und τάξις finden also lediglich als Folgeerscheinungen der alles dominierenden ὀνομάτων ἐκλογή statt. Die so entstehende Diktion ermangelt vor allem derjenigen Qualitäten, die Lukian am meisten fordert, nämlich sowohl der Klarheit, da die Vokabeln entweder an sich ἀσαφῆ sind oder von Lexiph. in Bedeutungen gebraucht werden, die sie gewöhnlich nicht haben, als auch der Homogenität, da altattisches Komödienvokabular neben spätgriechischen Wortbildungen, Termini ionischer Wissenschaftsprosa neben poetischen Ausdrücken und selbst erfundenen Neubildungen stehen. Auf all dies ist Lexiph. überdies sehr stolz und hält sein Werk für eine Glanzleistung literarischen Schaffens.

Es ist klar, daß Lukian mit seiner Parodie kräftig übertrieben hat und das Amüsement eines aus Kennern bestehenden Publikums sein oberstes Ziel war. Auch er selbst dürfte sich gut dabei amüsiert haben, aus der Fülle ihm bekannter und erreichbarer Literatur, insbesondere Alter Komödie, Tragödie und medizinisch-naturwissenschaftlichen Fachschriften, daneben auch Historiographie und Gerichtsrede, die entlegensten Vokabeln zusammenzusuchen, neue hinzuzuerfinden und um diese Vokabelliste seine Symposienbeschreibung voller Anspielungen und hintergründigen Witzes herumzubauen. Es wäre aber eine Verkürzung der Wahrheit, den *Lex.* und Lukians theoretische Äußerungen im Bereich der Literaturkritik insgesamt darauf zu reduzieren und ihn selbst als effektheischenden Spötter zu diskreditieren. Die Methode der vergleichenden Auswertung der gesamten thematisch einschlägigen Kritik bzw. Paränese auf der einen Seite und der ausgefeilten Parodie auf der anderen hat vielmehr erwiesen, daß er zwar gewiß kein tiefschürfender und origineller Denker ist, der etwa die Literaturkritik zu neuen Einsichten geführt hätte, aber ein wacher und kritischer Geist, der es verstanden hat, aus der Fülle des Tradierten das ihm (und wohl auch manch anderem) vernünftig Scheinende sich anzueignen und mit beachtlicher Konsequenz zu vertreten. Daß er dies überdies meist ausgesprochen unterhaltsam tut, kann doch wohl allenfalls den 'πάνυ ἀκριβεῖς' (s.o. S.133) Veranlassung sein, an seiner Seriosität und Ernsthaftigkeit im Grundsätzlichen zu zweifeln. Man sollte nicht vergessen, daß die gewaltige literarische Produktion des 2. Jhs. reichlich Anlaß für das - Lukian gerne vorgeworfene - Insistieren auf vermeintlich altbekannten und akzeptierten Vorschriften gegeben haben dürfte. Wenn für uns das nicht mehr so deutlich ist, so ist das einer gnädig auswählenden Überlieferung zu danken, die uns ja auch die Schriften des Lukian von Samosata zum größten Teil bewahrt hat.

# Literaturverzeichnis

Gesamtausgaben:
A. M. HARMON (Bde. I-V) / K. KILBURN (Bd. VI) / M. D. MACLEOD
(Bde. VII-VIII), Lucian. With an English translation, London / Cambridge
(Loeb) 1913-67
V. LONGO, Dialoghi di Luciano, 2 Bde., Torino 1976 (Nachdr. 1986)
M. D. MACLEOD, Luciani opera, rec. brevique adnot. crit. instr., 4 Bde.,
Oxford (OCT) 1972-87


Scholien:
Scholia in Lucianum, ed. H. RABE, Lipsiae 1906


Kommentare und Sekundärliteratur:
ANDERSON G. (fiction): Studies in Lucian's comic fiction, Mnemosyne
    Suppl. XLIII, Leiden 1976
ANDERSON G. (relationships): Some alleged relationships in Lucian's
    opuscula, AJPh 97 (1976) 262-75
ANDERSON G. (theme): Lucian. Theme and variation in the Second
    Sophistic, Mnemosyne Suppl. XLI, Leiden 1976
ANDERSON G. (1977): Lucian and the authorship of De saltatione,
    GRBS 18, 275-86
ANDERSON G. (1980): Arrian's Anabasis Alexandri and Lucian's
    Historia, Historia 29, 119-24
ANDERSON G. (1982): Lucian: a sophist's sophist, YClS 27, 61-92
ANDERSON G. (1993): The Second Sophistic. A cultural phenomenon
    in the Roman empire, London / New York
ANDERSON G. (1994): Lucian: tradition versus reality, in: ANRW
    XXXIV 2, 1422-47
ANDO V. (1975): Luciano critico d'arte. Quad. Ist. Filol. greca Univ. di
    Palermo VII, Palermo
ANLAUF G. (1960): Standard Late Greek oder Attizismus? Eine Studie
    zum Optativgebrauch im nachklassischen Griechisch, Diss. Köln

ATKINS J.W.H. (1934): Literary criticism in antiquity, 2 Bde., Cambridge (Nachdr. Gloucester, Mass., 1961)

AVENARIUS G. (1956): Lukians Schrift über die Geschichtsschreibung, Meisenheim

AVOTINS J. (1975): The holders of the chairs of rhetoric at Athens, HStCPh 79, 313-24

BAAR A. (1883): Lukians Dialog 'Der Pseudosophist', Progr. Gymn. Görz

BALDWIN B. (1962): The Pseudologistes of Lucian, CR 12, 2-5

BALDWIN B. (1973): Studies in Lucian, Toronto

BALDWIN B. (1977): Lucian, De historia conscrib. 34; an unnoticed Aristotelian source, Philologus 121, 165-8

BALDWIN B. (1978): Crepereius Calpurnianus, QUCC 27, 211-3

BALDWIN B. (1980/1): The scholiast's Lucian, Helikon 20/1, 219-34

BENEGIAMO A. (1967): Luciano. letterario, satirista, costruttore, Lecce

BERNAYS J. (1879): Lucian und die Kyniker, Berlin

BILLERBECK M. (1987): Faule Fische. Zu Timon von Phleius und seiner Philosophensatire, MH 44 (1987) 127-33

BOMPAIRE J. (1958): Lucien écrivain. Imitation et création, Paris

BOMPAIRE J. (1975): Travaux récents sur Lucien, REG 88, 224-9

BOMPAIRE J. (1994): L' atticisme de Lucien, in: Lucien de Samosate, Actes du Colloque International de Lyon 30 sept.-1er oct. 1993, éd. par A. BILLAULT, Lyon, 65-75

BOWIE E.L. (1970): Greeks and their past in the Second Sophistic, Past and Present 46, 3-41

BRANHAM R.B. (1989): Unruly eloquence. Lucian and the comedy of traditions, Cambridge Mass. / London

BROCK M.D. (1911): Studies in Fronto and his age, Cambridge

CAREY C. / REID R.A. (1985): Demosthenes. Selected private speeches, Cambridge

CASEWITZ M. (1994): La création verbale chez Lucien: Le *Lexiphanes*, Lexiphane et Lucien, in: Lucien de Samosate, Actes du Colloque International de Lyon 30 sept.-1er oct. 1993, éd. par A. BILLAULT, Lyon, 77-86

CASTER M. (1937): Lucien et la pensée religieuse de son temps, Paris

CHABERT X. (1897): L' atticisme de Lucien, Paris

CROISET M. (1882): Essai sur la vie et les oeuvres de Lucien, Paris

DEFERRARI R.F. (1916): Lucian's Atticism. The morphology of the
     verb, Diss. Princeton

DELZ J. (1950): Lukians Kenntnis der athenischen Antiquitäten, Diss.
     Basel

DENNISTON J.D. (1924): Greek Literary Criticism, London / Toronto

DENNISTON J.D. (1949): The Greek Particles, 2.Aufl., Oxford
     (Nachdr.1987)

DIHLE A. (1977): Der Beginn des Attizismus, A&A 23, 162-77

DIHLE A. (1989): Die griechische und lateinische Literatur der Kaiserzeit
     von Augustus bis Justinian, München

DOEHRING P.: De Luciano Atticistarum irrisore, Diss. Rostock 1916

DOVER K.J. (1970): Aristophanes, clouds, ed. with. intr. and comm.,
     Oxford

DUBUISSON M. (1984/6): Lucien et Rome, AncSoc 15/7, 185-207

FLASHAR H. (1979): Klassizistische Theorie der Mimesis, Entr. Hardt
     25, 79-111

FLOBERT P.(1986): La théorie du solécisme dans l' antiquité. De la
     logique à la syntaxe, RPh 60, 173-81

GALLAVOTTI C. (1932): Luciano nella sua evoluzione artistica e
     spirituale, Lanciano

GEORGIADOU A. / LARMOUR D.H.J. (1994): Lucian and
     historiography: 'De historia conscribenda' and 'Verae historiae',
     in: ANRW XXXIV 2, 1448-1509

GIL J. (1979/80): Lucianea, Habis 10/11, 87-104

GÖRGEMANNS H. (1991): Der Bekehrungsbrief Marc Aurels, RhM
     134, 100

GORGIULO T. (1988): Una parodia epicurea nel De parasito di Luciano,
     SFIC 81, 232-5

GOW A.S.F. / PAGE D.L. (1965): The Greek Anthology, 2 Bde.,
     Cambridge

GRUBE C.M.A. (1965): The Greek and Roman critics, London

HALL J. (1981): Lucian's satire, New York

HARRIS H.A. (1966): Greek athletes and athletics, Bloomington (Nachdr. Westport 1979)

HEITSCH E. (1993): Platon, Phaidros. Übersetzung und Kommentar, Göttingen

HELM R. (1906): Lucian und Menipp, Leipzig

HENDERSON J. (1975): The maculate Muse. Obscene language in Attic Comedy, New Haven / London

HERBST W. (1911): Galeni Pergamenii de Atticisantium studiis testimonia, Leipzig

HIGGINS M.J. (1945): The renaissance of the first century and the origins of standard late Greek, Traditio 3, 49-100

HIGHET C. (1962): The anatomy of satire, Princeton N.J.

HOLZBERG N. (1984): Apuleius und der Verfasser des griechischen Eselsromans, WJA 10, 161-77

HOLZBERG N. (1988): Lucian and the Germans, in: The uses of Greek and Latin. Historical essays, ed. by A.C.Dionisotti, A.Grafton and J.Kraye, London, 199-209

HOMEYER H. (1965): Lukian. Wie man Geschichte schreiben soll, München

HOUSEHOLDER F.H. (1941): Literary quotation and allusion in Lucian, New York

HOW W.W./ WELLS J. (1922): A commentary on Herodotus with intr. and appendices, 2 Bde., Oxford

JOLY R. (1980): Lucien de Samosate, in: Grec et Latin 1980. Etudes et documents dédiés à Edmond Liénard, éd. par G.Viré, Bruxelles, 47-62

JOLY R. (1981): La réfutation des analogies dans l'Hermotime de Lucien, AC 50, 417-26

JONES C.P. (1972): Two enemies of Lucian, GRBS 13, 475-87

JONES C.P. (1986): Culture and society in Lucian, Cambridge Mass. / London

KAMERBEEK J.C. (1974): The plays of Sophocles. Commentaries. Part V: The Electra, Leiden

KEIL W. (1919): Vibius Maximus und Florus, BPhW, 1075-80

KENNEDY G.A. (1989): The Cambridge History of Literary Criticism, Vol. I: Classical Criticism, Cambridge

KERR BARTHWICK E. (1993): Autolekythos and Lekythion in Demosthenes and Aristophanes, LCM 18, 34-7

KORUS K. (1984): The theory of humour in Lucian of Samosata, EOS 82, 292-313

KORUS K. (1986): Zur Chronologie der Schriften Lukians, Philologus 130, 96-103

KRAUSE J. (1976): ΑΛΛΟΤΕ ΑΛΛΟΣ. Untersuchungen zum Motiv des Schicksalswechsels in der griechischen Dichtung bis Euripides, München

KUCH H. (1991): Konträre Positionen in der griechischen Literaturästhetik, Lexis 7-8, 1-11

MACDOWELL D.M. (1990): Demosthenes. Against Meidias, Oxford

MACLEOD M.D. (1956): "Αν with the future in Lucian and the Solecist, CQ 50, 102-11

MACLEOD M.D. (1977): Syntactical variation in Lucian, Glotta 55, 215-22

MACLEOD M.D. (1979): Lucian's activities as a μισαλάζων, Philologus 123, 326-8

MACLEOD M.D. (1980): A lexicographical note on Lucian, Navigium 39, Glotta 57, 259f.

MACLEOD M.D. (1987): Lucian's relationship to Arrian, Philologus 131, 257-64

MACLEOD M.D. (1994): Lucianic studies since 1930, with an appendix: Recent work (1930-1990) on some Byzantine imitations of Lucian, by B. BALDWIN, in: ANRW XXXIV 2, 1362-1421

MARACHE R. (1952): La critique littéraire de langue Latine et le développement du goût archaïsant au IIe siècle de notre ère, Rennes

MARTIN J. (1931): Symposion. Die Geschichte einer literarischen Form, Paderborn

MATTEUZI M. (1975): Sviluppi narrativi di giucchi linguistici nella Storia vera di Luciano, Maia 27, 225-9

MATTEUZI M. (1988): Luciano, Vera Historia I 23, in: Heptachordas
    lyra Humberto Albini oblata, a cura di F. Sisti e E.V. Maltese,
    Genova, 38-47

MATTIOLI E. (1985): Retorica e storia nel 'Quomodo historia sit
    conscribenda' di Luciano, in: Retorica e storia nella cultura classica,
    a cura di A. Pennacini, Bologna, 89-105

MENGIS K. (1920): Die schriftstellerische Technik im Sophistenmahl des
    Athenaios, Paderborn

MIKALSON J.D. (1975): Ἡμέρα ἀποφράς, AJPh 96, 19-27

MONTANARI F. (1984): Ekphrasis e verità storica nella critica di
    Luciano, in: Ricerche di filologia classica II, BStA XLV, Pisa, 111-
    23

MONTANARI F. (1987): Virtutes elocutionis e narrationis nella
    storiografia secondo Luciano, in: (wie oben) LIII, Pisa, 53-65

MURRAY O. (1983): The greek symposium in history, in: E. GABBA
    (Hrsg.), Tria corda. Scritti in onore di Arnaldo Momigliano, Como

NAECHSTER K. (1908): De Pollucis et Phrynichi controversiis, Leipzig

NEEF E. (1940): Lukians Verhältnis zu den Philosophenschulen und seine
    μίμησις literarischer Vorbilder, Diss. Greifswald

NESSELRATH H.-G. (1984): Rez. von MacLeods Oxford-Ausg., Bde.I-
    III, Gnomon 56, 577-609

NESSELRATH H.-G. (1985): Lukians Parasitendialog, Berlin u.a.

NESSELRATH H.-G. (1990): Lucian's introductions, in: Antonine
    Literature, ed. by D.A. RUSSELL, Oxford

NEUBECKER A.J. (1977): Altgriechische Musik. Eine Einführung,
    Darmstadt

NORDEN E. (1909): Die antike Kunstprosa, 2 Bde., Leipzig / Berlin 2.
    Aufl. (Nachdr. 1974)

OLIVER J.H. (1980): The actuality of Lucian's Assembly of the Gods,
    AJPh 101, 302-13

PABST W. (1986): Zur Satire vom lächerlichen Mahl. Konstanz eines
    antiken Themas durch Perspektivenwechsel, A&A 32, 136-58

PAGE D.L. (1938): Euripides. Medea. The text ed. with intr. and comm.,
    Oxford

PANAGOPOULOS C. (1984): Lucien ou la vraie vie, in: Hommages à
 Lucian Lerat, réunis par H. Walter, Paris, 597-606

PAPAIOANNOU V. (1976): Λουκιανός. ὁ μεγάλος σατιρικὸς τῆς
 ἀρχαιότητας. Συμβολὴ στὴν παρουσίαση τῆς ἐποχῆς τοῦ βίου
 καὶ τοῦ ἔργου του, Thessaloniki

PERETTI A. (1941): Ottativi in Luciano, SIFC 23, 69-95

RANKE C.F. (1831): Pollux et Lucianus, Quedlinburg

REARDON B.P. (1971): Courants littéraires grecs des IIe et IIIe siècles
 après J.-C., Paris

RIEMSCHNEIDER M. (1971): Die Abhandlung Lukians 'Wie man
 Geschichte schreiben soll', in: Acta Conventus XI Eirene,
 Warschau, 399-404

RIGAULT H. (1856): Luciani Samosatensis quae fuerit de re litteraria
 judicandi ratio, Paris

ROBINSON C. (1979): Lucian and his influence in Europe, Chapel Hill

ROUX G. (1963): Κυψέλη. Où avait-on caché le petit Kypsélos?, REA
 65, 279-89

RUSSELL D.A. (1981): Criticism in antiquity, London

RUSSELL D.A. (1983): Greek declamation, Cambridge

SACKS K. (1986): Rhetoric and speeches in Hellenistic historiography,
 Athenaeum 64, 383-95

SAINTSBURY G.E.B. (1902): A history of criticism and literary taste in
 Europe from the earliest texts to the present day, Tome I,
 Edinburgh (Nachdr. Genf 1971)

SAKALIS D. (1976): Κριτικά και ερμηνευτικά στον Σολοικιστή του
 Λουκιανού, Dodone 5, 75-92

SAKALIS D. (1979): Η γνησιότητα του Ψευδοσοφιστή του Λουκιανού,
 Dodone Παράρτημα XIII, Ioannina

SANDBACH F.H. / GOMME A.W. (1973): Menander. A commentary,
 Oxford

SARTON G. (1954): Galen of Pergamon, Kansas

SCHÄUBLIN C. (1985): Konversionen in antiken Dialogen?, in:
 Catalepton. Festschr. für Bernhard Wyss, hrsg. v. C. Schäublin,
 Basel, 117-31

SCHMID W. (1887): Der Atticismus in seinen Hauptvertretern, 5 Bde.
      (wenn nicht anders ang.:Bd. I), Stuttgart

SCHMID W. (1891): Bemerkungen über Lukians Leben und Schriften,
      Philologus 50, 297-319

SCHRÖDER B. (1927): Der Sport im Altertum, Berlin

SCHWARTZ J. (1965): Biographie de Lucien de Samosate, Bruxelles

SEILER E.E. (1836): De Lexiphane et aliquot locis ex aliis Luciani
      scriptis, Acta Soc. Graec. I

SILK M.S. (1974): Interaction in Poetic Imagery, London

SINKO Th. (1908): De Luciani libellorum ordine et mutua ratione, EOS
      113-58

STANFORD W.B. (1958): Aristophanes. The frogs, ed. with intr.,
      revised text, comm. and index, Edinburgh

STARKIE W.J.M. (1968): The Wasps of Aristophanes, with intr.,
      metrical analysis, crit. notes, and comm., Amsterdam

STEIN H. (1901): Herodotos, Bd. I, Berlin 6.Aufl.

STROBEL K. (1994): Zeitgeschichte unter den Antoninen: Die Historiker
      des Partherkrieges des Lucius Verus, in ANRW XXXIV 2, 1315-
      60

STROHMAIER G. (1976): Übersehenes zur Biographie Lukians,
      Philologus 120, 117-22

TACKABERRY W.H. (1930): Lucian's relation to Plato and the
      postaristotelian philosophers, Univ. of Toronto publ. philol. ser.
      XI

ULLRICH F. (1908/9): Entstehung und Entwickelung der Literaturgattung
      des Symposion (Progr. des Königl. Neuen Gymn. zu Würzburg),
      2 Teile, Würzburg

VAN GRONINGEN B.A. (1965): General literary tendencies in the
      second century A.D., Mnemosyne ser. 4, 18, 41-56

VERDENIUS J. (1983): The principles of Greek literary criticism,
      Mnemosyne 36, 14-59

VERDIN H. (1973): Lucianus over het nut van de geschiedsschrijving, in:
      Zetesis. Album amicorum aangeboden aan E. de Strycher,
      Antwerpen, 541-8

WILAMOWITZ-MOELLENDORFF U.v. (1900): Asianismus und Attizismus, Hermes 35, 1- 52

WOODRUFF P. (1982): Plato. Hippias Major, transl. with comm. and essay, Oxford

ZECCHINI G. (1983): Modelli e problemi teorici della storiografia nell' età degli Antonini, CS 20, 3-31

ZECCHINI G. (1985): Osservazioni sul presunto modello del 'Come si deve scrivere la storia' di Luciano, in: Xenia. Scritti in onore di Piero Treves, a cura di F. Broilo, Roma, 247-52